普通高等教育"十二五"规划教材

工程制图

高兰尊　冯桂辰　主　编

国防工業出版社

·北京·

图书在版编目(CIP)数据

工程制图 / 高兰尊，冯桂辰主编．—北京：国防工业出版社，2016.3 重印

普通高等教育“十二五”规划教材

ISBN 978-7-118-04660-1

Ⅰ.工… Ⅱ.①高…②冯… Ⅲ.工程制图－高等学校－教材 Ⅳ.TB23

中国版本图书馆 CIP 数据核字(2006)第 081839 号

※

国防工業出版社出版发行

(北京市海淀区紫竹院南路 23 号 邮政编码 100048)

腾飞印务有限公司印刷

新华书店经售

*

开本 787×1092 1/16 印张 18¾ 字数 430 千字

2016 年 3 月第 9 次印刷 印数 21501—24900 册 定价 27.00 元

国防书店：(010)88540777 发行邮购：(010)88540776

发行传真：(010)88540755 发行业务：(010)88540717

《工程制图》编委会名单

主　编　高兰尊　冯桂辰

副主编　程玮燕　孙兰英　李才泼

编　委　高兰尊　冯桂辰　董金华　刘顺芳

程玮燕　孙兰英　韦玉堂　张锡爱

崔素华　李才泼

前　言

《工程制图》根据教育部高教司印发的《高等学校工科本科工程图学教学基本要求》，高等学校工科制图课程教学指导委员会提出的《画法几何、工程制图、计算机绘图系列课程内容与体系改革建议》，“十五”规划重点课题《创建具有新世纪特色的工程图学教学系统》中关于“宽口径、厚基础，从专业特色着手，突出工程意识为原则”等要求，以及本课程的教学特色，在对往届毕业生大量追踪调查、综合分析的基础上，结合参编教师多年教学改革的成功经验和最新教学研究成果编写而成。

本教材特点：

1. 层次清楚，覆盖面广。

全书采用两个层次、四个模块的结构体系（四篇，13 章，另加附录）。第一层次是覆盖近机械类、非机械类各专业图形表达、图形思维的基础平台，即第一篇工程制图基础；第二层次包括：第二篇机械制图、第三篇化工制图、第四篇计算机绘图，这部分内容可根据专业不同而有所侧重。如此设置，不仅克服了多学科的综合性大学中化工工程、环境工程、生物工程、材料工程中所包含的各专业学生在学习专业课的同时，还要重新学习专业制图的弊端，同时对学生较系统地掌握本专业制图知识、减少课程之间的重复、缩短学时等都是有利的。

2. 内容精练，针对性强。

本着少而精的原则，本书对传统制图中画法几何的内容进行了较大幅度的削减，降低了立体表面交线的求画难度。重点突出了投影的基本理论和读、画各专业图样的内容，并以大量例题启发学生分析问题和解决问题的思路。把草图单独列为一章，为加强学生徒手草图和构形设计能力的训练，提供了较系统的依据。

3. 编写规范，标准最新。

全书内容科学准确，所涉及到的有关资料均采用最新的国家标准。每章都编有思考题，便于学生自学和掌握每章的主要内容。同时编有《工程制图习题集》（董金华、刘顺芳主编，国防工业出版社出版）与本教材配套使用。

4. 适用范围宽，覆盖面广。

本书不仅可供综合性高等院校中近机械类、非机械类各专业使用，也可作为高等职业教育、职工大学、自学考试等相关专业的教学用书，还可供有关工程技术人员参考。

全书由高兰尊、冯桂辰主编，参编人员分工：绪论、第三章、第十三章由高兰尊编写；第一章、第四章由刘顺芳编写；第二章、附录由董金华编写；第五章由张锡爱编写；

第六章、附录由崔素华编写；第七章、第八章由冯桂辰编写；第九章由孙兰英编写；第十章由韦玉堂编写；第十一章由程玮燕编写；第十二章由李才泼编写。

本书在编写和出版过程中，得到王泰升等教授的热情惠助，同时也得到河北科技大学有关领导以及教材科的大力支持，在此一并表示衷心感谢。

限于作者水平，书中错误及不妥之处在所难免，恳请专家、同行及广大读者批评指正。

编 者

目　录

第二篇 机 械 制 图

第三篇　化工制图

第四篇　计算机绘图

绪　论

一、图样及其在生产中的应用

在工程技术中，把根据投影原理、国家标准、有关规定等表示的工程对象，并标有必要技术说明的图形称为工程图样，简称图样。在现代生产中，诸如机器、设备、仪器等产品的设计、制造、维修或船舶、房屋、桥梁等工程的设计与施工，都离不开图样。因此，图样是人们表达和交流思想的重要工具，是指导生产的重要技术文件，是工程技术界共同的技术语言。凡从事工程技术工作的人员，都必须具有绘图和看图的本领。

不同行业由于性质和要求不同，会有不同的图样，但都是按一定的投影原理，遵照国家标准和有关规定绘制的。比如，在机械工程中常用的图样有装配图和零件图。装配图用来说明机器或部件的工作原理、装配关系以及组成零件的名称、数量、主要结构等，以便了解该机件的构造和设计要求，并用来指导该机件的装配。图 0-1 是齿轮油泵的装配轴测图，图 0-2 是齿轮油泵的装配图。零件图用来说明某一零件的形状、尺寸、技术要求、材料等，以便进行加工和检验。图 0-3 是齿轮油泵的一个零件——右端盖的零件图。

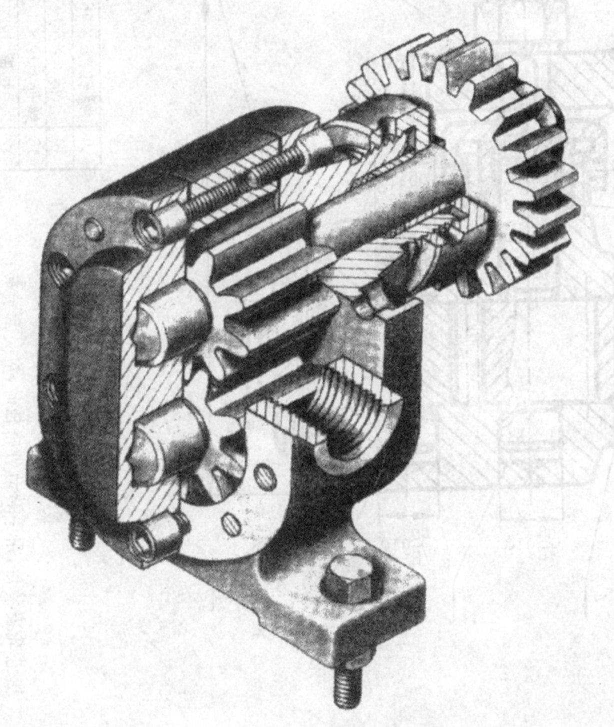

图 0-1　齿轮油泵的装配轴测图

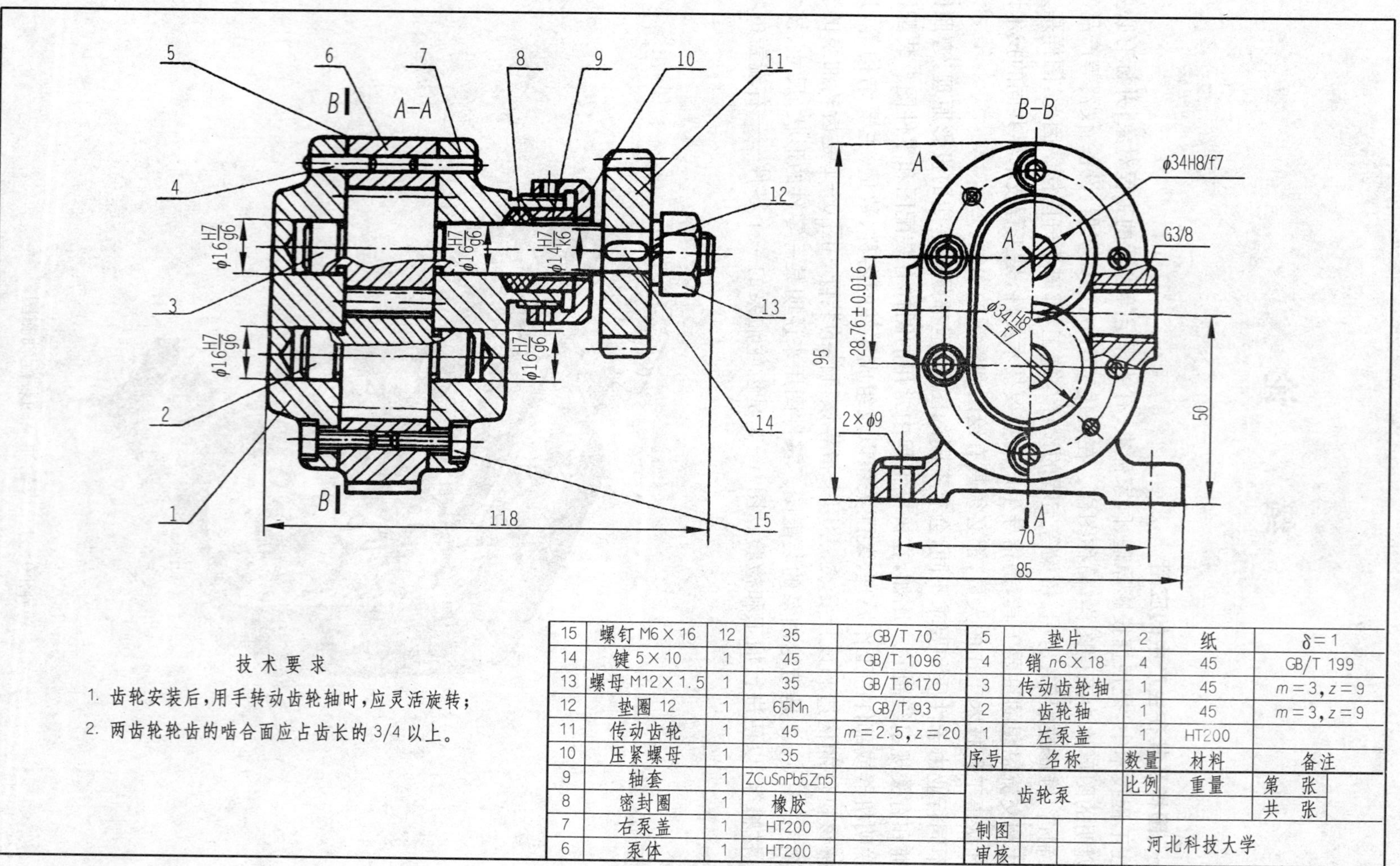

技术要求

1. 齿轮安装后,用手转动齿轮轴时,应灵活旋转;
2. 两齿轮轮齿的啮合面应占齿长的 3/4 以上。

15	螺钉 M6×16	12	35	GB/T 70	5	垫片	2	纸	$\delta=1$
14	键 5×10	1	45	GB/T 1096	4	销 $n6\times18$	4	45	GB/T 199
13	螺母 M12×1.5	1	35	GB/T 6170	3	传动齿轮轴	1	45	$m=3,z=9$
12	垫圈 12	1	65Mn	GB/T 93	2	齿轮轴	1	45	$m=3,z=9$
11	传动齿轮	1	45	$m=2.5,z=20$	1	左泵盖	1	HT200	
10	压紧螺母	1	35		序号	名称	数量	材料	备注
9	轴套	1	ZCuSnPb5Zn5		齿轮泵		比例	重量	第 张
8	密封圈	1	橡胶						共 张
7	右泵盖	1	HT200		制图		河北科技大学		
6	泵体	1	HT200		审核				

图 0-2 齿轮泵装配图

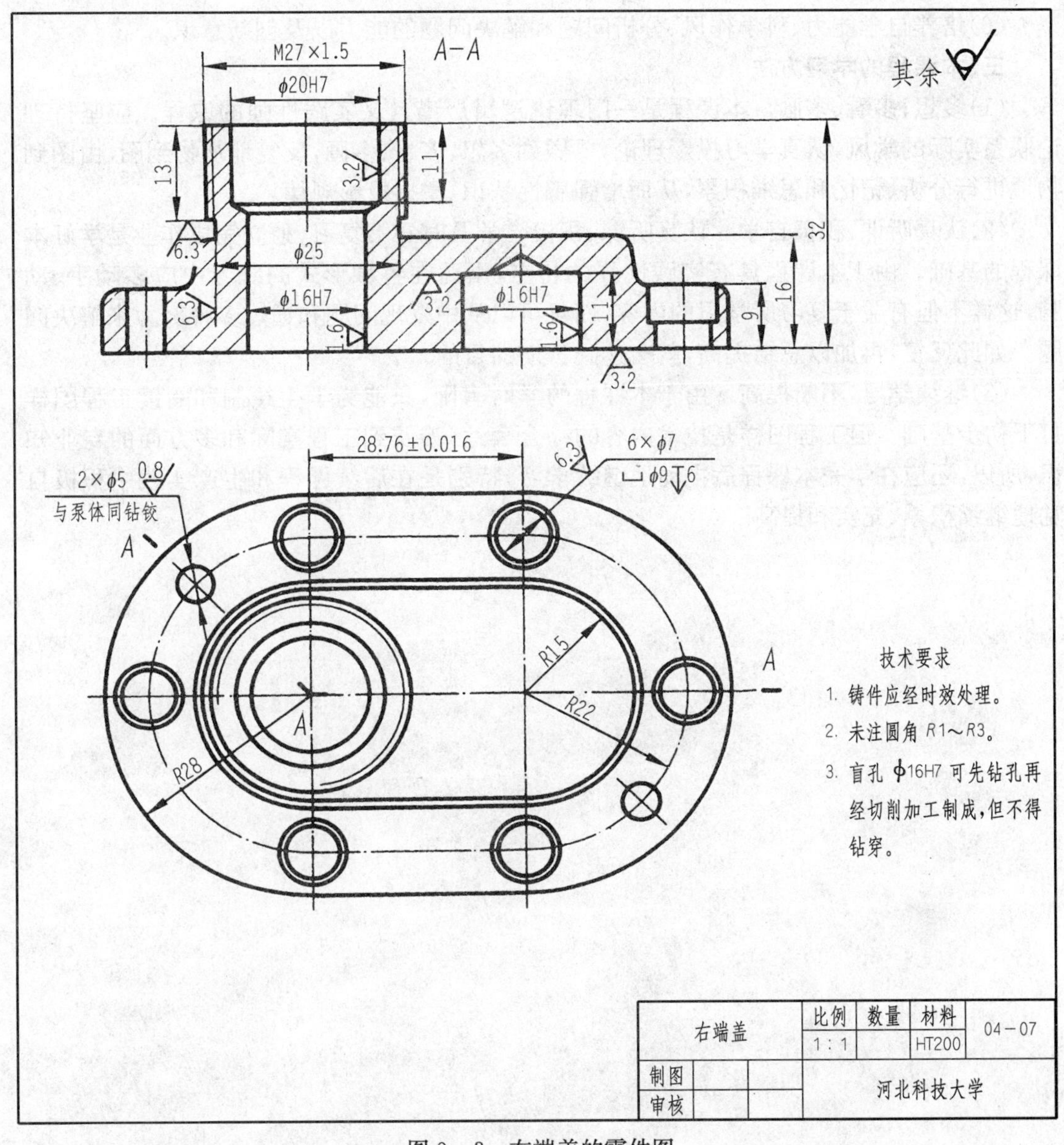

图 0-3　右端盖的零件图

二、本课程的主要任务和要求

本课程是一门研究工程图学理论、学习阅读和绘制工程图样方法的一门技术基础课。它的主要任务是培养学生具有一定绘图、读图、空间想象和空间思维能力。通过本课程的学习应达到如下要求：

(1)掌握正投影法的基本理论和方法,培养和拓展空间思维和空间想象能力。

(2)能正确使用绘图工具和仪器,掌握使用仪器和徒手绘画的技巧和技能。学习计算机绘图的基本方法。

(3)学习相关国家标准,具有查阅手册和技术资料的能力。

(4)能根据国家标准相关规定,绘制和阅读中等复杂程度的零件图、装配图及化工图样。

(5)培养认真负责、严谨细致的工作态度和一丝不苟的工作作风。

(6)培养自学能力、科学作风、分析问题和解决问题的能力以及创新意识。

三、本课程的学习方法

(1)多想、多看、多画　本课程是一门理论逻辑严谨且又实践性强的课程。应坚持理论联系实际的学风,认真学习投影理论,要做到多想、多看、多画,反复地从物到图、由图到物地进行分析、记忆和思维积累,从而增强感性认识,掌握投影规律。

(2)认真听课、积极自学　认真听课、积极自学及时看书复习、独立完成作业是学好本课程的基础。由于本课程具有实践性强的特点,因此在各种形式的练习中应多动手、动脑,这样不但有益于复习所学习的内容,而且可以从中发现问题和通过多种努力来解决问题。如此反复,再加以总结提高,就会达到预期的目的。

(3)继续学习,不断提高　由于本课程的学时有限,只能为学生绘制和阅读工程图样打下初步基础。但工程图样是技术内容的综合表达,涉及到工程实际和多方面的专业知识,所以,还应在学完本课程后主动地继续学习,特别是在后续课程和生产实践中积极自觉地继续积累、充实和提高。

第一篇　工程制图基础

第一章　制图的基本知识和基本技能

第一节　制图的基本规格

图样是现代机器制造过程中的重要技术文件，用来指导生产和进行技术交流，为此，必须有统一的规定，以便使设计、工艺、管理等方面的人员有一个统一的语言。本节主要介绍国家标准《技术制图》、《机械制图》中的图纸幅面及格式、比例、字体、图线、尺寸标注等内容。

一、图纸幅面及格式（GB/T14689—1993）

1. 图纸幅面尺寸

绘制图样时，应优先采用表 1－1 中规定的基本幅面，必要时可以按标准规定加长。

表 1－1　图纸基本幅面代号和尺寸　（mm）

<table>
<tr><td>幅面代号</td><td>A0</td><td>A1</td><td>A2</td><td>A3</td><td>A4</td></tr>
<tr><td>$B\times L$</td><td>841×1189</td><td>594×841</td><td>420×594</td><td>297×420</td><td>210×297</td></tr>
<tr><td>a</td><td colspan="5">25</td></tr>
<tr><td>c</td><td colspan="3">10</td><td colspan="2">5</td></tr>
<tr><td>e</td><td colspan="2">20</td><td colspan="3">10</td></tr>
</table>

2. 图框格式

一张图样，表示其整个大小的框线称为图纸的边框线，它用细实线绘制。在边框线的里面，根据不同的周边尺寸，用粗实线绘制的图框线称为图纸的图框。其格式分为不留装订边和留有装订边两种，但是同一产品的图样只能采用一种格式。

不留装订边的图纸，其图框格式如图 1－1 所示，留有装订边的图纸，其图框格式如图 1－2 所示，两种图纸周边尺寸 a、c、e 按表 1－1 中确定。

3. 标题栏的方位及格式

绘图时，必须在图纸的右下角画出标题栏。当标题栏的长边置于水平方向并与图纸的长边平行时，则构成 X 型图纸，如图 1－1(a)与图 1－2(a)所示。当标题栏的长边置于水平方向并与图纸的长边垂直时，则构成 Y 型图纸，如图 1－1(b)与图 1－2(b)所示。此时，看图的方向与标题栏的文字方向一致。

为了利用预先印制的图纸，允许将 X 型图纸的短边置于水平位置使用，如图 1－3(a)所示；或将 Y 型图纸的长边置于水平位置使用，如图 1－3(b)所示，此时，需要加方向符号，以确定看图方向。

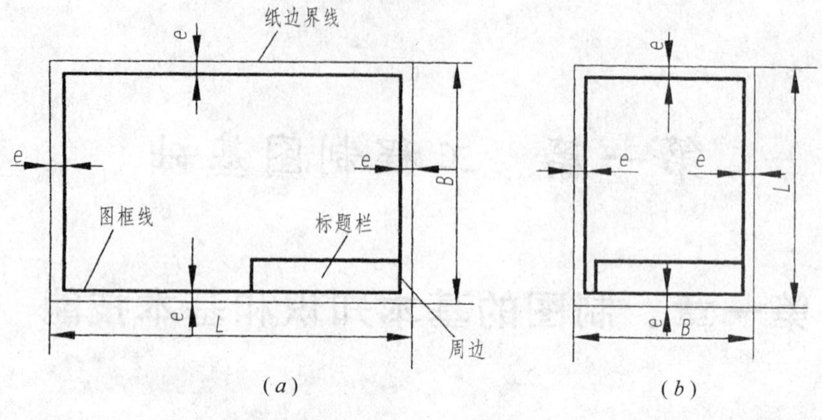

图 1-1　不留装订边的图框格式

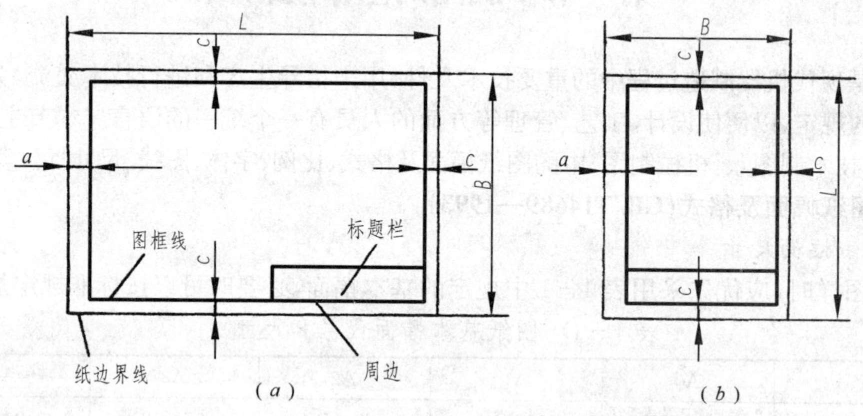

图 1-2　留装订边的图框格式

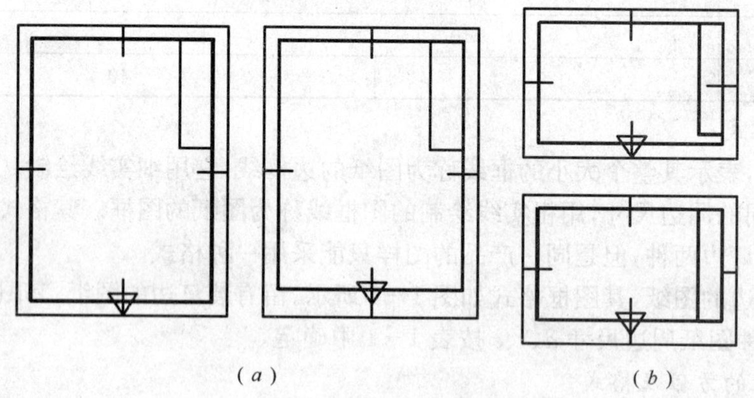

图 1-3　对中符号及方向符号

标题栏的格式在国家标准 GB/T10609.1—1998 已有规定，制图作业的标题栏建议采用图 1-4 所示的格式。

4. **附加符号**

(1)对中符号　为了使图样复制和缩微摄影时定位方便，应在图纸各边的中点处分别画出对中符号，如图 1-3 所示。对中符号用粗实线绘制，长度从图纸边界开始至伸入图框内约 5mm，位置误差不大于 0.5mm。当对中符号处在标题栏范围内时，则伸入标题栏

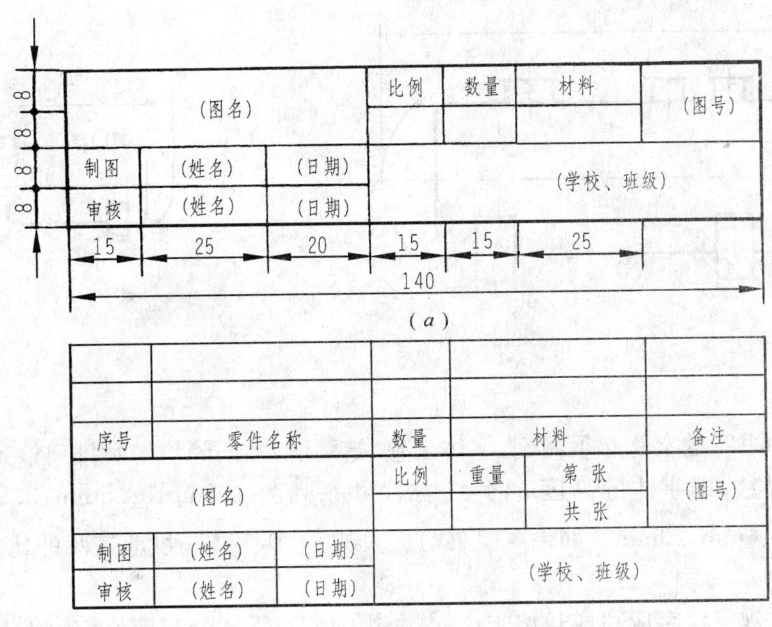

图 1-4 制图作业的标题栏

(*a*) 零件图标题栏;(*b*) 装配图标题栏和零件明细表。

内的部分省略不画,如图 1-3(*b*)所示。

(2)方向符号 若使用预先印制的图纸时,为了明确绘图与看图时图纸的方向,应在图纸的下边对中符号处画出一个方向符号,如图 1-3 所示。

二、比例(GB/T14690—1993)

比例是指图中图形要素与其实物相应要素的线性尺寸之比。

绘制图样时,一般应从表 1-2 规定的系列中选取不带括号的适当比例,必要时也允许选取带括号的比例。

表 1-2 绘图的比例

原值比例	1∶1
缩小比例	(1∶1.5) 1∶2 (1∶2.5) (1∶3) (1∶4) 1∶5 (1∶6) 1∶1×10^n (1∶1.5×10^n) 1∶2×10^n (1∶2.5×10^n) (1∶3×10^n) (1∶4×10^n) 1∶5×10^n (1∶6×10^n)
放大比例	2∶1 (2.5∶1) (4∶1) 5∶1 1×10^n∶1 2×10^n∶1 (2.5×10^n∶1) (4×10^n∶1) 5×10^n∶1
注:n 为正数	

标注比例时,比例符号应以"∶"表示,如 1∶1,2∶1,1∶2 等。比例一般应标注在标题栏中的比例栏内。必要时,可以标注在视图名称的下方或右侧。

图形无论放大或缩小,图形上所标注尺寸数值的大小必须是物体的实际尺寸,如图 1-5 所示。

三、字体(GB/T14691—1993)

在图样上除了表示机件形状的图形外,还要用文字和数字来说明机件的大小、技术要求和其他内容。

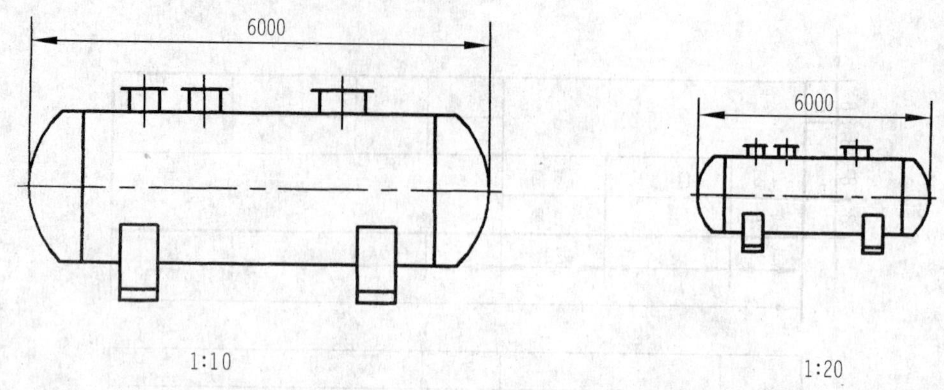

图 1－5　比例

在图样中书写的字体必须做到：字体工整、笔画清楚、间隔均匀及排列整齐。

字体的号数，即字体的高度 h，其公称尺寸系列为 1.8mm，2.5mm，3.5mm，5mm，7mm，10mm，14mm，20mm。如果需要书写更大的字，其字体高度应按$\sqrt{2}$的比率递增。

1. 汉字

国家标准规定汉字应写成长仿宋体，并采用国务院正式公布推行的简化字，汉字的高度(h)不应小于 3.5mm，字宽一般为 $h/\sqrt{2}$(即约等于字高的 2/3)。汉字字体示例如图 1－6 所示。

书写长仿宋体字的要领是：横平竖直，注意起落，结构匀称，填满方格。书写时，笔画应一气呵成，不宜涂描，起落分明挺拔。表 1－3 为长仿宋体字的基本笔画和写法。

10 号字

字体工整　笔画清楚　间隔均匀　排列整齐

7 号字

横平竖直注意起落结构均匀填满方格

5 号字

技术制图机械电子汽车航空船舶土木建筑矿山井坑港口纺织服装

3.5 号字

螺纹齿轮端子接线飞行指导驾驶舱位挖填施工引水通风闸阀坝棉麻化纤

图 1－6　长仿宋体字的基本笔画和写法

表 1－3　长仿宋体字的基本笔画和写法

心　江 点　六	于	中 上	厂　千 八	分　边 公　处	均 拉	牙　代 材　气	马 凸

2. 字母和数字

字母和数字分 A 型和 B 型。A 型字体的笔画宽度为字高 h 的 1/14；B 型字体的笔画宽度为字高 h 的 1/10。在同一图样上，只允许选用一种形式的字体。

字母和数字可写成斜体或直体。斜体字字头向右倾斜，与水平基准线成 75°，如图1-7所示。

汉字只能写成直体。

图 1-7　拉丁字母、阿拉伯数字和罗马数字示例

四、图线(GB/T17450—1998 和 GB/T4457.4—2002)

图样中的图形是由各种图线组成的。图家标准对图线的名称、型式、尺寸和应用等都作了规定，以便于绘图和技术交流。

1. 图线的型式及应用

国家标准 GB/T17450—1998《技术制图—图线》规定了绘制各种技术图样的基本线型。它们适用于各种技术图样，如机械、电气、建筑和土木工程图样等。

在实际应用时，各行业应根据该标准制订出能满足本行业制图要求的图线标准。

表 1-4 是国家标准 GB/T4457.4—2002《机械制图—图线》中规定的机械制图常用的几种图线，图 1-8 是它们的画法。

表 1-4　线型及应用

名称		代码	线型	一般应用
实线	细实线			过渡线，尺寸线，尺寸界线，剖面线，辅助线，投影连线
	波浪线	01.1		断裂处边界线，视图与剖视图的分界线
	双折线			断裂处边界线，视图与剖视图的分界线
	粗实线	01.2		可见轮廓线，剖切符号用线
细虚线		02.1		不可见轮廓线
点画线	细点画线	04.1		轴线，对称中心线，轨迹线，孔系分布的中心线，剖切线
	粗点画线	04.2		限定范围表示线
双点画线		05.1		相邻辅助零件的轮廓线，可动零件的极限位置的轮廓线

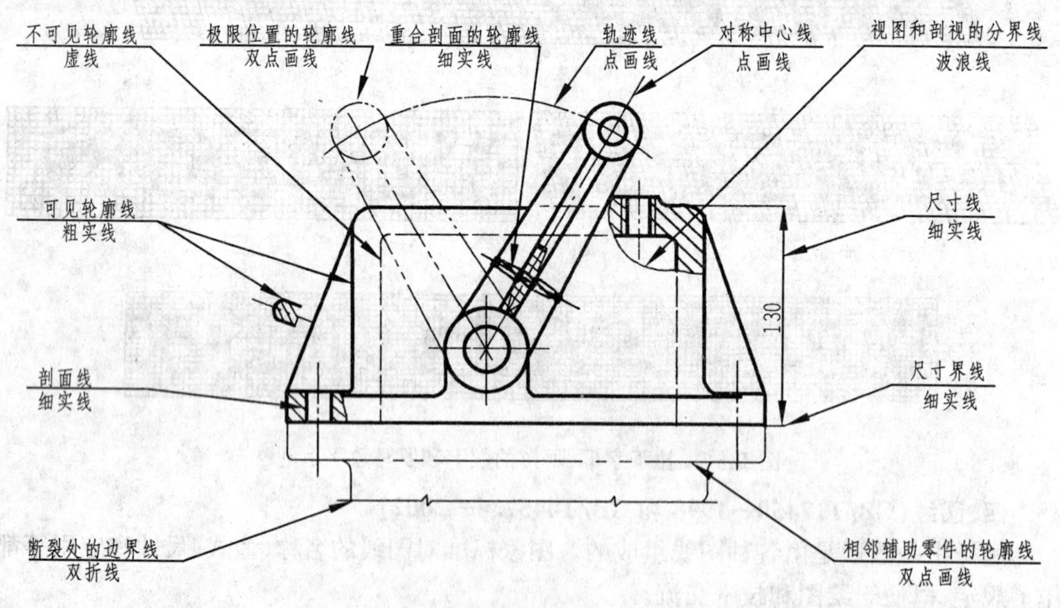

图 1-8　图线应用示例

2. 图线宽度和图线组别

图线宽度和图线组别见表 1-5。在机械图样中采用粗、细两种线宽，它们之间的比例为 2∶1。若粗线宽度为 d，细线宽度则为 $\frac{d}{2}$。

表 1－5　图线宽度和图线组别

图线组别	与图线代码对应的图线宽度	
	01.2;02.2;04.2	01.1;02.1;04.1;05.1
0.25	0.25	0.13
0.35	0.35	0.18
0.5	0.5	0.25
0.7	0.7	0.35
1	1	0.5
1.4	1.4	0.7
2	2	1
注:①图线组别中 0.5、0.7 为优先采用的图线组别; ②图线宽度和图线组别的选择应根据图样的类型、尺寸、比例和缩微复制的要求确定		

作图时应注意以下几点(见图 1－9):

(1)同一张图样中,同类图线的宽度应基本一致。虚线、点画线、双点画线的线段长度与间隔距离应各自大致相等。

(2)两条平行线(包括剖面线)之间的距离应不小于粗实线的 2 倍宽度,其最小距离不得小于 0.7mm。

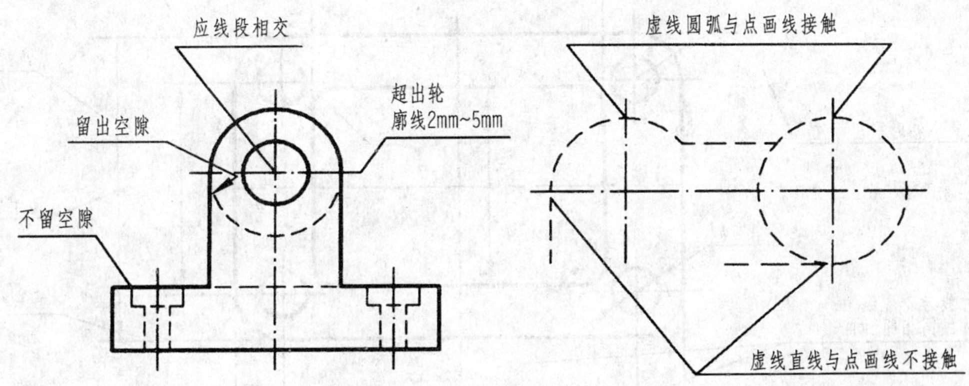

图 1－9　图线画法

(3)绘制圆的对称中心线时,圆心应为线段的交点。点画线和双点画线的首末两端应是线段而不是短划。

(4)在较小的图形上绘制点画线、双点画线有困难时,可用细实线代替。

(5)轴线、对称中心线、双折线和作为中断线的双点画线,应超出轮廓线 3mm～5mm。

(6)虚线和其他图线相交时,都应在线段处相交,不应在空隙处或短划处相交。

(7)虚线处于粗实线的延长线上时,粗实线应画到分界点,而虚线应留有空隙。当虚线圆弧和虚线直线相切时,虚线圆弧的线段应画到切点,而虚线直线都需留有空隙。

五、尺寸注法(GB/T4458.4—2003)

图样中的图形用来表达机件的结构形状,而机件的大小和各部分的相对位置关系则需要用尺寸来表示。因此,尺寸的标注极为重要。标注尺寸时,应严格执行国家标准有关尺寸标注的规定,做到正确、完整、清晰、合理。

1. 基本规则

(1)机件的真实大小应以图样上所标注的尺寸数值为依据,与图形的大小及绘图的准确度无关。

(2)图样中的尺寸,以 mm 为单位时,不需标注其计量单位的代号或名称;如采用其他单位,则必须注明相应的计量单位的代号或名称。

(3)图样中所标注的尺寸,为该图样所示机件的最后完工尺寸;否则应另加说明。

(4)机件的每一尺寸,在图样上一般只标注一次,并应标注在反映该结构最清晰的图形上。

2. 尺寸的组成

如图 1-10 所示,一个完整的尺寸一般应包括尺寸界线、尺寸线、尺寸数字和表示尺寸线终端的箭头或斜线。

(1)尺寸界线　尺寸界线用细实线绘制,并应由图形的轮廓线、轴线或对称中心线处引出。也可利用轮廓线、轴线或对称中心线作尺寸界线。尺寸界线一般应与尺寸线垂直,并超出尺寸线的终端 3mm 左右,如图 1-10 所示。

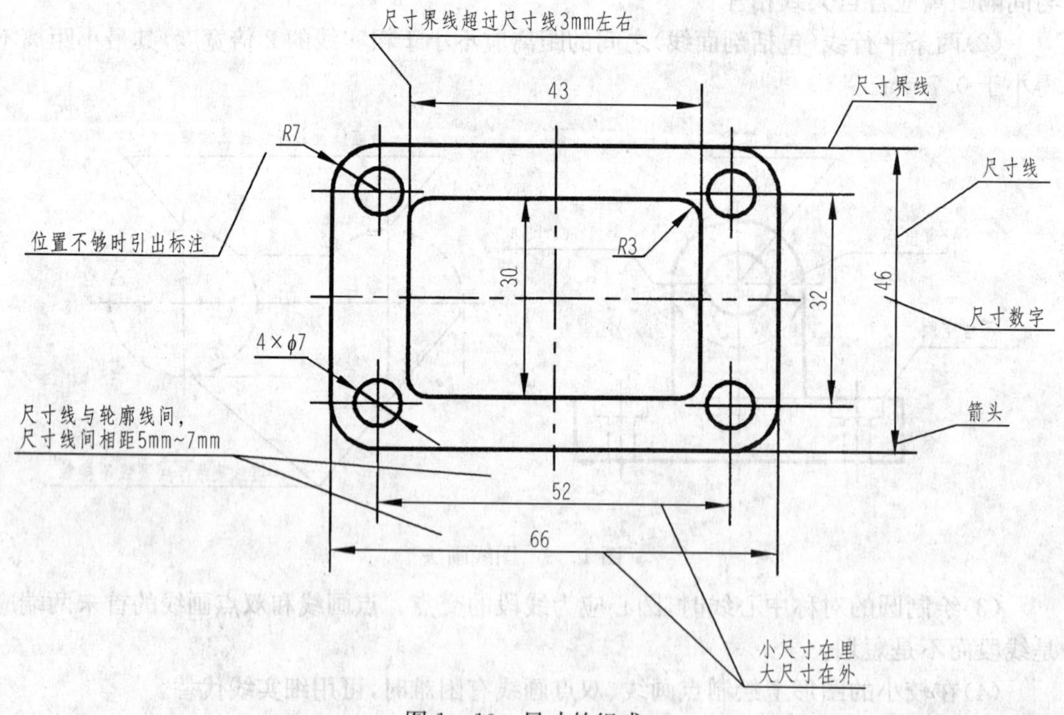

图 1-10　尺寸的组成

(2)尺寸线　尺寸线用细实线绘制,不能用其他图线代替,一般也不得与其他图线重合或画在其延长线上。标注线性尺寸时,尺寸线必须与所标注的线段平行;当有几条相互平行的尺寸线时,大尺寸要标注在小尺寸外面,以免尺寸线与尺寸界线相交。在圆或圆弧上标注直径或半径尺寸时,尺寸线一般应通过圆心或延长线通过圆心。

尺寸线的终端有两种形式，如图 1－11 所示，箭头适用于各种类型的图样，图中的 d 为粗实线的宽度；斜线用细实线绘制，图中的 h 为字体高度。圆的直径、圆弧半径及角度的尺寸线的终端应画成箭头。采用斜线形式时，尺寸线与尺寸界线必须相互垂直。同一张图样，尺寸线的终端只能采用一种形式。

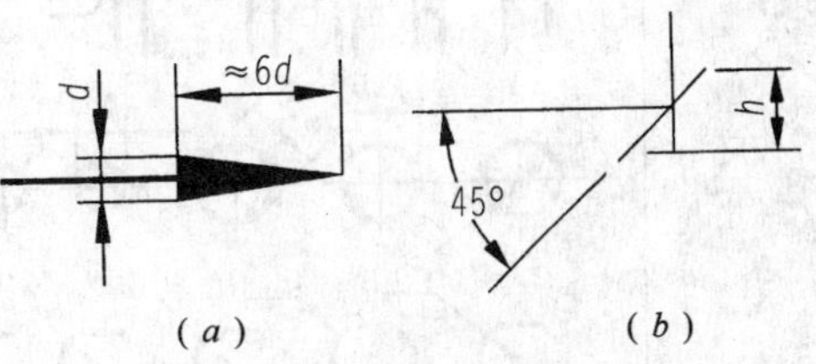

图 1－11　尺寸线的终端形式
(a) 箭头；(b) 斜线。

(3)尺寸数字　尺寸数字一般应注写在尺寸线的上方，也允许注写在尺寸线的中断处。尺寸数字的方向一般应按图 1－12(*a*)所示的方向注写，并尽量避免在图示 30°范围内标注尺寸，当无法避免时，可按图 1－12(*b*)所示的形式标注。对于非水平方向的尺寸，其数字也可以水平地注写在尺寸线的中断处，如图 1－12(*c*)所示。

国标还规定了一些注写在尺寸数字周围的标注尺寸的符号，可参阅表 1－6。例如，在标注直径时，应在尺寸数字前加注符号“ϕ”；标注半径时，应在尺寸数字前加注符号“R”(通常对于小于或等于半圆的圆弧标注半径，对大于半圆的圆弧标注直径)。在标注球面的直径或半径时，应在符号“ϕ”或“R”前加注符号“S”。

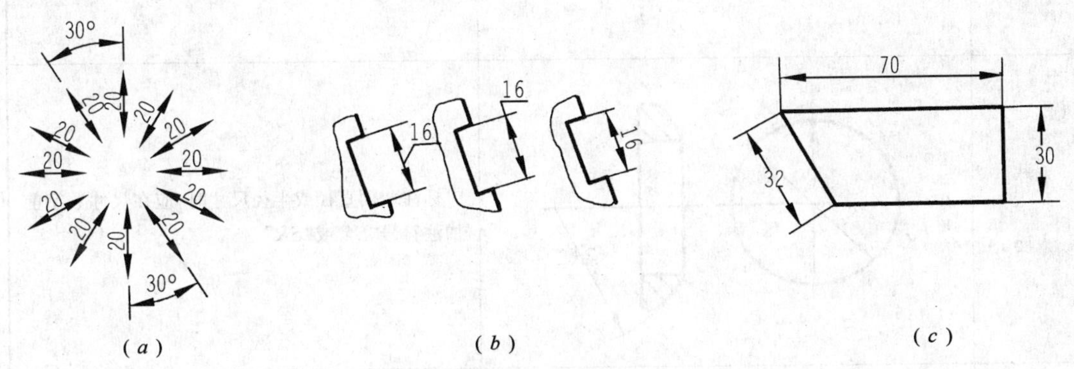

图 1－12　尺寸数字的注写方法

3. 常用的尺寸注法(见表 1－6)

表 1－6　常用的尺寸注法

项目	图　例	说　明
圆和圆弧	φ17 (a)　φ30 φ22 (b)　R16 (c)　R100 (d)	标注圆和圆弧尺寸时，尺寸线通过圆心，在直径、半径的尺寸数字前应分别加注符号“ϕ”、“R”。大圆弧无法标出圆心位置时，可按图(*d*)标注，其他圆直径、半径尺寸，按图(*a*)、(*b*)、(*c*)标注

（续）

项目	图例	说明
小尺寸	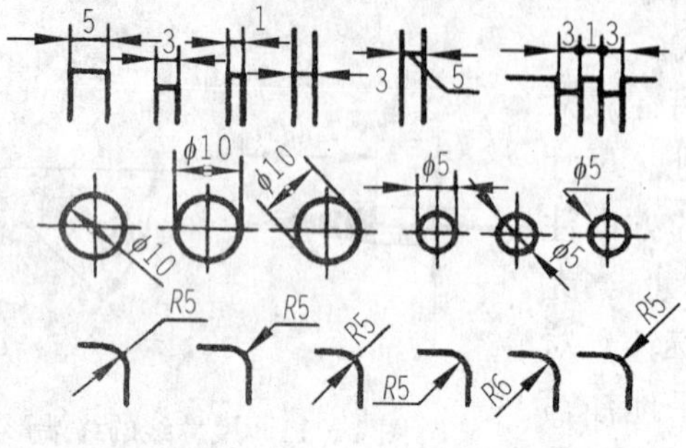 5 3 1 3 5 3 1 3 φ10 φ10 φ10 φ5 φ5 φ5 R5 R5 R5 R5 R6 R5	在尺寸界线之间没有足够位置画箭头或注写尺寸数字的小尺寸时，可按图示形式进行标注。标注连续尺寸时，代替箭头的圆点大小应与箭头尾部宽度(*d*)相同
角度	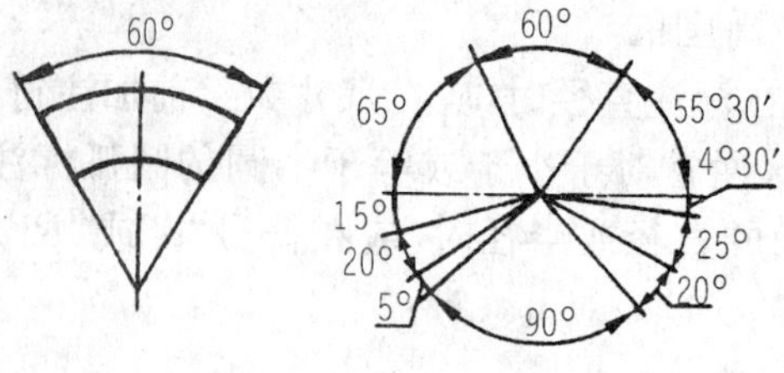 60° 60° 65° 55°30′ 4°30′ 15° 20° 25° 5° 90° 20° (*a*) (*b*)	标注角度的尺寸界线应沿径向引出；尺寸线画成圆弧，其圆心为该角的顶点，半径取适当大小，如图(*a*)所示；角度数字一律写成水平方向，一般注写在尺寸线的中断处或尺寸线的上方或外边，也可引出标注，如图(*b*)所示
球面	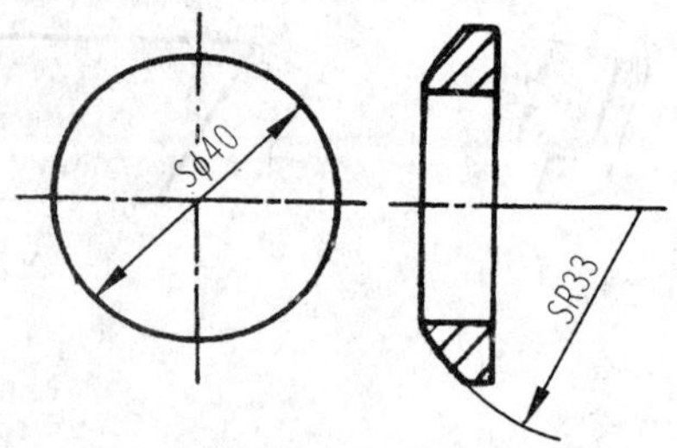 Sφ40 SR33	标注球面直径或半径尺寸时，应在尺寸数字前加注符号“*S*φ”或“*SR*”
成组要素	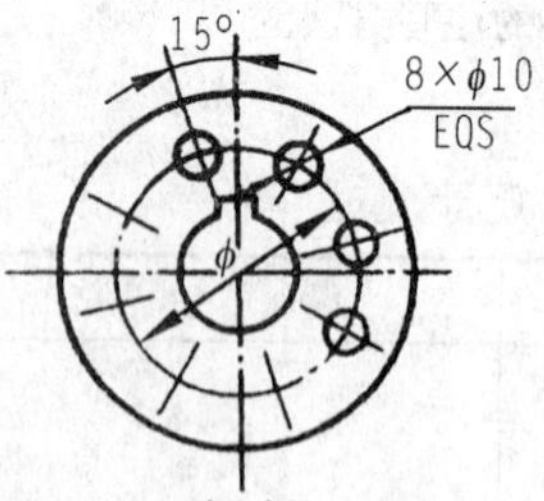 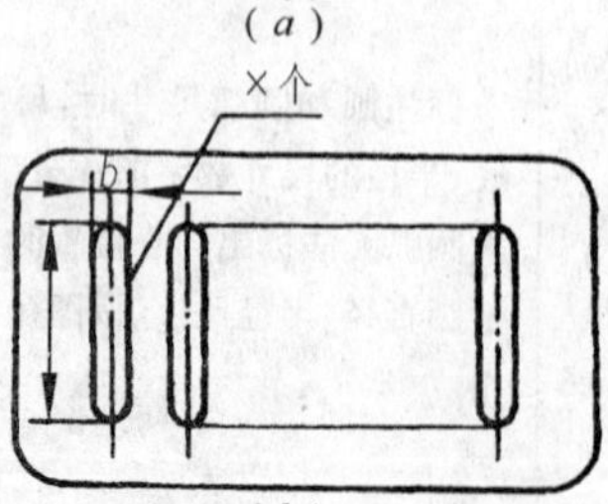 15° 8×φ10 EQS φ (*a*) ×个 *b* (*b*)	在同一图形中，对于尺寸相同的孔、槽等成组要素，可仅在一个要素上注出其尺寸和数量，如图(*a*)和(*b*)所示。图(*a*)中的“EQS”表示“均布”

（续）

项目	图　例	说　明
对称机件	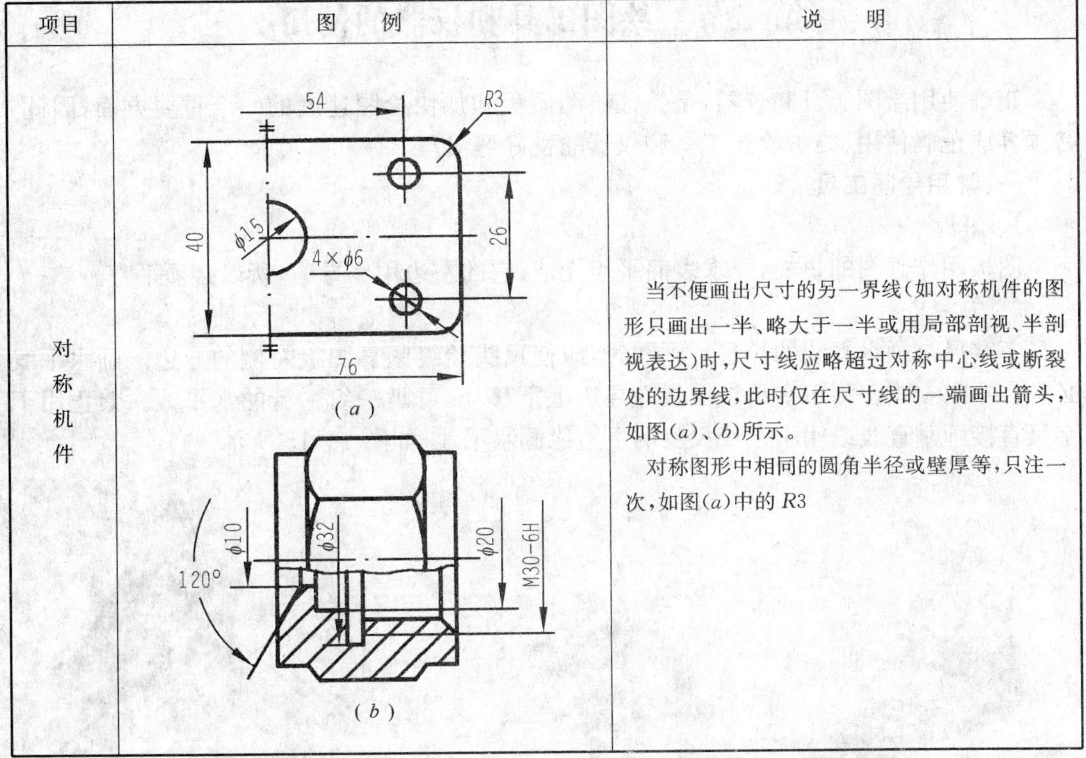 (a) (b)	当不便画出尺寸的另一界线(如对称机件的图形只画出一半、略大于一半或用局部剖视、半剖视表达)时，尺寸线应略超过对称中心线或断裂处的边界线，此时仅在尺寸线的一端画出箭头，如图(*a*)、(*b*)所示。 对称图形中相同的圆角半径或壁厚等，只注一次，如图(*a*)中的 *R*3

4. 尺寸的简化注法

GB/T16675.2—1996 规定，在技术图样中，尺寸标注可采用简化注法。

(1)标注尺寸时，可采用带箭头的指引线，还可采用不带箭头的指引线，如图 1－13(*a*)、(*b*)所示。

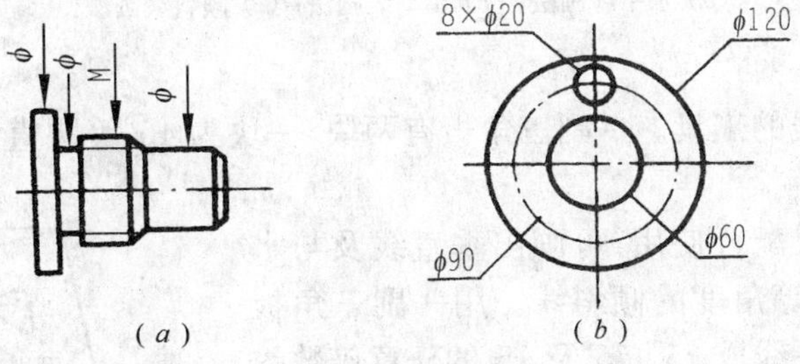

图 1－13　尺寸简化注法(一)

(2)一组同心圆弧或一组圆心位于一条直线上的多个不同心圆弧，以及一组同心圆，它们的尺寸可用共用的尺寸线箭头依次标注，如图 1－14 所示。

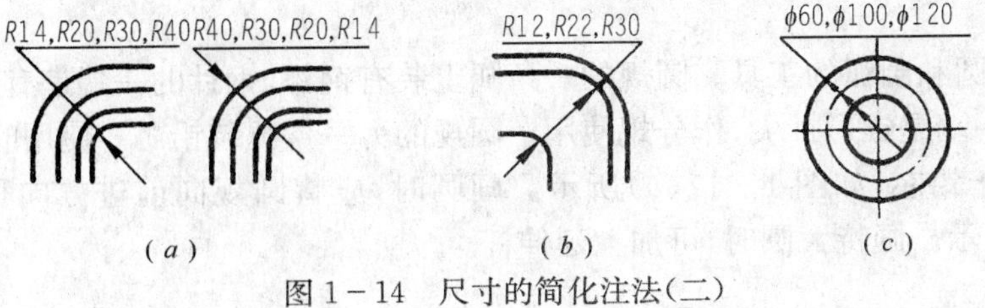

图 1－14　尺寸的简化注法(二)

第二节　绘图工具和仪器的使用

正确使用绘图工具和仪器，是保证绘图质量和加快绘图速度的一个重要方面，因此，必须养成正确使用、维护绘图工具和仪器的良好习惯。

一、常用绘图工具

1. 图板

图板用作画图的垫板，要求表面平坦光洁；它的左边用作导边，所以必须平直。

2. 丁字尺

丁字尺是画水平线的长尺。画图时，应使尺头始终紧靠图板左侧的导边。画水平线必须自左向右画。将丁字尺沿图板左导边上下移动，可画一组平行的水平线。禁止用丁字尺直接画垂直线或用丁字尺尺身的下边缘画水平线，如图 1－15 所示。

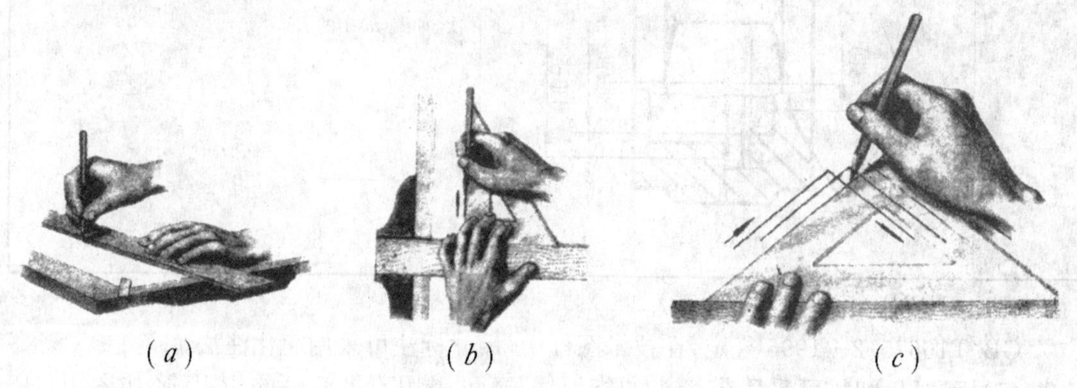

图 1－15　用丁字尺、三角板画线

(*a*) 水平线画法；(*b*) 铅垂线画法；(*c*) 倾斜线画法。

3. 三角板

三角板是画直线的工具。一副三角板有两块，一块为 45°等腰直角三角形，另一块为 30°、60°直角三角形。

三角板与丁字尺配合使用，可画出垂直线及与水平线成 30°、45°、60°等角度的倾斜线。用一副三角板和丁字尺可画与水平线成 15°、75°及 15°的任意倍数的角度，以及画任意已知直线的平行线与垂直线，如图 1－16 所示。

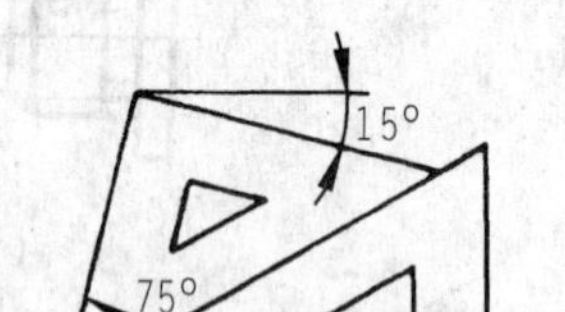

图 1－16　用三角板画 15°、75°角

二、常用绘图仪器

1. 圆规

圆规是画圆和圆弧的工具。圆规的一条腿上装有钢针，钢针的一端带有台阶，用于画圆和圆弧，另一端是锥形针尖，作分规使用。圆规的另一条腿装铅芯。使用时应先调整针尖，使其稍长于铅芯，如图 1－17(*a*)所示。画圆时，应将圆规向前进方向稍微倾斜，如图 1－17(*b*)所示。画特大圆时，可加上延伸杆。

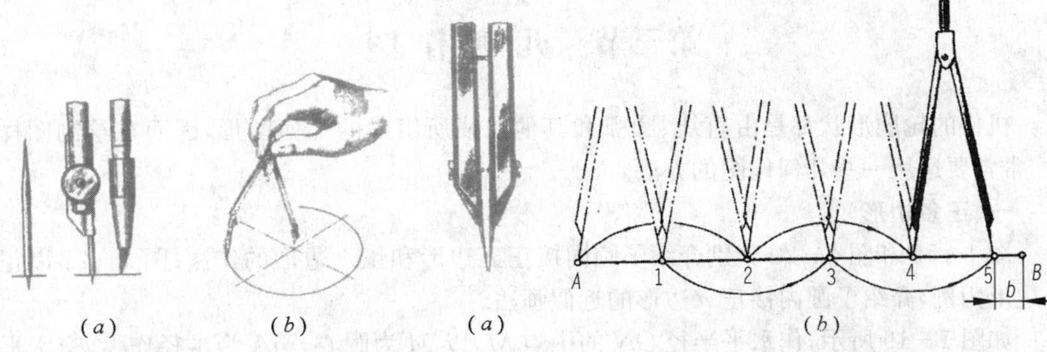

图 1－17　圆规的使用

(a) 针尖应比铅芯稍长；

(b) 画较大圆时，应使圆规两脚垂直纸面。

图 1－18　分规的使用

(a)针尖应对齐；(b)用试分法等分直线段。

2. 分规

分规主要用于量取和分割线段，当两脚并拢，两针尖应对齐，其用法如图 1－18 所示。

三、常用绘图用品

1. 铅笔

绘图铅笔用符号“B”、“H”、“HB”代表铅芯的软硬程度。H 表示硬性铅笔，号数越大则越硬；B 表示软性铅笔，号数越大，则越软（黑）；HB 表示软硬适中。画细线和写字时铅笔芯应磨成圆锥形，而画粗实线时，可磨成楔形。不同规格铅芯的用途，推荐按表 1－7 选用。

表 1-7　铅芯硬度的选用

类　别	铅　　笔					圆规铅芯			
铅芯软硬	2H	H	HB	HB	B	H	HB	B	2B
铅芯形式	 (圆锥形)			 (楔形)		 (圆锥形、圆柱斜切形)		 (楔形)	
用　途	画底稿线	描深细实线、点画线	写字、画箭头	描深粗实线		画底稿线	描深点画线、细实线、虚线等	描深粗实线	

2. 绘图纸

绘图纸是专门用于绘制图样的专用图纸，分正反两面，用橡皮擦试，不起毛的一面为正面，绘图时用正面。

3. 其他用品

绘图时，除上述工具外，还需要准备一些其他用品，如曲线板、橡皮、胶带纸、砂纸、小刀和软毛刷等。

第三节 几 何 作 图

机件的轮廓形状都是由直线、圆弧和其他曲线所组成的几何图形，因而在绘制图样时，常常要运用一些几何作图的方法。

一、正多边形

图 1-19 和图 1-20 分别介绍了圆内接正五边形和正六边形的作法；图 1-21 以正七边形为例，介绍了圆内接正 n 边形的近似画法。

如图 1-19 所示，作水平半径 ON 的中点 M，以 M 为圆心，MA 为半径作弧，交水平中心线于 H。以 HA 为边长，即可做出圆内接正五边形。

如图 1-20 所示，用三角板配合丁字尺通过水平直径的端点作四条边，再以丁字尺作上、下水平边，即得圆内接正六边形。

如图 1-21 所示，等分铅垂直径 AN（图中 $n=7$）。以 A 为圆心，AN 为半径作弧，交水平中心线于点 M。延长连线 $M2$、$M4$、$M6$，与圆周交得点 B、C、D，再作出它们的对称点 G、F、E，即可连成圆内接正 n 边形。

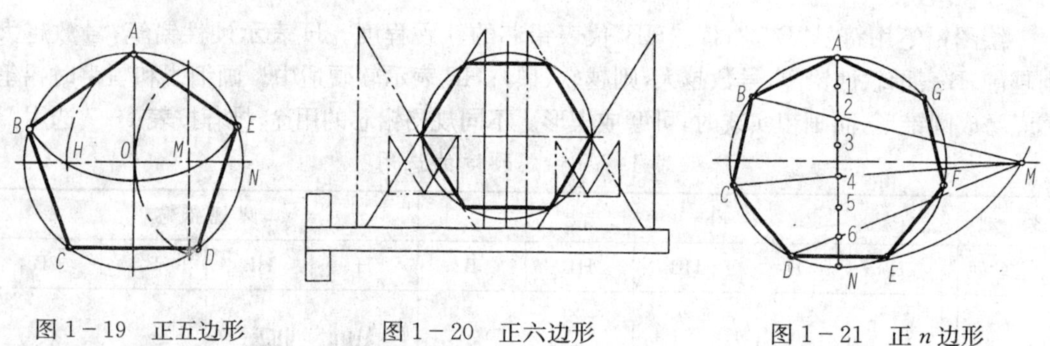

图 1-19 正五边形　　图 1-20 正六边形　　图 1-21 正 n 边形

二、椭圆的近似画法

图 1-22 是已知长、短轴作椭圆的一种近似画法，连长、短轴的端点 A、C，取 $CE_1=CE=OA-OC$。作 AE_1 的中垂线，与两轴交得点 O_1、O_2，再取对称点 O_3、O_4。分别以 O_1、O_2、O_3、O_4 为圆心，O_1A、O_2C、O_3B、O_4D 为半径画弧，拼成椭圆，切点为 K、N、N_1、K_1。

三、斜度和锥度

1. 斜度

斜度是指一条直线对另一条直线或一个平面对另一个平面的倾斜程度。斜度用两直线或两平面间的夹角的正切表示。在图样上以 1∶n 的形式标注。

斜度用斜度符号标注，符号的倾斜方向应与斜度方向一致，如图 1-23 所示。

图 1-24 为 1∶5 的斜度画法及标注，其步骤如下：

(1)已知斜度 1∶5；

(2)作 $BC\perp AB$，在 AB 上取 5 个单位长得 D，在 BC 上取 1 个单位长得 E，连 DE 即为 1∶5 参考斜度线；

(3)按尺寸定出 F，过 F 点作 DE 平行线即为所求。

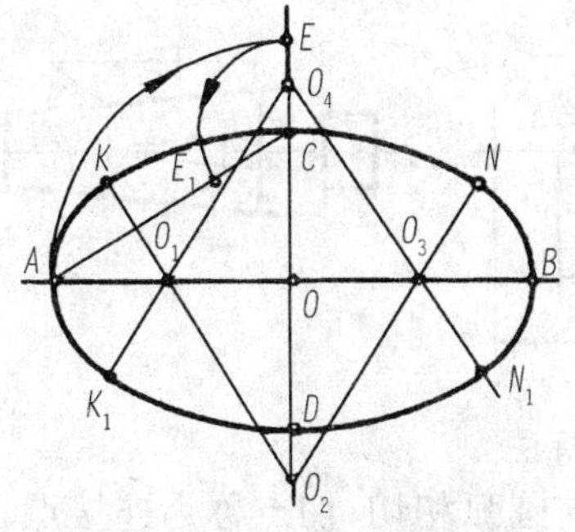

图 1－22　用四心圆法作近似椭圆

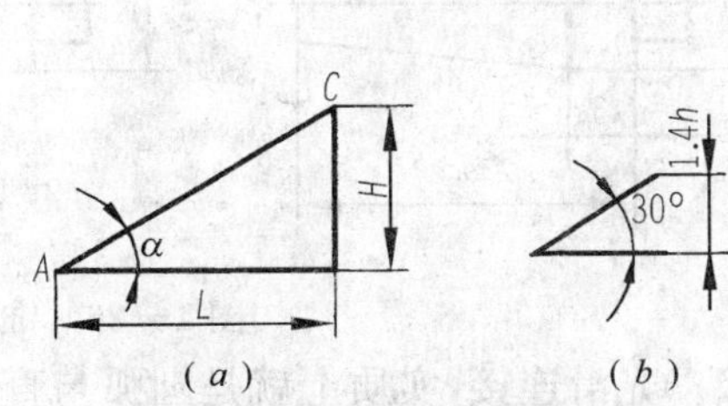

图 1－23　斜度及其符号

(a) 斜度＝$\tan\alpha = H/L = 1:n$；

(b) 斜度符号 h＝字高，符号线宽＝$h/10$。

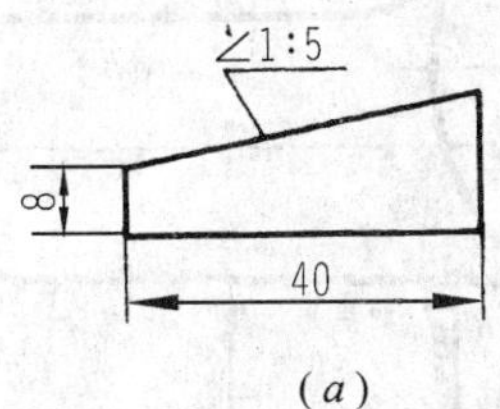

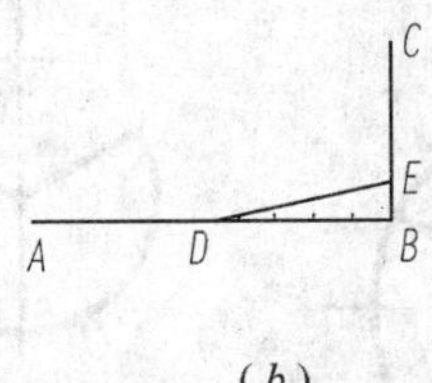

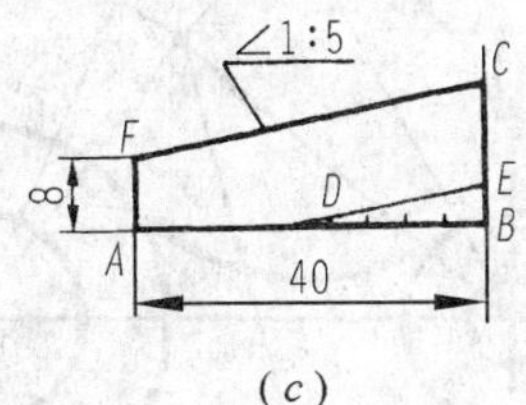

图 1－24　斜度的画法及标注

2. 锥度

锥度是指正圆锥底圆直径与其高度之比。圆台的锥度等于两底圆直径差与其高度之比，如图 1－25 所示。在图样上也以 1∶n 的形式标注。

锥度用锥度符号标注，符号和锥度的方向一致。

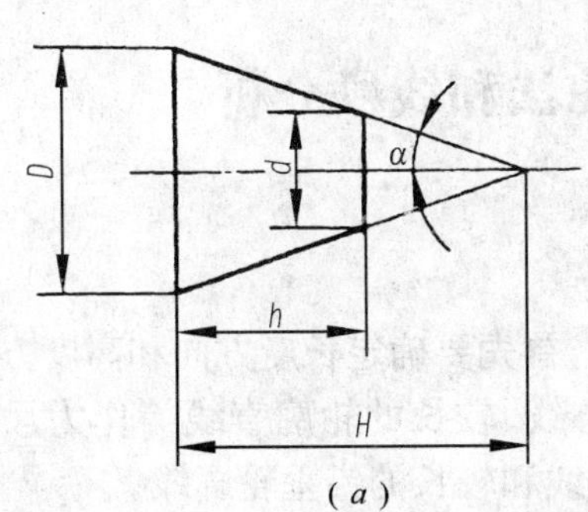

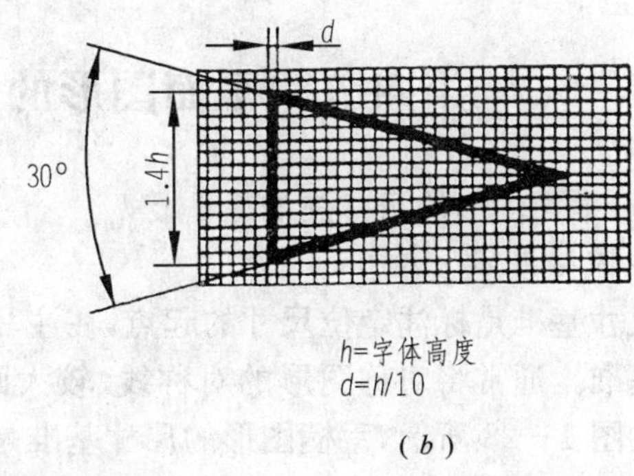

图 1－25　锥度及其符号

图 1－26 为 1∶5 的锥度画法及标注，其步骤如下：

(1)已知锥度 1∶5，如图 1-26(a)所示。

(2)按尺寸先画已知部分，在轴上量取 5 个单位长，在 ab 上量取 1 个单位长，得锥度 1∶5的参考锥度线 cd、ce，如图 1-26(b)所示。

(3)过 a、b 分别作 cd、ce 的平行线，即得所求，如图 1-26(c)所示。

四、圆弧连接

绘制零件轮廓图形时，经常需要用圆弧去光滑地连接圆弧或直线，这种光滑过渡称为

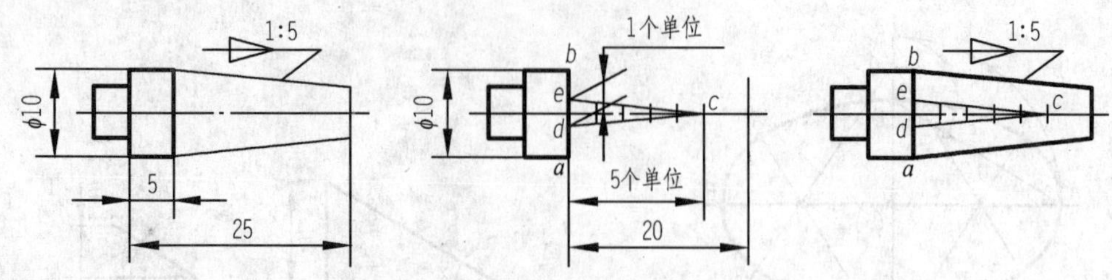

图 1－26　锥度的画法及标注

圆弧连接。光滑连接，实质上就是圆弧与直线或圆弧与圆弧相切，切点称为连接点，因此，圆弧连接的关键是准确地作出连接圆弧的圆心和切点（见图 1-27）。

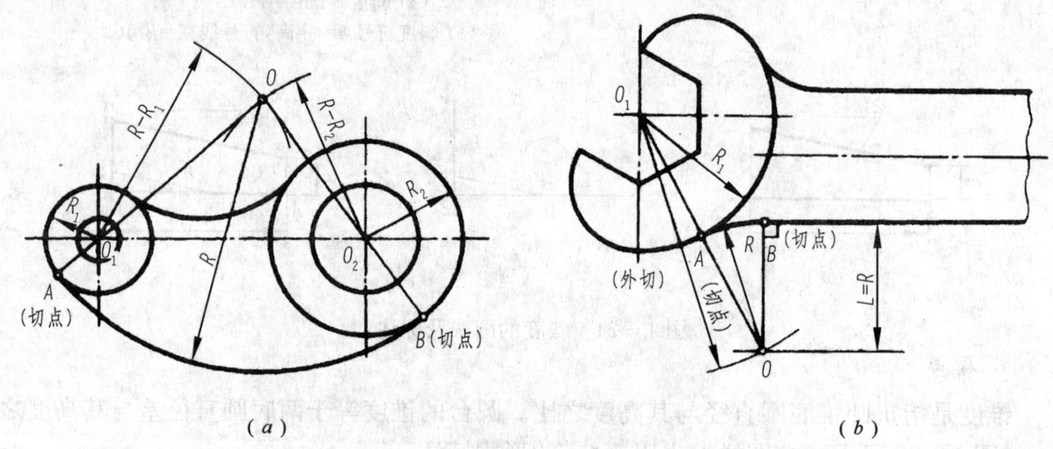

图 1－27　连接圆弧的圆心 O 和切点

（a）连杆；（b）扳手。

第四节　平面图形的尺寸注法和线段分析

一、平面图形的尺寸注法

1. 尺寸基准

尺寸基准是标注定位尺寸的起点，在注写尺寸时，首先要确定长度方向和高度方向的尺寸基准。通常将对称图形的对称线、较大圆的中心线、较长的轮廓直线等作为尺寸基准。如图 1－28 所示，手柄图形的尺寸基准是水平轴线和较长的铅垂轮廓线。

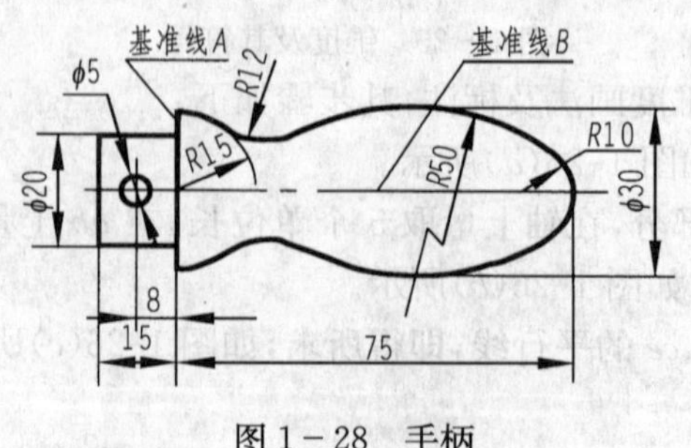

图 1－28　手柄

2. 尺寸分析

平面图形的尺寸，按其作用可分为定形尺寸和定位尺寸。

(1)定形尺寸　确定平面图形中各几何图形或图线形状大小的尺寸称为定形尺寸。如线段的长度、圆及圆弧的直径或半径、角度的大小等。图 1-28 中的 $\phi20$、15、$\phi5$、$R12$、$R15$、$R50$、$R10$、$\phi30$ 等均为定形尺寸。

(2)定位尺寸　确定平面图形中各几何图形及图线之间相对位置的尺寸称为定位尺寸。图 1-28 中的 8 是确定 $\phi5$ 小圆位置的定位尺寸。

二、平面图形的线段分析

平面图形中的线段包括直线和圆弧，根据标注尺寸是否齐全，可分为三种。

(1)已知线段　是指定形尺寸和定位尺寸均已知，可以直接画出的线段，如图 1-28 中的 $\phi5$、$R15$、$R10$。

(2)中间线段　是指缺少一个定位尺寸，必须依靠一端与另一线段的连接关系，才能画出的线段，如图 1-28 中的 $R50$ 圆弧，它的圆心的高度方向定位尺寸可由 $R50$ 确定，但没有长度方向的定位尺寸，它的圆心要靠与已知圆弧 $R10$ 内切作出。

(3)连接线段　是指缺少两个定位尺寸，因而要依靠两端与另两线段的连接关系，才能画出的线段，如图 1-28 中的 $R12$。

三、平面图形的画图步骤

图 1-29 为手柄图形的画法，其步骤如下：

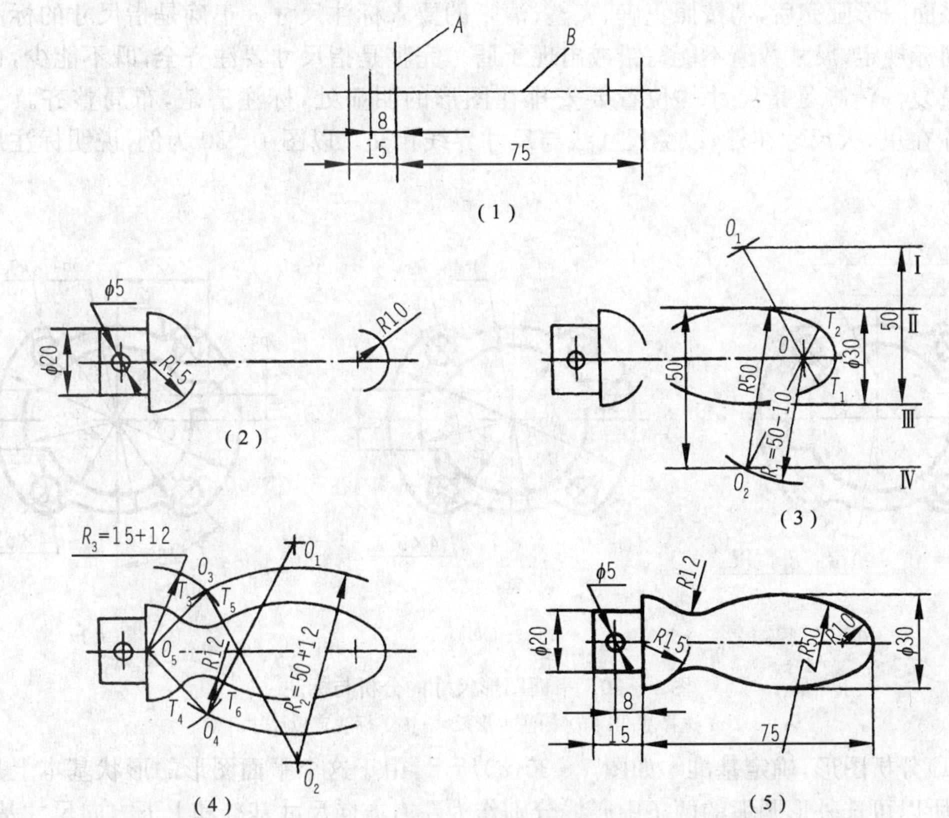

图 1-29　手柄的画图步骤

(1)画出尺寸基准 A、B 直线,作距 A 线为 8、15、75 的三条垂直于 B 线的直线。

(2)画出两已知弧 $R15$、$R10$ 及圆 $\phi5$,再画距 B 线为 10 并平行 B 线的两条直线(即相距为 20 的两条直线),得矩形。

(3)作Ⅱ、Ⅲ两条辅助线平行 B 线并相距为 30,作Ⅰ线平行Ⅲ线相距为 50,作Ⅳ线平行Ⅱ线相距为 50,以 O 为圆心、$R_1=50-10$ 为半径作弧与Ⅰ、Ⅳ线交于 O_1、O_2,即中间弧 $R50$ 的圆心。连 OO_1、OO_2 与圆弧 $R10$ 相交于 T_1、T_2 即切点,作中间弧 $R50$ 与 $R10$ 弧内切连接。

(4)分别以 O_1、O_2 为圆心,$R_2=50+12$ 为半径作弧,以 $R_3=15+12$ 为半径作弧,得交点 O_3、O_4,即连接弧 $R12$ 的圆心。连 O_5O_3、O_5O_4 与 $R15$ 弧相交于 T_3、T_4;连 O_2O_3、O_1O_4 与 $R50$ 弧相交于 T_5、T_6 即切点,作连接弧 $R12$ 与 $R15$、$R50$ 外切连接。

(5)校核底稿,擦去作图线,注尺寸、加粗图线(轮廓线)完成手柄图形。

概括绘制平面图形的步骤如下:

(1)画出基准线,并根据定位尺寸画出定位线;

(2)画出已知线段;

(3)画出中间线段;

(4)画出连接线段;

(5)检查,描深图线并标注尺寸。

四、平面图形的尺寸标注

平面图形画完后,需按照正确、完整、清晰的要求标注尺寸。正确是指尺寸的标注要符合国标规定,尺寸数值不能写错或出现矛盾。完整是指尺寸要注齐全,既不能少,也不允许重复。清晰是指尺寸的位置要安排在图形的明显处,标注清楚,布局整齐。一般小尺寸在里,大尺寸在外,以免尺寸线与尺寸界线相交。以图 1-30 为例,说明标注尺寸的步骤。

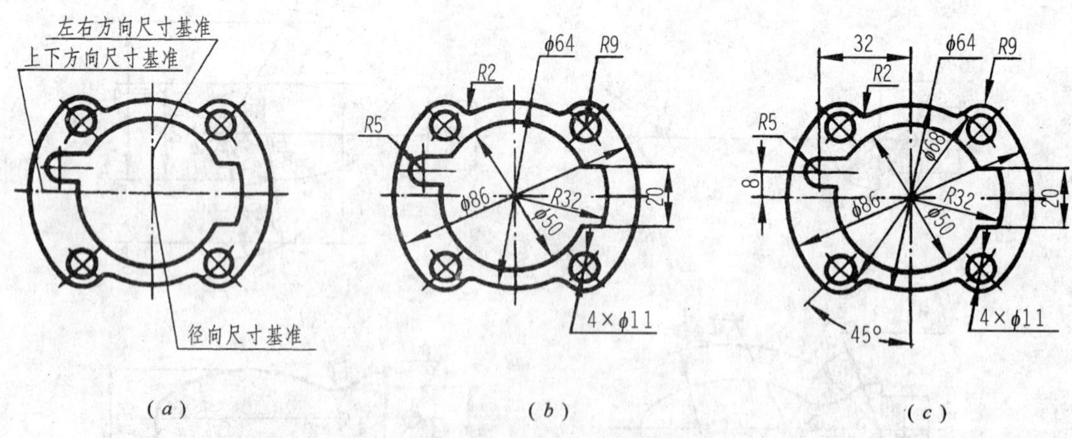

图 1-30　平面图形尺寸的分析与标注

(*a*) 选择基准;(*b*) 标注定形尺寸;(*c*) 标注定位尺寸。

(1)分析图形,确定基准　如图 1-30(*a*)所示,由于这个平面图形的形状基本上是对称的,所以可选外形圆弧的两条中心线分别作为左右方向尺寸基准和上下方向尺寸基准,还可以把外形圆弧的圆心作为径向尺寸基准。

(2)标注定形尺寸　如图 1－30(*b*)所示，在分析了这个平面图形的形状后，标注出各部分定形尺寸。

(3)标注定位尺寸　如图 1－30(*c*)所示，根据对这个平面图形的形状分析，标注出各部分所需的定位尺寸。定位尺寸都应与尺寸基准有所联系。

(4)检查　按正确、完整、清晰的要求，校核所标注尺寸。

第五节　绘图的方法与步骤

为了提高图样质量和绘图速度，除了正确使用绘图工具和仪器外，还必须掌握正确的绘图方法与步骤。

一、绘图前的准备工作

1. 准备工具

准备好所用的绘图工具和仪器，磨削好铅笔及圆规上的铅芯，调整好圆规的两脚长短，然后把图板、丁字尺、三角板等擦试干净。

2. 固定图纸

根据要绘制图形的大小确定绘图比例，选择图纸幅面。将图纸铺在图板上，用丁字尺的工作边沿图纸上边校准水平，注意图纸下边距图板边缘应留有稍大于一个丁字尺的宽度。然后用胶带纸将图纸的四个角固定在图板上。

二、底稿

画底稿时，宜用削尖的 H 或 2H 铅笔轻淡地画出，并经常磨削铅笔。

(1)画图框和标题栏。

(2)布图　即根据每个图形的长、宽尺寸，确定各图形在图纸上的位置。同时要考虑标注尺寸所占的位置，使图形布局尽量匀称、美观。通常采用 3∶4∶3 布局，即三视图的布局，使在水平或垂直方向上图框与图形的间距占整个间距的 30%，两图形之间的距离占 40%，如图 1－31 所示。然后画出各图形的主要基准线。

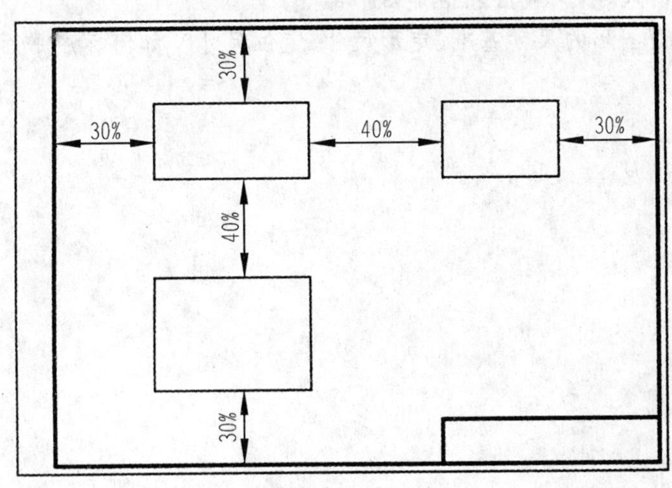

图 1－31　布图

(3)绘制底稿　根据定好的基准线，按尺寸先画主要轮廓线，然后画细节部分，最后完成全部图形底稿，擦去不要的图线。

三、铅笔描深底稿

描深前应认真校对底稿，修正错误。在描深时，应该做到线型正确、粗细分明、连接光滑、图面整洁。

描深粗实线用HB或B铅笔。描深虚线及细线用削尖的H或2H铅笔。画图时，圆规的铅芯应比画直线的铅芯软一级。加深图线时用力要均匀，还应使加深的图线均匀地分布在底稿线的两侧。

铅笔描深的一般步骤如下：

(1)描深所有的点画线；

(2)描深所有粗实线的圆和圆弧；

(3)自上而下依次描深所有水平的粗实线；

(4)自左向右依次描深所有垂直的粗实线；

(5)自图的左上方开始，依次描深所有倾斜方向的粗实线；

(6)按描深粗实线的步骤描深所有的虚线圆及圆弧，包括水平的、垂直的和倾斜的虚线；

(7)描深所有的细实线、波浪线等；

(8)描深尺寸界线、尺寸线并画箭头，注尺寸，填写标题栏及其他文字；

(9)检查全图。

思考题

1. 图纸幅面的代号有哪几种？其尺寸分别有何规定？
2. 在图样中书写的字体，必须做到哪些要求？字体的号数说明什么？
3. 图线的宽度分几种？哪些图线是粗线？哪些图线是细线？
4. 一个完整的尺寸，一般应包括哪四个部分？
5. 什么是平面图形的尺寸基准、定形尺寸、定位尺寸？如何标注平面图形的尺寸？

第二章　点、直线、平面的投影

第一节　投影法的基本知识

在图 2－1 中，有平面 P 以及不在该平面上的一点 S，需作出点 A 在平面 P 上的图像。将 S、A 连成直线，作出 SA 与平面 P 的交点 a，即为点 A 的图像。平面 P 称为投影面，点 S 称为投射中心，直线 SA 称为投射线，点 a 称为点 A 的投影，这种产生图像的方法称为投影法。根据投影法所得到的图形，称为投影。工程上用物体的投影表示空间物体。投影法分为两类：中心投影法和平行投影法。

一、中心投影法

如图 2－1 所示，由投射中心 S 作出了△ABC 在投影面 P 上的投影：投射线 SA、SB、SC 分别与投影面 P 的交点 a、b、c 分别是 A、B、C 的投影；直线 ab、bc、ca 分别是直线 AB、BC、CA 的投影；△abc 就是△ABC 的投影。这种投射线都从投射中心出发的投影法称为中心投影法，所得的投影称为中心投影。

中心投影通常用来绘制建筑物或产品的富有逼真感的立体图，也称为透视图。

二、平行投影法

如图 2－2 所示，投射线 Aa、Bb、Cc 按给定的投射方向互相平行，分别与投影面 P 相交，得到点 A、B、C 的投影 a、b、c，△abc 是△ABC 在投影面 P 上的投影。这种投射线都互相平行的投影法称为平行投影法，所得的投影称为平行投影。

平行投影法又分为正投影法和斜投影法。图 2－2(a)是投射方向垂直于投影面的正投影法，所得的投影称为正投影；图 2－2(b)是投射方向倾斜于投影面的斜投影法，所得的投影称为斜投影。

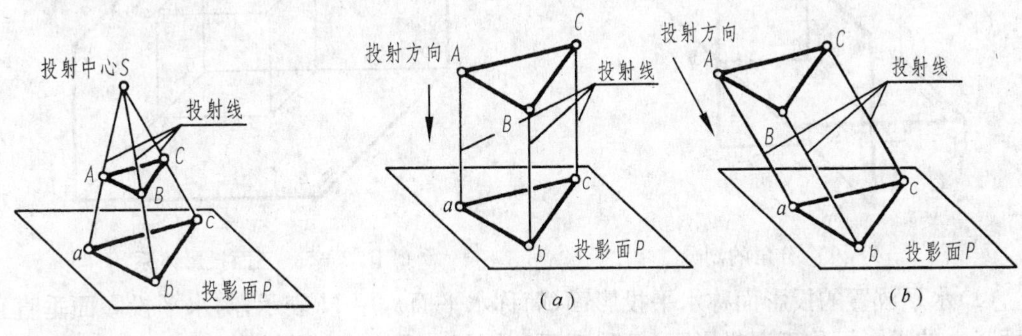

图 2－1　中心投影法

图 2－2　平行投影法

(a) 正投影法；(b) 斜投影法。

工程图样主要用正投影，以后的论述中将“正投影”简称“投影”。

第二节　点的投影

一、点的三面投影

1. 三面投影体系的建立

如图 2－3 所示，在图(a)中，只设置一个投影平面 H；在图(b)中，设置了两个相互垂直的投影平面 H、V；在图(c)中，设置了三个相互垂直的投影平面 H、V、W。通过比较不难发现，在图(a)中，空间点与 H 投影面投影不能建立一一对应关系；在图(b)中，空间点与 H、V 两面投影能够建立一一对应关系；而图(c)中，只要其中两面投影已知，第三面投影则已确定。把图(b)中两相互垂直的投影面 H、V 所构成的体系称二面投影体系，简称二面系；将图(c)中三个相互垂直的投影面 H、V、W 所构成的体系称三面投影体系，简称三面系。在工程制图中，用一个投影来表达空间结构显然是不行的，而二面系中的两个投影则可以惟一地确定点的空间位置，为了能够更清楚地表达物体，一般在三面系中进行。

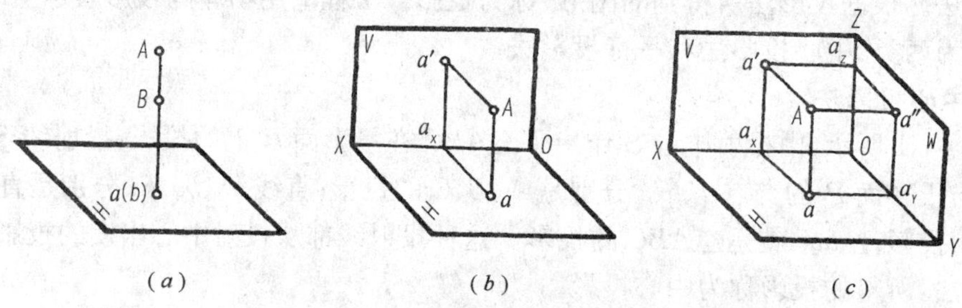

图 2－3　点在不同投影体系中的投影比较

如图 2－4 所示，用三个相互垂直的平面将空间分为 8 个部分，分别称为第一、第二、…、第八分角，每一分角均为一个三面系，根据我国《机械制图图样画法》规定，机械图样是将物体放置在第一分角内进行投影，因此本书着重研究第一分角的投影特性。下面对三面投影体系作如下规定，如图 2－5 所示。

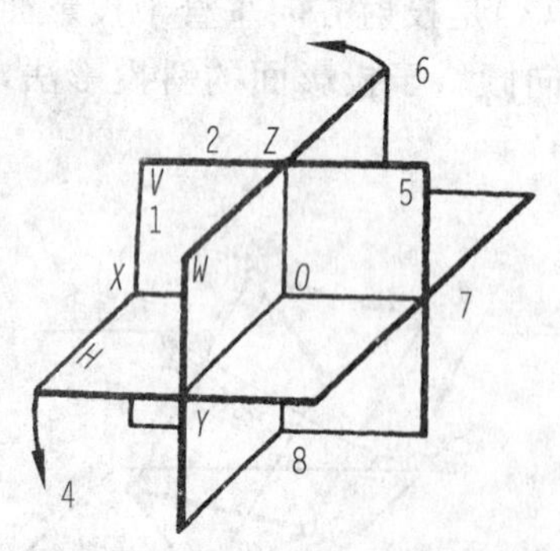

图 2－4　八个分角的划分

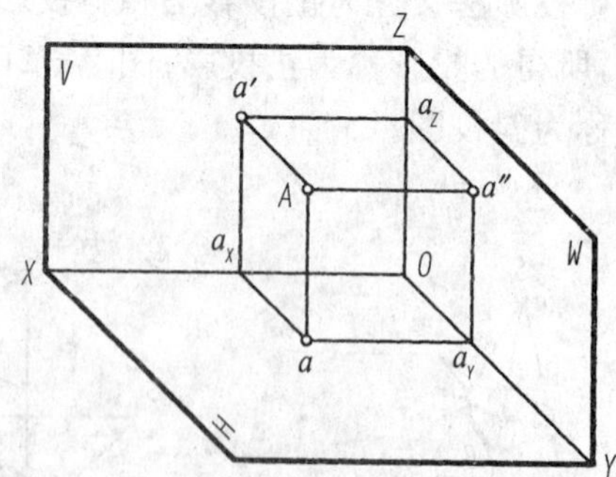

图 2－5　三面投影体系

(1)水平放置的投影面称水平投影面(简称水平面)，用 H 表示；与水平投影面垂直且正面竖立的投影面称正立投影面(简称正面)，用 V 表示；与水平投影面、正立投影面都垂直且侧面竖立的投影面称侧立投影面(简称侧面)，用 W 表示。

(2)三个面的交点称投影原点，用字母 O 表示；每两个面的交线称投影轴，分别用

OX、OY、OZ 表示。

(3)空间点用大写字母表示(如 A、B、…);在水平投影面上的投影称水平投影,用相应小写字母表示(如 a、b、…);在正立投影面上的投影称正面投影,用相应小写字母加一撇表示(如 a'、b'、…);在侧立投影面上的投影称侧面投影,用相应小写字母加两撇表示(如 a''、b''、…)。

2. 点的三面投影

三面投影体系为一空间体系,而图样却是平面图形,因此,将三面系进行如下变化,使其三面投影位于同一平面,如图 2-6(*a*)所示,将 H 面绕 OX 轴向下旋转 90°与 V 面重合,将 W 面绕 OZ 轴向右旋转 90°与 V 面重合。旋转后的三面系如图 2-6(*b*)所示。这样就得到了三面投影图,通常认为投影面是无限大的,可不画投影面的边界,如图 2-6(*c*)所示。

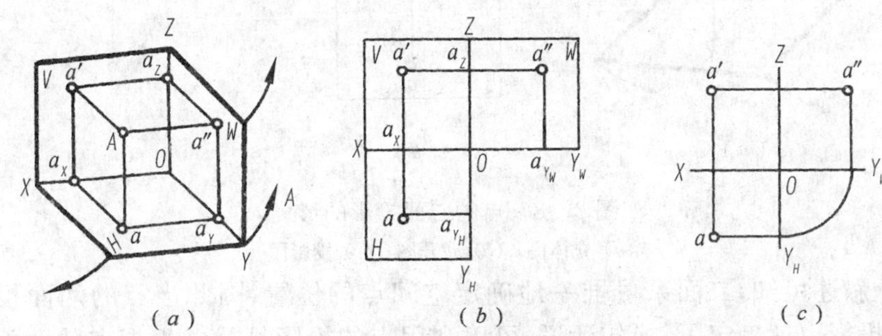

图 2-6　点的三面投影的形成

(*a*) A 点的三面投影;(*b*) 展开图;(*c*) 投影图。

在三面投影图中作如下规定,如图 2-6(*c*)所示。

(1)OY 轴成为 H 面上的 OY_H 和 W 面的 OY_W,即 OY_H 和 OY_W 是空间同一个 Y 轴在不同投影面上的两种表现形式。

(2)投影连线(如图 2-6(*b*)中 aa'、$a'a''$)与投影轴的交点分别用相应的小写字母加角标 X,Y,W,Z 表示,如图 2-6(*b*)中 a_X、a_{Y_H}、a_{Y_W}、a_Z。

3. 点的三面投影规律

如图 2-7 所示,在点 A 的三面投影图中,有如下规律:

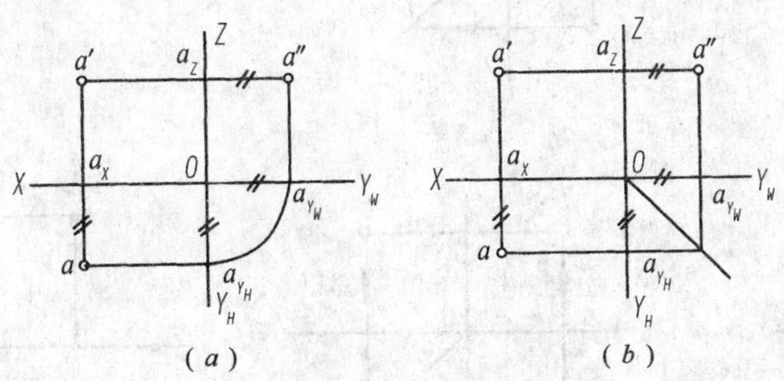

图 2-7　等量转换

(*a*) 圆弧法;(*b*) 45°辅助线。

(1)正面投影与水平投影的连线垂直于 OX 轴,即 $aa' \perp OX$。

(2)正面投影与侧面投影的连线垂直于 OZ 轴,即 $a'a'' \perp OZ$。

(3)水平投影到 OX 轴的距离与侧面投影到 OZ 轴的距离相等,即 $aa_X = a''a_Z$。为了实现这一相等关系，可用圆弧表示法（见图 2-7(*a*)）或 45°辅助线法（见图 2-7(*b*)）来转换。

以上三点可以归纳为：两个垂直、一个相等。除此之外，还可以从投影图中知道：$a'a_X = a''a_{Y_W} = Aa$，$aa_X = a''a_Z = Aa'$，$a'a_Z = aa_{Y_H} = Aa''$。

将三面系中的 W 面去掉，即可得到一个二面投影体系。其投影的形成如图 2-8 所示。二面系中点的投影规律（见图 2-8）：$aa' \perp OX$，$a'a_X = Aa$，$aa_X = Aa'$。

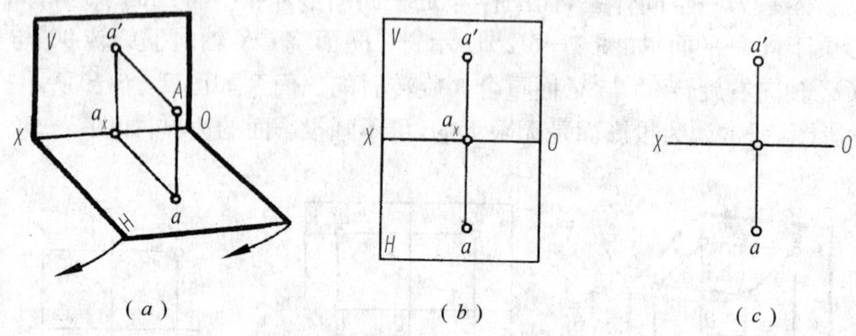

图 2-8　点的二面投影的形成

(*a*) 立体图；(*b*) 展开图；(*c*) 投影图。

从以上叙述可知，二面系可惟一地确定空间点的位置，因此当点的两面投影确定以后，其第三投影也就确定了，换句话说，可以利用点的投影规律并根据点的两面投影来求出第三投影，如图 2-9 所示。

4. 特殊位置点的投影

当点处于投影面上、投影轴上时，其投影的位置较为特殊，称为特殊位置点。

(1) 投影面上的点　如图2-10所示，点M在V面上，点N在W面上。其投影性

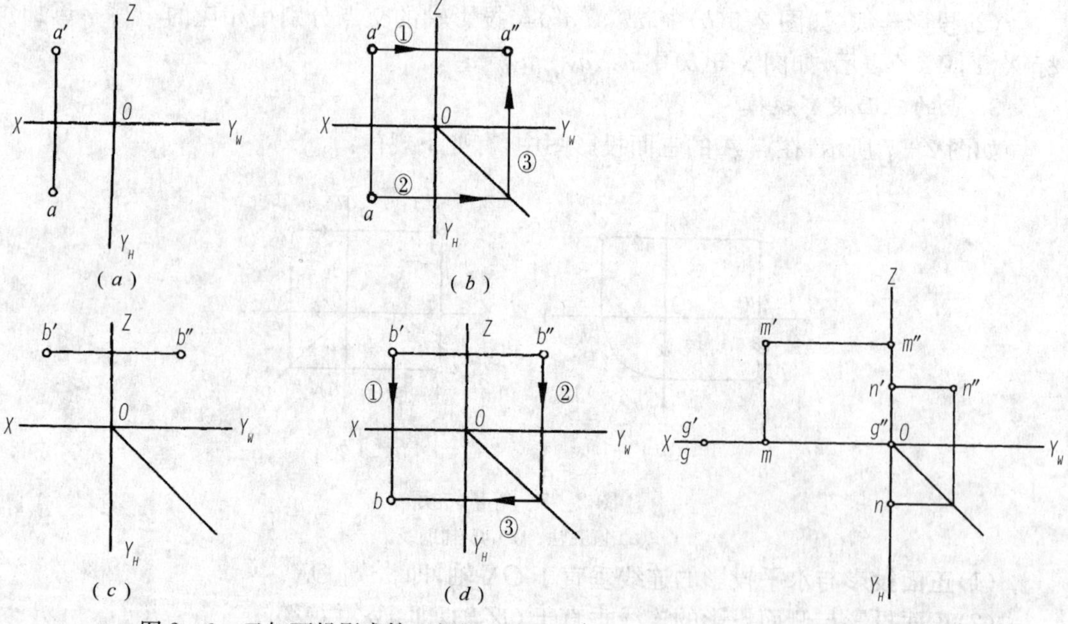

图 2-9　已知两投影求第三投影

图 2-10　特殊位置点的投影

质：点的一个投影与其本身重合，如 m' 与 M、n'' 与 N 重合；点的另两投影在投影轴上，如 m、m''、n'、n 均在投影轴上。

(2)投影轴上的点　点 G 在 OX 轴上，其投影性质：点的两个投影与其本身重合，如 g、g' 与 G 重合；点的另一个投影与原点 O 重合，如 g'' 与 O 重合。

二、点的投影与直角坐标系的关系

为使投影体系中点的投影用数值度量，在三面系中引入笛卡儿空间坐标系，如图 2-11(*a*)所示，XOZ 坐标面为 V 面，XOY 坐标面为 H 面，YOZ 坐标面为 W 面。

空间点至投影面的距离，反映了点的三个坐标，如图 2-11(*a*)所示。点 A 至水平面、正面、侧面的距离分别为 Z、Y、X 坐标。从图 2-11(*b*)中可知，空间点 A 的正面投影既反映了该点至 W 面的距离，又反映了该点至 H 面的距离，因而，a' 由 X、Z 坐标决定。同理点 A 的水平投影 a 由 X、Y 坐标决定，点 A 的侧面投影 a'' 由 Y、Z 坐标决定。总之，已知某空间点的坐标(X、Y、Z)，便可确定该点的投影；反之，已知一点的投影，便可以从图上量取其相应的坐标。

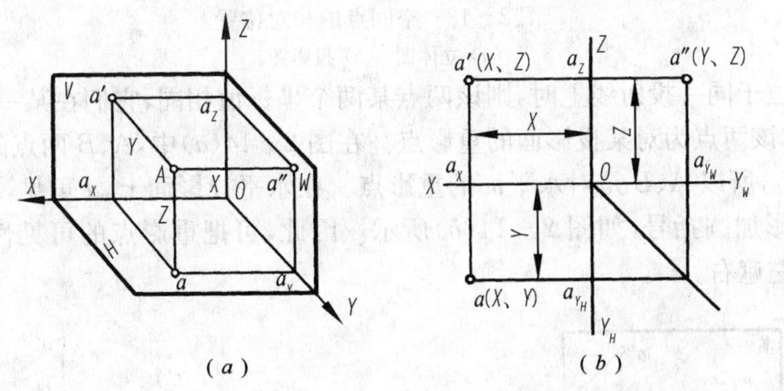

图 2-11　投影与坐标的关系

(*a*) 点在直角坐标系中的投影；(*b*) 用点的坐标表示的投影。

例 2-1　已知点 $C(20,15,20)$，试作点 C 的三面投影(见图 2-12(*a*))。

解：(1)作出投影轴，沿 OX 轴量取 $Oc_X=20$，过 c_X 作 OX 的垂线 L(见图 2-12(*b*))。

(2)沿 OZ 轴量取 $Oc_Z=20$，过点 c_Z 作 OZ 轴的垂线，交 L 于点 c'(见图 2-12(*c*))。

(3)沿 OY_H 量取 $Oc_{Y_H}=15$，过点 c_{Y_H} 作 OX 轴的平行线交 L 于 c(见图 2-12(*d*))。

(4)根据已作出的点 c' 和 c 求 c'' 点即可。

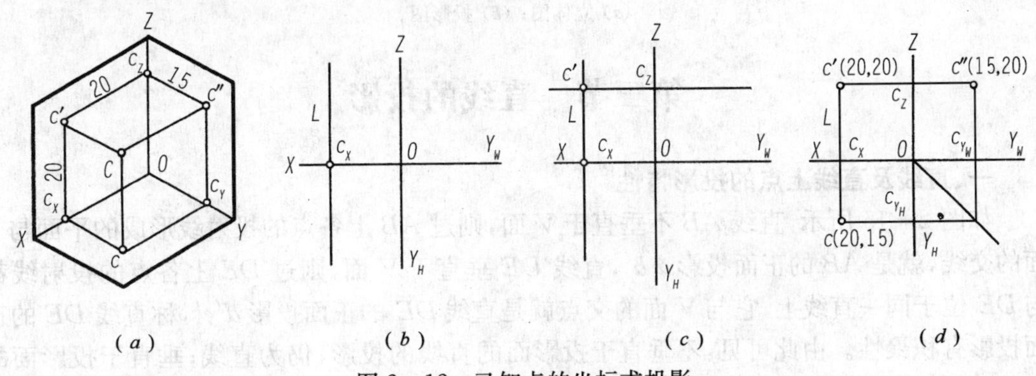

图 2-12　已知点的坐标求投影

三、两点的相对位置

空间两点间的相对位置有左右、前后、上下之分，X 坐标反映左右关系（大者为左、小者为右），Y 坐标反映前后关系（大者为前，小者为后），Z 坐标反映上下关系（大者为上，小者为下）。如此判断，图 2-13 中 A 点在 B 点的右、前、上方。

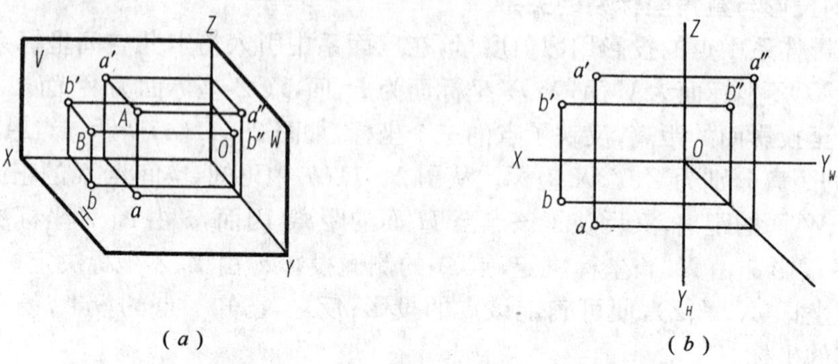

图 2-13　空间点的相对位置

(a) 立体图；(b) 投影图。

当两点位于同一投射线上时，则该两点某两个坐标值相同，它们在某一投影面上的投影会重合，称该两点为对某投影面的重影点。在图 2-14(a)中，A、B 两点的 X、Y 坐标相同，但 $Z_a > Z_b$，所以 A、B 是对水平面的重影点。在水平投影面上，a 可见，b 不可见，规定不可见的投影加圆括号，如图 2-14(b)所示。因此，可把重影点的可见性总结为：前遮后、上遮下、左遮右。

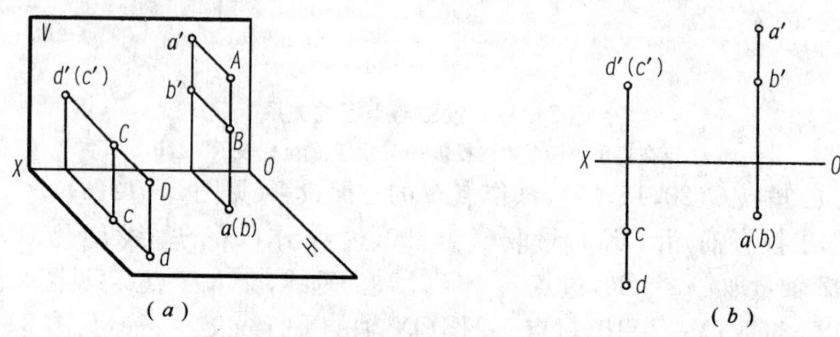

图 2-14　重影点

(a) 立体图；(b) 投影图。

第三节　直线的投影

一、直线及直线上点的投影特性

如图 2-15 所示，直线 AB 不垂直于 V 面，则过 AB 上各点的投射线形成的平面与 V 面的交线，就是 AB 的正面投影 $a'b'$，直线 DE 垂直于 V 面，则过 DE 上各点的投射线都与 DE 位于同一直线上，它与 V 面的交点就是直线 DE 的正面投影 $d'e'$，称直线 DE 的正面投影有积聚性。由此可见：不垂直于投影面的直线的投影，仍为直线；垂直于投影面的直线的投影，积聚成一点。

如图 2－15 所示，过直线 AB 上点 C 的投射线 Cc'，必位于平面 $ABb'a'$ 上，故 Cc' 与 V 面的交点 c' 也必位于平面 $ABb'a'$ 与 V 面的交线 $a'b'$ 上；由于在平面 $ABb'a'$ 上，$Aa' /\!/ Cc' /\!/ Bb'$，所以 $AC : CB = a'c' : c'b'$。又因为过直线 DE 上点 F 的投射线 Ff' 也与 DE 位于同一直线上，则 f' 也积聚在 $d'e'$ 上。几何元素在同一投影面上的投影称为同面投影。由此可见：

(1)直线上点的投影，必在直线的同面投影上，且符合点的投影规律。

(2)不垂直于投影面的直线段上的点，分割直线段之比投影后仍保持不变。

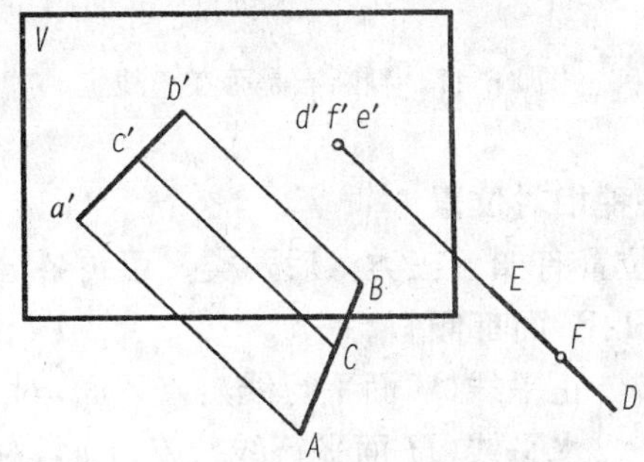

图 2－15　直线及直线上的点投影

例 2-2　如图 2－16(*a*)所示，作出分线段 AB 为 3∶2 的点 C 的两面投影 c'、c。

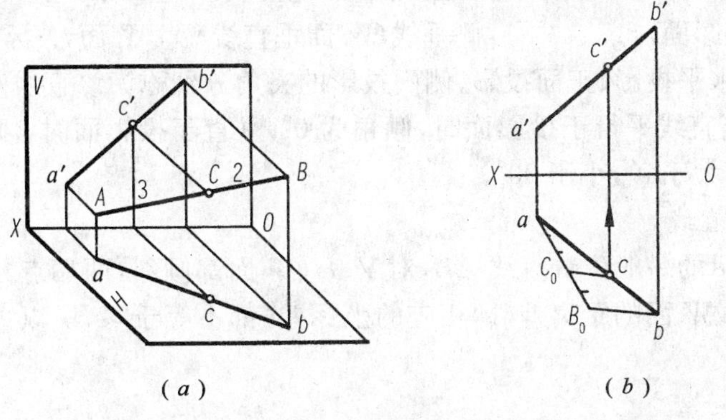

图 2－16　作分线段 AB 为 3∶2 的分点 C

(*a*) 立体图；(*b*) 投影图。

解：根据直线上点的投影特性，可先将线段 AB 的任一投影分为 3∶2，从而得出分点 C 的一个投影，然后再作点 C 的另一投影。具体的作图过程如下：

(1)由 a 作任意直线，在其上量取 5 个单位长度，得 B_0。在 aB_0 上取 C_0，且使 $aC_0 : C_0B_0 = 3 : 2$。

(2)连 B_0 和 b，作 $C_0c /\!/ B_0b$，与 ab 相交，得 c。

(3)由 c 作投影连线，与 $a'b'$ 相交，得 c'。

例 2-3　如图 2－17 所示，判断点 K 是否在直线 AB 上。

解法一：作出 AB 和点 K 的侧面投影，看 k'' 是否在 $a''b''$ 上，因 k'' 不在 $a''b''$ 上，故点 K 不在直线 AB 上(见图 2－17(*a*))。

解法二：由图 2-17(*b*)直接观察可知：$ak : kb \neq a'k' : k'b'$，故可知点 K 不在直线

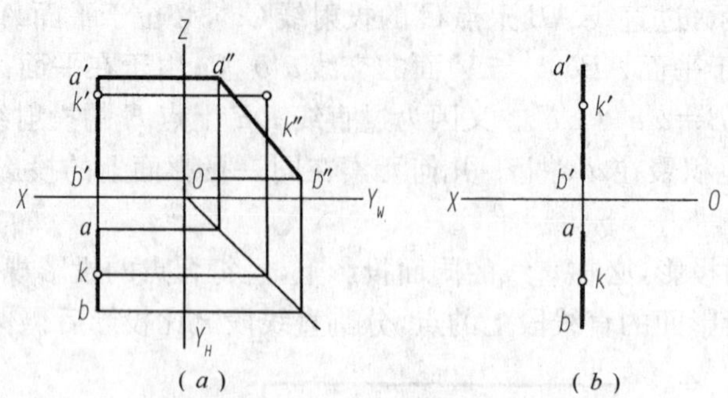

图 2-17　判断点是否在直线上

AB 上。

二、直线对投影面的各种相对位置

直线对投影面的相对位置有如下三类。后两类又可再各分三种，统称特殊位置直线。

一般位置直线：对 V、H、W 面都倾斜。

投影面平行线（只平行于一个投影面）
- 正平线（V 面平行线）：∥V 面，对 H、W 面都倾斜。
- 水平线（H 面平行线）：∥H 面，对 V、W 面都倾斜。
- 侧平线（W 面平行线）：∥W 面，对 V、H 面都倾斜。

投影面垂直线（垂直于一个投影面，平行于另外两个投影面）
- 正垂线（V 面垂直线）：⊥V 面，∥H 面，∥W 面。
- 铅垂线（H 面垂直线）：⊥H 面，∥V 面，∥W 面。
- 侧垂线（W 面垂直线）：⊥W 面，∥V 面，∥H 面。

直线与它的水平投影、正面投影、侧面投影的夹角分别称为该直线对投影面 H、V、W 的倾角 α、β、γ。当直线平行于投影面时，倾角为 0°；垂直于投影面时，倾角为 90°；倾斜于投影面时，则倾角大于 0°，小于 90°。

1. 一般位置直线

图 2-18 所示的一般位置直线 AB，对 V、H、W 面都倾斜，两端点分别沿前后、上下、左右方向对 V、H、W 面的距离差（即相应的坐标差）都不等于零，所以 AB 的三个投影都倾斜于投影轴。

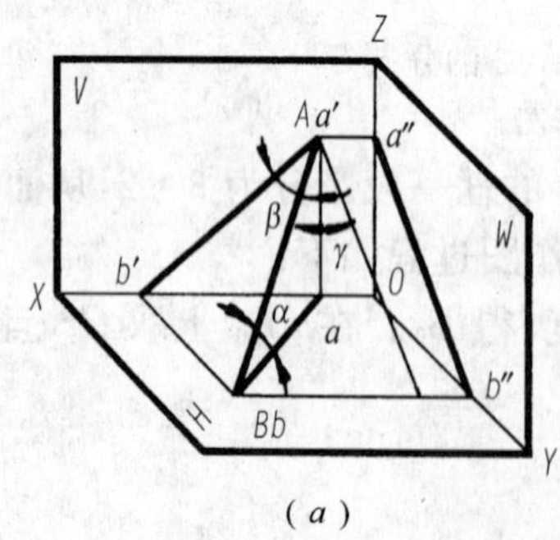

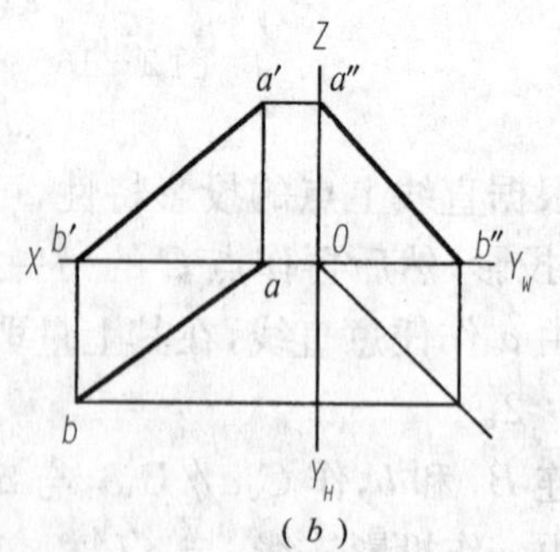

图 2-18　一般位置直线

(a) 立体图；(b) 投影图。

从图 2-18(a) 中可看出：$ab = AB\cos\alpha < AB$，$a'b' = AB\cos\beta < AB$，$a''b'' = AB\cos\gamma < AB$。同时还可看出：AB 的投影与投影轴的夹角不等于 AB 对投影面的倾角。

由此可得一般位置直线的投影特性：三个投影都倾斜于投影轴；投影长度小于直线的实长；投影与投影轴的夹角不等于 AB 对投影面的倾角。

2. **投影面平行线**

表 2-1 列出了三种投影面平行线的立体图、投影图和投影特性。

从表 2-1 中的正平线的立体图可知：

因为 $ABb'a'$ 是矩形，所以 $a'b' /\!/ AB$，$a'b'=AB$。

因为 AB 上各点与 V 面等距，即 Y 坐标相等，所以 $ab /\!/ OX$，$a''b'' /\!/ OZ$。

因为 $AB /\!/ a'b'$，$ab /\!/ OX$，$a''b'' /\!/ OZ$，所以 $a'b'$ 与 OX、OZ 的夹角即为 AB 对 H 面、W 面的真实倾角 α、γ。同时还可看出：$ab=AB\cos\alpha<AB$，$a''b''=AB\cos\gamma<AB$。于是得出表 2-1 所列正平线的投影特性。同理可证明水平线和侧平线的投影特性。

表 2-1　投影面的平行线

名称	正平线（$/\!/V$ 面，对 H、W 面倾斜）	水平线（$/\!/H$ 面，对 V、W 面倾斜）	侧平线（$/\!/W$ 面，对 V、W 面倾斜）
立体图	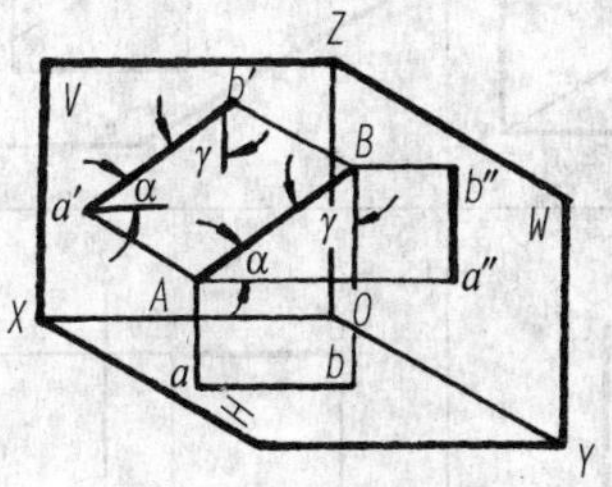	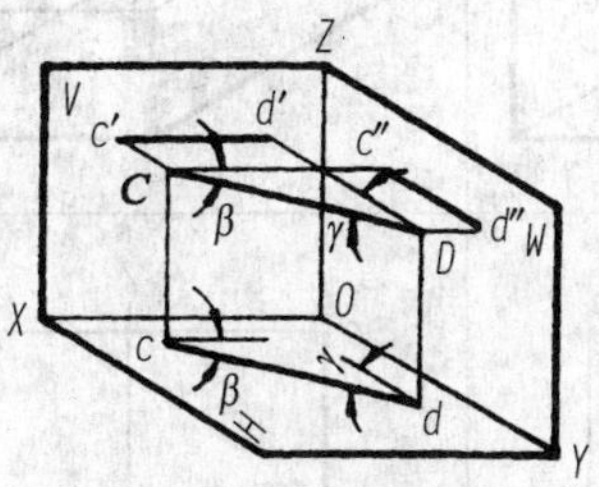	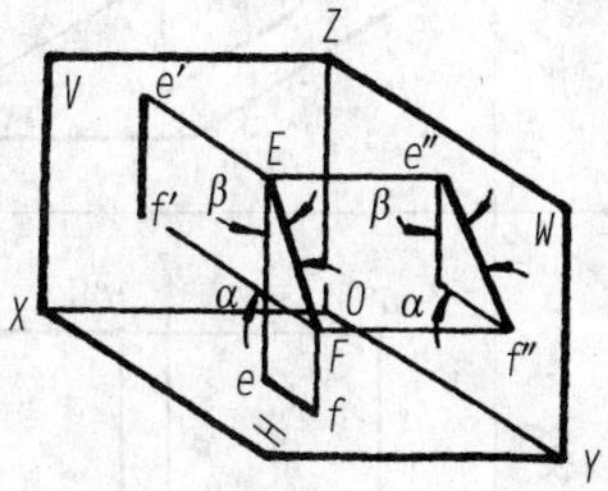
投影图	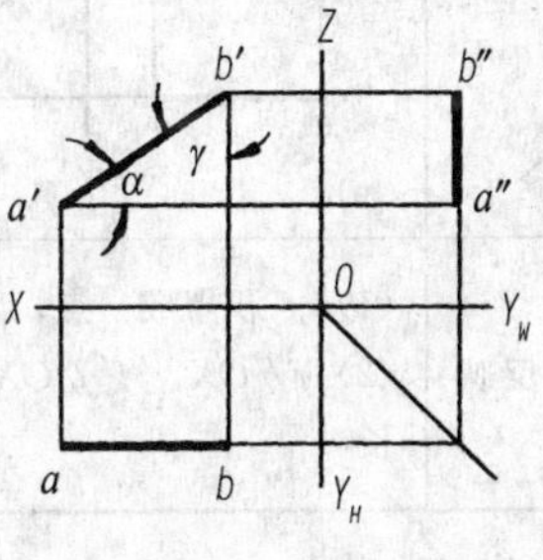	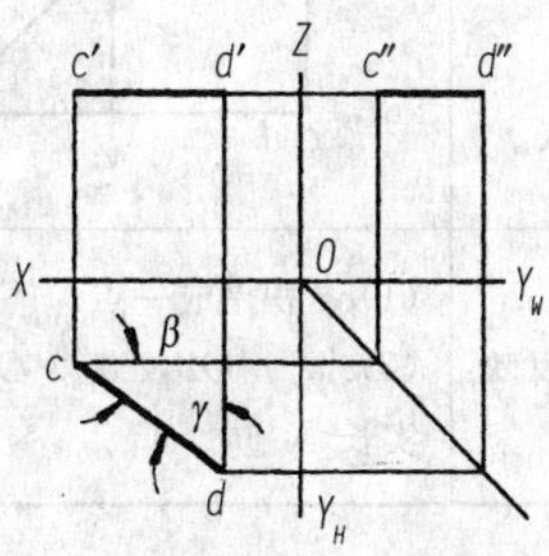	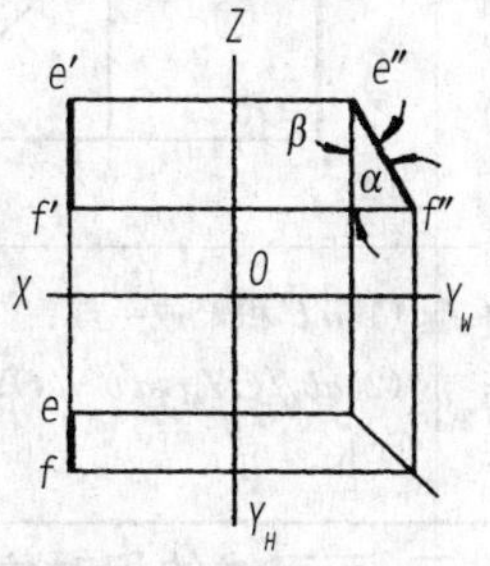
投影特性	(1)$a'b'$ 反映实长和真实倾角 α、γ；(2)$ab /\!/ OX$，$a''b'' /\!/ OZ$，长度缩短	(1)cd 反映实长和真实倾角 β、γ；(2)$c'd' /\!/ OX$，$c''d'' /\!/ OY_W$，长度缩短	(1)$e''f''$ 反映实长和真实倾角 β、α；(2)$e'f' /\!/ OZ$，$ef /\!/ OY_H$，长度缩短

从表 2-1 可概括出投影面平行线的投影特性：

(1)在平行的投影面上的投影，反映实长；它与投影轴的夹角，分别反映直线对另两投影面的真实倾角。

(2)在另外两个投影面上的投影，平行于相应的投影轴，长度缩短。

3. **投影面垂直线**

表 2-2 列出了三种投影面垂直线的立体图、投影图和投影特性。

由正垂线 AB 的立体图可知：

因为 $AB \perp V$ 面，所以 $a'b'$ 积聚成一点；因为 $AB /\!/ W$ 面，$AB /\!/ H$ 面，AB 上各点的 X 坐标、Z 坐标分别相等，所以 $ab /\!/ OY_H$、$a''b'' /\!/ OY_W$，且 $a''b''=AB$、$ab=AB$。于是得出表 2-2 所列正垂线的投影特性。同理可证明铅垂线和侧垂线的投影特性。

从表 2-2 可概括出投影面垂直线的投影特性：

(1)与直线垂直的投影面上的投影，积聚成一点。

(2)在另外两个投影面上的投影，平行于相应的投影轴，反映实长。

表 2-2 投影面的垂直线

名称	正垂线 （$\perp V$ 面，$/\!/ H$、$/\!/ W$ 面）	铅垂线 （$\perp H$ 面，$/\!/ V$、$/\!/ W$ 面）	侧垂线 （$\perp W$ 面，$/\!/ W$、$/\!/ H$ 面）
立体图	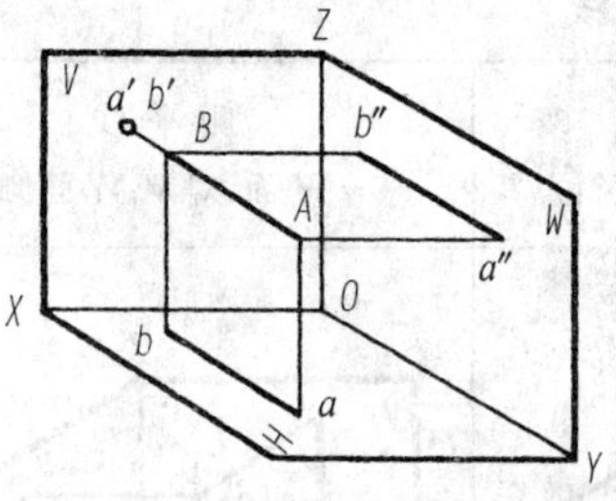	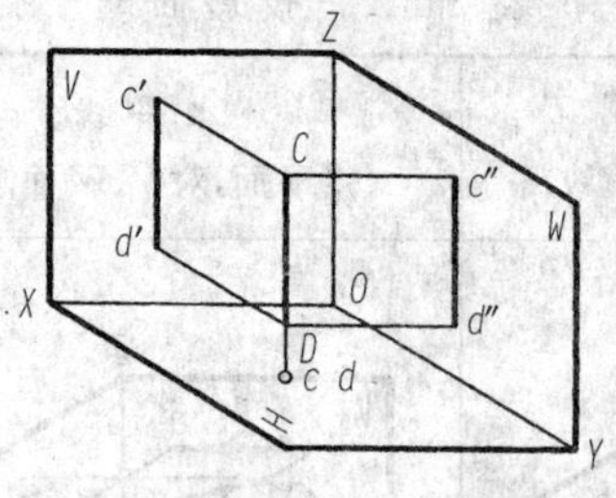	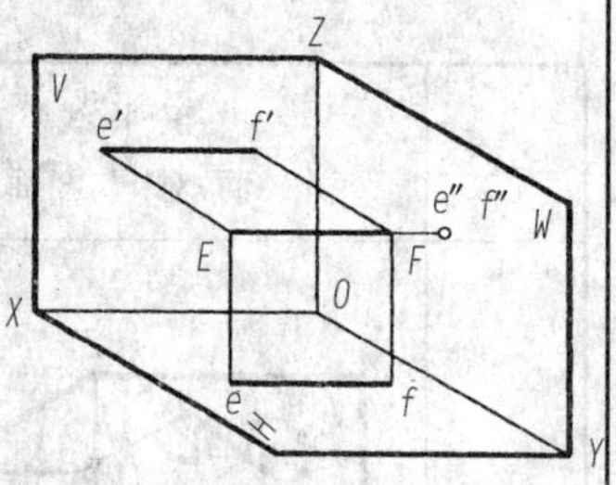
投影图	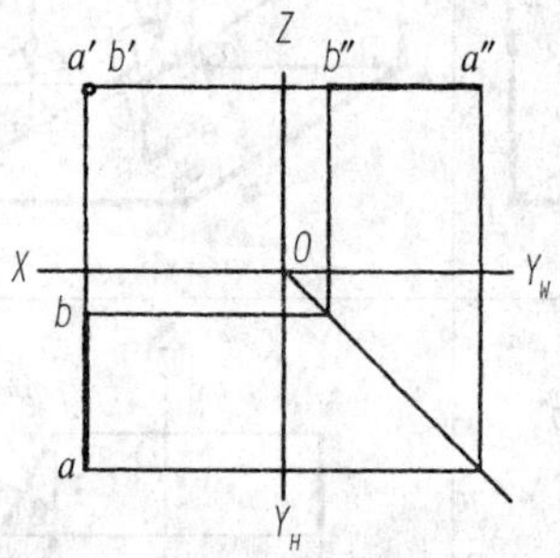	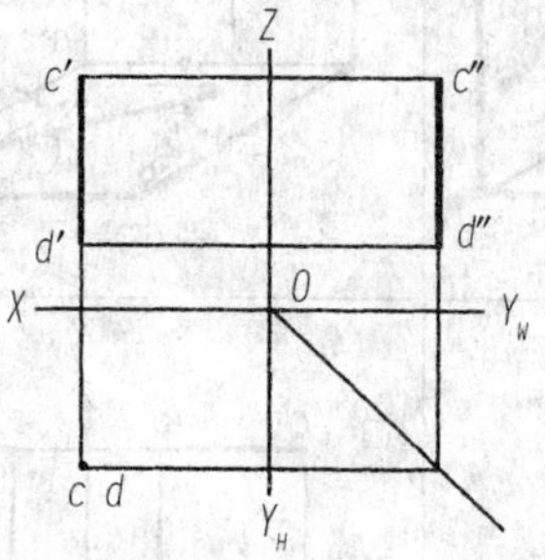	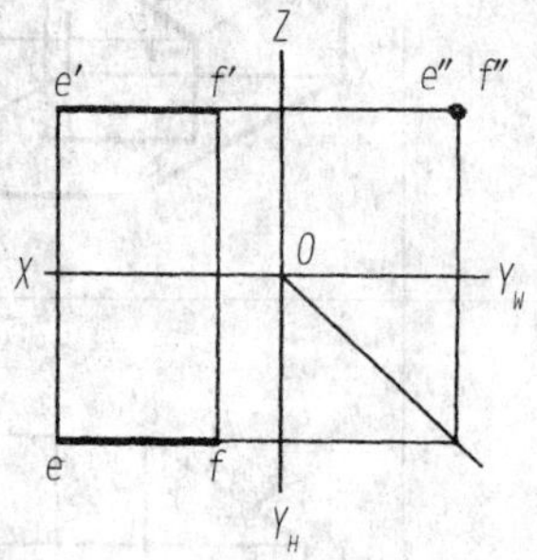
投影特性	(1)$a'b'$ 积聚成一点； (2)$ab /\!/ OY_H$，$a''b'' /\!/ OY_W$，都反映实长	(1)cd 积聚成一点； (2)$c'd' /\!/ OZ$，$c''d'' /\!/ OZ$，都反映实长	(1)$e''f''$ 积聚成一点； (2)$ef /\!/ OX$，$e'f' /\!/ OX$，都反映实长

三、两直线的相对位置

如图 2-19 所示，空间两直线的相对位置有三种：平行、相交、交叉（也称异面）。

如图 2-19(a)所示，过平行两直线 AB、CD 上各点的投射线所形成的两个平面互相平行，它们与 V 面的交线也互相平行，即 $a'b' /\!/ c'd'$。同理可证：$ab /\!/ cd$，$a''b'' /\!/ c''d''$。

如图 2-19(b)所示，AB 与 BC 交于 B，则 B 为两直线共有，b' 应同时位于 $a'b'$ 和 $b'c'$ 上，即在这两条直线的正面投影的交点处。同理可证：b 和 b'' 也应分别位于这两条直线的同面投影的交点处。因而 B 点符合点的三面投影特性，即 $b'b \perp OX$，$b'b'' \perp OZ$。

如图 2-19(c)所示，虽然 $a'b'$ 与 $c'd'$ 相交，但它们的交点是分别位于 AB、CD 上的对正面投影的重影点 E、F 的投影 e'、(f')，因而 AB 和 CD 是交叉两直线。由于 E 在 F 之前，所以 e' 可见，(f')不可见。

由前面的讨论可归纳出表 2-3 所列的两直线的相对位置的投影特性。

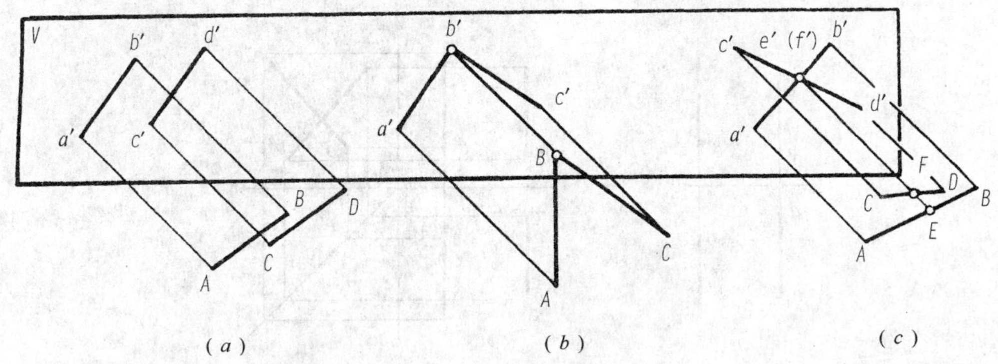

图 2-19 两直线的相对位置

(*a*) 平行两直线；(*b*) 相交两直线；(*c*) 交叉两直线。

表 2-3 两直线相对位置的投影特性

名称	平行两直线	相交两直线	交叉两直线
投影图			
投影特性	三对同面投影分别相互平行且对应成比例	三对同面投影都相交，同面投影的交点符合点的三面投影特性	既不符合平行两直线的投影特性，又不符合相交两直线的投影特性

值得注意的是：如表 2-3 所列，交叉两直线同面投影的交点分别是两直线上处于同一投射线的两个点的投影，应该从另一投影中用前遮后、上遮下、左遮右来判断它们的可见性。例如，$a'b'$ 与 $c'd'$ 的交点，可从水平投影或侧面投影中看出：AB 上的点 E 在前，CD 上的点 F 在后，所以是 e' 遮住了 (f')。读者可分别自行分析 AB、CD 的重影点 M 和 N 于水平投影相交处的投影的可见性，以及 AB、CD 的重影点 S 和 T 于侧面投影相交处投影的可见性。

此外，读者自行考虑当两直线中有投影面垂直线时的三种相对位置的投影特性。

例 2-4 如图 2-20(*a*)所示，判断两侧平线的相对位置。

解：添加 W 面，将两面投影添加成三面投影，作出 $a''b''$ 和 $c''d''$，若 $a''b'' /\!/ c''d''$，则 $AB /\!/ CD$；若 $a''b''$ 不平行 $c''d''$，则 AB 和 CD 交叉。

作图过程如图 2-20(*b*)，判断结果是两侧平线既不相交，又不平行为交叉两直线。

例 2-5 如图 2-21(*a*)所示，判断直线 AB、CD 的相对位置。

解：由于两直线的同面投影不平行，所以 AB 与 CD 不平行。

在两面投影中，若两直线的投影都不与投影连线相重合，便可直接判断它们的相对位置。否则，可如例题 2-4 所述，用添加 W 面的方法判断；但也可以如图 2-21(*b*)所示，用

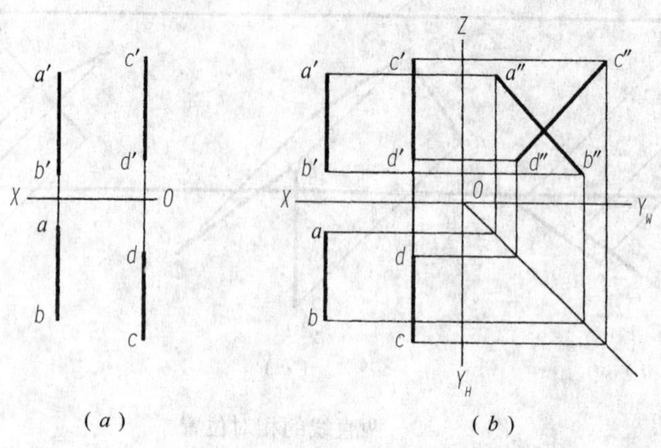

图 2-20　判断直线 AB、CD 的相对位置

(a) 已知条件；(b) 作图过程。

直线上的点分割直线段长度比的投影特性判断。

图 2-21(b)的解题原理：若 AB、CD 相交，则 $a'b'$ 和 $c'd'$ 的交点是 AB 和 CD 的交点的投影；若 AB、CD 交叉，则 $a'b'$ 和 $c'd'$ 的交点分别是位于 AB、CD 上对 V 面的重影点的投影。

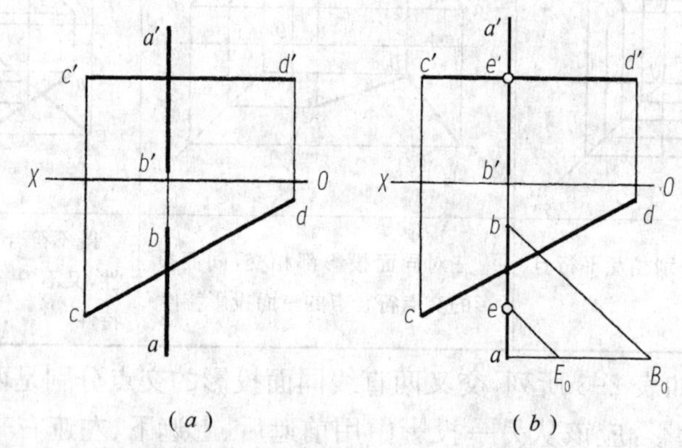

图 2-21　判断直线 AB、CD 的相对位置

(a) 已知条件；(b) 作图过程。

判断过程如图 2-21(b)所示：

(1)在 $a'b'$ 和 $c'd'$ 的相交处，定出 AB 上的点 E 的正面投影 e'。

(2)由 a 任作一直线，在其上量取 $aE_0=a'e'$、$E_0B_0=e'b'$。

(3)连 B_0 和 b，作 $E_0e/\!/B_0b$，与 ab 交于 e，因为 e 不在 ab 和 cd 的交点处，所以 AB 与 CD 交叉。

第四节　平面的投影

一、平面的表示法

平面通常用确定该平面的点、直线或平面图形等几何元素的投影表示，如图 2-22 所示。

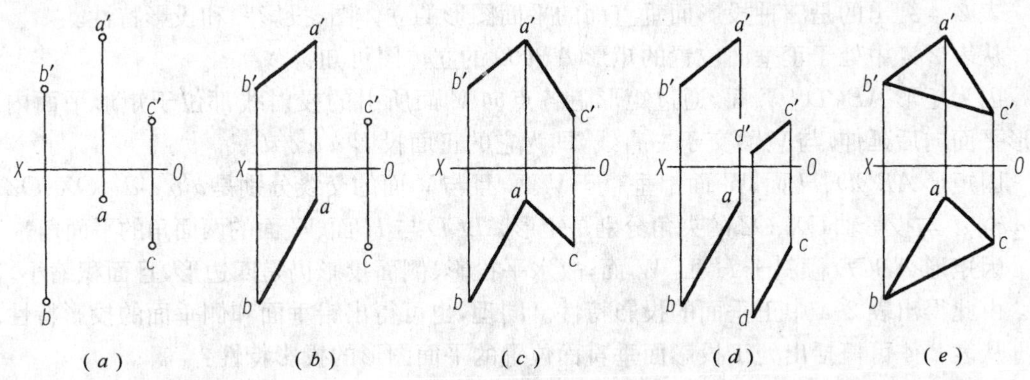

图 2-22　平面的表示方法

(a) 不在同一直线上的三点；(b) 直线与直线外一点；(c) 相交两直线；(d) 平行两直线；(e) 平面图形。

二、平面对投影面的各种相对位置

平面对投影面的相对位置分为下列三类。后两类又分为三种，统称特殊位置平面。

平面与投影面的两面角分别是平面对 H、V、W 面的倾角 α、β、γ。平面平行于投影面倾角为 0°；垂直于投影面倾角为 90°；倾斜于投影面倾角大于 0°，小于 90°。

1. 一般位置平面

一般位置平面对 V、W、H 面都倾斜。如图 2-23(a)所示，△ABC 对 V、H、W 面都倾斜，是一般位置平面。

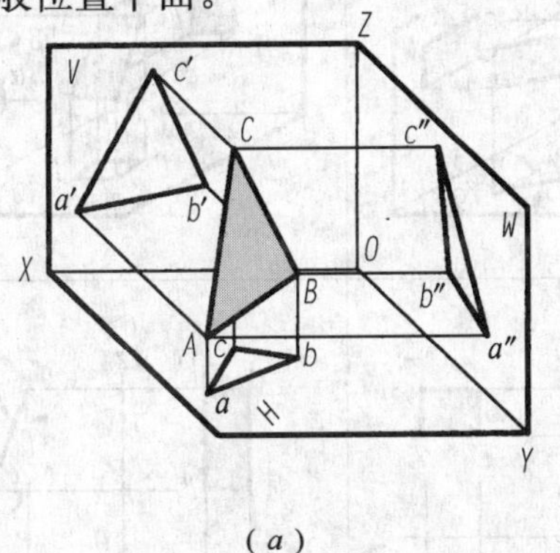

(a)

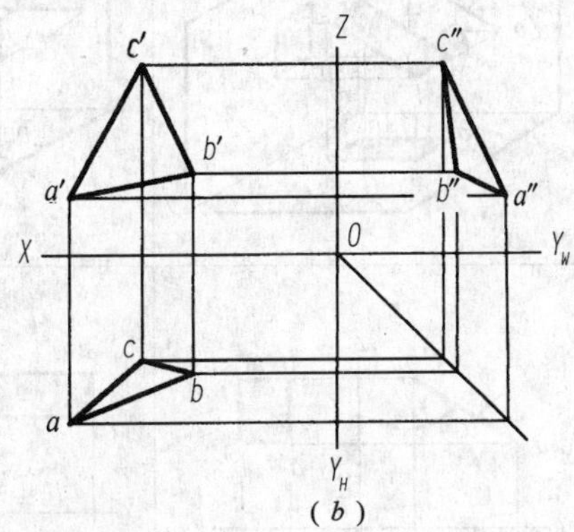

(b)

图 2-23　一般位置平面

(a) 立体图；(b) 投影图。

由于△ABC 与 H 面不平行，则 AB、BC、CA 都倾斜于 H，ab、bc、ca 都比实长短；或者其中两条倾斜于 H 面，一条平行于 H 面，则 ab、bc、ca 中有两条比实长短，一条反映实长。因此，△abc 的面积一定比△ABC 小。同理，因为△ABC 也对 V、W 面倾斜，所以正面投影、侧面投影也都是三角形，且面积缩小。图 2-23(b)是△ABC 的三面投影，显然，△ABC 的三个投影都不能直接反映该平面对投影面的真实倾角。

由此可得一般位置平面的投影特性：它的三个投影仍为平面图形，且面积缩小。

2. 投影面垂直面

投影面垂直面（只垂直于一个投影面）：
- 正垂面（V 面垂直面）：⊥V 面，对 H、W 面倾斜。
- 铅垂面（H 面垂直面）：⊥H 面，对 V、W 面倾斜。
- 侧垂面（W 面垂直面）：⊥W 面，对 V、H 面倾斜。

表 2-4 列出的是三种投影面垂直面的平面图形的立体图、投影图和投影特性。

从表 2-4 中处于正垂面位置的矩形 $ABCD$ 的立体图可知：

因为矩形 $ABCD \perp V$ 面，通过矩形上各点向 V 面所引的投射线都位于矩形平面内，矩形平面向后延伸，与 V 面交于一直线，即为它的正面投影 $a'b'c'd'$。

因矩形 $ABCD$、H 面、W 面都垂直于 V 面，且与 V 面的交线分别是 $a'b'c'd'$、OX、OZ，故 $a'b'c'd'$ 与投影轴 OX、OZ 的夹角分别是矩形 $ABCD$ 与 H 面、W 面的两面角的平面角。

因矩形 $ABCD$ 倾斜于 H 面、W 面，故水平投影、侧面投影仍是四边形，且面积缩小。

由此得出表 2-4 中正垂面的投影特性。同理，也可得出铅垂面和侧垂面的投影特性。

从表 2-4 可概括出处于投影面垂直面位置的平面图形的投影特性：

(1)在垂直的投影面上的投影积聚成直线；它与投影轴的夹角分别反映平面对另两投影面的真实倾角。

(2)在另外两个投影面上的投影仍为平面图形，且面积缩小。

表 2-4 处于投影面垂直面位置的平面图形

名称	正垂面 ($\perp V$ 面，对 H、W 面倾斜)	铅垂面 ($\perp H$ 面，对 V 面、W 面倾斜)	侧垂面 ($\perp W$ 面，对 V 面、H 面倾斜)
立体图	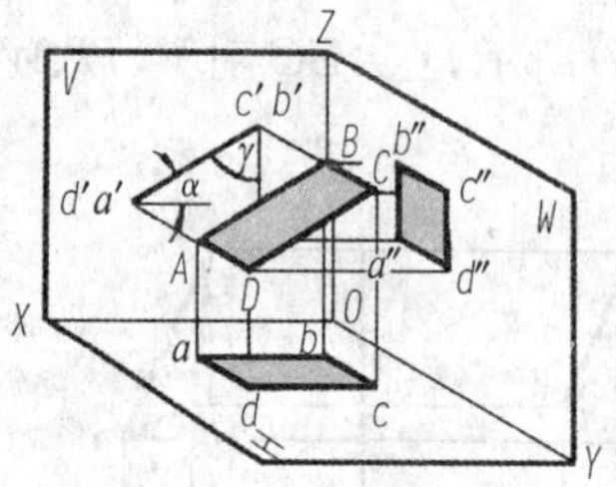	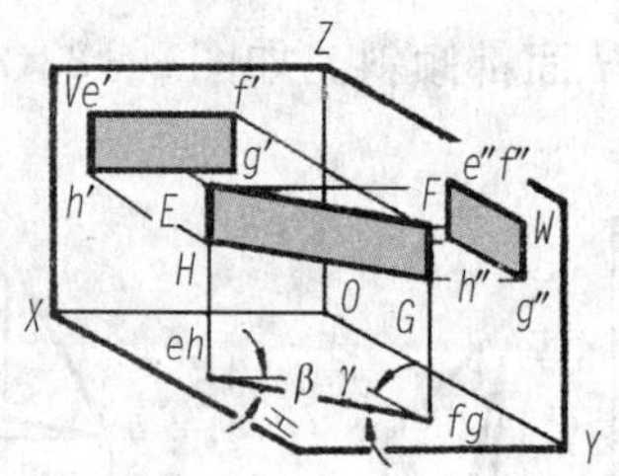	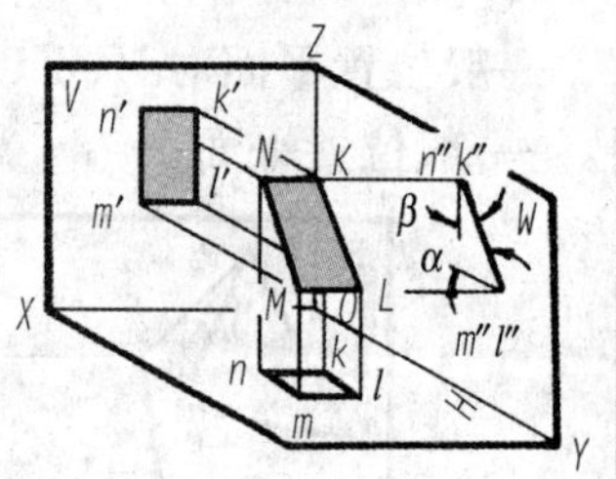
投影图	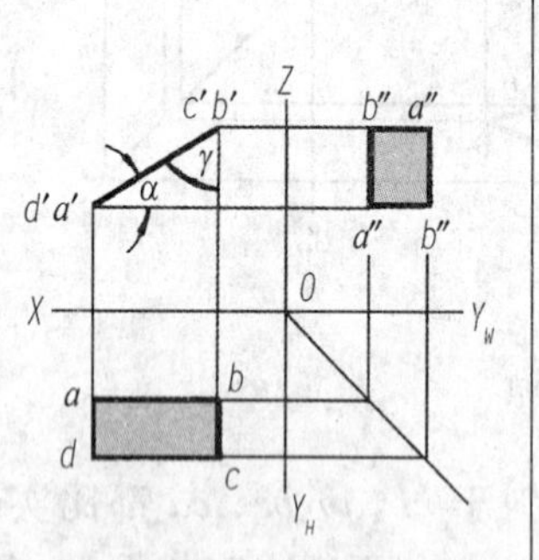	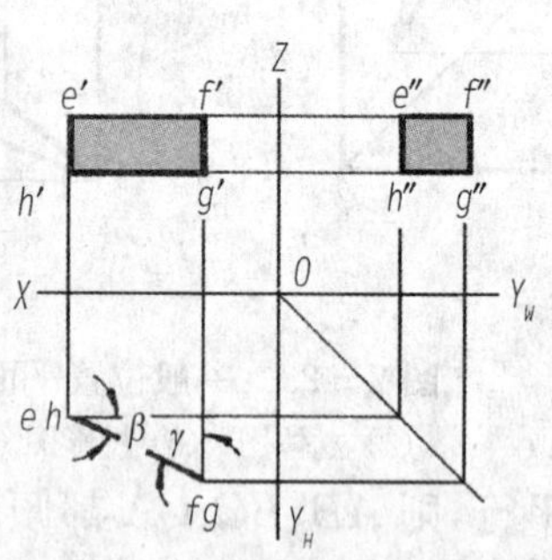	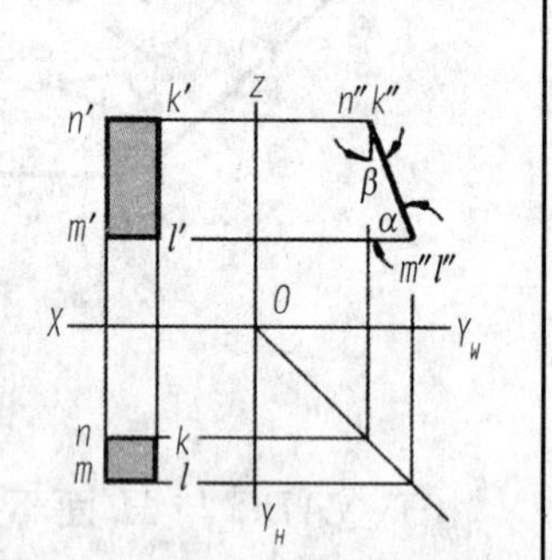
投影特性	(1)正面投影积聚成直线，并反映真实倾角 α、γ； (2)水平投影、侧面投影仍为平面图形，面积缩小	(1)水平投影积聚成直线，并反映真实倾角 β、γ； (2)正面投影、侧面投影仍为平面图形，面积缩小	(1)侧面投影积聚成直线，并反映真实倾角 β、α； (2)正面投影、水平投影仍为平面图形，面积缩小

3. 投影面平行面

投影面平行面（平行于一个投影面，垂直于另外两个投影面）
- 正平面（V 面平行面）：$/\!/V$ 面，$\perp H$ 面，$\perp W$ 面。
- 水平面（H 面平行面）：$/\!/H$ 面，$\perp V$ 面，$\perp W$ 面。
- 侧平面（W 面平行面）：$/\!/W$ 面，$\perp V$ 面，$\perp H$ 面。

表 2-5 中列出的是三种投影面平行面的平面图形的立体图、投影图和投影特性。

表 2-5　处于投影面平行面位置的平面图形

名称	正平面 (//V 面，⊥H 面、⊥W 面)	水平面 (//H 面，⊥V 面、⊥W 面)	侧平面 (//W 面，⊥V 面、⊥H 面)
立体图	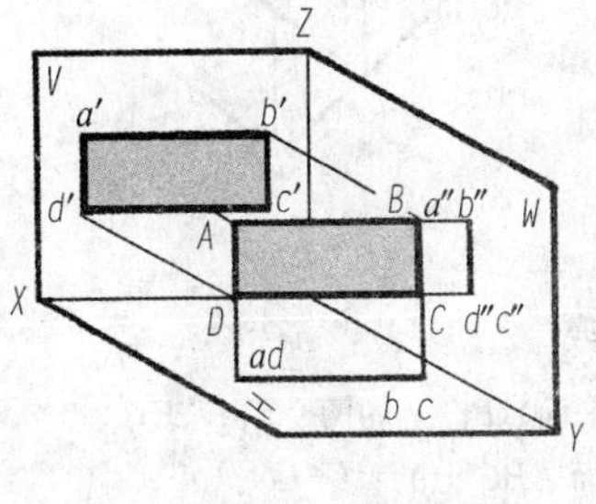	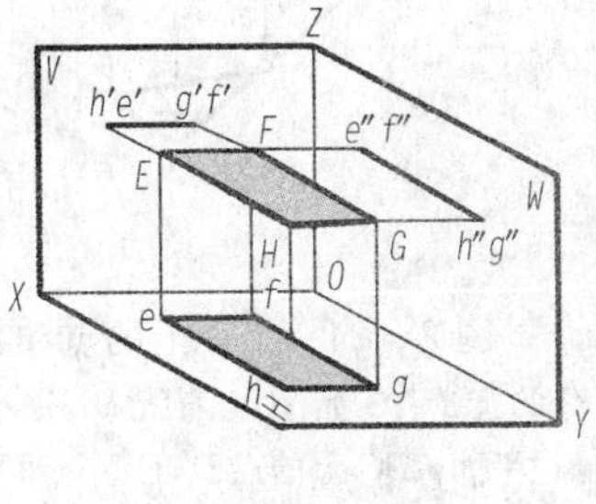	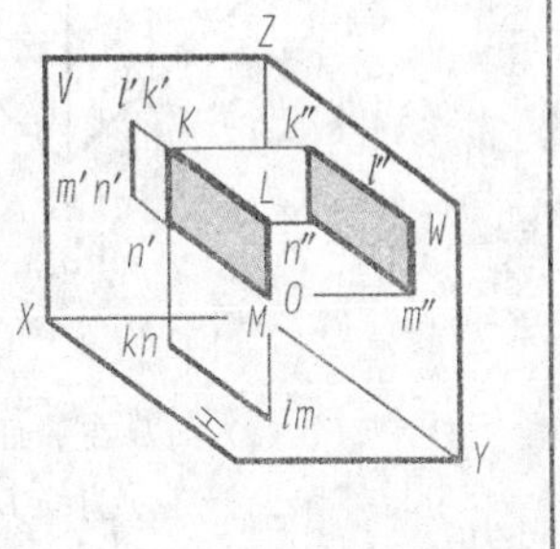
投影图	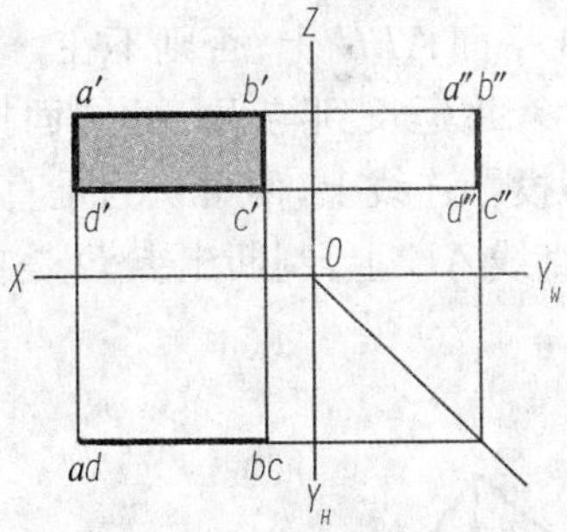	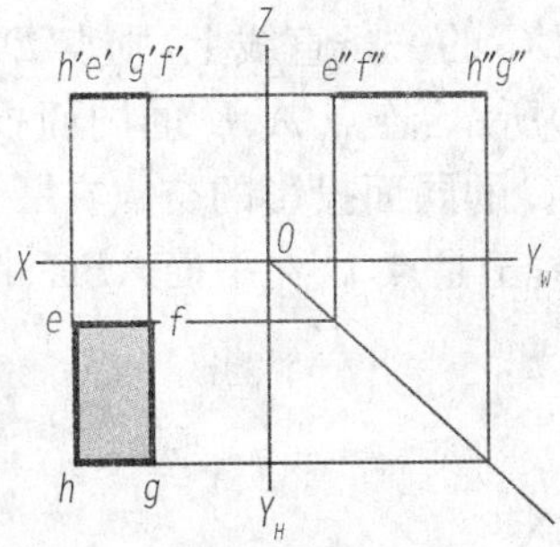	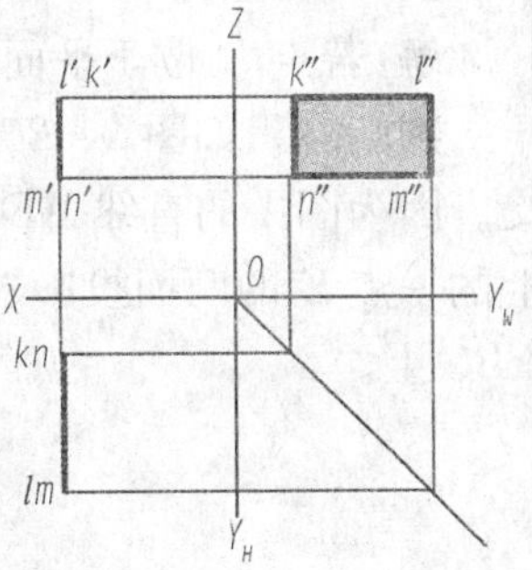
投影特性	(1)正面投影反映实形； (2)水平投影 // OX，侧面投影 // OZ，分别积聚成直线	(1)水平投影反映实形； (2)正面投影 // OX，侧面投影 // OY_W，分别积聚成直线	(1)侧面投影反映实形； (2)正面投影 // OZ，水平投影 // OY_H，分别积聚成直线

从处于正平面位置的矩形 $ABCD$ 的立体图可知：

因为矩形 $ABCD$//V 面，四条边都平行于 V 面，它们的正面投影都分别与其自身相平行，且长度也对应相等，所以矩形 $ABCD$ 的正面投影 $a'b'c'd'$ 反映实形。

由于矩形 $ABCD$//V 面，必定⊥H 面和⊥W 面，且矩形内各点的 Y 坐标都相等，因而水平投影 $abcd$//OX，侧面投影 $a''b''c''d''$//OZ，分别积聚成直线。

从表 2-5 可概括出处于投影面平行面位置的平面图形的投影特性：

(1)在平行的投影面上的投影反映实形。

(2)在另外两个投影面上的投影分别积聚成直线，平行于相应的投影轴。

三、平面上的点和直线

点和直线在平面上的几何条件如下：

(1)若点在平面上，则该点必定在这个平面的一条直线上。

(2)若直线在平面上，则该直线必定通过这个平面上的两个点；或者通过这个平面上的一个点，且平行于这个平面上的另一直线。

图 2-24 表明，点 D 和直线 DE 位于相交两直线 AB、BC 所确定的平面 ABC 上。

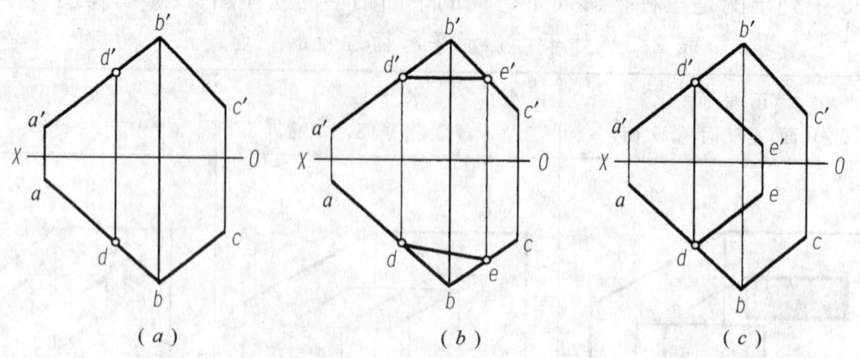

图 2-24　平面上的点和直线

(a) 点 D 在平面 ABC 的直线 AB 上；(b) 直线 DE 通过平面 ABC 上的两个点 D、E；
(c) 直线 DE 通过平面 ABC 上的点 D，且平行于平面 ABC 上的直线 BC。

例 2-6　如图 2-25(a)所示，判断点 D 是否在平面 ABC 上？

解：若点 D 位于平面 ABC 的一条直线上，则点 D 在平面 ABC 上；否则不在。

判断过程如图 2-25(b)所示：连点 A、D 的同面投影，并延长到与 BC 的同面投影相交。因为图中的直线 AD、BC 的同面投影的交点在一条投影连线上，便可认为是直线 BC 上的一点 E 的两面投影 e'、e，于是点 D 在平面 ABC 的直线 AE 上，判断出点 D 是在平面 ABC 上。

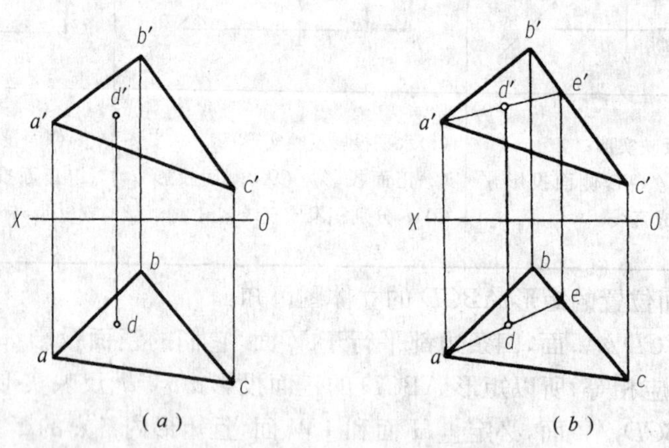

图 2-25　判断点 D 是否在平面 ABC 上

(a) 已知条件；(b) 判断过程。

例 2-7　如图 2-26 所示，已知 $ABCD$ 的两面投影，在其上取一点 K，使点 K 在 H 面之上 10mm，在 V 面之前 15mm。

解：可先在 $ABCD$ 上取位于 H 面之上 10mm 的水平线 EF，再在 EF 上取位于 V 面之前 15mm 的点 K。

作图过程如图 2-26 所示：

(1)先由 OX 之上 10mm 处作出 $e'f'$，再由 $e'f'$ 作 ef。

(2)在 ef 上取位于 OX 之前 15mm 的点 k，即为所求的点 K 的水平投影。再由 k 在 $e'f'$ 上，作出正面投影 k'。

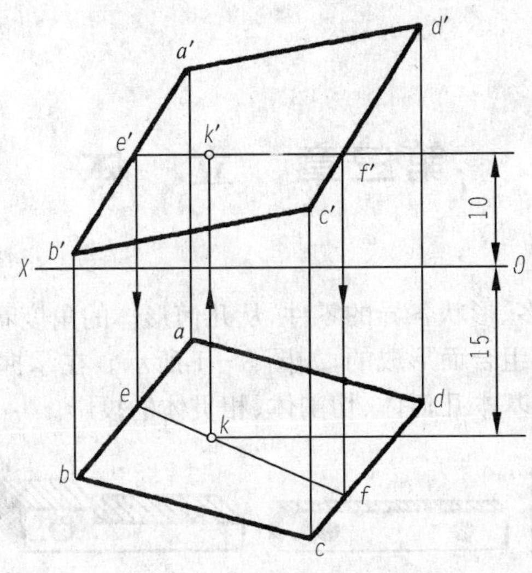

图 2-26　在平面 $ABCD$ 上取距两投影面为已知距离的点 K

思考题

1. 投影法分为哪两类？正投影是怎样形成的？

2. 试述点的三面投影特性和直线上的点的投影特性。

3. 一般位置直线、投影面平行线、投影面垂直线分别有哪些投影特性？

4. 空间两直线有哪三种相对位置？试分别叙述它们的投影特性。在 V 面、H 面两投影面体系中，当两直线中有一条或两条为侧面平行线时，可用哪些方法判断它们的相对位置？

5. 怎样判断交叉两直线在投影图中重影点的可见性？

6. 点、直线从属于平面的几何条件是什么？在平面的投影图上如何作出点、直线的投影？

第三章 立 体

生产实践中种类繁多、形状各异的零件，从几何形体的角度看都是由一些基本几何形体经过切割、相交等方式组合而形成的，如图 3-1 所示。在掌握了点、线、面投影知识的基础上，本章进一步讨论基本几何体、切割体、相贯体的投影。

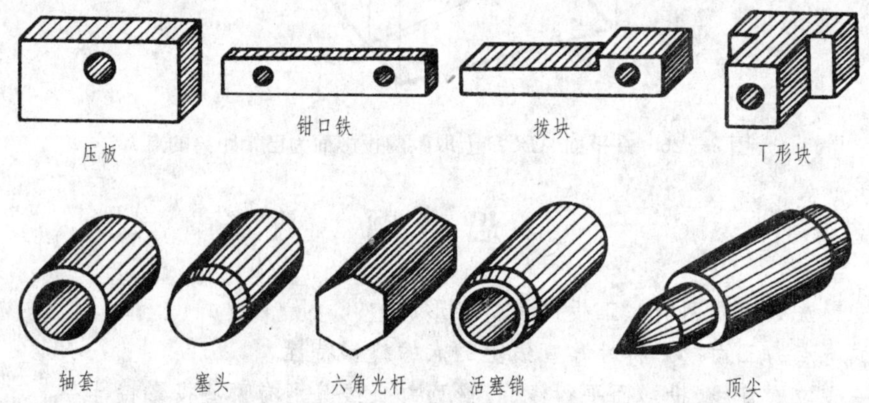

图 3-1 简单零件示例

立体表面是由若干面所组成。表面均为平面的立体称为平面立体，表面为平面和曲面或全部为曲面的立体称为曲面立体。常见的基本几何体如图 3-2 所示。

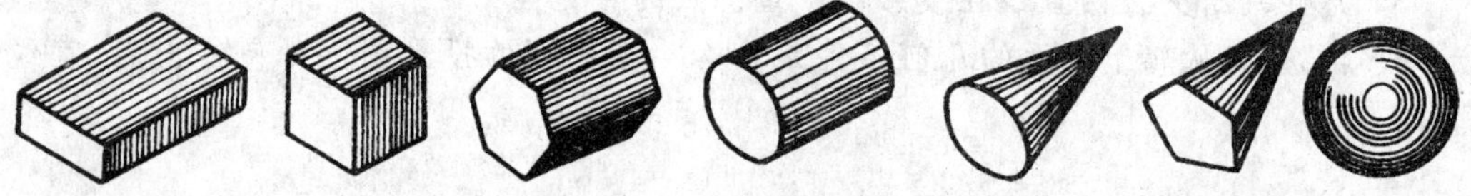

图 3-2 常见的基本几何体

第一节 平面立体

工程上常用的平面立体是棱柱和棱锥（含棱台）。既然平面立体是由若干个多边形平面所围成，因此，画平面立体的投影可归结为画它的所有多边形表面的投影，也就是画这些多边形的边和顶点的投影。多边形的边是平面立体的轮廓线，当轮廓线的投影为可见时，画粗实线；不可见时，画虚线；当粗实线与虚线重合时，应画粗实线。

一、棱柱

棱柱是由两个相互平行且相等的多边形底面和矩形侧棱面所围成的立体，两个多边形底面为棱柱的特征面。底面为正多边形的直棱柱叫正棱柱。现以正六棱柱为例说明棱柱三面投影的画法及表面取点、取线的作图方法。

立体的投影图与立体和投影面的相对位置有关。为画图方便，通常使立体上尽可能多的表面和交线处于对投影面平行或垂直的位置。如图 3－3 (*a*) 所示的正六棱柱，顶面和底面与 H 面平行，有两个侧面与 V 面平行，其余侧面及所有侧棱均与 H 面垂直。

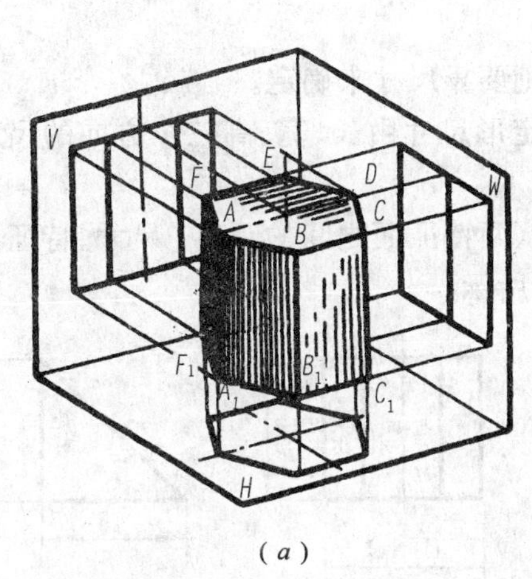

(*a*)

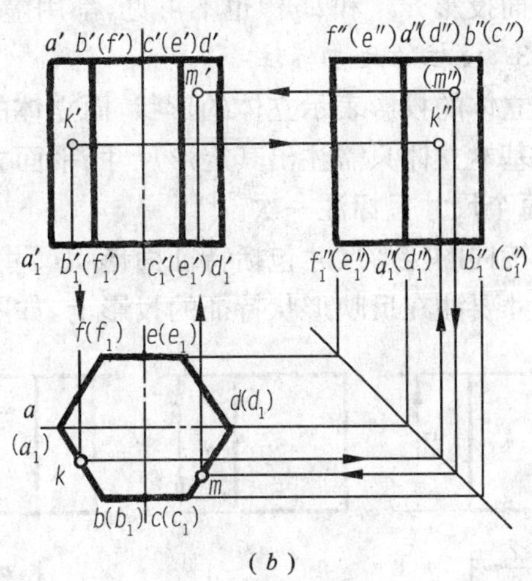

(*b*)

图 3－3　正六棱柱的三面投影

1. 棱柱的三面投影

(1) 投影分析　图 3－3(*b*) 为正六棱柱的三面投影。水平投影是正六边形，它是棱柱顶面和底面重合的投影并反映实形。六边形的边和顶点是六个棱面和侧棱在 H 面的积聚性投影。正面投影是三个矩形线框，中间的矩形线框是前、后棱面的重合投影，反映实形。左、右两矩形线框为其余四个棱面的重合投影。正面投影中上、下两条线是顶面和底面的积聚性投影，另外四条铅垂线是六条侧棱的投影。侧面投影为两个矩形线框，分别是左、右四个棱面的重合投影，其左右两条边是前、后两个棱面的积聚性投影。

(2) 作图方法　先画出水平投影，再根据投影关系和正六棱柱的高画出其他两个投影。

2. 棱柱表面上的点、线

在平面立体表面上取点、线的方法与在平面上取点、线的方法相同。点、线投影的可见性取决于所在面的投影的可见性。图 3－3(*b*) 中，已知棱面上 K 点的正面投影 k' 及 M 点的侧面投影 (m'')，求两点的其他投影。因 k' 为可见，所以点 K 位于六棱柱的左前棱面上，(m'') 为不可见，则 M 点位于右前棱面上。又因两棱面的水平投影具有积聚性，故可根据积聚性投影，先求出该两点的水平投影 k 和 m，再按投影关系分别求出 K 点的侧面投影 k'' 和 M 点的正面投影 m'，并判别其投影的可见性。

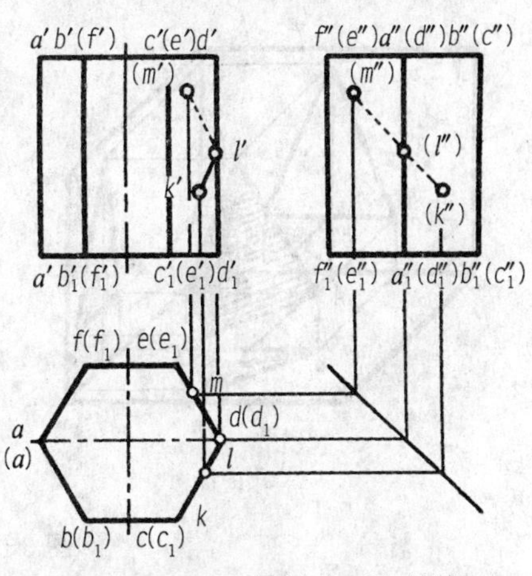

图 3－4　正六棱柱表面上的线

在立体表面上取线的作图方法和取点的方法相同。作图时应注意，只有属于同一表面的点的同面投影才能连线。如图 3－4 所示，已知正六棱柱表面的线段 KL 和 LM 的正面投影 $k'l'$ 和 $l'm'$，求其他两面投影。由于 KL 的正面投影可见，故 KL 属于右前棱面上的线段，而 LM 的正面投影不可见，应属于右后棱面上的线段，根据水平投影有积聚性的特点，求出两线段的水平投影 kl 和 lm，最后利用投影关系求出 $k''l''$ 和 $l''m''$。由于它们所在棱面的侧面投影均不可见，故它们的侧面投影 $k''l''$ 和 $l''m''$ 也不可见，都用虚线画出。

3. 棱柱的尺寸标注

立体的投影表示立体的形状，而立体的大小则要靠尺寸来确定。

基本立体只需注出其定形尺寸。平面立体的定形尺寸由长、宽、高三个方向的尺寸组成，每个尺寸只标注一次。

棱柱的定形尺寸包括特征面形状尺寸和高度(两特征面之间的距离) 尺寸。特征面形状尺寸要注在反映形状特征的投影上，如图 3-5 所示。

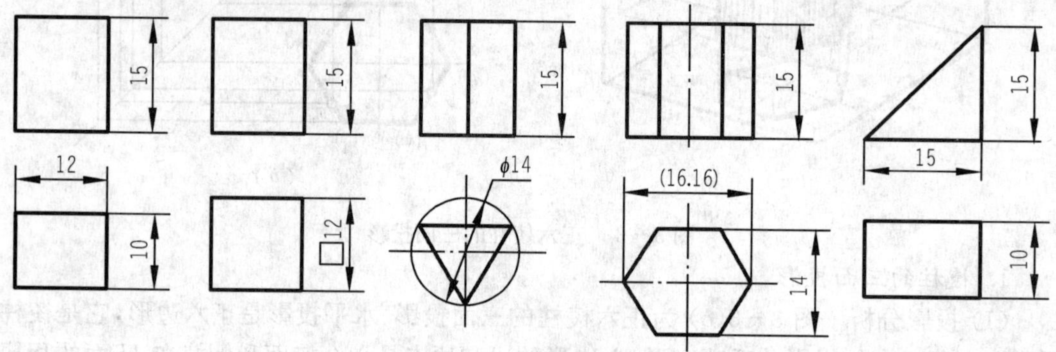

图 3-5　棱柱的尺寸标注

二、棱锥

棱锥的表面由一个多边形底面和若干三角形侧面组成，且所有棱线汇交于顶点。当棱锥底面为正多边形，各棱面是全等的等腰三角形时，称为正棱锥。图 3-6(*a*) 为一正三棱锥 $S-ABC$ 的三面投影直观图。底面与 H 面平行，棱面 SAC 与侧面垂直。

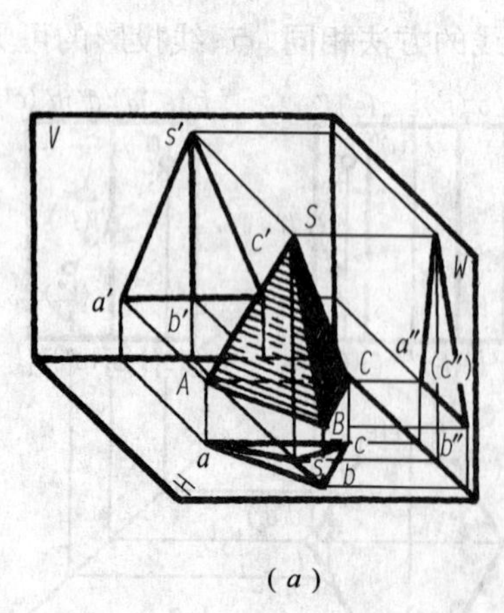

(*a*)

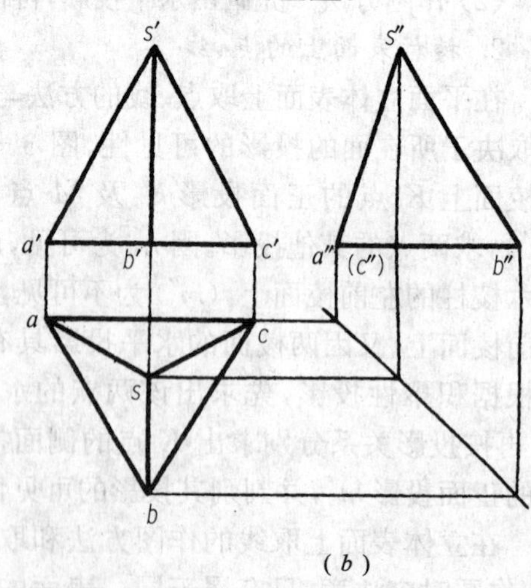

(*b*)

图 3-6　正三棱锥的三面投影

1. 棱锥的三面投影

(1) 投影分析　正三棱锥的三面投影如图 3-6(*b*) 所示，由于其底面 $\triangle ABC$ 是水平面，所以 $\triangle abc$ 反映实形。正面投影和侧面投影分别积聚为直线段 $a'b'c'$ 和 $a''(c'')b''$。后棱面 $\triangle SAC$ 为侧垂面，故其侧面投影积聚为直线 $s''a''(c'')$，水平投影 $\triangle sac$ 和正面投影 $\triangle s'a'c'$ 均为类似形，前者可见，后者不可见。左、右两个棱面为一般位置面，在三个投影面上的投影均为类似形。

(2) 作图方法　作图时应先画出底面和顶点的三面投影，然后分别连棱线 SA、SB、SC 的同面投影，即完成正三棱锥的三面投影。

2. 棱锥表面上的点、线

棱锥的表面可能是特殊位置平面，也可能是一般位置平面。对于特殊位置平面内点的投影可利用平面投影的积聚性作出，对于一般位置平面内点的投影，则可利用在平面上作点、作直线的方法求出。

如图 3-7(*a*) 所示，已知正三棱锥表面上 *M* 点的正面投影 (m')，求其他两面投影。

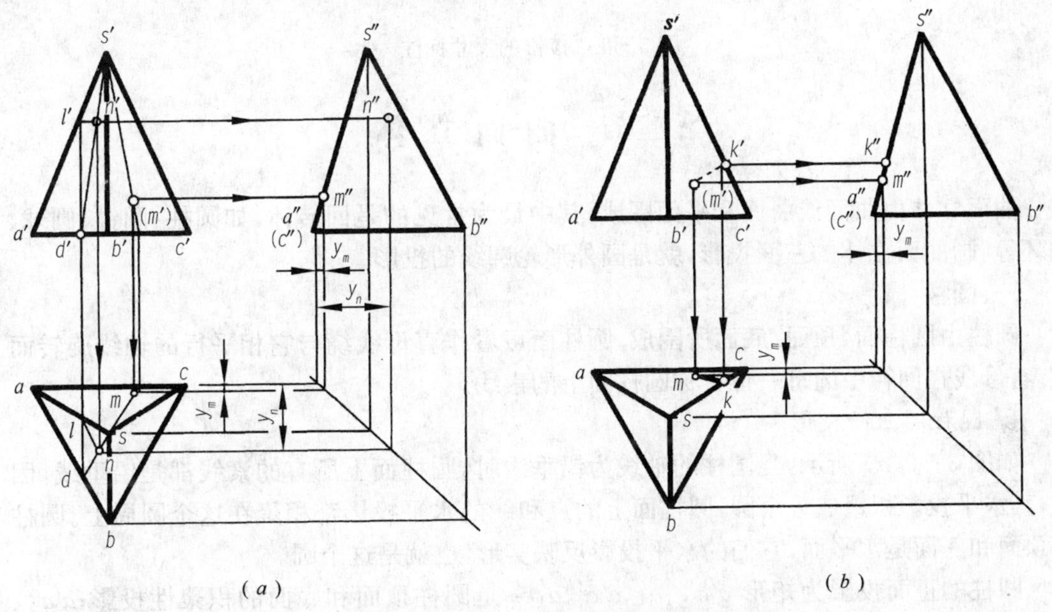

图 3-7　正三棱锥表面上的点、线

因为 *M* 点的正面投影 (m') 为不可见，故 *M* 点为棱面 SAC 内的点，可利用其侧面投影有积聚性的特点，先求出 *M* 点侧面投影 m''，再利用投影关系求出水平投影 m。

又如在图 3-7(*a*) 中，已知 *N* 点的正面投影 n'，求 n''、n。

因为 n' 可见，所以它是左前棱面 SAB 内的点，求 *N* 点的其他投影时，必须利用在平面内过 *N* 点作辅助直线的方法求出。在 SAB 棱面上作辅助直线的方法有三种：

(1) 作过锥顶的直线　过 *N* 点和顶点 *S* 的连线 SD 作为辅助直线，此方法较为简便。

(2) 作平行线　过 *N* 点作底边 AB 的平行线，此方法也非常简便。

(3) 任意直线　过 *N* 点在 SAB 面上任作直线(图中未示出)，此方法不常用。

若在棱锥表面上取线，可先求出端点的投影，再将端点的同面投影连接起来即可。如图 3-7(*b*) 展示了在 SAC 面上取直线 MK 的作图方法，供参考。

3. 棱锥的尺寸标注

棱锥的定形尺寸包括底面形状大小和锥高，底面形状大小尺寸要标注在反映实形的投影上，如图 3-8 所示。

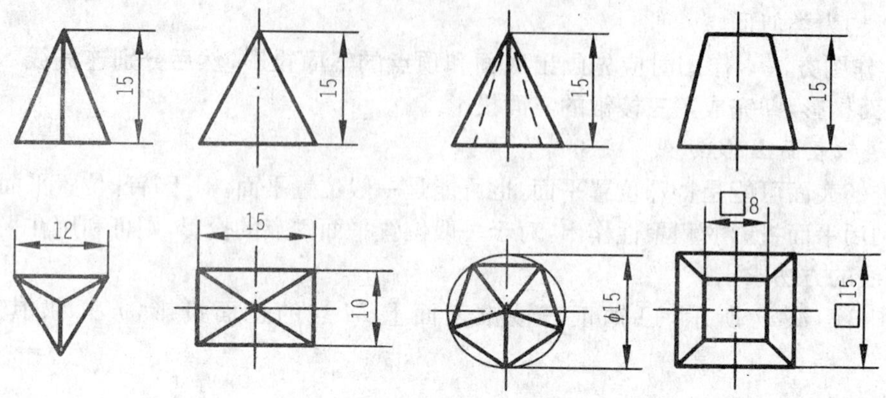

图 3-8　棱锥的尺寸标注

第二节　曲面立体

曲面立体由曲面或曲面和平面围成。其中最为常见的是回转体，如圆柱、圆锥、圆球、圆环等。画曲面立体的三面投影，就是画外形轮廓线的投影。

一、圆柱

圆柱由圆柱面、顶面、底面所围成。圆柱面可看作直母线绕与它相平行的轴线旋转而成。直母线在回转中的每一位置称圆柱面上的素线。

1. 圆柱的三面投影

如图 3-9(*a*) 所示，当圆柱的轴线为铅垂线时，圆柱面上所有的素线都是铅垂线，因此，其水平投影积聚成一个圆，圆柱面上的点和线的水平投影都积聚在这个圆周上。圆柱的顶面和底面是水平面，它们的水平投影反映实形，也就是这个圆。

圆柱的正面投影为矩形 $a'c'c_1'a_1'$，$a'c'$、$a_1'c_1'$ 是圆柱顶面和底面的积聚性投影；$a'a_1'$、$c'c_1'$ 是圆柱面最左、最右两素线（AA_1、CC_1）的投影。这两条线称为正面转向轮廓线，即圆柱前半部分（可见部分）与后半部分（不可见部分）的分界线。

圆柱的侧面投影是矩形 $d''b''b_1''d_1''$，$d''b''$、$d_1''b_1''$ 是圆柱顶面和底面的积聚性投影；$b''b_1''$、$d''d_1''$ 是圆柱面最前、最后两素线（BB_1、DD_1）的投影，称为侧面转向轮廓线即圆柱左半部分（可见部分）与右半部分（不可见部分）的分界线。

画圆柱三面投影时，应先用细点画线画出投影为圆的中心线和其他两投影的轴线，然后画积聚为圆的那个投影，再画其他两个投影。

2. 圆柱表面上的点、线

图 3-9(*b*) 中，已知圆柱表面 M 和 N 点的正面投影 m' 和(n')，求其他两面投影。

首先根据已知投影判断点的位置。因 m' 在轴线的左边，而且可见，故 M 点位于左前圆柱面上；(n') 在轴线右边，且不可见，故 N 点位于右后圆柱面上。因圆柱面的水平投影有积聚性，所以先求出水平投影 m 和 n，再根据投影关系求出 m'' 和(n'')。

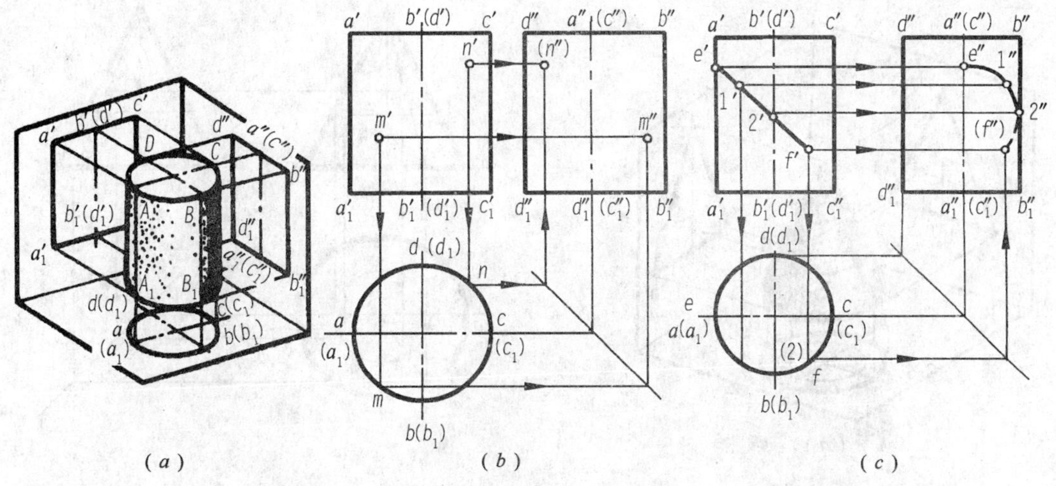

图 3-9　圆柱的三面投影

图 3-9(*c*) 中,已知圆柱面上的曲线 *EF* 的正面投影 *e′f′*,求其他两面投影。

首先求 *EF* 线两端点的两面投影,然后求该线中间若干点的两面投影,最后光滑连接并判别可见性。本图求出了中间点 Ⅰ、Ⅱ 的两面投影,其中 Ⅱ 点是 *EF* 曲线和圆柱最前素线 BB_1 的交点,对 *W* 面来说点 Ⅱ 是 *EF* 曲线可见与不可见的分界点,故 *EF* 位于右半圆柱面上的部分 Ⅱ*F* 的侧面投影画虚线。

3. 圆柱的尺寸标注

圆柱的定形尺寸包括径向尺寸和轴向尺寸,圆柱的直径尺寸一般标注在非圆投影上,如图 3-10 所示。

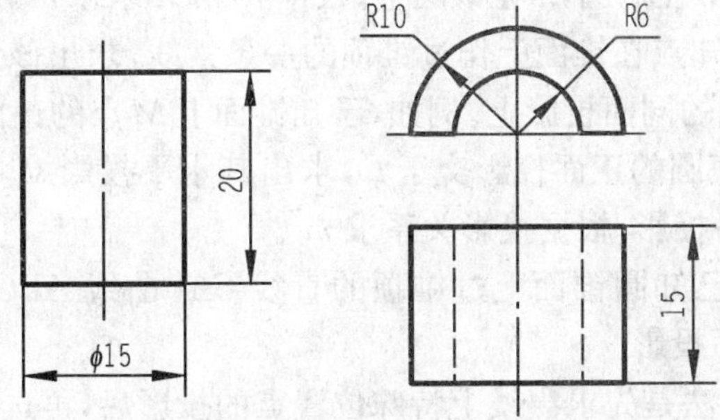

图 3-10　圆柱的尺寸标注

二、圆锥

圆锥由圆锥面和底面围成。圆锥面可看作一直母线绕与其相交的轴线旋转而成。直母线在旋转中的每一位置称为圆锥面的素线。

1. 圆锥的三面投影

如图 3-11(*a*) 所示,当圆锥的轴线是铅垂线时,底面的正面投影、侧面投影分别积聚成直线,水平投影是反映实形的圆,其中心线的交点为锥顶 *S* 的水平投影。

圆锥的正面投影是等腰三角形 *s′a′c′*,它表示前、后圆锥面的投影,其两腰(*s′a′*、*s′c′*)是圆锥最左、最右两轮廓素线的投影,也是前、后圆锥面的分界线。因该两素线是正平线,故投影反映素线实长。三角形的底边是圆锥底面的投影。

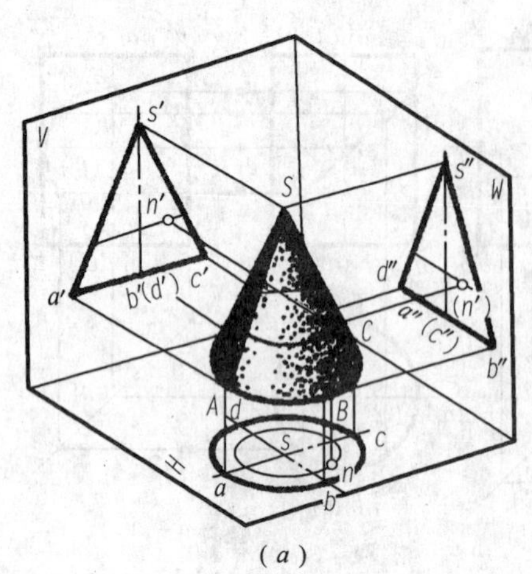

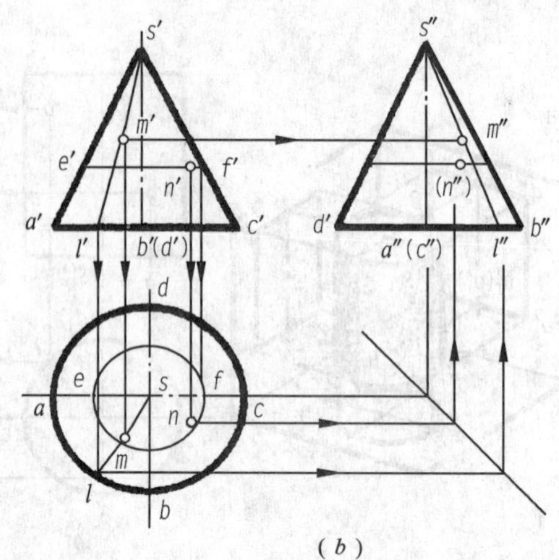

图 3-11 圆锥的三视图

圆锥的侧面投影是等腰三角形 $s''b''d''$，它表示圆锥左、右圆锥面的投影，其中两腰 $s''b''$、$s''d''$ 是圆锥最前、最后两轮廓素线的投影，也是左、右圆锥面的分界线。三角形的底边是圆锥底面的积聚性投影。

2. 圆锥表面上的点、线

圆锥表面上取点，通常采用两种方法，如图 3-11(*b*) 所示。

(1) 辅助圆法　过圆锥表面上任一点都可以作一个平行于底面的圆，且该点的投影均应位于此圆的同面投影上。例如，已知圆锥面上 N 点的正面投影 n'，求其他两面投影。

过 n' 作水平线交圆锥轮廓素线于 e'、f'，$e'f'$ 即为辅助水平圆的直径，其水平投影是以 s 为圆心 se 或 sf 为半径的圆，n 在该圆上。根据 n' 和 n 求出 n''，并判别可见性。

(2) 素线法　过已知点在锥面上作过锥顶的一条素线，求出该素线的各面投影，则已知点的投影必在该素线的同面投影上。例如，已知锥面上 M 点的正面投影 m'，求 m、m''。连接 $s'm'$ 并延长与圆锥底圆的正面投影交于 l'，求出其水平投影 sl，引投影连线交 sl 于 m 点，则 m 即为 M 的水平投影，根据投影关系求 m''。

如图 3-12 所示，已知圆锥面上过锥顶的直线 SA、曲线 $ABCD$ 和 DE 的正面投影 $s'a'b'c'd'e'$，求其他两面投影。

圆锥表面取线的方法是先求出线上特殊位置点的投影后，再选取适量一般位置点，利用素线法或辅助圆法，求出这些点的水平投影和侧面投影，光滑连接各点的同面投影，并判别可见性，即完成投影图。

图 3-12 中 SA 过锥顶，所以其三面投影都是直线，用辅助素线法可求得 sa 和 $s''(a'')$。曲线 $ABCD$ 上的点 A 求出后，再求出点 B、C、D，其中 B 点位于圆锥侧面转向轮廓线上，由 b' 直接求得 b''，再由 b' 和 b'' 求得 b；C、D 两点的水平投影可用辅助圆法求出，由 c'、d' 求得 c、d。再由 c'、d' 和 c、d 求得 c''、d''。$d'e'$ 是一段水平线，故曲线 DE 是锥面上平行于底圆的一段圆弧，其水平投影反映实形，侧面投影为一水平直线。在连线时，应先判别可见性。圆锥面上三段线的正面投影和水平投影均可见，所以水平投影 sa、$abcd$、de 均画成粗实线；侧面投影中，因点 E、D、C 在左半锥面上，均可见，而点 B 是曲线侧面投影上可见与不可见的分界点，所以 $b''c''d''e''$ 画成粗实线。点 A 在右半圆锥面上，其侧面投影 (a'') 不可见，所以

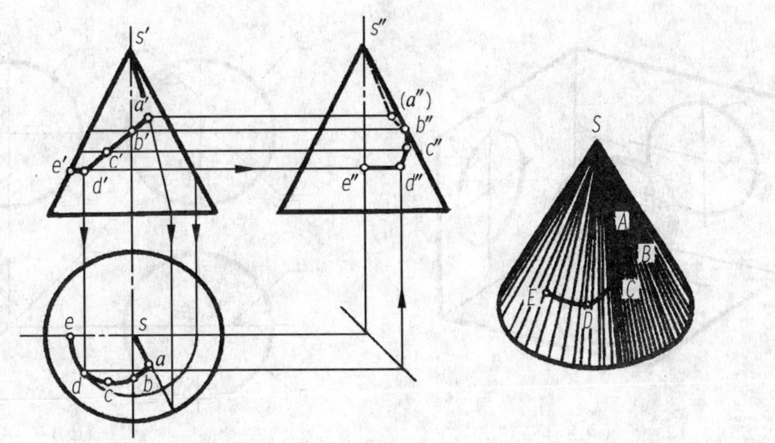

图 3－12　圆锥面上的线

$s''(a'')$、$(a'')b''$ 画成虚线。

3. 圆锥的尺寸标注

圆锥的定形尺寸包括底圆直径和锥高。底圆的直径尺寸，一般标注在非圆投影上，如图 3－13 所示。

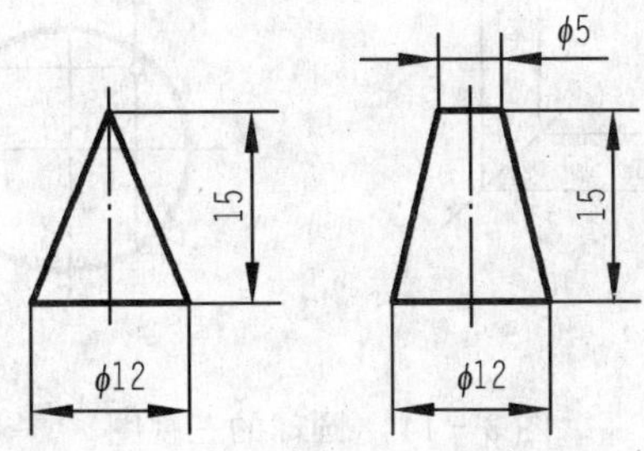

图 3－13　圆锥的尺寸标注

三、圆球

圆母线以其任一直径为轴线回转而形成的曲面称为圆球面，如图 3－14(a) 所示。母线上任一点的运动轨迹都是圆。

1. 圆球的三面投影

如图 3－14(a)、(b) 所示，圆球的三面投影都是直径相等的圆。正面投影是圆球面上最大的正平圆 A 的投影 a'；水平投影是圆球面上最大的水平圆 B 的投影 b；侧面投影是圆球面上最大侧平圆 C 的投影 c''。这三个圆分别是圆球相对于 V、H 面和 W 面的转向线，即投影时圆球面可见与不可见两半球面的分界线。

2. 圆球表面上的点

在圆球表面上取点可利用辅助圆的方法，如图 3－14(c) 所示。已知圆球面上点 A 的水平投影(a)，求出 a'、a''。

以 O 为圆心，$O(a)$ 为半径作辅助水平圆，此圆与水平中心线交于 1、2 两点，自 1、2 作投影连线与正面投影的轮廓线交于 $1'$、$2'$ 两点，连接 $1'$、$2'$ 两点，则 $1'2'$ 是辅助水平圆的正面投影，利用投影关系求出 a' 及 a''。图 3－14(d) 是过已知点 B 的正面投影 b' 作辅助侧平圆，然后利用投影关系求出 b''、b。

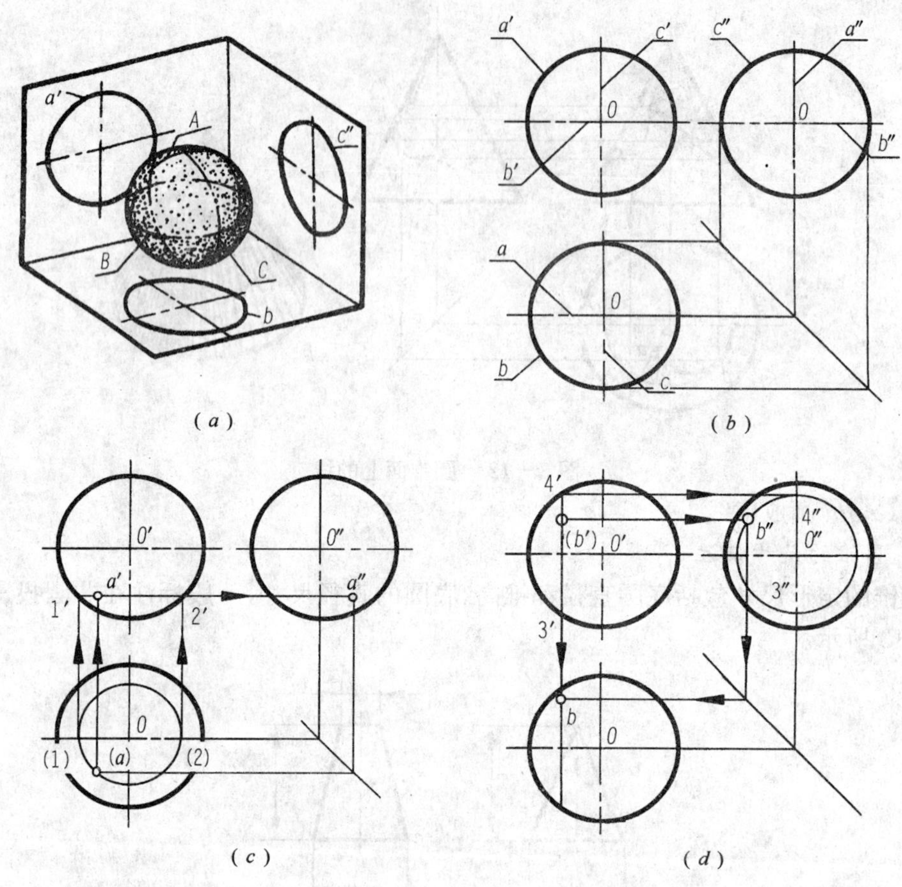

图 3－14　圆球的三视图

3. 圆球的尺寸标注

圆球的定形尺寸是其直径或半径尺寸，标注时在“ϕ”或“R”前要加注球面代号“S”，如图 3－15 所示。

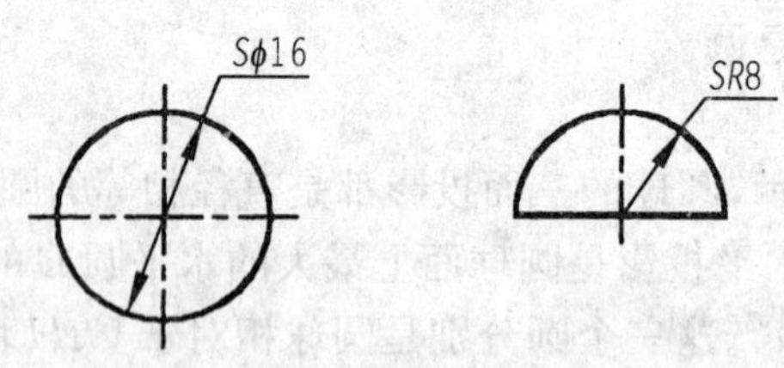

图 3－15　圆球的尺寸标注

第三节　切割体

在一些机器零件上，常常见到平面与立体表面相交。平面与立体相交，该平面称为截平面，该立体称为切割体。在立体表面所产生的交线称为截交线，由截交线围成的平面图形称为截断面，如图 3－16 所示。

截交线的形状与基本体表面性质及截平面的位置有关，但任何截交线都具有下列两

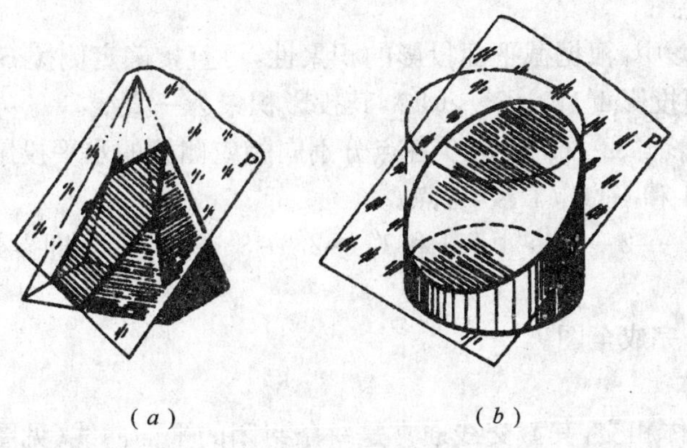

图 3－16 截交线

个基本性质：

(1) 截交线是封闭的平面折线或平面曲线。

(2) 截交线是截平面与立体表面的共有线。

截交线的求法：根据截交线的基本性质，求截交线可归结为求出截平面与立体表面的一系列共有点。然后将这些点顺次连接成封闭的折线或曲线。

一、平面切割体

平面与平面立体相交，截交线是一封闭的平面多边形。多边形的各边是截平面与平面立体各表面的交线，其各顶点是平面立体的棱线与截平面的交点或两条截交线的交点。因此，求平面立体的截交线，可归结为求两平面的交线或求直线与平面的交点。

例 3－1 求正垂面 P 与四棱锥 $S-ABCD$ 的截交线（见图 3－17）。

解：如图 3－17(b) 所示，由于 P 是正垂面，其正面投影有积聚性，故截交线的正面投影积聚为直线段且与 P_V 重合，又 P_V 与四棱锥的四个棱面均相交，其截断面必为四边形；水平投影和侧面投影分别为截断面的类似形。欲求截交线的投影，只要求出四条侧棱 SA、SB、SC、SD 与平面 P 的交点 Ⅰ、Ⅱ、Ⅲ、Ⅳ 的投影，依次连接各点的同面投影即可。

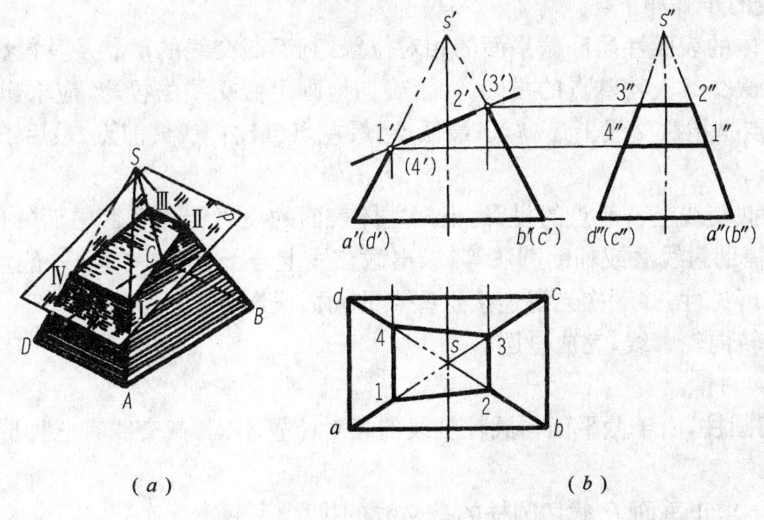

图 3－17 正垂面与四棱锥的截交线

作图过程如下：

(1) 在正面投影中，根据截平面投影的积聚性，可直接确定侧棱 SA、SB、SC、SD 与平面 P 的交点的正面投影 $1'$、$2'$、$(3')$、$(4')$，其投影积聚为一直线。

(2) 自正面投影 $1'$、$2'$、$(3')$、$(4')$ 各点分别向相应侧棱的水平投影和侧面投影引投影连线，可得 1、2、3、4 和 $1''$、$2''$、$3''$、$4''$ 各点。

(3) 顺次连接 $1\to2\to3\to4\to1$ 和 $1''\to2''\to3''\to4''\to1''$，即得截交线的水平投影和侧面投影。

(4) 整理棱线，完成全图。

二、曲面切割体

平面与曲面立体相交，其截交线通常是一条封闭的平面曲线(见图 3-18(a)、(b))，也可能是由曲线和直线围成的平面图形(见图 3-18(c))，或是平面多边形(见图 3-18(d))。截交线的形状取决于曲面立体的几何性质及其与截平面的相对位置。

求曲面立体的截交线，可利用在曲面立体表面上取点的作图方法，求出曲面立体与截平面的若干个共有点，从而作出截交线的投影。

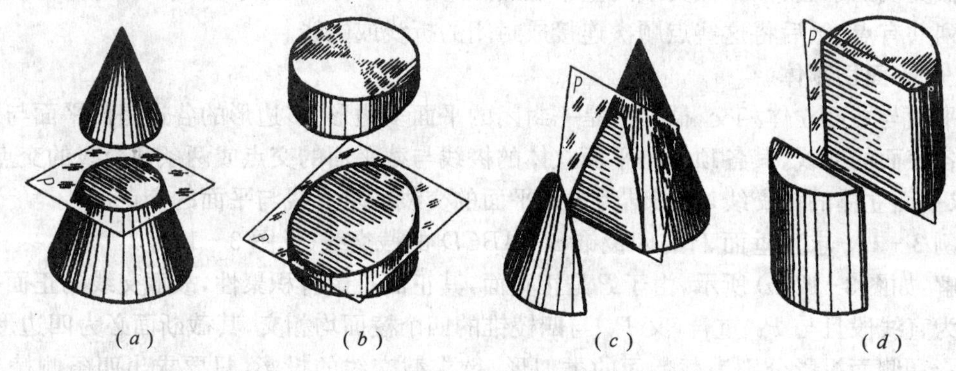

图 3-18　平面与曲面立体相交

求截交线的步骤如下：

(1) 由立体的表面性质和截平面的相对位置，判断截交线的形状及其投影特点。

(2) 求出截交线上特殊点的投影。为了确切地画出截交线的投影，应求出其上特殊点的投影。特殊点是指截交线上最高点、最低点、最左点、最右点、最前点、最后点及位于转向轮廓线上的点。

(3) 求出截交线上一般点的投影。根据立体表面的投影特点和截平面的位置，可利用积聚性投影、辅助素线法或辅助圆法等，求出截交线上若干(至少一组) 一般点的投影。

(4) 判别可见性，并顺次光滑连接这些点的同面投影。

(5) 补齐转向轮廓线，完成全图。

1. 圆柱切割体

平面截切圆柱，由于截平面与圆柱轴线的相对位置不同，截交线有三种形式，如图 3-19 所示。

例 3-2　求正垂面 P 截切圆柱的截交线的投影(见图 3-20)。

解：图 3-20 所示的截平面 P 倾斜于圆柱轴线，截交线为一椭圆。正垂面 P 的正面投影

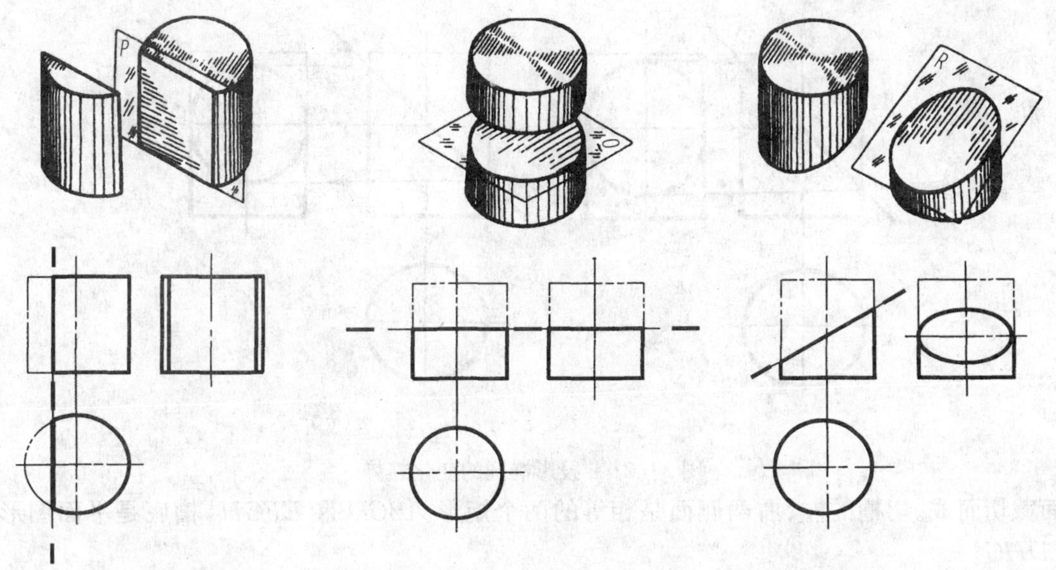

图 3-19　圆柱体的切割

和圆柱的水平投影有积聚性，所以截交线的水平投影积聚在圆上，正面投影与 P_V 重合。侧面投影为不反映截交线实形的椭圆。

作图过程如下：

(1) 求特殊点　在已知的正面投影和水平投影上找出特殊点，A、B 是椭圆的最低点和最高点，且位于圆柱的最左、最右素线上，也是最左、最右点。C、D 是椭圆的最前、最后点，位于圆柱的最前、最后素线上。这些点的正面投影是 a'、b'、c'、(d')，水平投影是 a、b、c、d，根据投影关系求出 a''、b''、c''、d''，它们也是椭圆长短轴端点的投影。

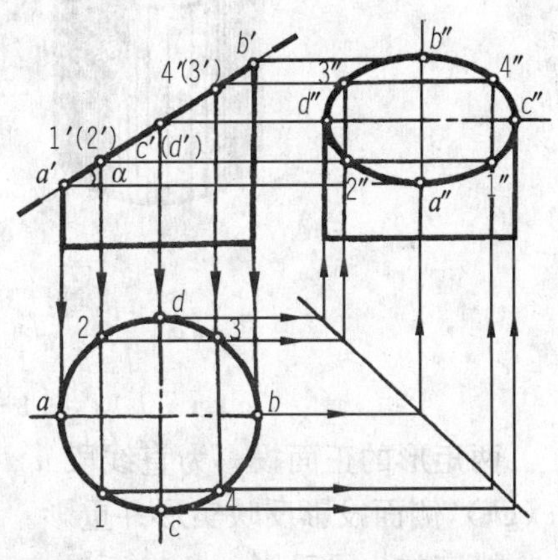

图 3-20　圆柱与正垂面的截交线

(2) 求一般点　在特殊点之间选取若干一般位置点 Ⅰ、Ⅱ、Ⅲ、Ⅳ，它们的水平投影和正面投影分别是 1、2、3、4 和 1′、(2′)、(3′)、4′，根据投影关系求出侧面投影 1″、2″、3″、4″。

(3) 判别可见性，光滑连线。截交线有可见与不可见部分时，分界点一般在转向轮廓线上，其判别方法与曲面立体表面上点的可见性判别相同。此题椭圆上所有点的侧面投影均可见，按水平投影上各点的顺序，光滑连接即为椭圆的侧面投影。

(4) 整理侧面的转向轮廓线。

讨论：正垂面 P 与轴线为铅垂线的圆柱相交时，其侧面投影椭圆的长、短轴与截平面对 H 面的夹角 α 有关，当 $\alpha < 45°$ 时（见图 3-20），其椭圆长轴为 $c''d''$，短轴为 $a''b''$；当 $\alpha > 45°$ 时（见图 3-21(a)），其椭圆长轴为 $a''b''$，短轴为 $c''d''$；当 $\alpha = 45°$ 时，截交线的侧面投影为圆（见图 3-21(b)）。

例 3-3　已知圆柱的切槽正面投影，求水平投影和侧面投影（见图 3-22）。

解：圆柱上的切槽是由两个平行于圆柱轴线的侧平面和一个垂直于圆柱轴线的水平

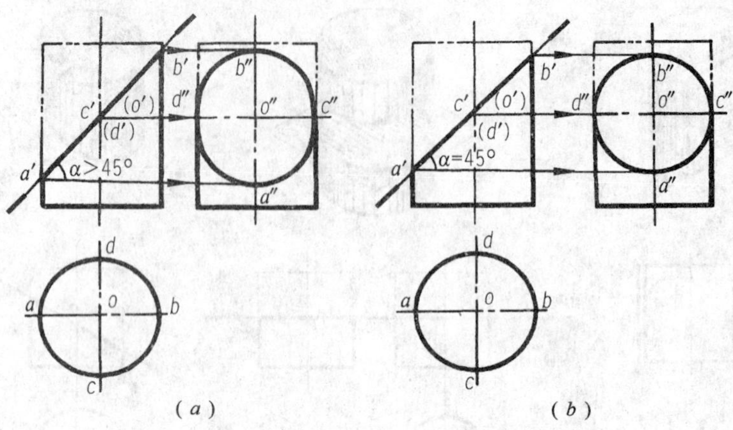

图 3-21　投影椭圆的变化趋势

面截切而成。切槽的左、右两侧面是相等的两个矩形 *ABCD* 和 *EFGH*，槽底是平面图形 *CDHG*。

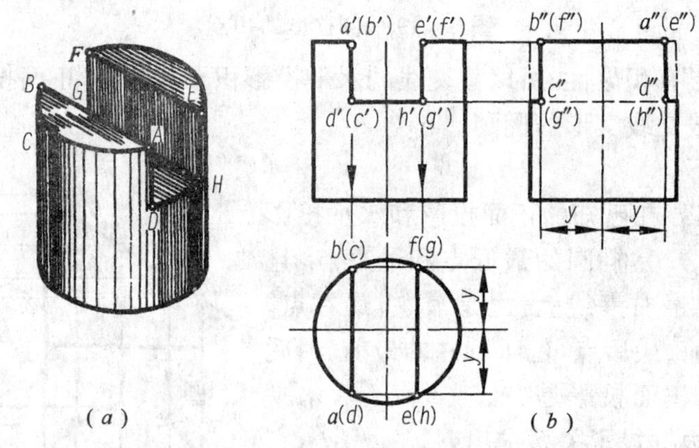

图 3-22　圆柱切槽的投影

两矩形的正面投影为直线段 $a'd'(b'c')$ 和 $e'h'(f'g')$，水平投影为直线段 $ab(cd)$ 和 $fe(gh)$，侧面投影反映实形并重影。

槽底的水平投影($cdhg$)反映实形，而正面和侧面投影积聚为直线段 $d'h'$、$(c')(g')$ 和 $c''d''$、$(g'')(h'')$。

作图过程如下：

(1) 如图 3-22(b) 所示，自通槽两侧面的正面投影引投影连线与圆柱的水平投影(圆) 相交得两直线段，即得两侧面的水平投影 $ab(cd)$、$ef(gh)$。槽底部分圆弧的水平投影为(cg、dh)。

(2) 根据正面、水平投影的投影关系可得侧面投影。

(3) 判别可见性，整理图线。由于开通槽的缘故，圆柱最前、最后两素线被截去一段，故其侧面投影中，槽口中间部分为不可见，画成虚线。

2. 圆锥切割体

平面截切圆锥时，由于截平面与圆锥轴线的相对位置不同，截交线有五种形式，见表 3-1。

表 3-1　圆锥的切割

截平面的位置	与轴线垂直，即 $\theta=90^{\circ}$	与轴线倾斜，且 $\theta>\varphi$	与轴线倾斜，且 $\theta=\varphi$	与轴线倾斜且 $\theta<\varphi$，或平行于轴线（$\theta=0^{\circ}$）	通过锥顶
与圆锥面交线的形状	圆	椭圆	抛物线	双曲线	通过锥顶的两条相交直线
立体图					
投影图					

平面与圆锥相交，截交线上的点既在圆锥表面上又在截平面上，所以当截平面的投影有积聚性时，截交线的投影必落在截平面有积聚性的投影上，其他投影可根据圆锥表面取点的方法作出，如素线法和辅助圆法。

例 3-4　求正垂面截切圆锥的截交线的投影（见图 3-23）。

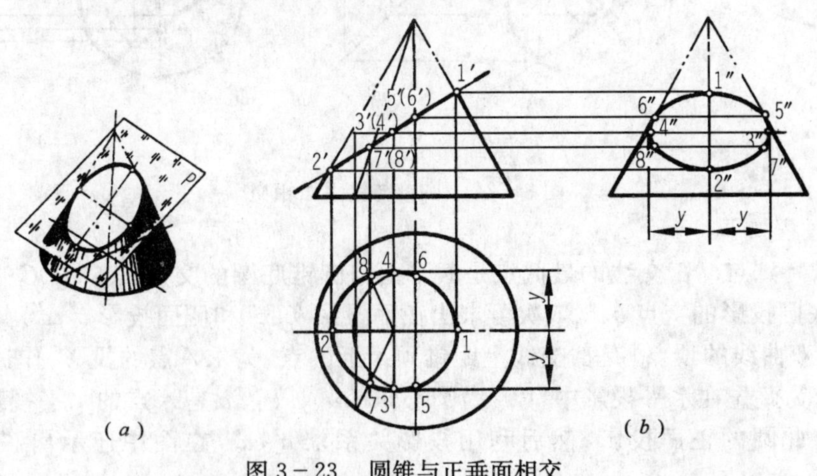

图 3-23　圆锥与正垂面相交

解：因截平面P倾斜于圆锥轴线，且$\theta>\alpha$，所以截交线为椭圆，其长轴是ⅠⅡ，短轴是ⅢⅣ。椭圆的正面投影积聚成直线段与P_V重合，线段$1'2'$是长轴ⅠⅡ的实长，水平投影和侧面投影仍为一椭圆。

作图过程如下：

(1) 求特殊点　如图3-23(b)所示，最高点和最右点是Ⅰ点，最低点和最左点是Ⅱ点，它们分别在两条转向轮廓线上，由正面投影和水平投影X坐标相等得1和2，由正面投影和侧面投影Z坐标相等得$1''$和$2''$；最前点Ⅲ和最后点Ⅳ按如下方法来定：线段$1'2'$的中点就是$3'(4')$，用辅助圆法或素线法求出3、4(图3-23(b)中用了辅助圆法)，再利用水平投影和侧面投影Y坐标相等，求得$3''$和$4''$；图中Ⅴ、Ⅵ两点是锥面对侧面的转向轮廓线上的点。

(2) 求一般点　为了提高作图的准确度，可适当选取一些一般位置点，图3-23(b)中选取了Ⅶ、Ⅷ两点，由$7'$、$(8')$用素线法求得7、8，再利用投影关系得$7''$、$8''$。

(3) 判别可见性，顺次光滑连接　椭圆的水平投影和侧面投影均可见，分别按$1\to5\to3\to7\to2\to8\to4\to6\to1$和$1''\to5''\to3''\to7''\to2''\to8''\to4''\to6''\to1''$的顺序光滑连接成曲线，并画成粗实线，即为椭圆的水平投影和侧面投影。

例3-5　求铅垂面P截切圆锥的截交线的投影(见图3-24)。

解：由图3-24(a)、(b)可知，圆锥轴线铅垂放置，截平面P与圆锥轴线平行，故截交线是双曲线，其水平投影积聚为直线段，正面投影和侧面投影为曲线。

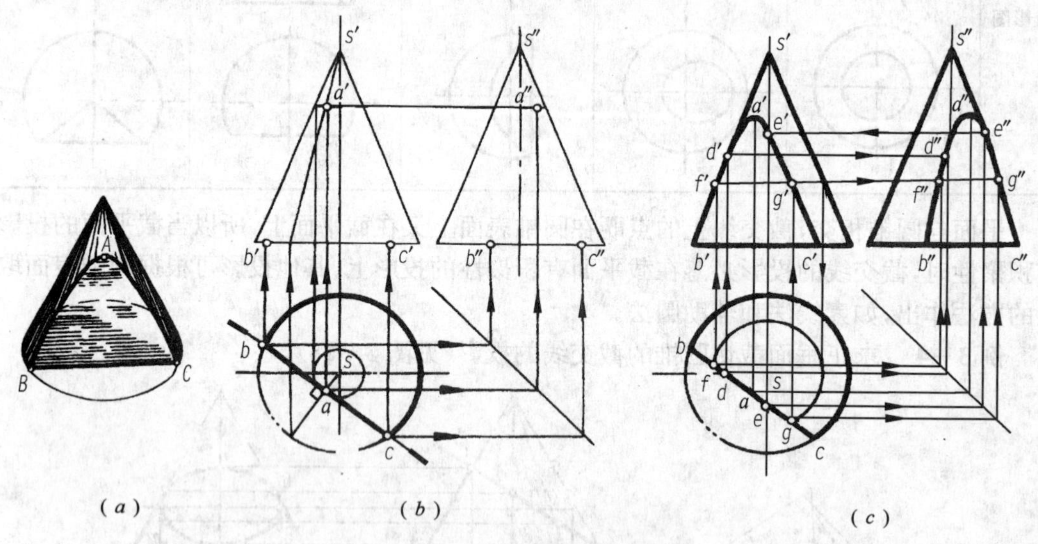

图3-24　圆锥与铅垂面相交

作图过程如下：

(1) 求特殊点　截交线的最低点是截平面与圆锥底圆的交点B、C，B、C的水平投影为P_H与底圆投影的交点b、c，依次可求出正面投影b'、c'和侧面投影b''、c''。截交线的最高点A(即双曲线的顶点)是截交线上距锥顶最近的点。为求A点的投影，作过A点的水平辅助圆。为此先在水平投影中，以s为圆心，sa($sa\perp P_H$，a是A点的水平投影)为半径画圆，求出此圆的正面投影，然后利用投影关系求a'、a''，在图中还示出了用素线法求a'。

求转向轮廓线上的点。由于 H 面投影可见，P_H 与圆锥最左、最前二素线的投影分别交于 d、e 两点(见图 3-24(c))，此两点即为截交线上属于该二素线上的点 D 和 E 的水平投影，据此分别求出其他两面投影 d'、d'' 和 e'、e''。

(2) 求一般点　在最高点 A 和最低点 B、C 之间找两个一般点 F、G，用辅助圆法求出其投影，如图 3-24(c) 所示。

(3) 判别可见性，顺次光滑连接　本题各投影均可见，用粗实线光滑连接即可。

3. 圆球切割体

任何位置的截平面与圆球相交，其截交线都是圆，但由于截平面对投影面所处的位置不同，截交线的投影可能是直线、圆或椭圆。这里只讨论截平面与投影面平行时的情形。

若截平面平行于某一投影面时，截交线在该投影面上的投影反映圆的实形，其余两面投影则是直线段，直线段的长度等于截交线圆的直径，如图 3-25 所示。

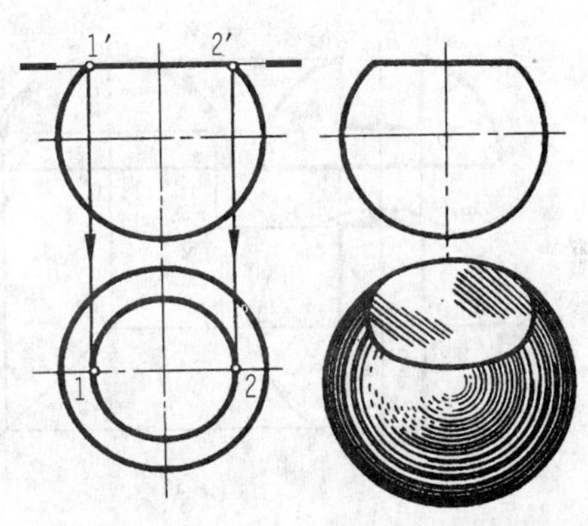

图 3-25　圆球与水平面的截交线

例 3-6　已知半圆球切槽的正面投影，补全其水平投影和侧面投影(见图 3-26)。

解：由图 3-26(a) 的正面投影可知，此槽是用两个侧平面和一个水平面切割半球形成的，方槽的底面和两个侧面均是圆的一部分，其水平投影反映槽底实形，由前、后两段圆弧(其直径为水平面截切半球所得圆的直径，其长度为正面投影中的 1′2′) 和两段直线(两侧面的水平投影) 围成。侧面投影反映槽两侧面的实形，由二段圆弧(槽的两侧平面截切圆球所得截交线，其半径为正面投影中的 3′4′) 和一段直线(槽底的投影) 围成。

作图过程如图 3-26(b)、(c)、(d) 所示。

4. 组合回转切割体

组合回转体由两个或两个以上单一回转体组合而成。求平面与组合回转体相交的截交线的投影，应首先分析它由哪几个单一回转体组成，截平面与各个回转体的截交线的形状及结合部位的情况如何，然后分别求出，并顺次连接，即可求出截交线的投影。

例 3-7　求顶尖的截交线(见图 3-27)。

解：由图 3-27(a) 可知，顶尖由同轴线的圆锥和圆柱组成，截平面 Q 为水平面，与顶尖轴线平行，截切圆锥得截交线为双曲线，截切圆柱得两条侧垂位置的直素线，两种截交线的分界点 E、F 位于圆锥面和圆柱的分界圆周上。图 3-27(b) 中，两种截交线的正面投影和侧面投影分别积聚为直线段，而水平投影反映它们的实形。

正垂面 P 与圆柱的截交线是部分椭圆，其正面投影积聚为斜直线，侧面投影与圆柱面的侧面投影重合为圆的一部分，其水平投影为部分椭圆。

作图过程如图 3-27(b) 所示。

此截交线可分步求，首先求平面截圆锥的截交线；再求平面截圆柱的截交线。应该注意圆锥面与圆柱面结合部位圆的投影，其正面、水平面投影为直线段，侧面投影为圆，该圆

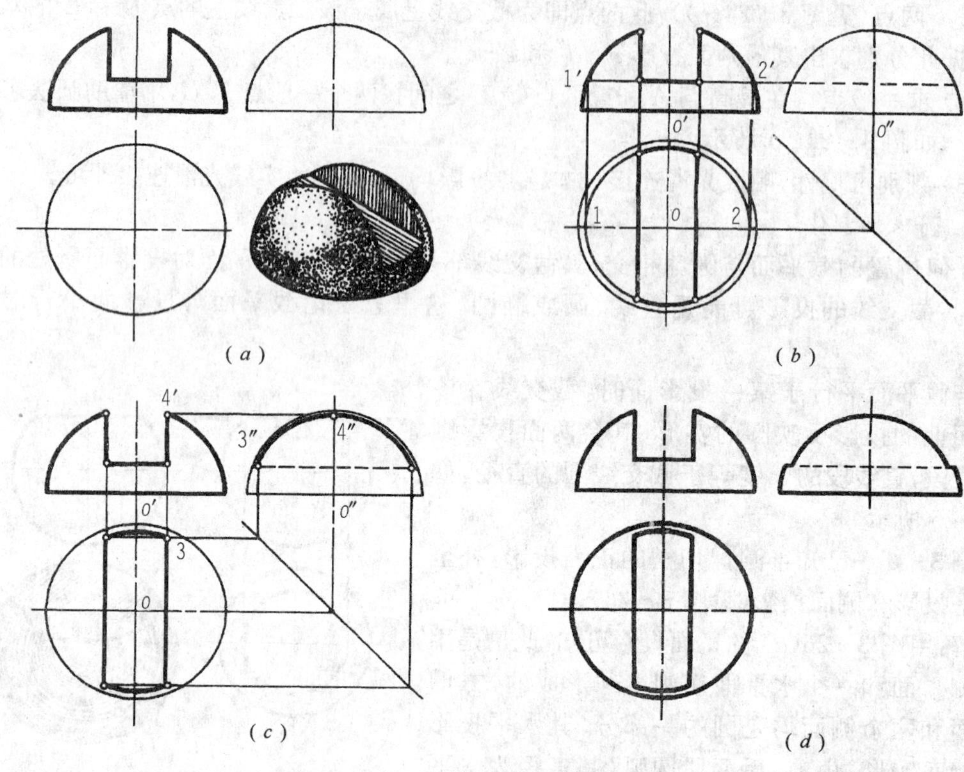

图 3-26　半圆球切槽的截交线

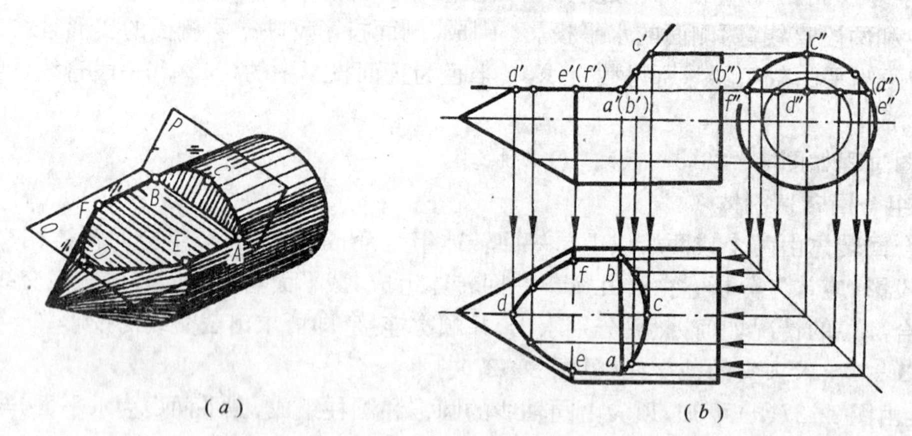

图 3-27　顶尖的截交线

被水平截平面截去一部分，其水平投影 e 以前、f 以后至轮廓线间的部分可见，画粗实线，e、f 之间部分被水平截平面挡住为不可见，应画成虚线。

三、切割体的尺寸标注

标注切割体的尺寸时，除了标注基本体的定形尺寸外，还应标注出截平面的位置尺寸。在标注截平面的位置尺寸时，应考虑其测量方便和对称截切的尺寸标注方法，应特别注意的是，不允许在截交线上标注尺寸，如图 3-28 所示。

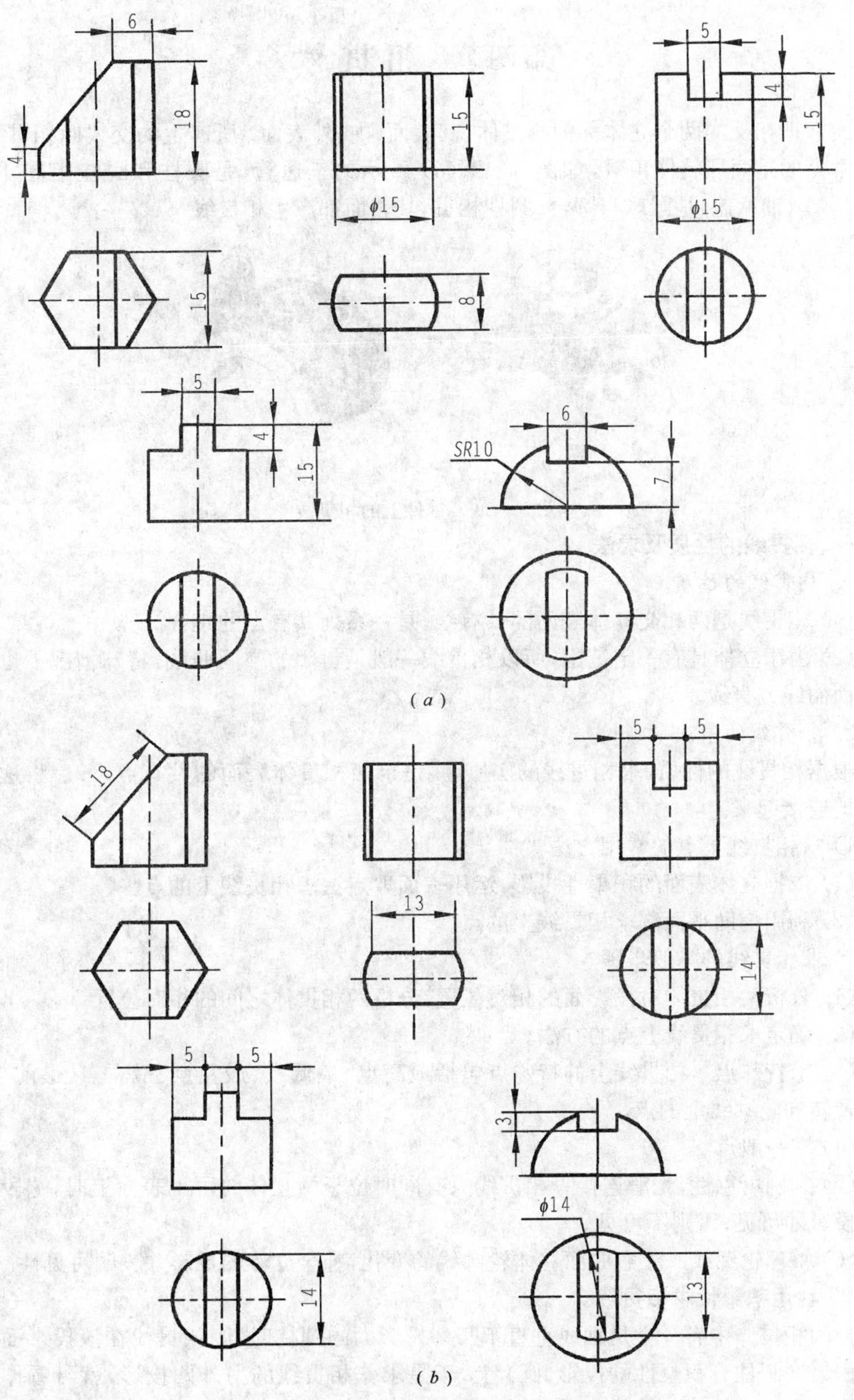

图3－28　切割体的尺寸标注

(a) 正确标注；(b) 错误标注。

第四节 相 贯 体

通常把相交的两个立体称为相贯体，其表面(内、外表面)所产生的交线叫相贯线。零件上常见的是两回转体相贯，如图 3 - 29(*a*)所示的三通管，是圆柱和圆柱相贯。图 3 - 29(*b*)所示轴承盖，是圆球与圆台、圆柱相贯，其表面都产生相贯线。

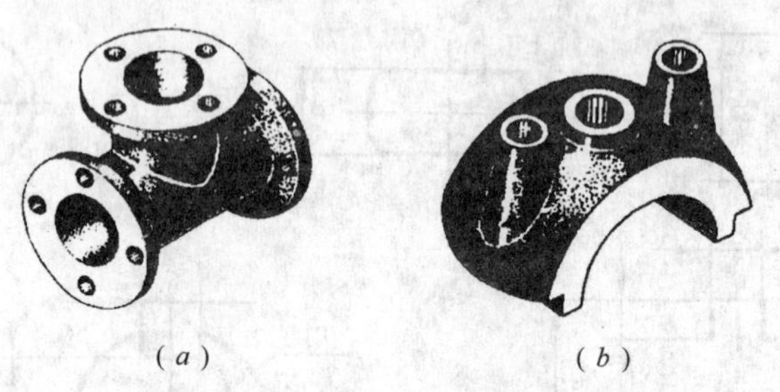

(*a*)　　　　(*b*)

图 3 - 29　零件上的相贯线

一、相贯线的性质及求法

1. 相贯线的性质

(1) 相贯线是两相交立体表面的共有线，是一系列共有点的集合。

(2) 由于立体具有一定范围，所以相贯线一般是封闭的空间曲线，特殊情况下也可能是平面曲线或直线。

2. 相贯线的求法

根据相贯线的性质，求相贯线的实质，就是求两相贯体表面的共有点，最后将这些点光滑地连接起来。

1) 求相贯线上点的常用方法

(1) 依据立体表面的积聚性投影，运用表面取点法求相贯线上的点。

(2) 利用辅助平面法求相贯线上的点。

2) 求相贯线的一般步骤

(1) 分析两相贯体对投影面的相对位置，分析两相贯体之间的相对位置。

(2) 确定求相贯线上点的方法。

(3) 求特殊点　相贯线上的特殊点包括最高点、最低点、最左点、最右点、最前点、最后点及转向轮廓线上的点。

(4) 求一般点。

(5) 判别可见性，光滑连接　相贯线只有同时位于两立体的可见表面上时，这段相贯线的投影才可见；否则不可见。

(6) 整理轮廓线　注意曲面立体轮廓线的变化，补全立体的投影并表明可见性。

二、利用积聚性求相贯线

当两相贯体中有一个是轴线垂直于某一投影面的圆柱时，则相贯线在该投影面上的投影积聚在圆柱有积聚性的投影(圆)上，于是求作相贯线的另外两投影，就可看作在另一立体上求作已知线的其他投影的问题，在相贯线的已知投影上取一些点，按照曲面立体表面取点的方法，求出相贯线的其他投影，通常把这种方法称为利用积聚性法或称表面取点法。

1. 两圆柱(或圆柱孔)正交时的相贯线

例 3-8 求两正交圆柱的相贯线的投影(见图 3-30)。

解:由图 3-30 可知,铅垂圆柱面甲的水平投影有积聚性,侧垂圆柱面乙的侧面投影有积聚性。因此,该相贯线的水平投影必积聚在铅垂圆柱面的水平投影上,相贯线的侧面投影积聚在侧垂圆柱面的侧面投影上,且为两圆柱侧面投影重叠区域内的一段圆弧上。于是,求作相贯线的投影问题可归结为已知相贯线的水平投影和侧面投影,求作其正面投影。通过分析,相贯线是一条封闭的空间曲线,如图 3-30(*b*)所示。

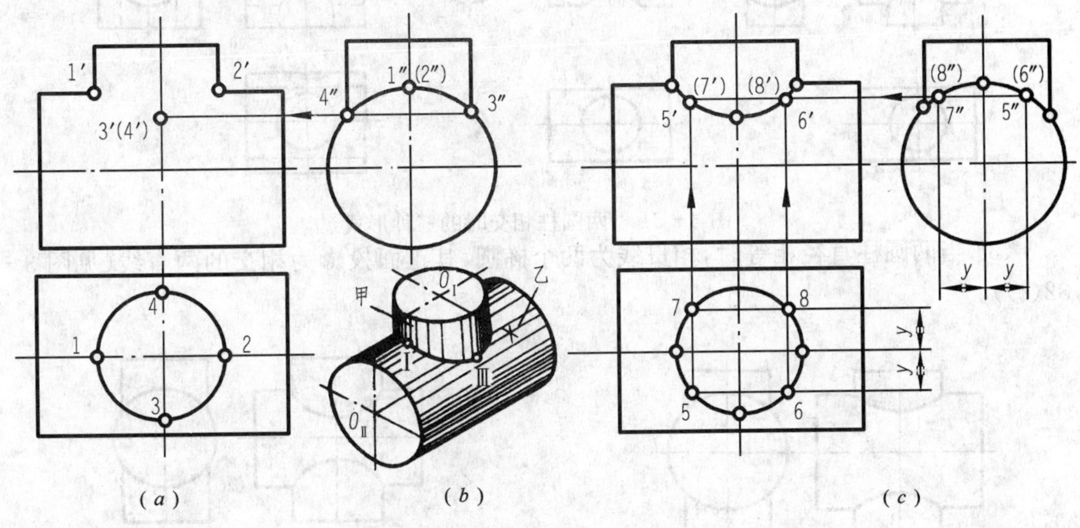

图 3-30　两正交圆柱的相贯线

作图过程如下:

(1) 求特殊点　如图 3-30(*a*)所示,从水平投影和侧面投影可知,Ⅰ(1、1″)、Ⅱ(2、2″)是最左、最右点,也是最高点。Ⅲ(3、3″)、Ⅳ(4、4″)是最前、最后点,也是最低点,按投影关系求出它们的正面投影 1′、2′、3′、(4′)。

(2) 求作一般点　如图 3-30(*c*)所示,在水平投影中对称地取一般点的投影 5、6、7、8,再按投影关系作出它们的侧面投影 5″、(6″)、7″、(8″),然后求出正面投影 5′、6′、(7′)、(8′)。

(3) 判别可见性,光滑连接　由水平投影和侧面投影可知,相贯线前后对称,故正面投影前后重合,只需用粗实线光滑连接即可。

机件中经常会遇到带有穿圆柱孔的回转体。圆柱孔为内圆柱面。因此,相交的两圆柱面可以是两个外表面,也可以是两个内表面,或是一个外表面与另一个内表面,其相贯线的形状和作法是完全相同的(见图 3-31)。

2. 两圆柱(或圆柱孔)正交时相贯线的弯曲趋势及变化规律

当正交两圆柱体(或圆柱孔)的直径变化时,相贯线的形状和位置也随之变化,其变化规律可从图 3-32 中看出:

(1) 相贯线的投影都是由小圆柱轴线向大圆柱轴线弯曲。

(2) 当两圆柱的直径相差越小时,相贯线的投影越弯近大圆柱轴线。

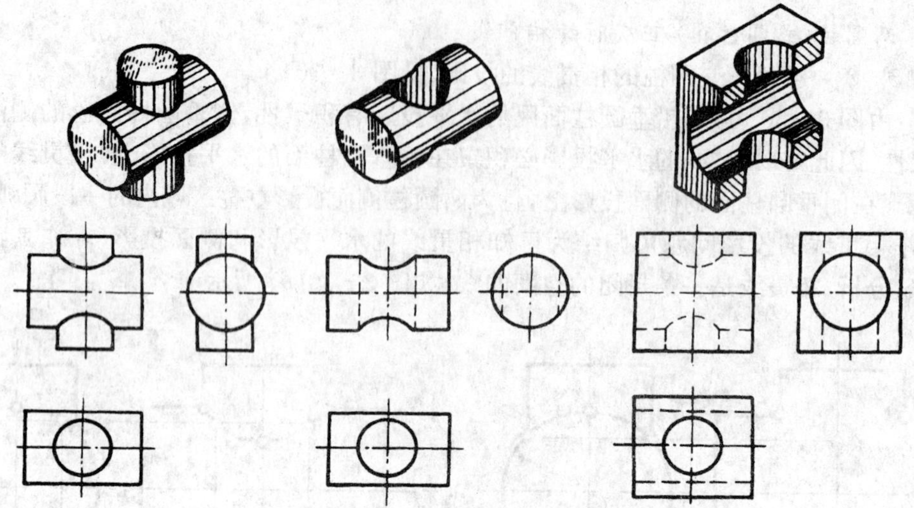

图 3-31　两圆柱相交时的三种形式

(3) 当两圆柱直径相等时,相贯线为两个椭圆,其正面投影为相交的两直线(见图 3-32(*c*))。

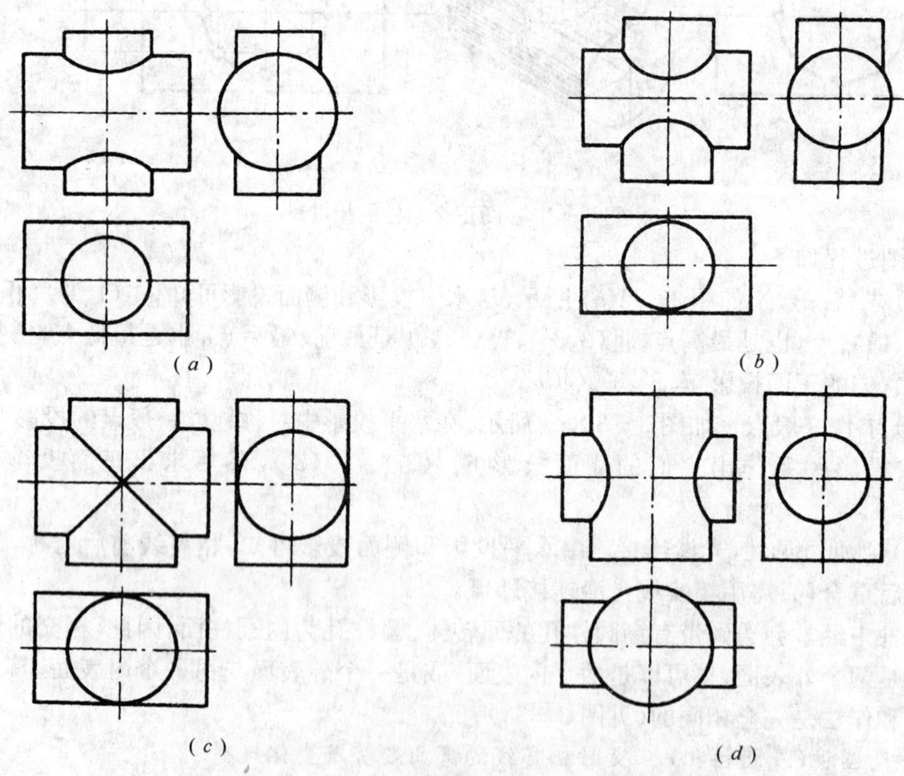

图 3-32　正交两圆柱相贯线的弯曲趋向

(*a*) 水平方向圆柱直径大于铅垂方向圆柱直径,且两圆柱直径之差较大时;
(*b*) 水平方向圆柱直径仍大于铅垂方向圆柱直径,但两圆柱直径之差较小时;
(*c*) 两圆柱直径相等时;(*d*) 水平方向圆柱直径小于铅垂方向圆柱直径时。

三、利用辅助平面法求相贯线

如图 3－33 所示，求作两曲面立体的相贯线时，假想在相贯线范围内作一辅助平面 Q，Q 平面与相贯两立体产生两条截交线，两截交线的交点即为相贯线上的点，也是辅助平面和两相贯立体表面的共有点 —— 三面共点。利用三面共点的原理求相贯线的方法称为辅助平面法。

选择辅助平面的原则是：应使辅助平面与相贯立体表面产生的截交线及其投影是简单易画的圆或直线。

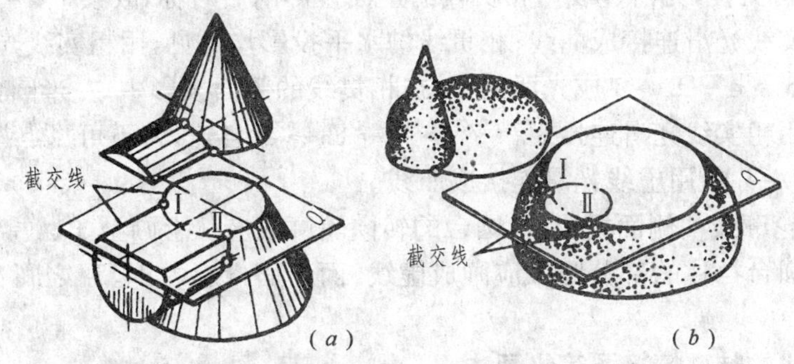

图 3－33　用辅助平面法求相贯线

根据以上分析可知，用辅助平面法求相贯线，一般可按下列步骤作图：

(1) 选择适当的辅助平面；

(2) 求出辅助平面分别截切两相贯体时所形成的截交线；

(3) 求出两截交线的交点，即为相贯线上的点。

例 3－9　求圆锥台与半球的相贯线(见图 3－34)。

解：圆锥台和半球的投影均无积聚性，适宜用辅助平面法。图中圆锥台轴线不通过球心，但前后对称，因此相贯线是一条前后对称且封闭的空间曲线，其正面投影重合。为作图简便，所选辅助平面对圆锥台而言，应通过其延伸后的锥顶或与其轴线垂直，对半球而言，应平行于投影面。因此，选择过圆锥台轴线的正平面、侧平面以及与两曲面立体交线均为圆的水平面为好。

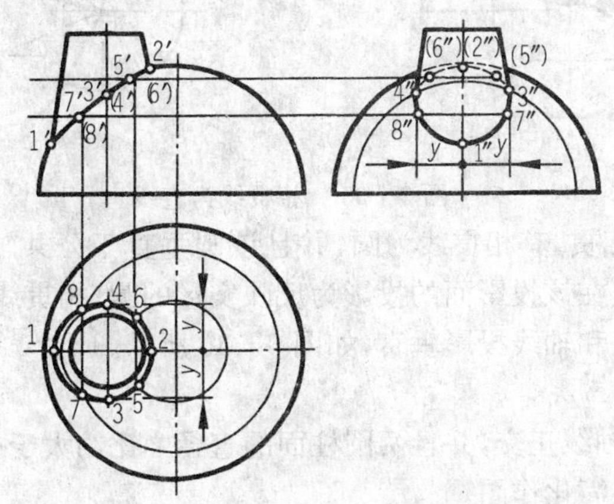

图 3－34　圆锥台与半球的相贯线

作图过程如下：

(1) 求特殊点　点 Ⅰ、Ⅱ 是两曲面立体正面投影轮廓轮的交点，并位于对称平面上，所以 1′、2′ 是相贯线上的最低、最高点，同时也是最左、最右点，由 1′、2′ 求出 1、2 及 1″、(2″)。过圆台的轴线作侧平面 P，与圆台的交线是其侧面投影轮廓线，与半球的交线是半圆，它们的交点 3″、4″ 是相贯线上的最前、最后点，据 3″、4″ 求出 3′、4′ 和 3、4。

(2) 求一般点　在适当位置作水平面 Q 与 R，它们与两曲面立体的交线均为圆，两圆交点的水平投影是 5、6 和 7、8，由 5、6 求出 5′、(6′) 和(5″)、6″，由 7、8 求出 7′、(8′) 和 7″、8″。

(3) 判别可见性，光滑连线　相贯线的正面投影前后对称，故按 1′ → 7′ → 3′ → 5′ → 2′ 顺序，用粗实线光滑连接成曲线；相贯线的水平投影均可见，用粗实线光滑连接 1 → 7 → 3 → 5 → 2 → 6 → 4 → 8 → 1 成光滑曲线；在相贯线的侧面投影中，左半圆台面与左半球面的交线可见，用粗实线光滑连接 3″ → 7″ → 1″ → 8″ → 4″ 各点，将不可见点按顺序 3″ → (5″) → (2″) → (6″) → 4″ 用虚线光滑连接成曲线。

(4) 整理轮廓线　侧面投影中，圆台的转向轮廓线应从上画至 3″、4″，半球的转向轮廓应画全，但被圆台挡住的部分圆弧应画成虚线；而正面投影中 1′、2′ 之间不应画半球的轮廓线的投影。

四、相贯线的特殊情况及简化画法

1. 相贯线的特殊情况

曲面立体的相贯线一般是空间曲线，特殊情况下可能是直线或平面曲线。下面讨论几种情况。

(1) 两圆柱轴线平行或两圆锥共顶相贯，其相贯线为直线，如图 3-35 所示。

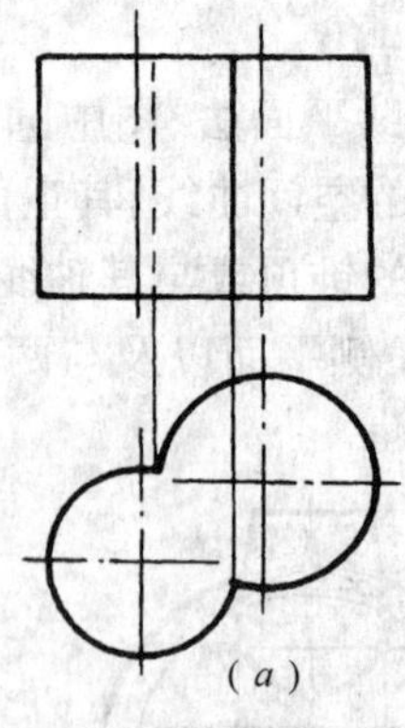

(a)

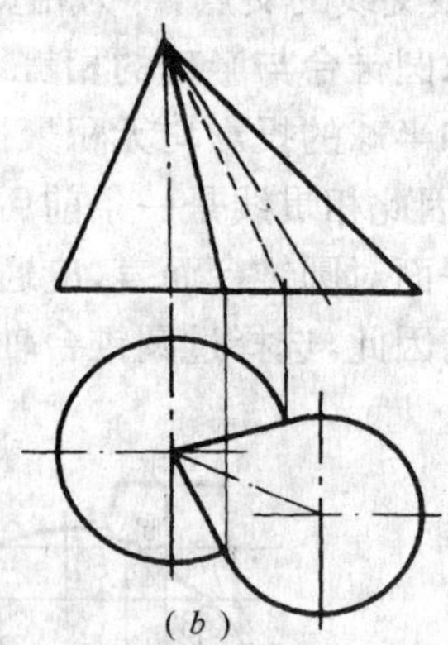

(b)

图 3-35　相贯线为直线

(2) 同轴回转体相贯，其相贯线为圆，并且该圆垂直于公共轴线，当公共轴线垂直于某一投影面时，相贯线在该投影面的投影为反映实形的圆；相贯线在轴线平行的投影面上的投影积聚为直线，且和轴线投影垂直，如图 3-36 所示。

2. 相贯线的简化画法

两圆柱体或圆孔轴线正交，并且两圆柱面的直径之比约大于或等于 1.5 时，绘制相贯线允许用圆弧代替，以简化作图。

如图 3-37 所示，三通管的相贯线可用大圆柱的半径 $D/2$(或大圆孔半径 $D_1/2$) 的圆弧代替。

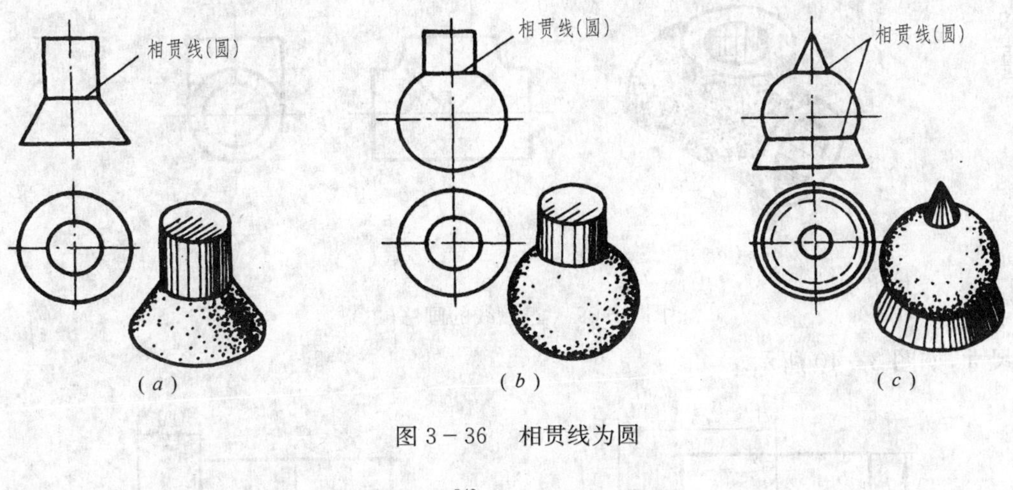

图 3－36　相贯线为圆

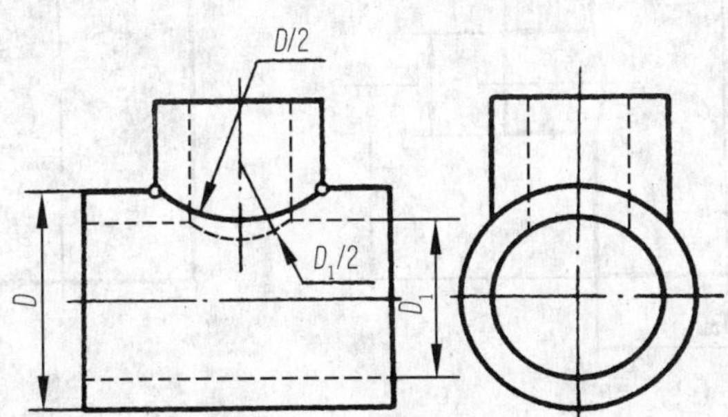

图 3－37　相贯线的简化画法

五、过渡线的画法

根据工艺要求，铸造或锻造零件的表面相交处常用一个圆角光滑地过渡(见图 3－38(*a*))。小圆角使相贯线变得不很明显，但为了看图时能分清不同表面的边界，仍画出其理论上的交线，这种线称为过渡线。

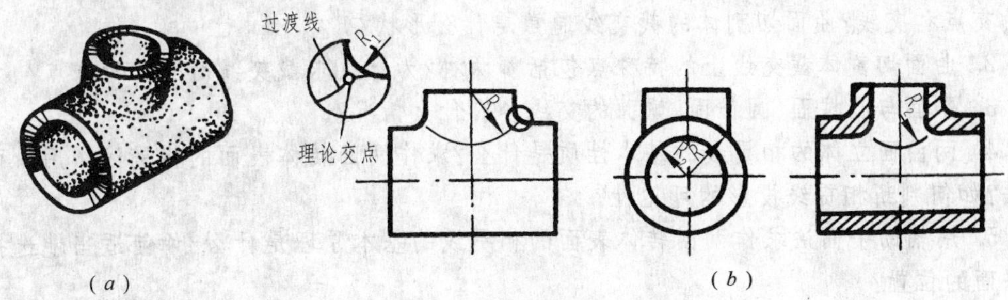

图 3－38　过渡线的画法(一)

绘制过渡线的方法与相贯线相同。但过渡线用细实线画出，只画到两圆柱轮廓素线的相交处，其两端与小圆角的弧线之间不应相交(见图 3－39(*a*)、(*b*))。

六、相贯体的尺寸标注

相贯体除了标注立体的定形尺寸外，还应标注确定相贯立体之间的位置尺寸，注意不要标注相贯线的尺寸，确定回转体的位置应标注其轴线的位置，不能标注转向轮廓线的位

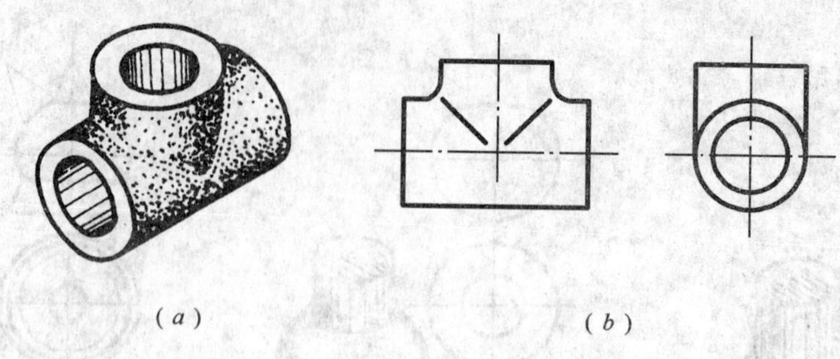

图 3-39　过渡线的画法(二)

置尺寸,如图 3-40 所示。

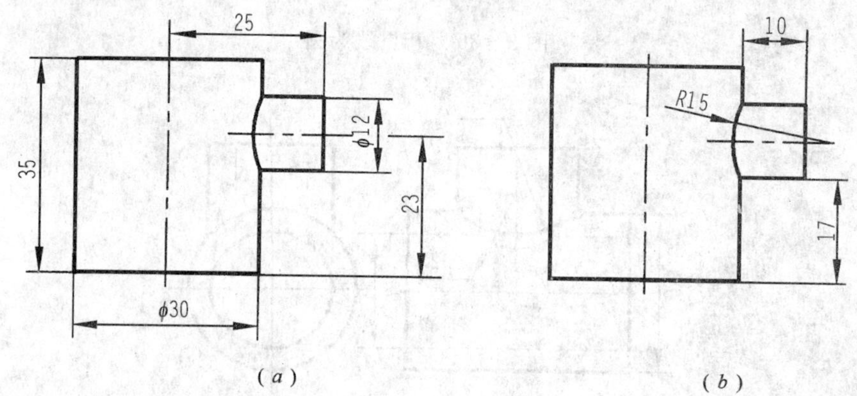

图 3-40　相贯体的尺寸标注

(a) 正确标注;(b) 错误标注。

思考题

1. 截交线是怎样形成的?平面切割体的截交线是平面立体上的哪些几何元素与截平面的交点和交线?曲面切割体的截交线通常是什么形状?

2. 曲面切割体截交线上的特殊点包括哪两种?为什么求截交线时先求特殊点?

3. 平面与圆柱面、圆锥面、球面的交线各有什么情况?

4. 两曲面立体的相贯线的基本性质是什么?求作两回转体表面的相贯线常用哪两种方法?如何判断相贯线投影的可见性?

5. 用辅助平面法求作两回转体表面的相贯线的基本原理是什么?如何适当地选择辅助平面的位置?

6. 何为相贯线的特殊情况?试分别说明。

第四章 组合体

任何机器零件，一般都可以看作由若干简单立体(称为基本体)经过叠加、切割等方式而形成的组合体。本章将在学习制图的基本知识和正投影理论的基础上，进一步讨论组合体三视图的投影特性、组合体画图和读图的基本方法及组合体的尺寸标注等问题。

第一节 三视图的形成及特性

一、三视图的形成

如图 4－1(*a*)所示，将物体置于第一分角内，并使其处于观察者与投影面之间而得到正投影的方法，称为第一角画法。GB/T4458.1-2002《机械制图—图样画法》规定，绘制机械图样时，机件的图形采用第一角画法。机件向投影面作正投影所得的图形称为视图。如图 4－1(*a*)所示，由前向后投影所得的视图称为主视图，也即机件的正面投影，通常反映所画机件的主要形状特征；由上向下投影所得的视图称为俯视图，也即机件的水平投影；由左向右投影所得的视图称为左视图，也即机件的侧面投影。

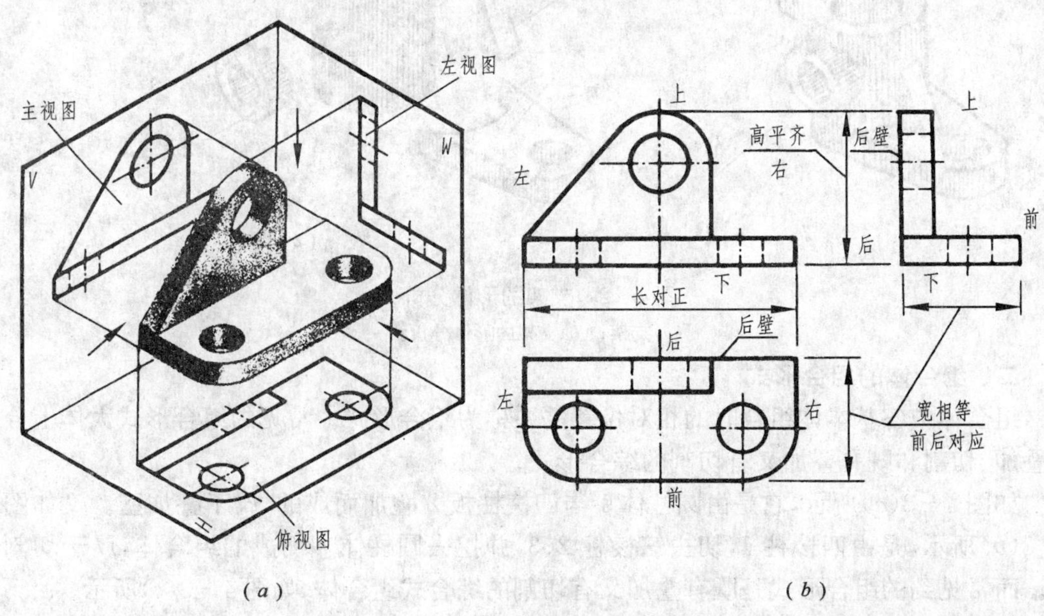

图 4－1 三视图的形成及其特性

(*a*)三视图的形成过程；(*b*)三视图。

二、三视图的特性

如图 4－1(*b*)所示，由投影面展开后的三视图可以看出：主视图反映机件的长和高；俯视图反映机件的长和宽；左视图反映机件的高和宽。由此可得出三视图的特性：主、俯视图长对正；主、左视图高平齐；俯、左视图宽相等，前后对应。这个特性也就是多面投影的投影规律，不仅适用于机件整体的投影，也适用于机件局部结构的投影。应注意，俯、左视图除了反映宽相等以外，还有前、后位置应符合对应关系：俯视图的下方和左视图的右方，表示机件的前方；俯视图的上方和左视图的左方，表示机件的后方。

第二节　组合体的构形分析

一、形体分析法

任何复杂的形体都可看成是由若干个基本体按一定的形式组合而成的。这种由两个或两个以上基本体组成的形体称为组合体。组合体是机器零件的抽象模型(简化了工艺结构等)。

在组合体的画图、读图和标注尺寸过程中，通常假想将其分解成若干个基本体，弄清楚各基本体的形状、相对位置、组合形式以及表面连接关系，这种"化整为零"，使复杂问题简单化的分析方法称为形体分析法。

如图 4-2 所示，支架可分解为直立空心圆柱、底板、肋板、耳板和水平空心圆柱五部分。形体分析法是画、读组合体视图及标注尺寸的最基本的方法。

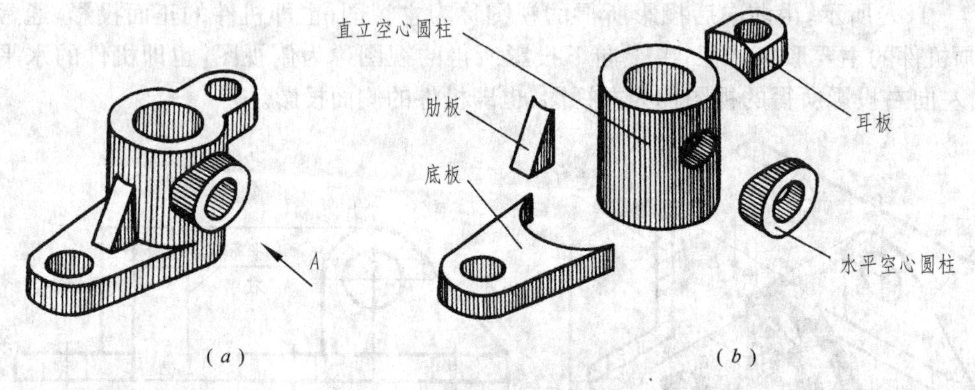

图 4-2　支架的形体分析
(a)支架；(b)支架的形体分析。

二、组合体的组合形式

组合体中各基本体组合时的相对位置关系称为组合形式。常见的组合形式大体上分为叠加、切割和既有叠加又有切割的综合形式。

如图 4-3(a)所示，它是由圆柱体 1 与四棱柱板 2 叠加而成的，属于叠加型。又如图 4-3(b)所示，是由四棱柱 1，切去三棱柱 2、3，并挖去圆柱体 4 而成的组合体，属于切割型。而常见到的组合形式是既有叠加又有切割的综合式组合体，如图 4-3(c)所示。

三、组合体各组成部分的表面连接关系

在组合体上，各形体相邻表面之间按其表面形状和相对位置不同，连接关系可分为平齐、不平齐、相切和相交四种情况。连接关系不同，连接处投影的画法也不同。

(1) 平齐　当相邻两形体的表面平齐(共面)时，中间不应有线隔开，如图 4-4 所示；

(2) 不平齐　当相邻两形体的表面不平齐(不共面)时，中间应该有线隔开，如图 4-5

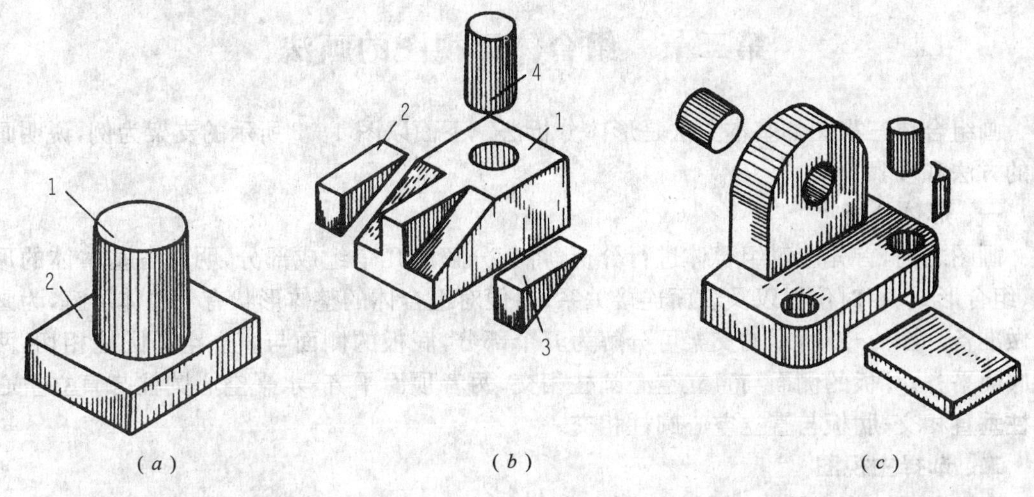

图 4-3　组合体的组合形式

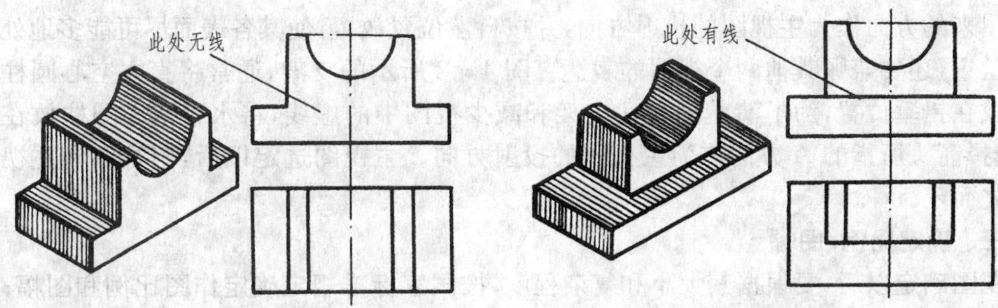

图 4-4　表面平齐　　　　图 4-5　表面不平齐

所示；

(3) 相交　当相邻两形体的表面相交时，在相交处应该画出交线，如图 4-6 所示；

(4) 相切　当相邻两形体的表面相切时，由于在相切处两表面是光滑过渡的，故在相切处不应该画线，但耳板的顶面投影应画到切点处，如图 4-7 所示。

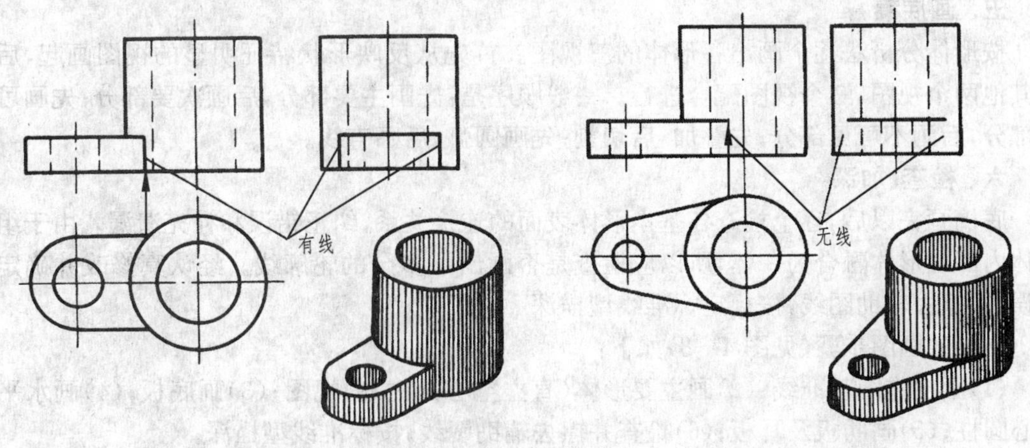

图 4-6　表面相交　　　　图 4-7　表面相切

第三节　组合体三视图的画法

画组合体三视图的基本方法是形体分析法。下面以图 4－2 所示的支架为例，说明画图的方法和步骤。

一、形体分析

画图之前，首先应对组合体进行分析，将其分解成几个组成部分，明确各基本体的形状、组合形式、相对位置以及表面连接关系；以便对组合体的整体形状有个总体了解，为画图做准备。图 4－2 所示的支架可分解为五个部分，底板的侧面与直立空心圆柱相切，两者底面平齐；耳板的侧面与直立空心圆柱相交，两者顶面平齐；水平空心圆柱与直立空心圆柱垂直相交；肋板与直立空心圆柱相交。

二、选择主视图

主视图是三个视图中的主要视图。确定主视图，就是要解决好组合体怎样放置和从哪个方向投射两个问题。通常选择能将组合体各组成部分的形状特征和相对位置明显地反映出来的方向作为主视图的投射方向，并按自然位置放置，使其各表面尽可能多地处于特殊位置，还要兼顾其他两个视图的表达。图 4－2 所示的支架，通常将直立空心圆柱的轴线放在铅垂位置，为了清楚地表达支架和减少视图中的虚线，将水平空心圆柱放在前面，选择箭头所指的 A 方向作为主视图的投射方向。主视图选定以后，俯视图和左视图也随之而定。

三、确定比例、图幅

视图确定以后，要根据其大小和复杂程度，按国家标准规定确定作图比例和图幅；图幅大小应考虑有足够的地方画图、标注尺寸和画标题栏。一般情况下尽量选用 1∶1 的比例。

四、布置视图位置、画作图基准线

首先根据选定的图幅，初步考虑三个视图的基本位置，应尽量做到布置合理、美观。再根据组合体的总长、总宽、总高，并注意视图之间要留有适当地方标注尺寸，匀称布图，画出作图基准线。

五、画底稿

按形体分析法逐个画出各形体的三视图。首先从反映形状特征明显的视图画起，后画其他两个视图，三个视图配合进行。一般顺序是：先画主要部分，后画次要部分；先画可见部分，后画不可见部分；先叠加，后切割；先画圆弧，后画直线。

六、检查、加深

底稿画完以后，逐个检查各基本形体表面的连接关系，纠正错误和补充遗漏。由于组合体内部各形体融合为一体，所以应检查是否画出了多余的轮廓线。经认真修改并确定无误后，擦去辅助图线，按规定标准线型描深。

支架的画图步骤(见图 4－8)如下：

(1)画出作图基准线；(2)画主要形体(直立空心圆柱)的视图；(3)画底板；(4)画水平空心圆柱；(5)画肋板及耳板；(6)检查并擦去辅助图线，按标准线型描深。

对于切割型组合体三视图的画法，形体分析、选择主视图、确定比例及图幅、布置视图

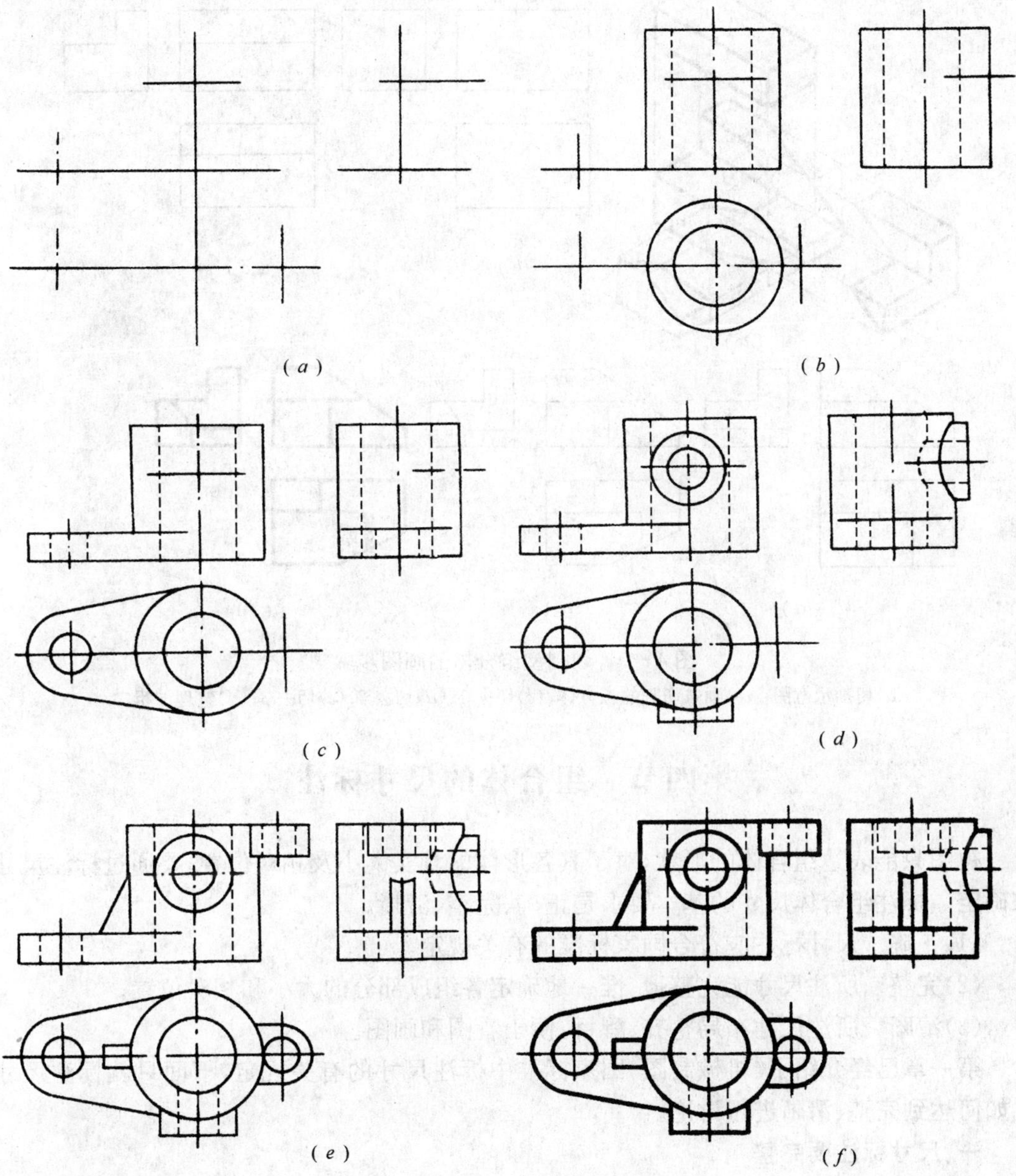

图 4-8　支架的画图步骤

位置及画作图基准线四个步骤是相同的。第五步画底稿时作图方法有所区别，下面画出图 4-9(*a*)所示的切割型组合体的三视图，如图 4-9(*b*)～(*e*)所示。

(1) 画出未切割长方体的三视图。

(2) 分别切去第 1、第 2、第 3 部分，画出相应各视图。注意每切一次，画出平面与立体表面的交线，尤其在两斜面相交时，交线是一般位置直线，要按照长对正、高平齐、宽相等的投影规律求出交线的两端点，之后连线。

(3) 整理并加深，即完成作图。

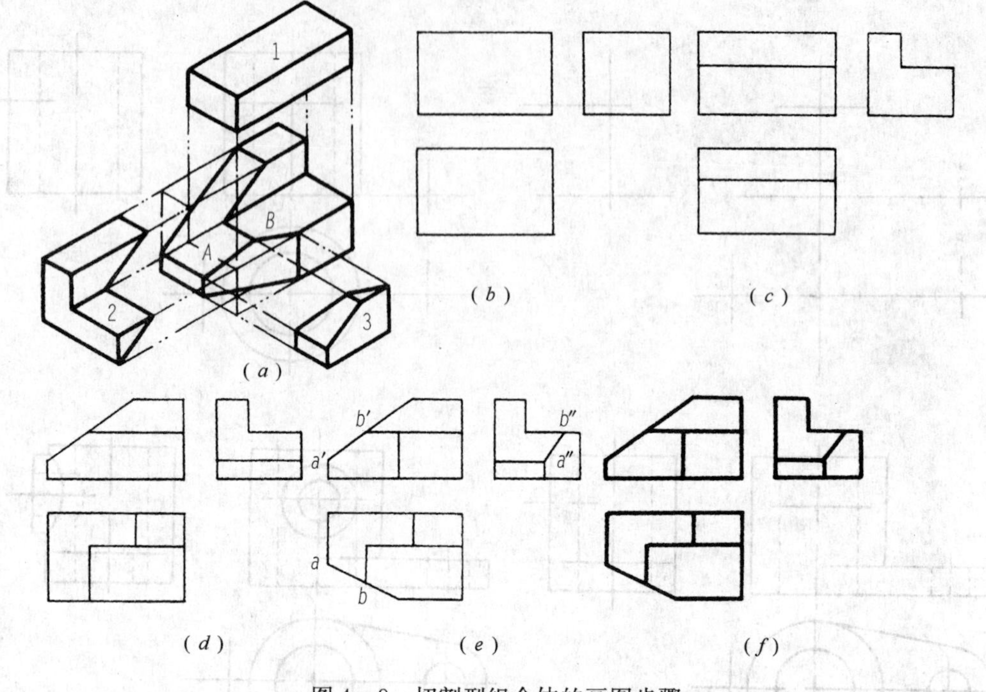

图 4－9 切割型组合体的画图步骤

(a)切割示意图；(b)画未切割的长方体；(c)切去 1；(d)切去 2；(e)切去 3；(f)整理加粗。

第四节 组合体的尺寸标注

视图只能表达组合体的形状，对于其各形体的真实大小及相对位置，要通过标注尺寸来确定。标注组合体尺寸的基本要求是正确、完整、清晰。

(1)正确 尺寸标注应符合国家标准的有关规定。

(2)完整 所注尺寸能完整地、惟一地确定各组成部分的大小和相对位置。

(3)清晰 所注尺寸布局整齐、醒目，便于看图和画图。

第一章已经介绍了《机械制图》国家标准中标注尺寸的有关规定，下面只就标注尺寸时如何达到完整、清晰进行讨论。

一、尺寸标注要完整

要完整地标注组合体的尺寸，首先应对组合体的尺寸性质进行分析。针对每个尺寸在确定各形体大小和相对位置时所起的作用不同，可将组合体的尺寸分成三类。

(1)定形尺寸 确定组合体中各形体大小的尺寸称为定形尺寸。在第三章已对常用基本立体及切割体的尺寸作了介绍，图 4－10 中的尺寸 60、44、12 等均为定形尺寸。

(2)定位尺寸 确定组合体中各形体之间相对位置的尺寸称为定位尺寸，图 4－10 中的尺寸 52、26、30 等均为定位尺寸。

标注定位尺寸时，必须在长、宽、高三个方向分别选定尺寸基准——标注定位尺寸的起点，每个方向至少有一个尺寸基准，以便确定各形体在各方向上的相对位置。通常选组合体的底面、端面或对称平面以及回转体的轴线作为尺寸基准。一般情况下应从基准出

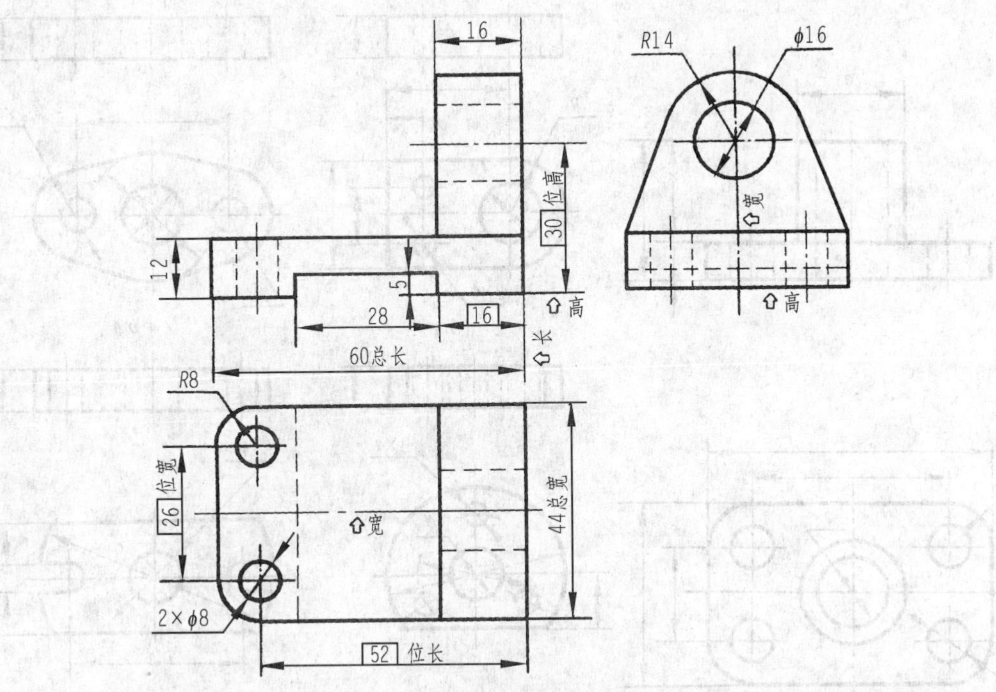

图 4－10　组合体的尺寸标注

发标注定位尺寸。如图 4－10 所示，组合体的右端面为长度方向的尺寸基准；底板的前后对称平面为宽度方向的尺寸基准；底板的底面为高度方向的尺寸基准。由长度方向的尺寸基准注出底板上圆孔的定位尺寸 52；由宽度方向的尺寸基准注出底板上圆孔的定位尺寸 26；由高度方向的尺寸基准注出竖板上圆孔的定位尺寸 30。

(3)总体尺寸　确定组合体总长、总宽、总高的尺寸，图 4－10 中的 60、44 为总体尺寸。需注意的是，由于组合体的定形、定位尺寸已标注完整，若再增加总体尺寸就会出现多余尺寸，因此，加注一个总体尺寸的同时，应对已标注的定位尺寸进行适当调整，如图 4－11 中，标注总高尺寸后，应减去一个同方向的定形尺寸(如减去圆柱的高度方向尺寸)。

有些组合体的总体尺寸是根据形体结构和工艺要求间接得出来的，考虑制作方便，需标注出对称中心线之间的定位尺寸和回转体的半径或直径尺寸，而不直接注出总体尺寸，如图 4－12 所示。

二、尺寸标注要清晰

(1)尺寸应尽量标注在反映各形体形状特征明显、位置特征清楚的视图上。同一形体的定形尺寸和定位尺寸应尽量集中标注，以便于读图，如图 4－13 所示。

(2)尺寸应尽量标注在视图外部，与两个视图有关的尺寸应尽量标注在有关视图之间，如图 4－14 所示的尺寸布局。

(3)虚线上尽量不标注尺寸，如图 4－13 中的圆孔直径。

(4)同轴回转体的各径向尺寸一般标注在非圆视图上，但圆弧的半径尺寸必须标注在投影为圆弧的视图上。

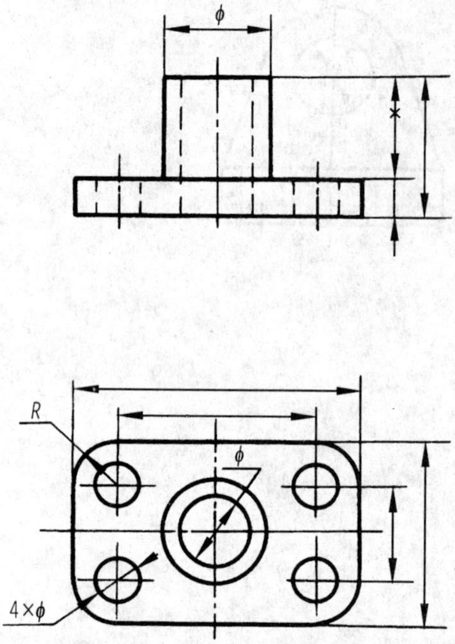

图 4－11　减少定形尺寸的情况

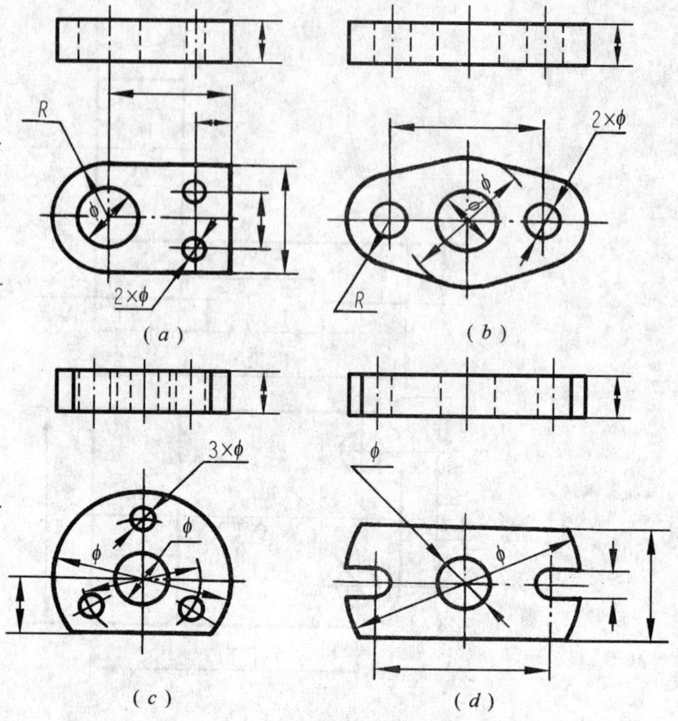

图 4－12　不直接标注总体尺寸的情况

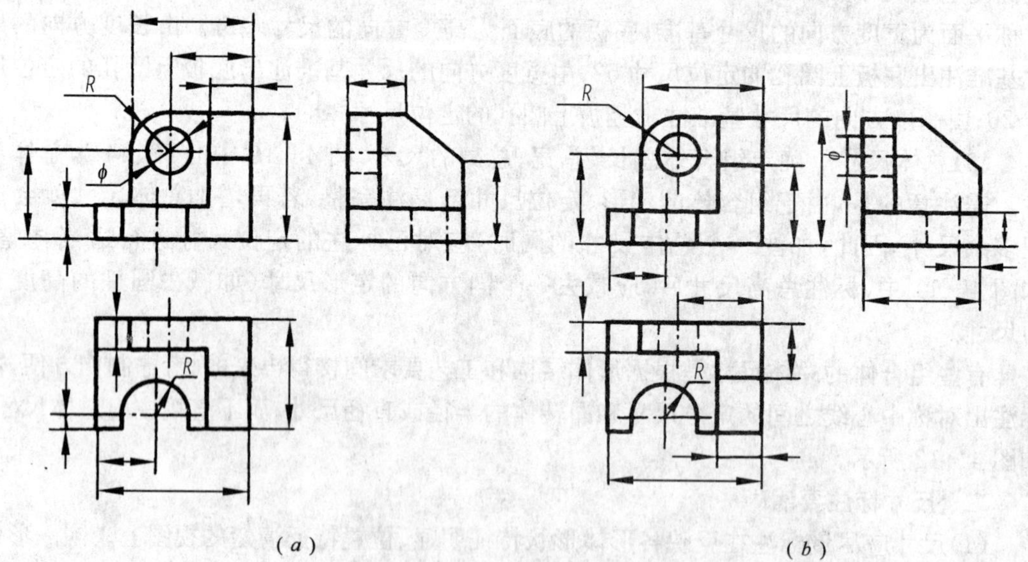

图 4－13　尺寸应尽量标注在反映各形体特征明显的视图上

(a)清晰；(b)不清晰。

三、标注尺寸的方法和步骤

标注组合体尺寸的基本方法是形体分析法，即先将组合体分解为若干基本形体，选择尺寸基准，逐一标注出各基本形体的定形尺寸和定位尺寸，最后考虑总体尺寸，并对已标注的尺寸作必要的调整，图 4-15 为支架尺寸标注的方法和步骤。

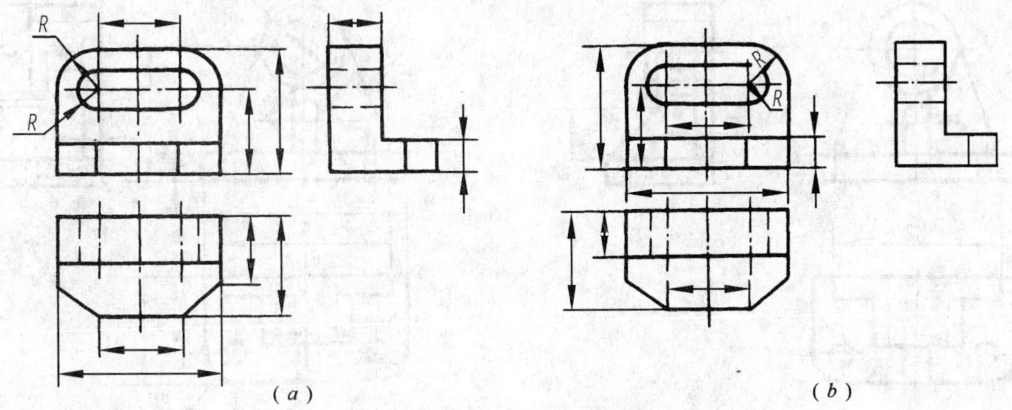

(a)　　　　(b)

图 4－14　尺寸的布局
(a)清晰；(b)不清晰。

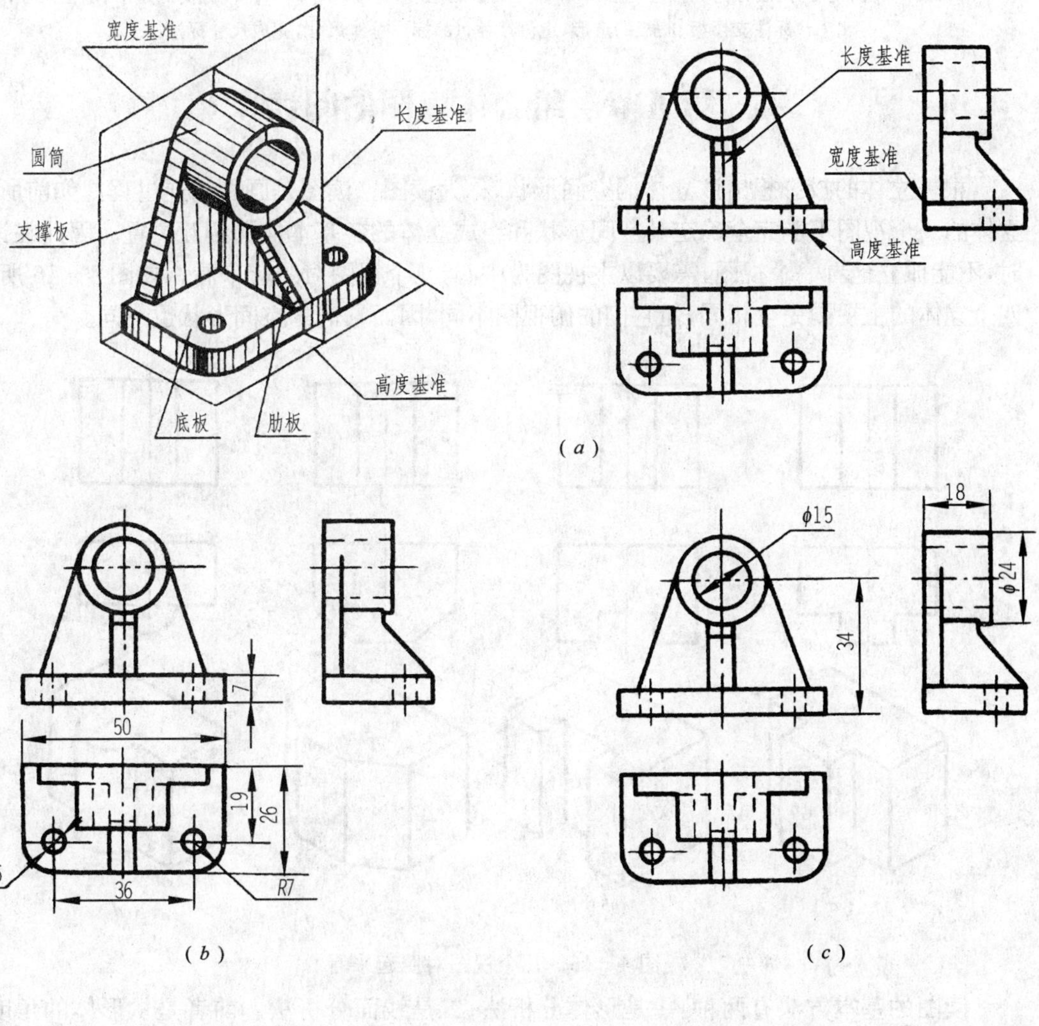

宽度基准
长度基准
圆筒
支撑板
高度基准
底板
肋板
长度基准
宽度基准
高度基准
(a)

50
7
19
26
2×φ6
36
R7
(b)

φ15
18
φ24
34
(c)

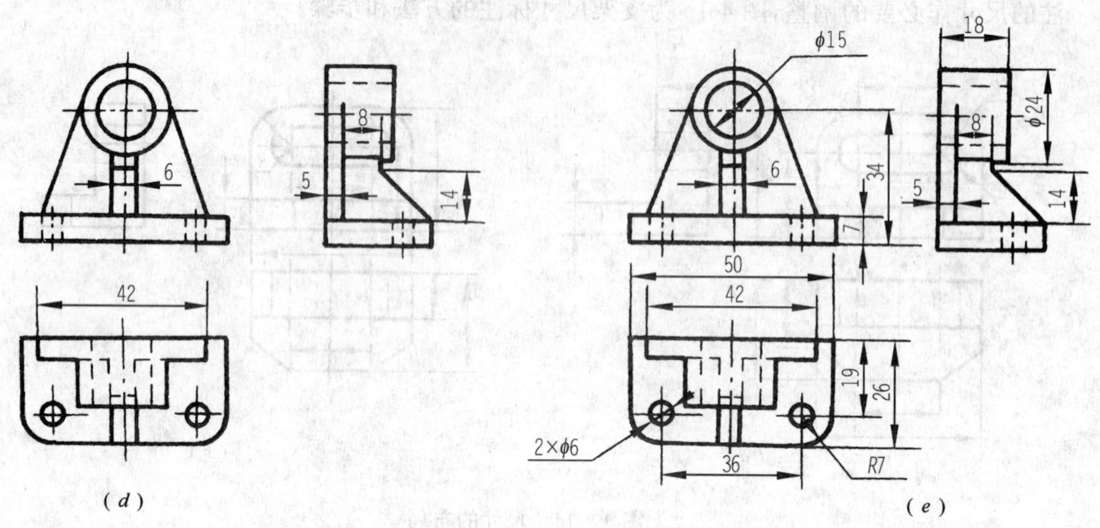

图 4-15　支架的尺寸标注

(*a*)选择长度、宽度、高度方向的尺寸基准；(*b*)标注底板的定形、定位尺寸；(*C*)标注圆筒的定形、定位尺寸；(*d*)标注支撑板、肋板的定形、定位尺寸；(*e*)标注总体尺寸，完成尺寸标注。

第五节　组合体视图的阅读

根据立体的投影想出该立体的空间形状，称为读图。读图是画图的逆过程。如前所述，立体的一个视图不能完全确定其空间形状和组成立体的各基本体的相互位置。因此在读图时，不能孤立地看一个视图，需要以主视图为中心，几个视图对照起来看。如图 4-16 所示，四个立体的主视图完全相同，但它们的俯视图不同，因而它们的空间形状也不同。

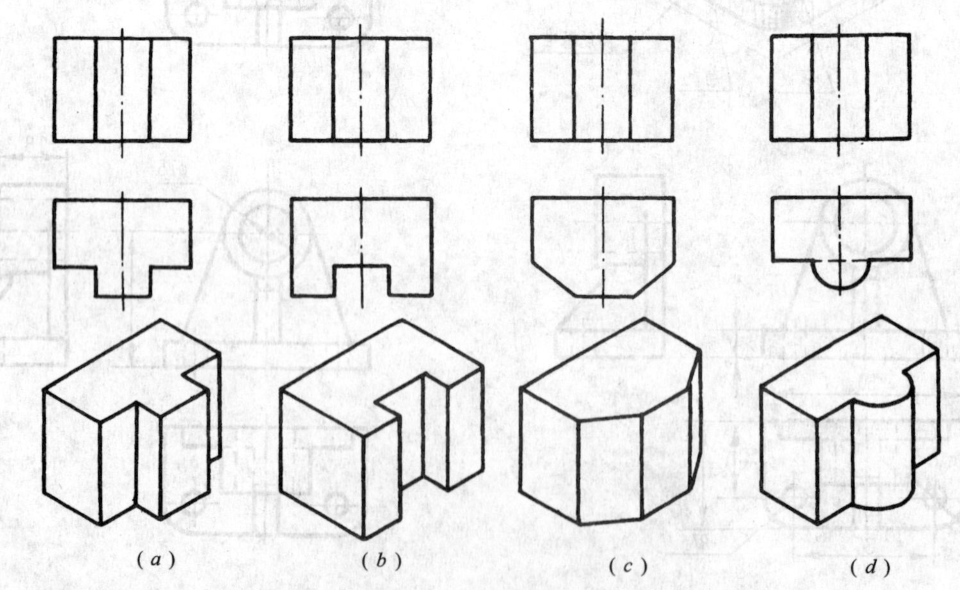

图 4-16　几个视图对照起来看

读图的基本方法有两种：一是形体分析法；二是线面分析法。前者是从形体的角度构思立体的空间形状，后者通过分析立体表面的“线”和“面”构思立体的空间形状。

一、形体分析法

通过学习画组合体的三视图可知：在组合体的三视图中，凡是有投影关系的三个闭合线框，一般表示构成组合体的某一简单部分的三个投影。所以，利用形体分析法读图就是以组合体的某一视图为主（一般以主视图为主）按线框划分为若干部分，找出另两个视图中的相关投影，分别想象出它们的形状，然后综合起来，构思出立体的整体形状。下面通过图 4－17 所示的三视图说明读图的具体步骤。

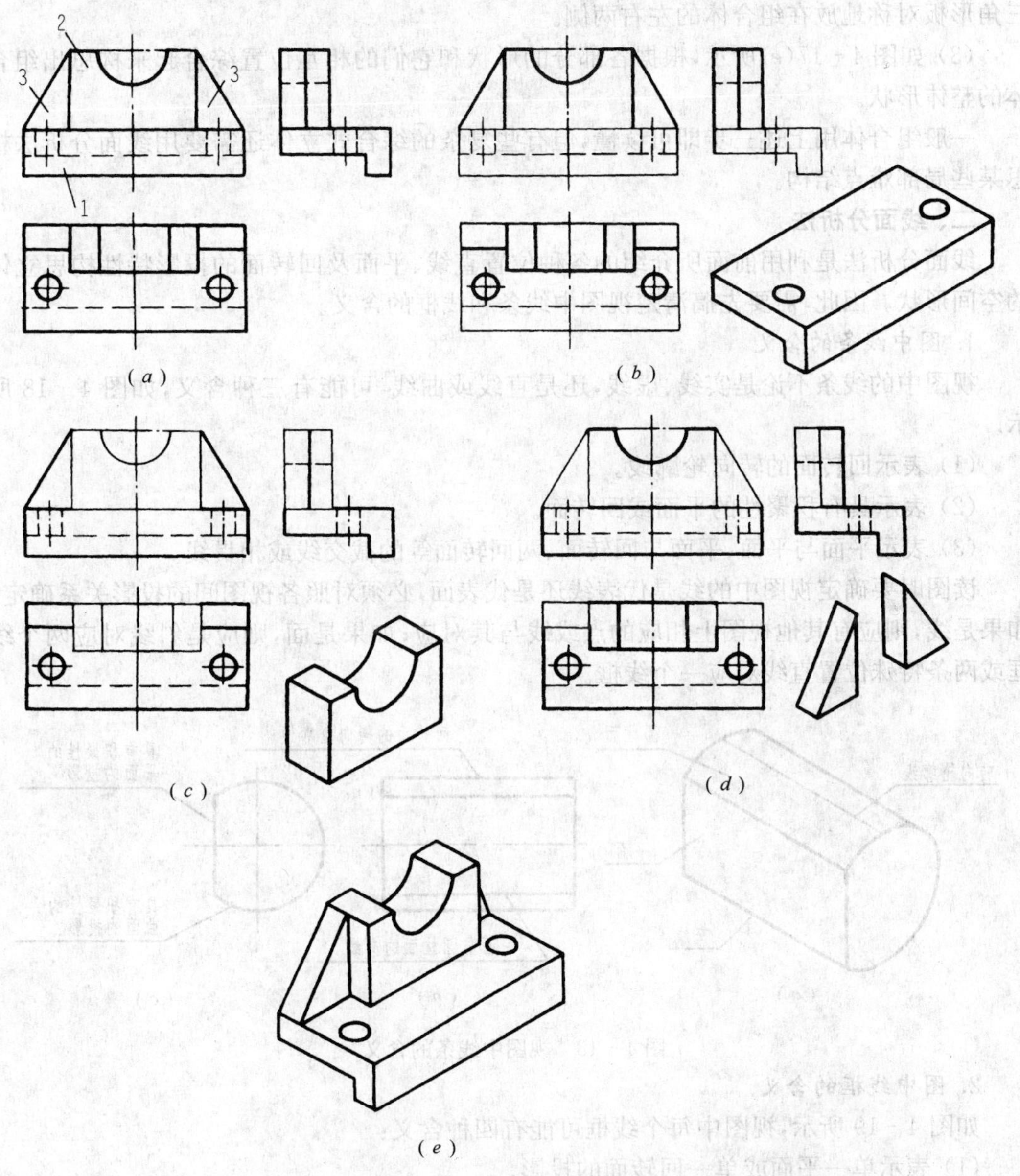

图 4－17　用形体分析法读图

(*a*)将主视图分为四个线框；(*b*)线框 1 所对应的基本体形状（见细实线部分）；
(*c*)线框 2 所对应的基本体形状；(*d*)线框 3 所对应的基本体形状；(*e*)综合起来想象整体。

(1) 如图 4－17(a)所示，将主视图分为四个线框，其中线框 3 为左右两个完全相同的三角形，因此可归结为三个线框。每个线框代表一个基本形体。

(2) 分别找出各线框对应的其他投影，并逐一构思出它们的形状。如图 4－17(b)所示，线框 1 的主、俯二视图都是矩形，左视图是 L 形，可以想象出其立体形状是一块弯板，板上制作有两个圆孔；如图 4－17(c)所示，线框 2 的俯视图是一个矩形中间多两条直线，其左视图是一个矩形，矩形的中间多一条虚线，可以想象它的立体形状是一个长方体中部切掉一个半圆槽；如图 4－17(d)所示，线框 3 的俯、左二视图都是矩形，因此它们是两块三角形板对称地放在组合体的左右两侧。

(3) 如图 4－17(e)所示，根据各部分的形状和它们的相互位置综合起来构思出组合体的整体形状。

一般组合体用上述三步即可读懂，但有些复杂的综合式立体还需要用线面分析法构思某些局部难点结构。

二、线面分析法

线面分析法是利用前面所介绍的各种位置直线、平面及回转面的投影特性构思立体的空间形状。因此，需要先搞清楚视图中线条和线框的含义。

1. 图中线条的含义

视图中的线条不论是实线、虚线，还是直线或曲线，可能有三种含义，如图 4－18 所示。

(1) 表示回转面的转向轮廓线。

(2) 表示具有积聚性的平面或回转面。

(3) 表示平面与平面、平面与回转面、两回转面等的截交线或相贯线。

读图时要确定视图中的线是代表线还是代表面，必须对照各视图间的投影关系确定。如果是线，则应有其他视图上相应的点或线与其对应；如果是面，则应是斜线对应两个线框或两条特殊位置直线对应一个线框。

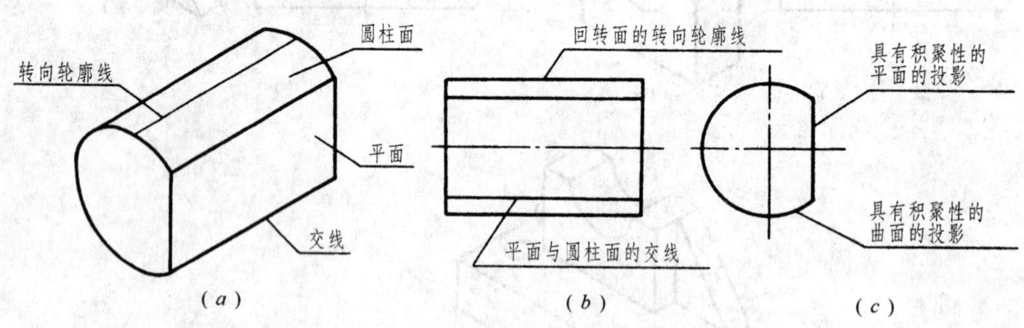

图 4－18　视图中线条的含义

2. 图中线框的含义

如图 4－19 所示，视图中每个线框可能有四种含义：

(1) 表示单一平面或单一回转面的投影。

(2) 表示交线的投影。

(3) 表示由回转面和与该回转面相切的平面或回转面所构成的组合面的投影。

(4) 表示孔的投影。

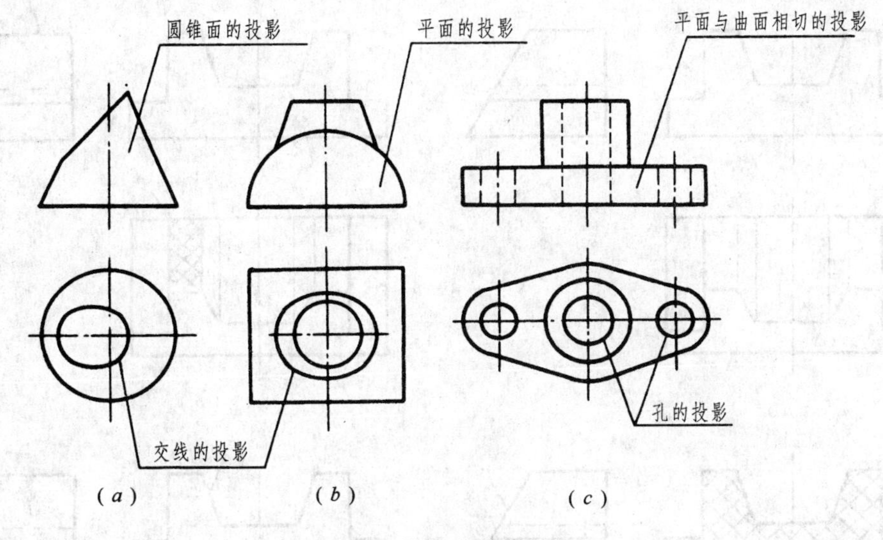

图 4-19 视图中线框的含义

3. 用线面分析法读图的步骤

如图 4-20 所示，该组合体基本属于切割式立体，在读图时可以想象该立体由一个长方体切割而成。由主视图可以看出，长方体的左右两侧分别用一水平面和一侧平面各切去一个小长方体，在长方体的上部中间用两个斜面和一个水平面切去一个槽，再由左视图可以看出，立体的前面切出一个斜面。下面具体分析每一个表面对投影面的相对位置。

由前面可知，一个平面图形，它的各投影除了符合“长对正、高平齐、宽相等”的投影规律外，还有一条重要的规律，即平面的投影可能是“具有积聚性的直线”或是“具有类似性(或真实性)的平面图形”，简言之“不具积聚性，必具类似(或真实)性”。另外二线框如有公共线，则二线框所表示的平面不是相交的，必是错开的。这些规律是线面分析法读图的重要依据，具体步骤如下：

(1) 分线框，对投影(根据三等关系找出线、面的各投影)。

(2) 想形状，定位置(想象出线、面的形状及其对投影面的相对位置)。

(3) 综合起来想整体。

如图 4-20(*b*)所示的水平投影中的线框 P，按长对正可知其正面投影为 P'，按高平齐和宽相等可知其侧面投影为 P''，因此平面 P 是一个水平面；如图 4-20(*c*)所示的水平投影中的线框 q，根据三等关系可知其正面和侧面投影分别为 q' 和 q''，由于 q 和 q' 为类似形，q'' 具积聚性，所以平面 Q 为一个侧垂面；同理，图 4-20(*d*)的水平投影中的梯形线框 r 所对应的正面和侧面投影分别为 r'、r''，因 r、r'' 为类似形，r' 具积聚性，所以平面 R 是一个正垂面。如图 4-20(*e*)中的直线 $AB(ab,a'b',a''b'')$，因其水平和正面二投影为水平线，其侧面投影积聚为一点，所以 AB 是一条侧垂线；直线 $CD(cd,c'd',c''d'')$ 的正面投影和侧面投影为竖直线，侧面投影为斜线，所以它是一条侧平线；直线 $EF(ef,e'f',e''f'')$ 的三个投影均为斜线，所以它是一条一般位置直线。通过以上分析，构思立体的整体形状如图 4-20(*f*)所示，立体中间的槽由两个正垂面和一个水平面构成，前面是一个侧垂面，其他平面均为平行面。

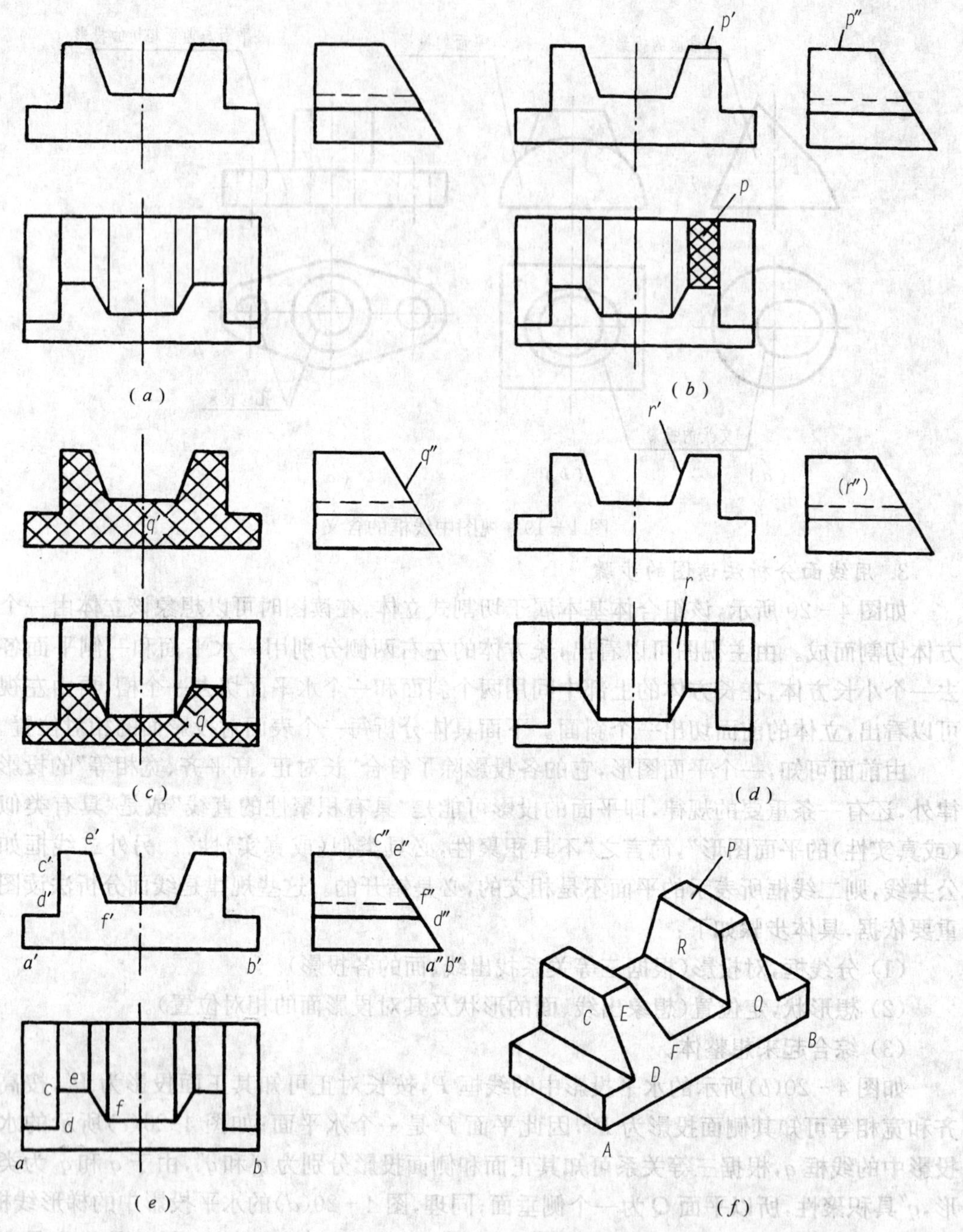

图 4-20　用线面分析法读图

综上所述，形体分析法结合线面分析法是读懂图的重要手段，要根据具体情况运用这两种方法。读图时一般先用形体分析法想象出立体的大致形状，然后对一些比较难的斜线和斜面进行线面分析，最后构思出立体的整体形状。

三、读图中应注意的几个问题

1. 抓住形状特征和位置特征视图

在组合体的几个视图中，有的视图能够较多地反映其形状特征，称为形状特征视图;有的视图能够比较清晰地反映各基本体的相互位置关系,称为位置特征视图。读图时,抓住形状特征和位置特征视图来想象立体的空间形状,会起到事半功倍的效果。如图 4-21(a)所示的三视图中,主视图是形状特征视图,左视图是位置特征视图,由这两个视图很容易想象出组合体的形状是在一个 U 形柱的前上方叠加一个圆柱,而在下方挖了一个方孔,如图 4-21(b)所示。如果只读俯、左二视图,则无法确定二者的形状。

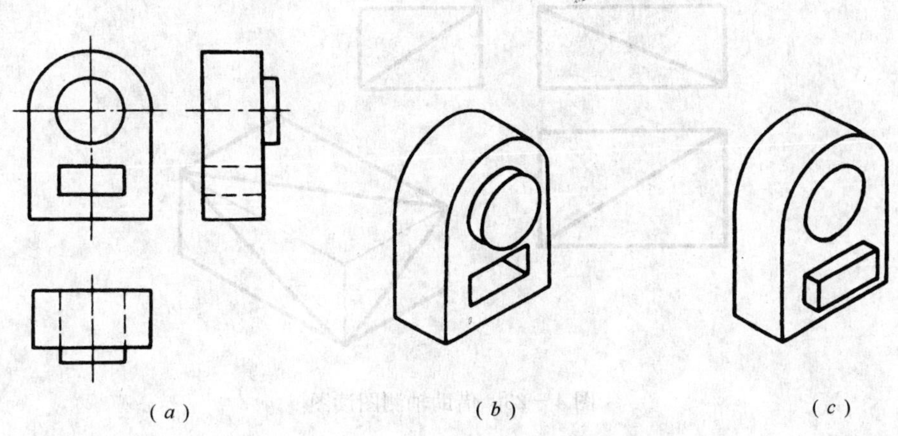

图 4-21　读图时注意形状特征和位置特征

2. 读图时注意虚线的含义

比较图 4-22(a)和图 4-22(b)中两个立体的三视图,左视图完全相同,主视图的形状基本相同,只有 A 和 B 所指示的三条线是粗实线。而 A_1 和 B_1 指示的三条线是虚线。俯视图的右侧略有差别,但这两个立体的形状却有很大差别,如图中的立体图所示。由国标规定可知,虚线所表示的是不可见结构,一般为孔、槽或孔、槽中的结构。

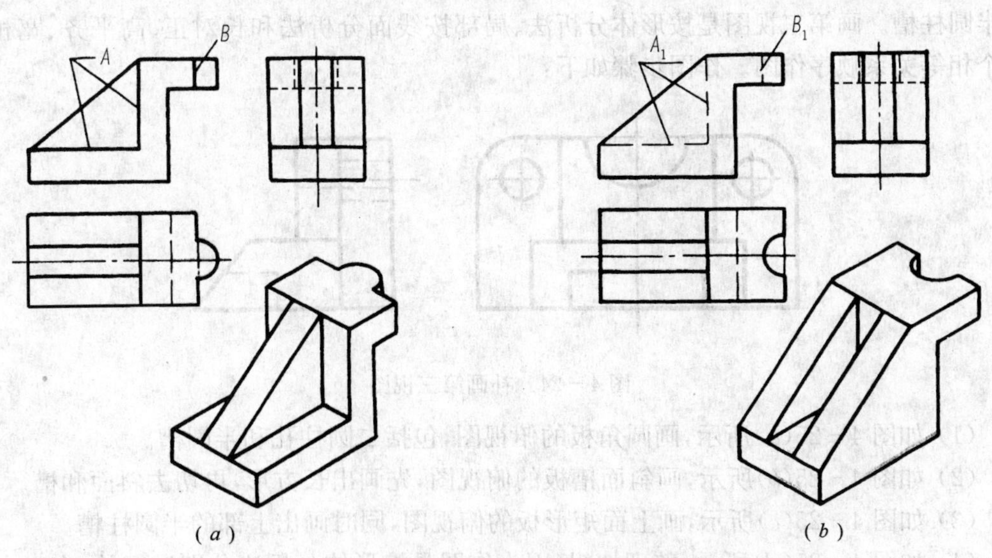

图 4-22　读图时注意虚线

3. 利用轴测图帮助读图

轴测图的立体感较强，有些形状和结构想不清楚时，可以画出立体草图以帮助想象空间形状。如图 4-23 所示的三视图都是一个矩形中多一条对角线，因此立体的形状一定是一个长方体被切割，但具体形状却不容易想象。如果画出轴测图则一目了然。因此画轴测图是帮助读图的一种辅助手段。

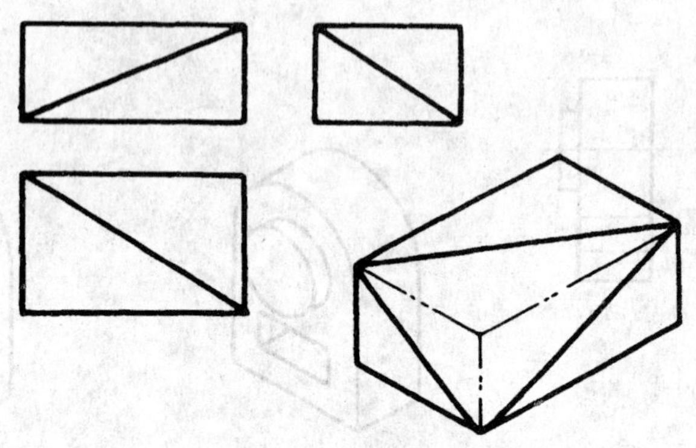

图 4-23 借助轴测图读图

四、读图综合举例

例 4-1 已知主、左视图，补画俯视图。

根据两个视图求第三个视图（简称二求三）的实质是读图，同时也是检查是否读懂图的一个重要手段。作图时应注意分析给出的已知条件，利用读组合体三视图的基本方法，根据投影关系，想象出物体的空间形状。

如图 4-24 所示，已知组合体的主、左两个视图，补画俯视图。由形体分析法可以看出，组合体的后面是一块带圆角和两个圆柱孔的长方形板，前下方是一个切了一个斜面和一个方槽的长方形板，在它的上方又叠加一块矩形板，在此板及后面圆角板的上部挖去一个半圆柱槽。画第三视图是按形体分析法、局部按线面分析法和长对正、高平齐、宽相等三个相等关系顺序作图。作图步骤如下：

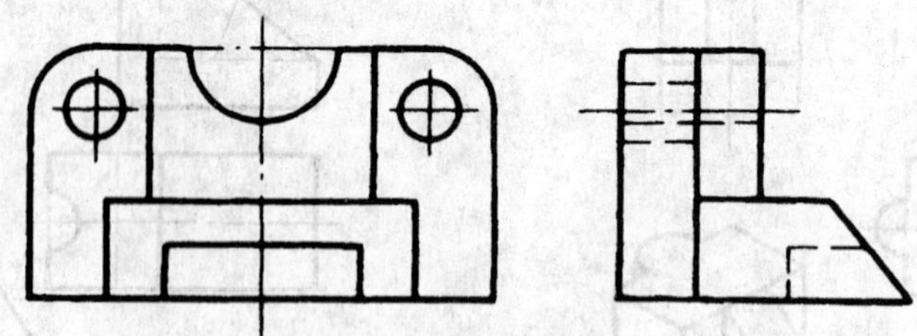

图 4-24 补画第三视图

(1) 如图 4-25(*a*)所示，画圆角板的俯视图，包括二圆柱孔和半圆槽。

(2) 如图 4-25(*b*)所示，画斜面槽板的俯视图，先画出长方形，再切去斜面和槽。

(3) 如图 4-25(*c*)所示，画上面矩形板的俯视图，同时画出上部的半圆柱槽。

(4) 如图 4-25(*d*)所示，整理加粗，因为作图是按形体分析法分别进行的，有时会出现多线的情况，如后面的圆角板和上面的矩形板，二者的上面是同一个平面，半圆柱槽为

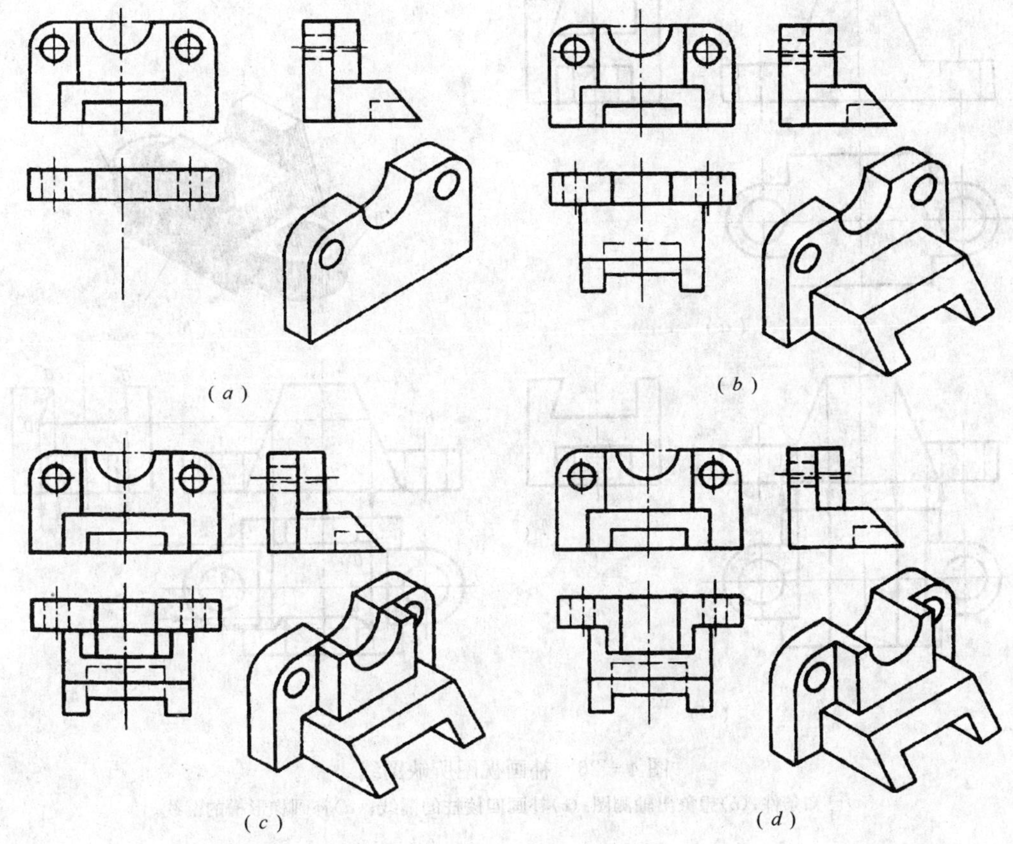

图 4-25 二求三的作图方法和步骤

同一个圆柱面，中间没有分界线。

例 4-2 补画主、俯视图所缺图线。

补画视图所缺图线的实质也是读图，同时也是检查是否读懂图的一个重要手段。如图 4-26 所示，通过分析主、俯视图，想象出如图 4-26(*a*)所示组合体的整体形状为一梯形四棱柱，左右对称分布着两个带圆孔的耳板。由左视图可知，四棱柱上左右方向开一梯形通槽，综合想象出立体形状，如图 4-26(*b*)所示。用形体分析法按结构逐步补画出各视图所缺图线。

四棱柱前面和耳板前面不平齐，补画出主视图所缺的四棱柱左、右侧面具有积聚性的投影——两段斜线。补画出俯视图漏画的四棱柱顶面的两条棱线的投影以及耳板顶面和四棱柱棱面交线的投影，如图 4-26(*c*)所示。

补画主、俯视图漏画的四棱柱上梯形槽时，先在左视图定出点 a''、b''、c''、d''，根据投影关系在主视图找出 a'、(d')、b'、$(c)'$，再求出水平投影 a、b、c、d，完成梯形槽的俯视图(见图 4-26(*d*))。

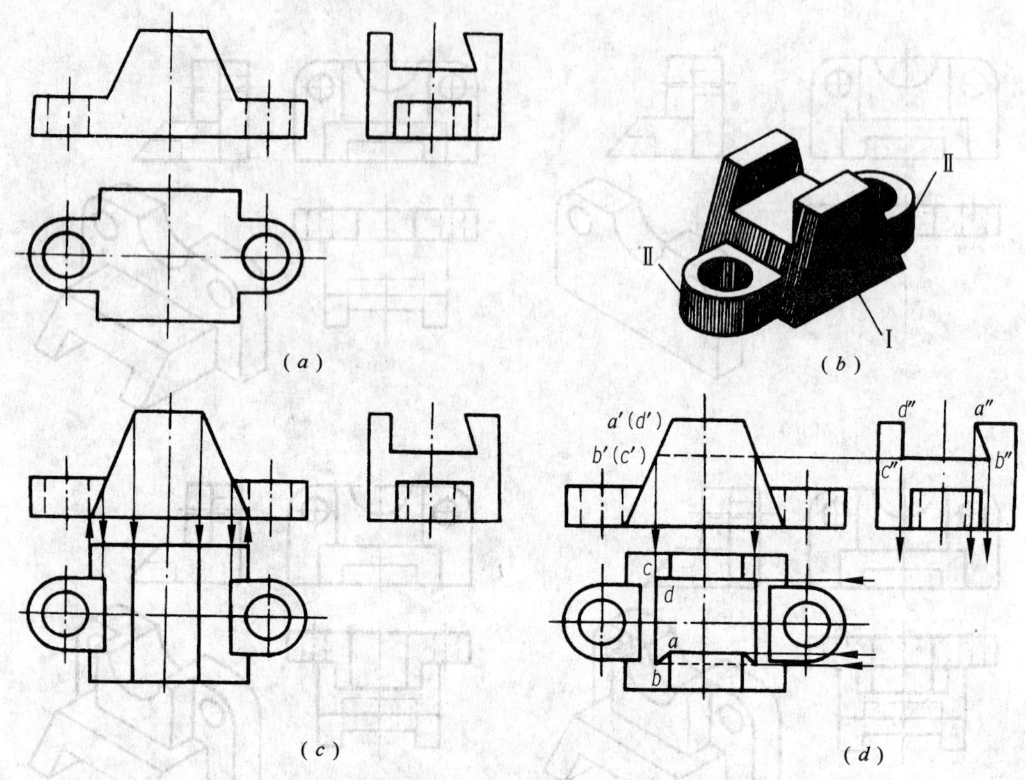

图 4－26　补画视图所缺图线

(a)已知条件；(b)想象出轴测图；(c)补画四棱柱的漏线；(d)补画梯形槽的漏线。

思考题

1. 组合体的组合形式有哪几种？各基本体表面间连接关系有哪些？它们的画法各有何特点？

2. 画组合体视图时，如何选择主视图？怎样提高绘图速度？

3. 组合体尺寸标注的基本要求是什么？怎样满足这些要求？

4. 试述运用形体分析法进行画图、读图、标注尺寸的方法与步骤。

5. 什么叫线面分析法？试述运用线面分析法读图的方法与步骤。

第五章　轴测投影图

图 5-1(a)为一形体的正投影图，图 5-1(b)为同一形体的轴测投影图。比较这两种图就可以看出：正投影图能够准确地表达出形体的形状，且作图简单，但是直观性较差；而轴测投影图的立体感较强，但是度量性较差，作图也较繁琐。

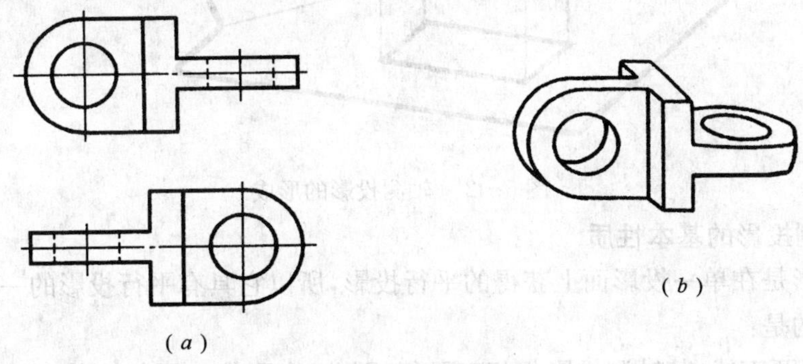

图 5-1　正投影图与轴测投影图

在工程上广为采用的是多面正投影图，但为弥补其直观性差的缺点，有时候就要画出形体的轴测投影图，所以轴测投影图是一种辅助图样。

第一节　轴测投影图的基本知识

一、轴测投影图的形成

图 5-2 为轴测投影图的形成过程。将形体连同确定其空间位置的笛卡儿坐标系，用平行投影法沿 S 方向投射到选定的一个投影面 P 上，所得到的投影称为轴测投影。用这种方法画出的图，称为轴测投影图，简称轴测图。

投影面 P 称为轴测投影面。确定形体的坐标轴 OX、OY 和 OZ 在轴测投影面 P 上的投影 O_1X_1、O_1Y_1 和 O_1Z_1 称为轴测投影轴，简称轴测轴。轴测轴之间的夹角 $\angle X_1O_1Y_1$、$\angle X_1O_1Z_1$ 和 $\angle Y_1O_1Z_1$ 称为轴间角。

轴测轴上某线段的长度与它的实际长度之比，称为轴向伸缩系数。

$O_1A_1/OA = p$ 称为 X 轴向伸缩系数；

$O_1B_1/OB = q$ 称为 Y 轴向伸缩系数；

$O_1C_1/OC = r$ 称为 Z 轴向伸缩系数。

如果给出轴间角，便可作出轴测轴；再给出轴向伸缩系数，就可画出与空间坐标轴平行的线段的轴测投影。所以轴间角和轴向伸缩系数就是画轴测图的两组基本参数。

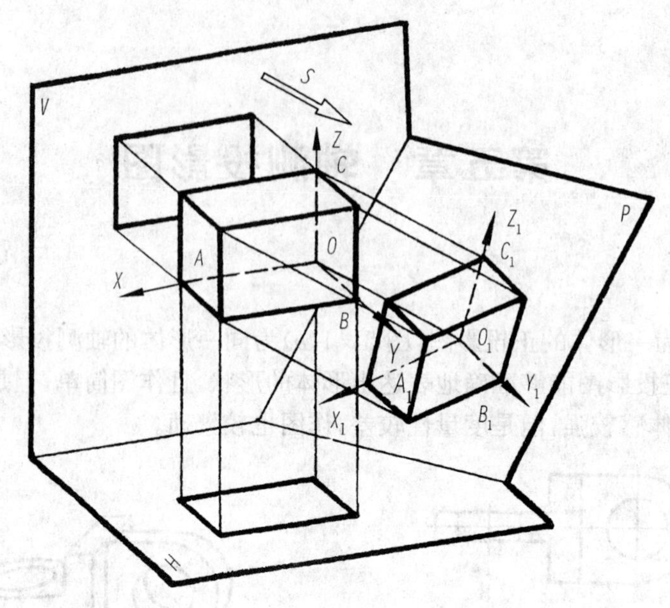

图 5－2　轴测投影的形成

二、轴测投影的基本性质

轴测投影是在单一投影面上获得的平行投影，所以它具有平行投影的一切性质。此处应特别指出的是：

(1) 平行两直线，其轴测投影仍相互平行。因此，在形体上平行于某坐标轴的直线，其轴测投影平行于相应的轴测轴。

(2) 平行两线段长度之比，等于其轴测投影长度之比。因此，在形体上平行于坐标轴的线段，其轴测投影与其实长之比，等于相应的轴向伸缩系数。

三、轴测投影的分类

1) 根据投射线与轴测投影面相对位置的不同进行分类。

轴测投影可以分为两种：

(1) 正轴测投影　投射线 S 垂直于轴测投影面 P。

(2) 斜轴测投影　投射线 S 倾斜于轴测投影面 P。

2) 根据轴向伸缩系数的不同进行分类。

轴测投影又可分为三种：

(1) 正(或斜) 等轴测投影，$p=q=r$。

(2) 正(或斜) 二等轴测投影，$p=r\neq q$ 或 $p=q\neq r$ 或 $p\neq q=r$。

(3) 正(或斜) 三测投影，$p\neq q\neq r$。

本章只介绍工程上常用的正等轴测投影和斜二等轴测投影。

第二节　正等轴测投影图

当投射方向 S 垂直于轴测投影面 P 时，且形体上三个坐标轴的轴向伸缩系数相等，即三个坐标轴与 P 面倾角相等时此时在 P 面上所得到的投影称为正等轴测投影，简称正等测。

一、轴间角和轴向伸缩系数

根据计算，正等测的轴向伸缩系数 $p=q=r=0.82$，轴间角 $\angle X_1O_1Z_1=\angle X_1O_1Y_1=\angle Y_1O_1Z_1=120°$。画图时，规定把 O_1Z_1 轴画成铅垂位置，O_1X_1 轴及 O_1Y_1 轴与水平线均成 30° 角，如图 5-3 所示。

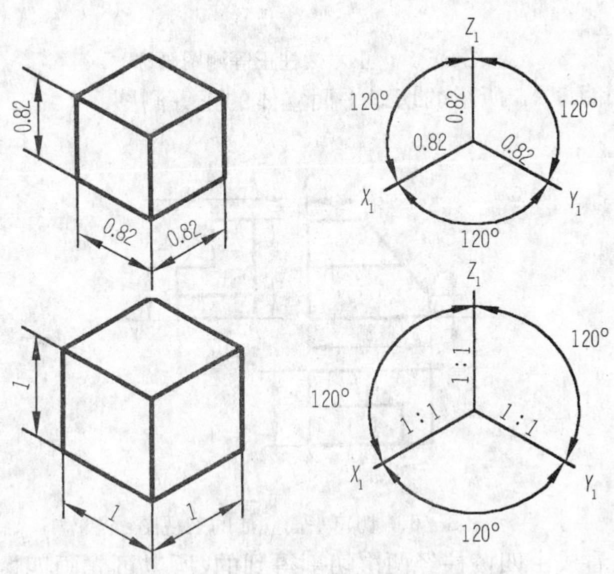

图 5-3　正等测的轴间角和轴向伸缩系数

为绘图方便，"国标"推荐使用简化伸缩系数，即取 $p=q=r=1$。这样画出的图形虽然形状不变，但是比原轴测投影放大了 1.22 倍。

二、平面立体正等轴测图的画法

画轴测图最常用的方法就是坐标法：即根据物体的结构特点，选择恰当位置的坐标轴；然后再根据物体上各点的坐标关系，画出相应点的轴测图；最后连线，作出物体的轴测图。应该注意：在确定坐标轴和具体作图时，要考虑作图简便，有利于按坐标关系定位和度量，并尽可能减少作图线。

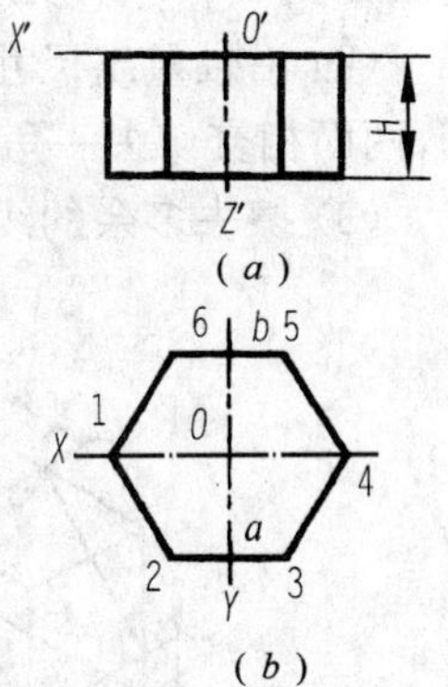

图 5-4　正六棱柱的两面投影

例 5-1　如图 5-4 所示，已知正六棱柱的二面投影，作其正等测图。

解：如图 5-4 所示，因为正六棱柱的顶面和底面都是处于水平位置的正六边形，于是可以取顶面的中心 O 为原点，并确定如图中所附加的坐标轴，用坐标法作轴测图。作图过程如下：

(1) 作轴测轴，并在其上量得 1_1、4_1 和 a_1、b_1，如图 5-5(a) 所示。

(2) 通过 a_1、b_1 作 X 轴的平行线，量得 2_1、3_1 和 5_1、6_1 连成顶面，如图 5-5(b) 所示。

(3) 由点 6_1、1_1、2_1、3_1 沿 Z 轴量 H，得 7_1、8_1、9_1、10_1 如图 5-5(c) 所示。

(4) 连接 7_1、8_1、9_1、10_1 如图 5-5(d) 所示。

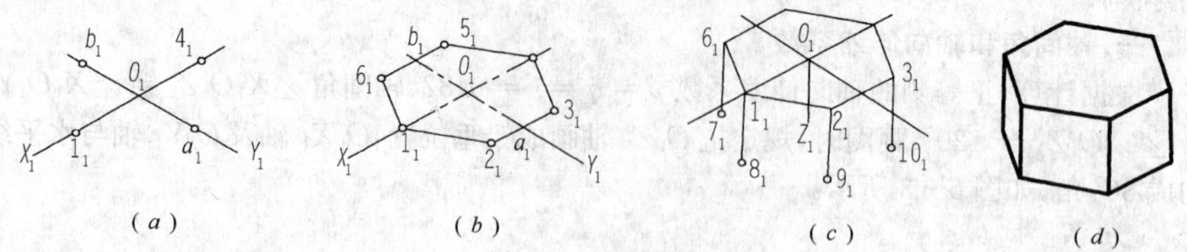

图 5-5　正六棱柱正等测图画法

例 5-2　作如图 5-6 所示的切口平面立体的正等测图。

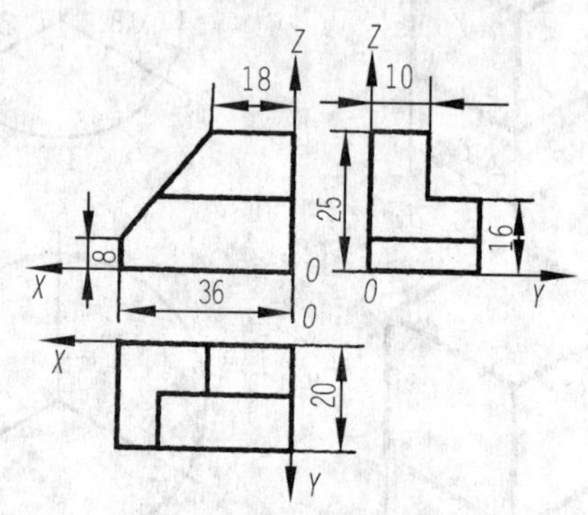

图 5-6　切口平面立体的三视图

解:该形体可以看成由四棱柱经两次切割得到的,所以可先画四棱柱的正等测,然后用坐标定点法分别作出各截平面的位置,逐步切去多余部分即可。

作图过程如下:

(1) 画轴测轴,沿轴量 36,20,25 作长方体,并量出尺寸 18,8,然后连线切去左上角得斜面如图 5-7(*a*) 所示。

(2) 沿轴量出尺寸 10,平行 *XOZ* 面由上往下切,量出尺寸 16,平行 *XOY* 面由前向后切,两面相交切去一角如图 5-7(*b*) 所示。

(3) 擦去多余的线,如图 5-7(*c*) 所示。

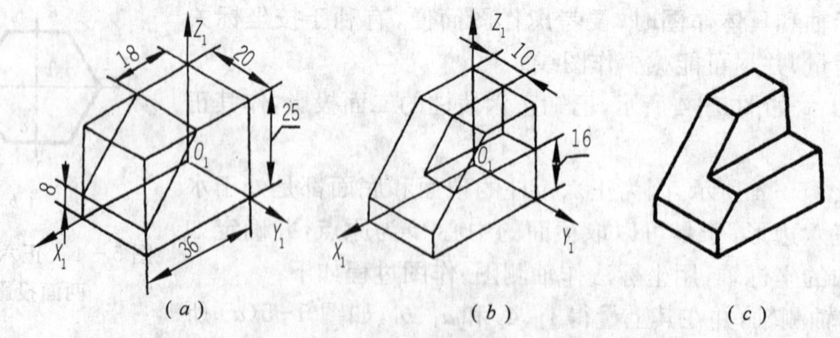

图 5-7　切口平面立体正等测图画法

三、曲面立体的正等测

1. 平行于坐标面的圆的正等测

在一般情况下,圆的正等测投影为椭圆。画圆的正等测投影时,一般以圆的外切正方形为辅助线，先画出外切正方形的轴测投影(菱形)，然后再用四心法近似画出椭圆。其作图过程如下：

(1) 在正投影图上标出投影轴，做出圆的外切正方形如图 5－8(*a*) 所示。

(2) 作正方形的轴测图，得到菱形。菱形的长短对角线方向即为椭圆的长、短方向。两顶点 3、4 即为大弧圆心，如图 5－8(*b*) 所示。

(3) 连接 $D_1$3、$C_1$3、$A_1$4、$B_1$4，两两相交点 1、2 即为小弧圆心，如图 5－8(*c*) 所示。

(4) 分别以 1、2 为圆心，$D_1$1 或 $B_1$2 为半径作小弧；再分别以 3、4 为圆心，$D_1$3 或 $A_1$4 为半径作大弧，如图 5－8(d) 所示。

以上四段圆弧所组成的近似椭圆，即为所求圆的正等测投影。

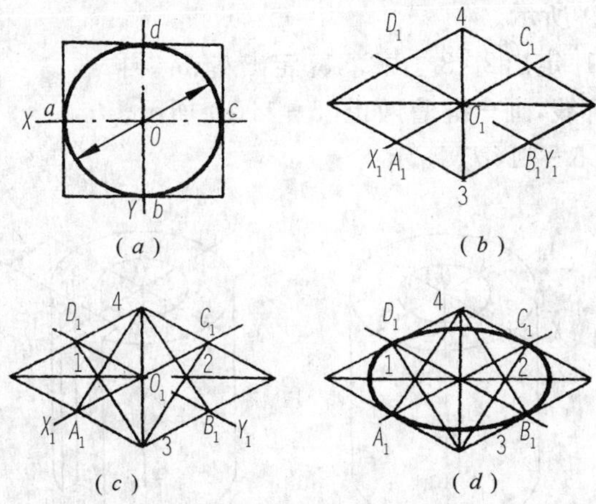

图 5－8　菱形法作圆的正等测图

在正等测中，由于轴测投影面 *P* 倾斜于三个坐标面，故位于或平行于坐标平面的圆，其轴测投影均为椭圆，如图 5－9 所示。

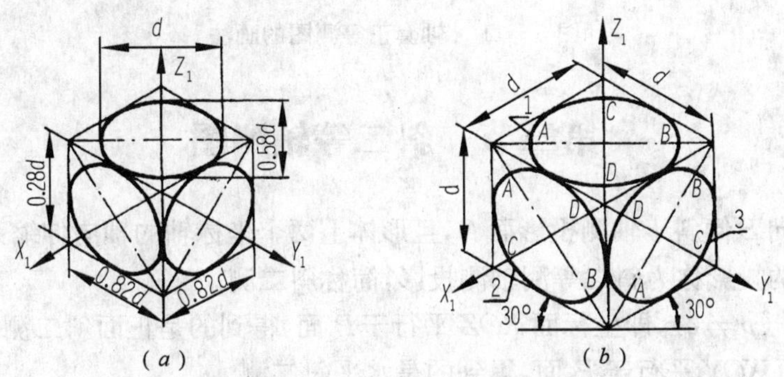

图 5－9　平行于坐标面的圆的正等测图

(*a*)$p = q = r = 0.82$；(*b*)$p = q = r = 1$。

根据理论分析，坐标面或其平行面上圆的正等测投影椭圆的长轴方向与该坐标面垂直的轴测轴垂直，短轴与该轴测轴平行。

2. 曲面立体的正等测

当立体上具有平行于坐标面的圆时，用正等测椭圆的作图方法较为简便，但是明确圆与哪个坐标面平行，才能画出正确的椭圆。

例 5-3 作图 5-10 所示的轴套的正等测图。

解:因为轴套的轴线是铅垂线,顶圆和底圆都是水平圆,于是取顶圆的圆心为原点,确定如图 5-10 中所示的坐标轴。

作图过程如下:

(1) 作轴测轴。画顶面的近似椭圆,再把连接圆弧的圆心向下移 H,作底面近似椭圆的可见部分,如图 5-11(a) 所示。

(2) 作与两个椭圆相切的圆柱面轴测投影的转向轮廓线及轴孔,如图 5-11(b) 所示。

(3) 由 L 定出 1_1,由 1_1 定出 2_1、3_1,由 2_1,3_1 定出 4_1、5_1。再作平行于轴测轴的诸轮廓线,画全键槽,如图 5-11(c) 所示。

(4) 作图结果,如图 5-11(d) 所示。

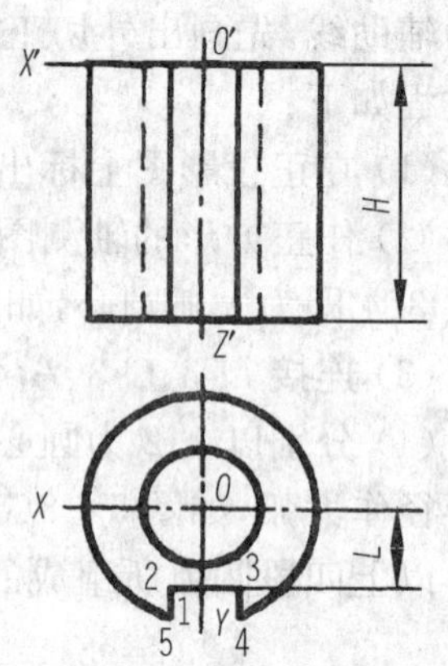

图 5-10 轴套的二视图

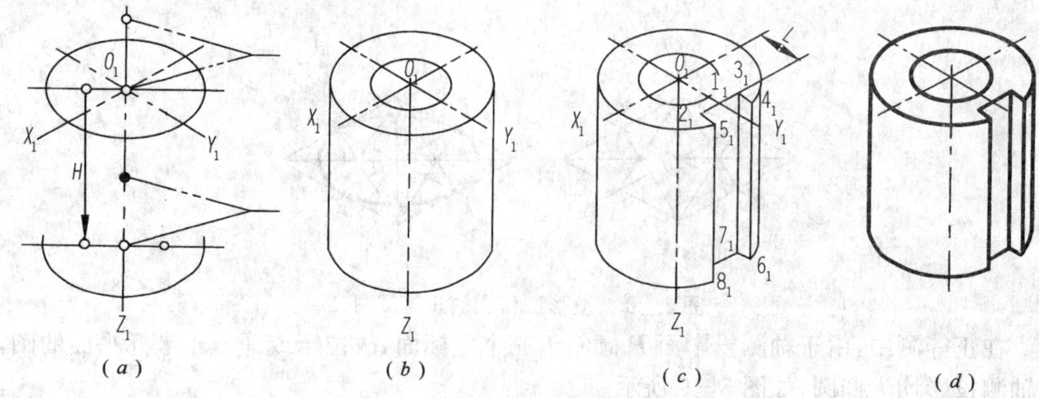

图 5-11 轴套正等测图的画法

第三节 斜二等轴测图

当投射方向 S 倾斜于轴测投影面 P,且形体上两个坐标轴的轴向伸缩系数相等时,在 P 面上所得到的投影称为斜二等测轴测投影,简称斜二测。

如果 $p=r(p\neq q)$,即坐标面 XOZ 平行于 P 面,得到的是正面斜二测;如果 $p=q(p\neq r)$,即坐标面 XOY 平行于 P 面,得到的是水平斜二测。

一、斜二测的轴间角和轴向伸缩系数

图 5-12 为正面斜二测的轴间角和轴向伸缩系数。坐标面 XOZ 平行于正平面,轴间角 $\angle X_1O_1Z_1=90°$,轴向伸缩系数 $p=r=1$,为了简化作图及获得较强的立体效果,选轴间角 $\angle X_1O_1Y_1=\angle Y_1O_1Z_1=135°$,即 O_1Y_1 轴与水平线成 45°,选轴向伸缩系数 $q=0.5$。

图 5-13 为水平斜二测的轴间角和轴向伸缩系数。坐标面 XOY 平行于水平面,轴间角 $\angle X_1O_1Y_1=90°$,轴向伸缩系数 $p=q=1$,Z_1 轴向的伸缩系数可取任意值。为了简化作图

及获得较强的立体效果，选 O_1X_1 轴与水平线成 $30°$，选 $r=0.5$ 或 $r=1$。

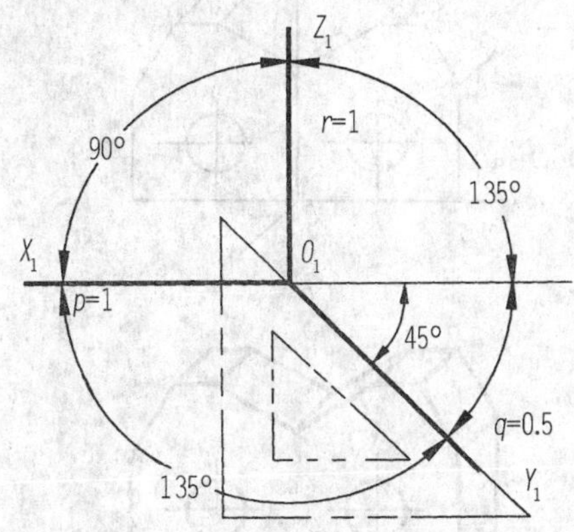

图 5-12　正面斜二测的轴间角和轴向伸缩系数

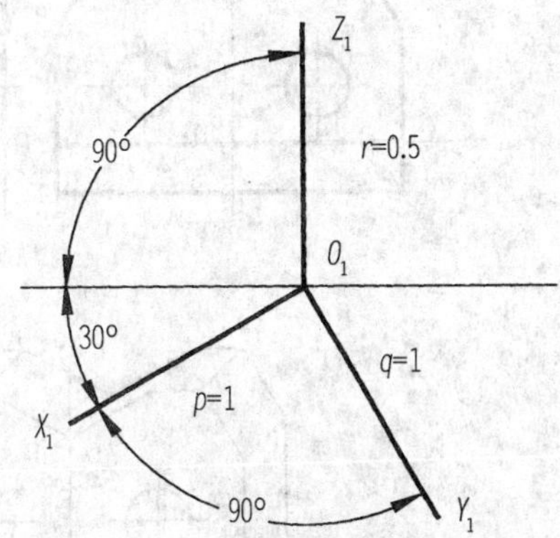

图 5-13　水平斜二测的轴间角和轴向伸缩系数

二、斜二测投影图的画法

作轴测投影时，如果在物体上有比较多的平行于坐标面 $X_1O_1Z_1$ 的圆或曲线，选用斜二测作图比较方便。

例 5-4　作图 5-14 所示的圆台的斜二测。

解：这是一个具有同轴圆柱孔的圆台，其前、后端面和孔口都是圆，因此将前、后端面放成平行于坐标面 XOZ 的位置，作图比较方便。作图步骤如下：

(1) 作轴测轴，并在 Y 轴上量取 $L/2$，定出前端两圆的圆心 A_1，如图 5-15(a) 所示。

(2) 画出前后两个端面的斜二测，均为反映实形的圆，如图 5-15(b) 所示。

(3) 作两端面圆的切线以及前、后孔口的可见部分，如图 5-15(c) 所示。

(4) 作图结果如图 5-15(d) 所示。

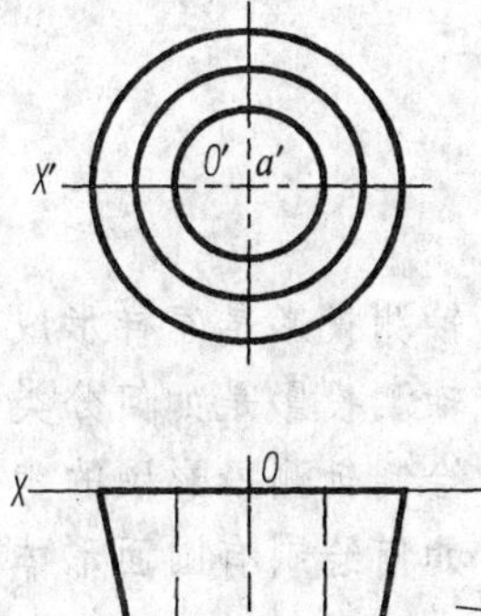

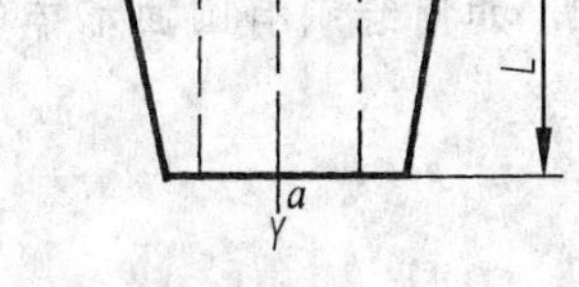

图 5-14　圆台的二视图

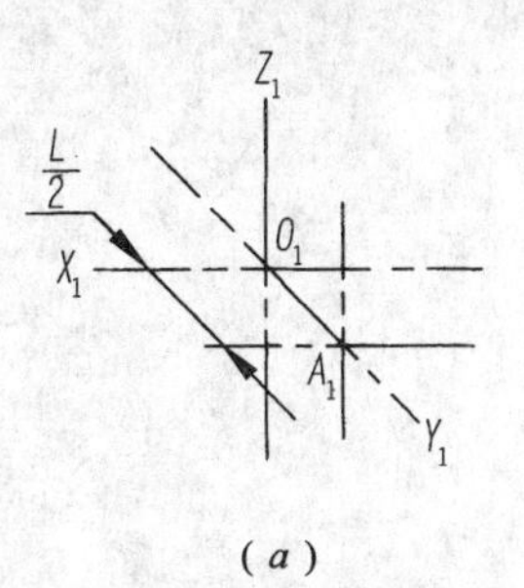

(a)

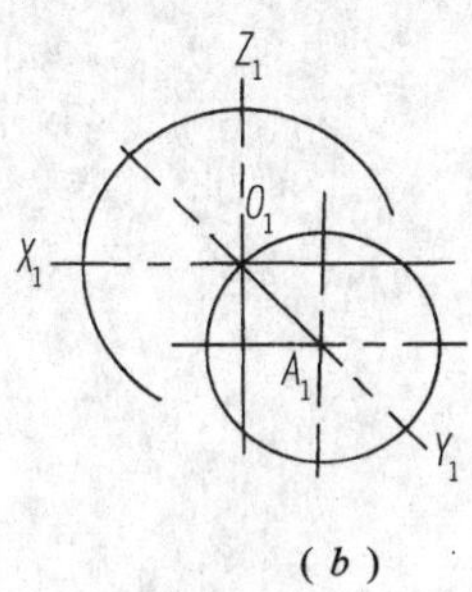

(b)

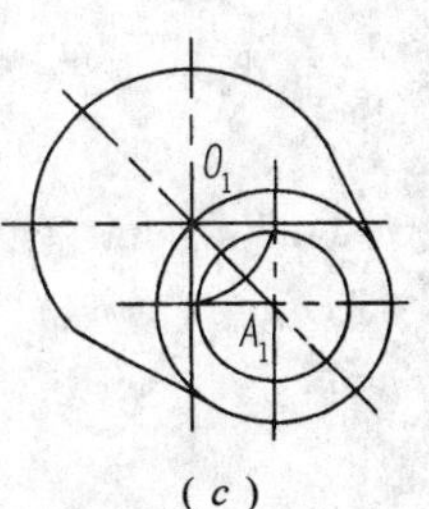

(c)

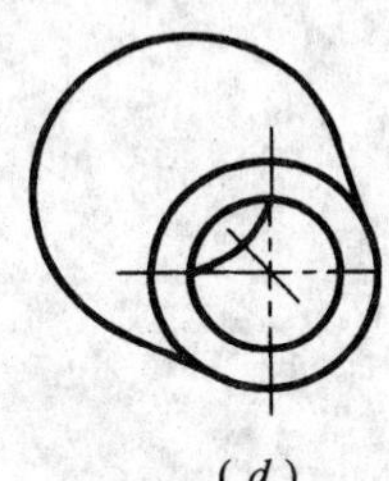
(d)

图 5-15　圆台斜二测图的画法

例 5-5　作如图 5-16(a) 所示的垫铁的斜二测。

解：作图步骤如图 5-16 所示。

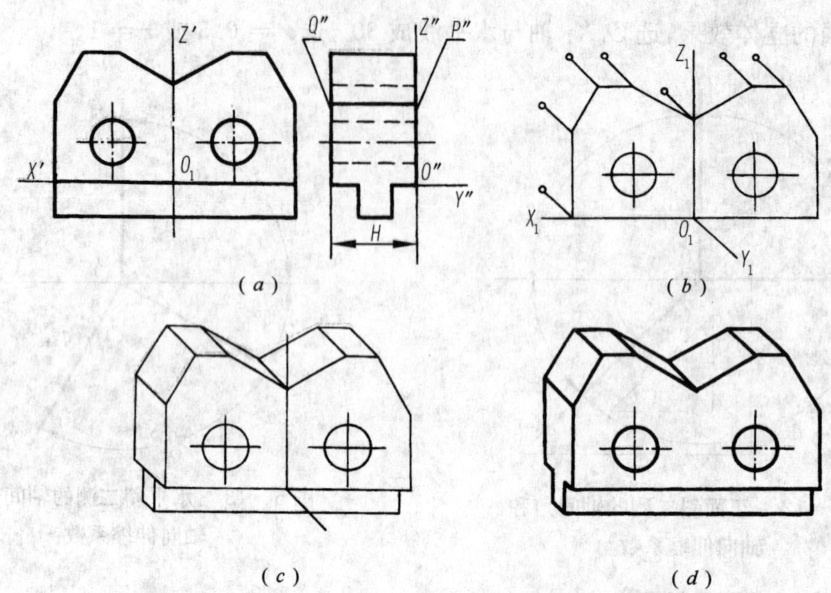

图 5－16　垫铁斜二测的画法

思 考 题

1. 轴测投影是怎样形成的？主要参数是什么？
2. 轴测投影是如何分类的，有哪几类？
3. 绘制轴测投影图的步骤是什么？
4. 如何绘制有圆面形体的轴测投影图？

第六章　草　图

第一节　草图的基础知识

一、草图的意义

不借助任何绘图仪器，仅依靠目测的大致比例，用铅笔徒手绘制的图样，在工程上称为草图，如图 6－1 所示。绘制设计草图以及现场测绘时，都徒手绘制草图。画草图应做到：投影正确、线型分明、比例匀称、字体工整及图面整洁。

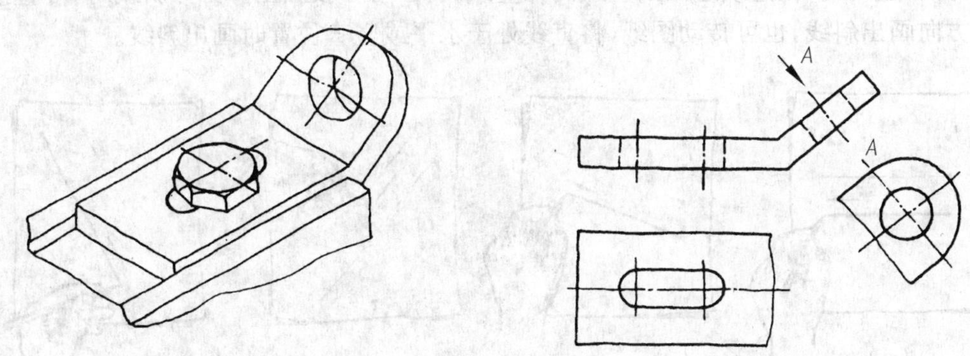

图 6－1　草图

画草图是设计师表达初步设计方案最有效的手段。画草图的过程，也是设计师把头脑中的构思框架以直观图或视图的形式表达出来的过程。画草图是思维过程的一种快速而直观的延伸，大多数设计思想都是用草图和文字说明来表达。

在仿制和修配机器时，需要对零件或实物进行测绘。测绘工作一般在生产现场的机器旁进行，由于条件限制，一般在现场先画出零件的草图，并进行测量，获得全部尺寸和对零件的加工要求（技术要求），然后由所画的草图整理出零件工作图，指导零件的加工生产。有时，零件草图也可直接用于指导生产。

根据行业的不同，草图通常在机械、建筑、电路及其产品的设计开发时采用。按投影方法的不同，可分为正投影草图、轴测投影草图及透视草图，如图 6－2 所示。按图样作用的不同，草图又根据所需表达的是零件、部件还是装配结构等，分别称为零件草图、部件草图和装配草图，在产品设计中，也称为设计草图。

熟练掌握草图的绘制方法和技能是工程技术人员必备的基本功。本章主要介绍机械行业中常用的正投影草图和轴测投影草图的绘制方法与技能。

二、图线的徒手画法

分析图样上各视图的图形、尺寸等内容可以看出，它们都是由直线、圆、圆弧等组成。

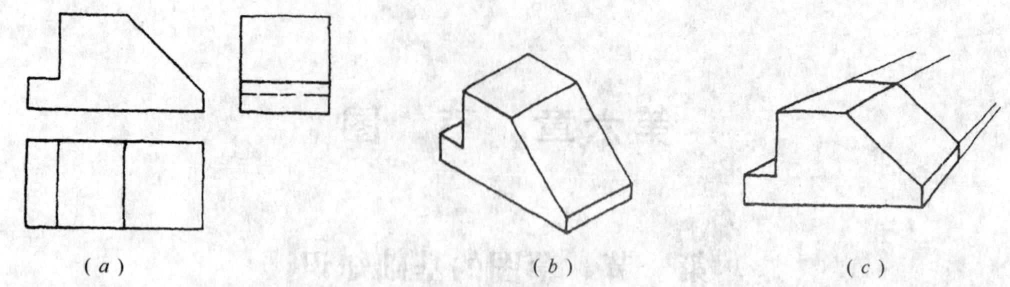

图 6-2 各种投影草图

(a) 正投影草图；(b) 轴测草图；(c) 透视草图。

因此，要画草图必须首先掌握直线、圆等的徒手画法。

1. 直线的画法

如图 6-3 所示，在 1、2 两点之间画直线，从起始点 1 落笔，眼睛注视终点 2，控制笔的运动方向，速度均匀、连续地画出直线。如直线较长，可分段画出。画倾斜线时，可直接按倾斜方向画出斜线，也可转动图纸，将直线处于水平或竖直位置时画出斜线。

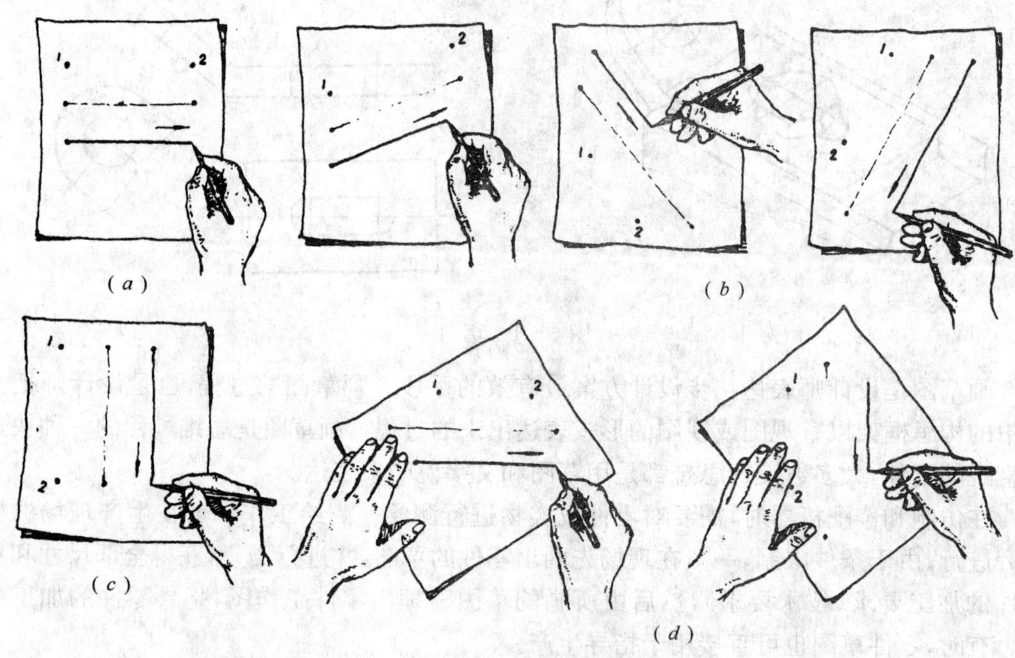

图 6-3 直线的画法

(a) 画横线；(b) 画各种方向的倾斜线；(c) 画竖线；(d) 转动图纸画倾斜线。

2. 圆的画法

(1)目测半径法　先画水平和竖直的两条中心线来确定圆心，再按目测的半径在中心线上定出四个端点，然后徒手勾画出圆，如图 6-4 所示。

(2)撕纸法　在画较大直径的圆时，还可以采用撕纸法，如图 6-5 所示。

(3)模拟圆规法　图 6-6 为模拟圆规法画圆的步骤，此法能较准确地画出大直径的圆。

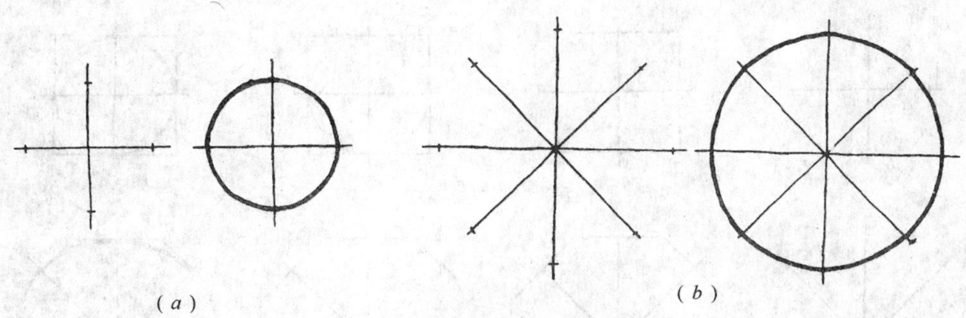

图 6－4　目测半径法画圆

(a)画较小的圆；(b)画较大的圆。

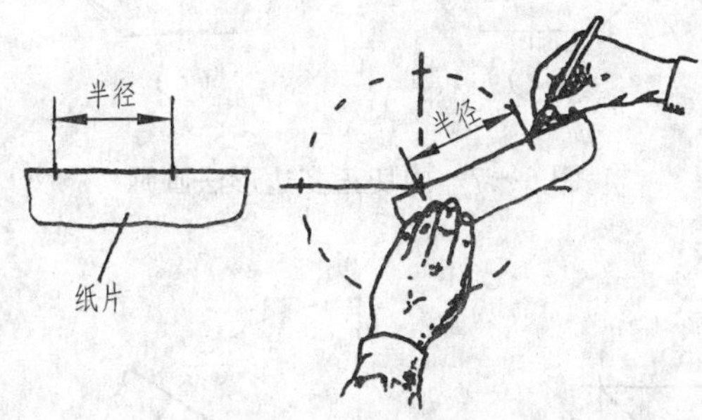

图 6－5　撕纸法画圆

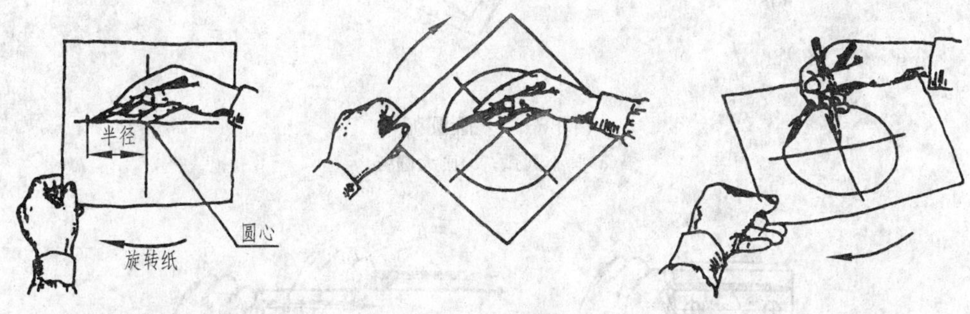

图 6－6　模拟圆规法画圆

(4)内切正多边形法　用内切正多边形法画圆的方法和步骤如图 6－7 所示。

上述方法也同样适用于画圆弧，如图 6－8 所示。

三、目测方法

在没有任何绘图仪器的情况下画草图，是以目测的大致比例进行的。初学和经验不足者，可以利用铅笔、纸张等作为度量工具，确定所绘对象大致的尺寸比例。

1. 以铅笔作为度量工具

以铅笔为度量工具，可确定直线的大致长度，也可等分直线，如图 6－9 所示。

2. 利用近似比例关系

画 45°、30°、60°等角度的倾斜线时，可以根据斜度关系找出斜线上的两点，然后画出具有一定角度的直线，如图 6－10 所示。

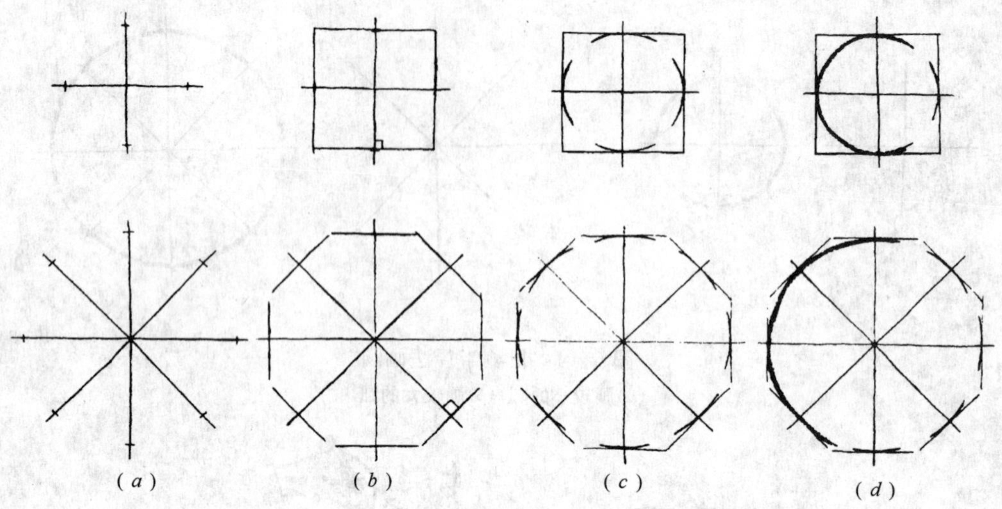

图 6-7　内切正多边形法画圆

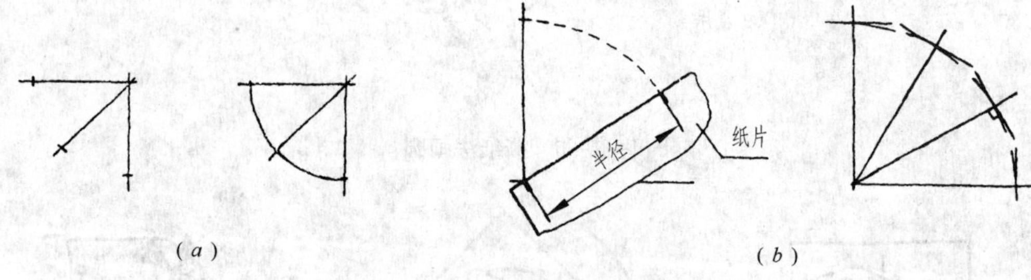

图 6-8　画圆弧
(*a*)画小圆弧;(*b*)画大圆弧。

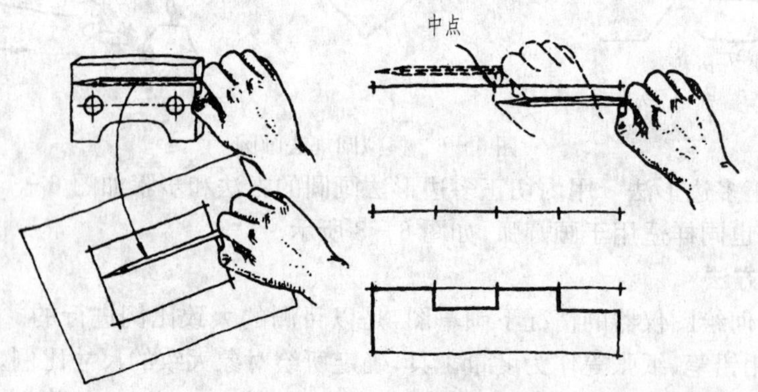

图 6-9　直线的度量与等分

3. 借助于坐标纸

用坐标纸画草图,比例易于掌握,便于做到投影正确。尤其对于初学者,常用相应的坐标纸画正投影草图、轴测草图等。

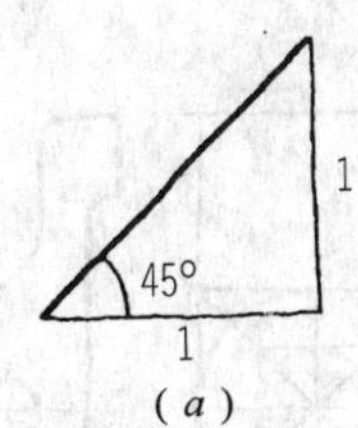

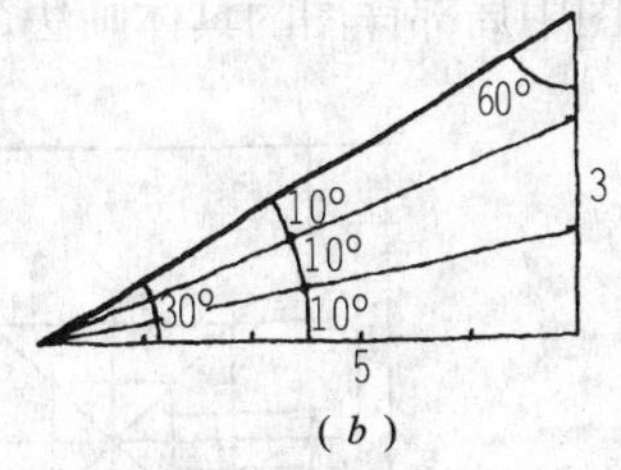

图 6－10　利用近似比例关系作斜线

(a)等边比例法作 45°斜线；(b)不等边比例法作 30°、60°、10°斜线。

四、画草图的步骤

1. 画正投影草图

正投影草图就是依据目测的大致比例，用铅笔徒手画出的多面正投影图。画正投影草图通常在方格纸上进行。画如图 6－11(a)所示物体的正投影草图的步骤如下：

(1)画各投影框线和中心线、轴线，如图 6－11(b)所示。

(2)轻笔画出各部分投影，如图 6－11(c)所示。

(3)校核并擦去多余线，如图 6－11(d)所示。

(4)加深图线并标注尺寸，如图 6－11(e)所示。

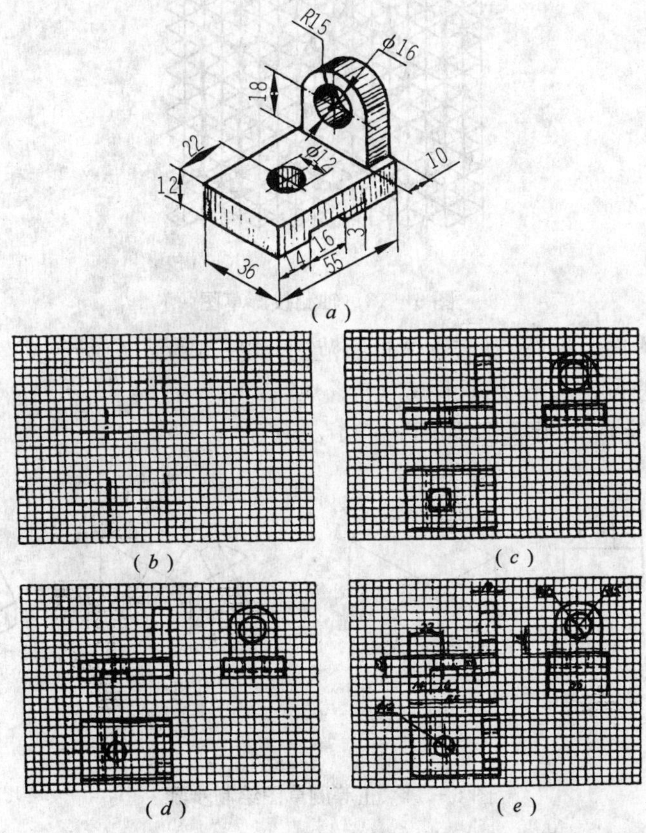

图 6－11　正投影草图画图步骤

图 6-12 为草图中局部详图的具体画法。

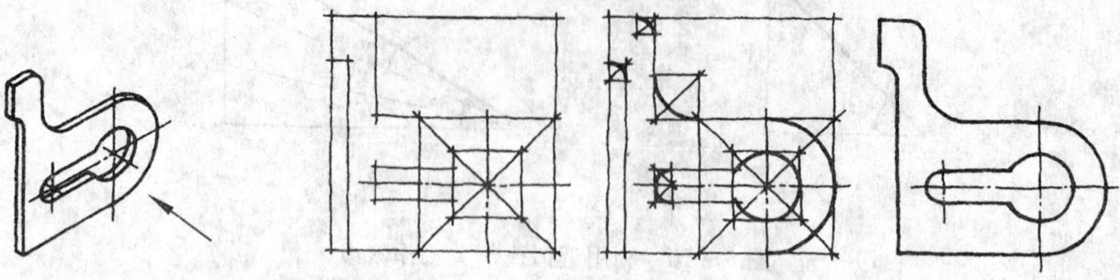

图 6-12　局部草图

2. 画轴测投影草图

在初学阶段或为了使图形准确并提高画图效率，画轴测草图时，宜采用印有轴测网格的纸张，如图 6-13 所示。图 6-14(*a*)所示的三视图所表达的物体，其正等测草图的画图步骤如下：

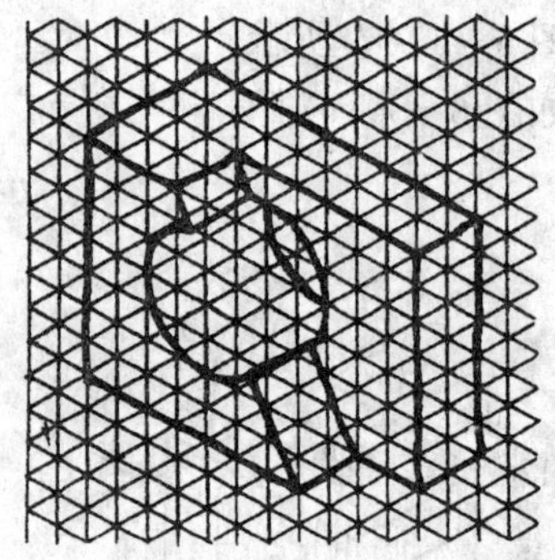

图 6-13　轴测投影草图

(1)按轴测轴方向画框线，确定物体轮廓范围，如图 6-14(*b*)所示。

(2)确定各部分位置和形状，如图 6-14(*c*)所示。

(3)校核图线，完成轴测草图，如图 6-14(*d*)所示。

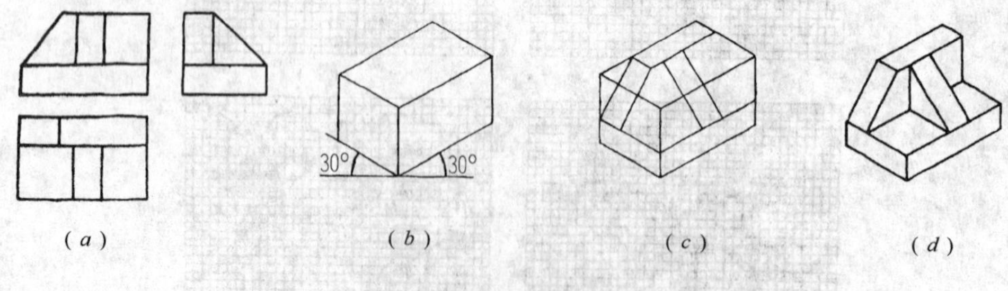

图 6-14　正等测草图绘制步骤

图 6-15 和图 6-16 是曲面立体轴测草图的画法。

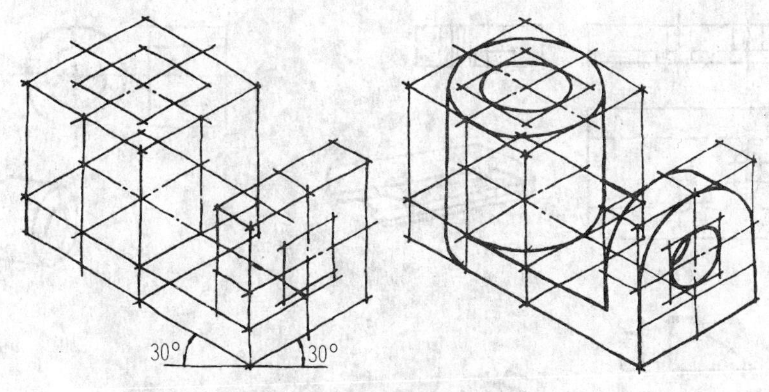

图 6－15　曲面立体的正等测草图

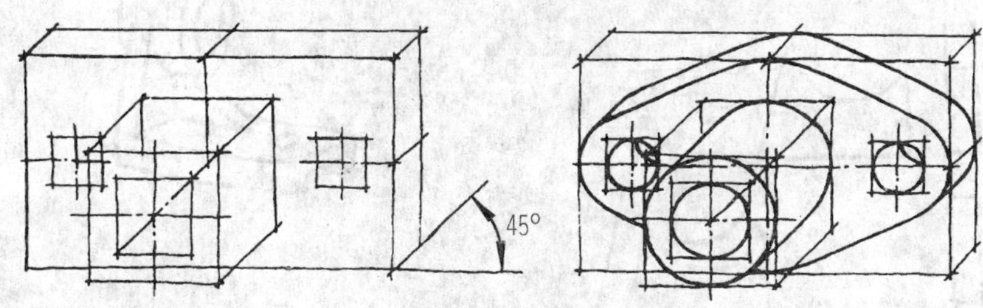

图 6－16　曲面立体的斜二测草图

第二节　构形设计

一、空间想象中的草图方法

初学者在阅读视图的过程中，若能边想象边勾画轴测草图，可以帮助我们把想象中的形体具体化，并可据此检查所想象的形状是否符合正投影图所给定的物体形状。故此，画轴测草图可以作为阅读图样的一种辅助手段。

图 6－17 为支架的三视图。用形体分析的方法读图，从主视图上大致可以看出它由四个部分所组成：圆柱、底板、竖板和肋板。然后利用投影规律，逐个找出每一部分在其他视图上的投影，从而想象出各部分的形状以及它们之间的相对应位置关系，最后想象出整体形状。

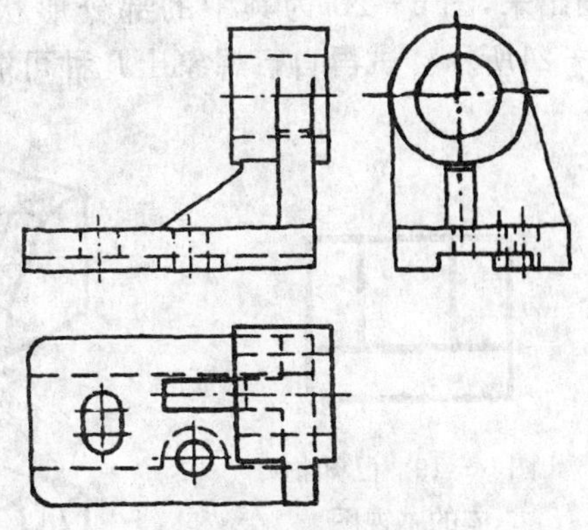

图 6－17　物体的三视图

图 6－18 表示了支架四个部分的读图过程。

二、构形设计中草图的绘制方法

构形设计是对空间形体进行想象、构思和设计绘图的过程。此时，物体的空间形状尚未确定，需要根据该物体的功能和一般的工程结构、制造工艺等要求，创造性地确定其形状、结构，然后用正投影图或立体图表示出来。

在构形的过程中，画草图可起到帮助确定所构思形体的作用。用轴测草图帮助进行构形设计，边想、边画、边修改，手脑交叉并用，把脑中所构想的形体用轴测草图直观地表现出来。

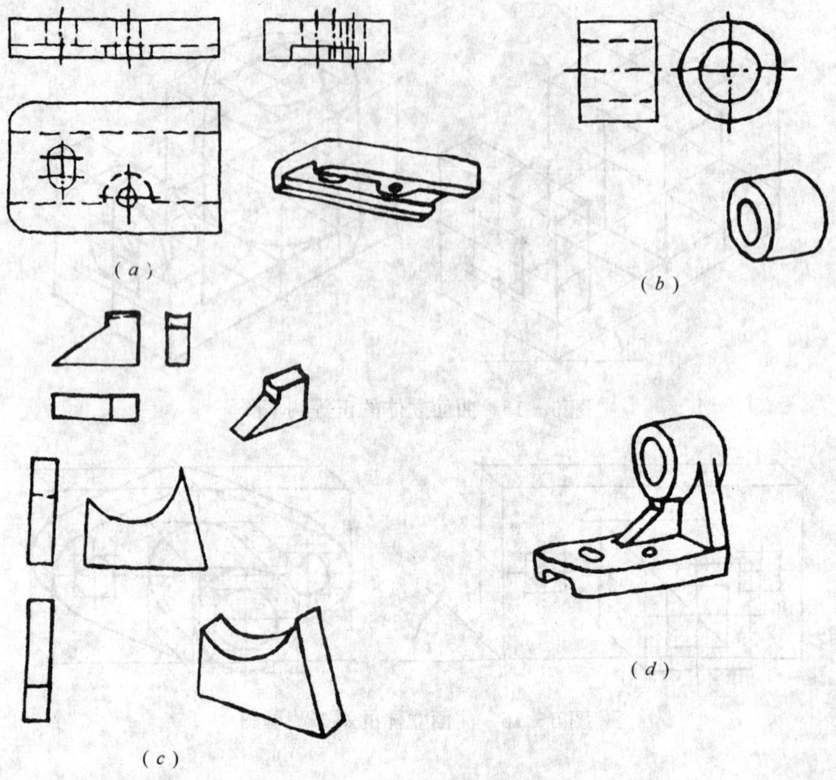

图 6－18　阅读想象过程

(*a*)底板；(*b*)圆柱；(*c*)竖板；(*d*)整体形状。

例 6－1　已知物体的主视图(见图 6－19)，构形设计出物体可能的空间形状，并画出俯、左视图。

解：根据物体视图的线框分析，四个线框表示有前后层次和形状不同(叠加或挖切、平面或曲面)的四个面。所以，可能的空间形状很多，用轴测草图能迅速地将想象的形状勾画出来，图 6－20 为其中的部分形状。然后分别画出与它们对应的正投影草图，如图 6－21所示。试再自行想象出几种可能的形状。

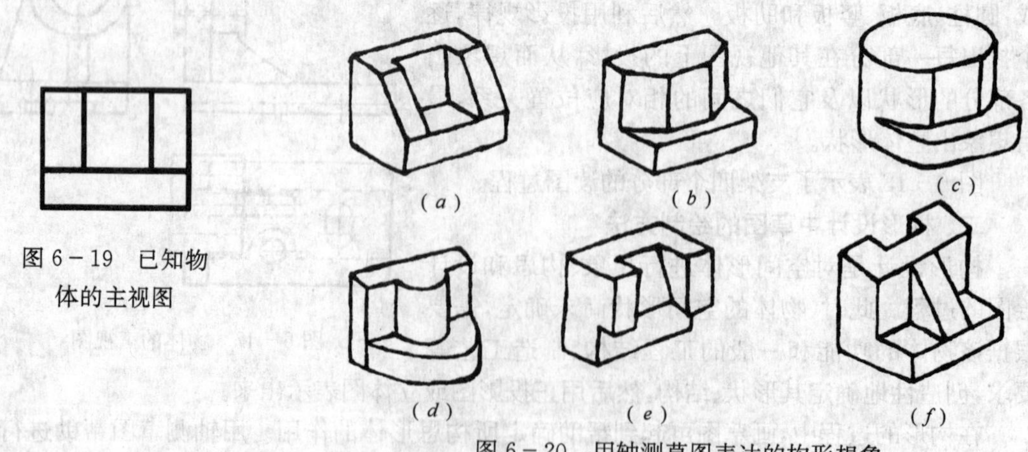

图 6－19　已知物体的主视图

图 6－20　用轴测草图表达的构形想象

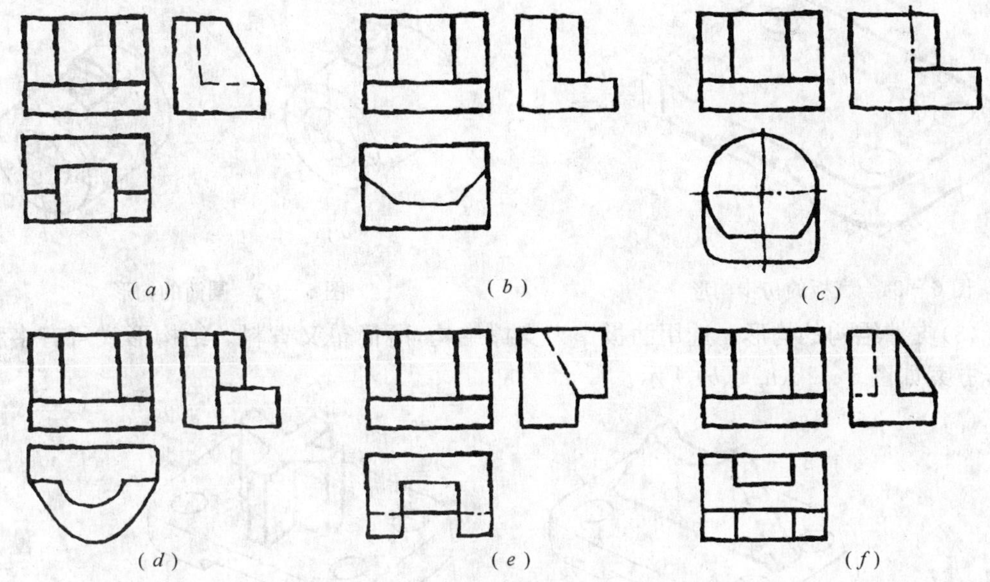

图 6-21　用正投影草图表达的构形想象

例 6-2　设计一个轴承座。如图 6-22 所示，已知底板Ⅰ和圆筒Ⅱ，要求：第一，底板Ⅰ能较好地支撑圆筒Ⅱ，中间用支撑结构连接；第二，圆柱孔 $\phi1$ 表面有润滑要求；第三，考虑加工工艺、使用性能及固定等因素，确定轴承座的形状和结构，画轴测草图及其正投影草图。

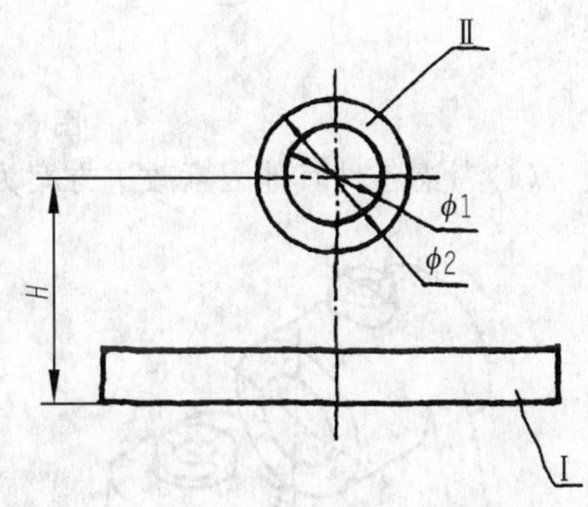

图 6-22　已知底板Ⅰ和圆筒Ⅱ

解：构形设计轴承座的过程大致如下：

(1)底板的构形　考虑到底板需要安装固定，应有连接安装孔，安装孔的数量可以两个或四个等；底板的形状可以设计成圆形、方形或腰圆形等，如图 6-23 所示。方形板结构简单、安装平稳，所以，考虑设计成长方形，周边为了安全和美观宜设计成圆角。底板固定时为了保证平稳而宜挖出凹槽。初步构形如图 6-24 所示。

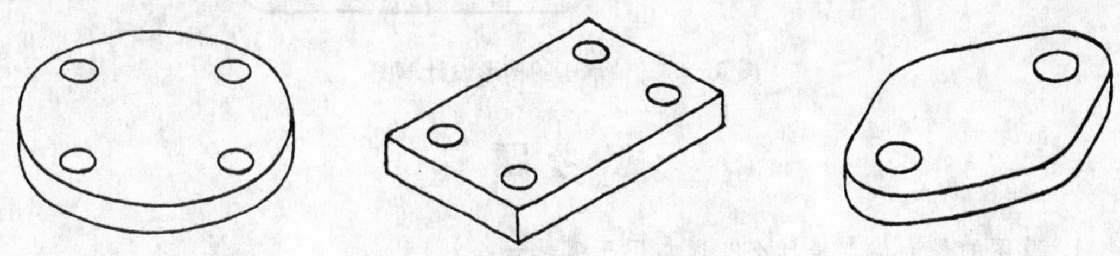

图 6-23　底板形状的构形设计

(2)圆筒的构形　考虑到需要润滑，在圆筒顶部开一个油孔(小圆孔)，同时考虑到防尘而必须能封闭，故初步构形如图 6-25(*a*)、(*b*)所示。

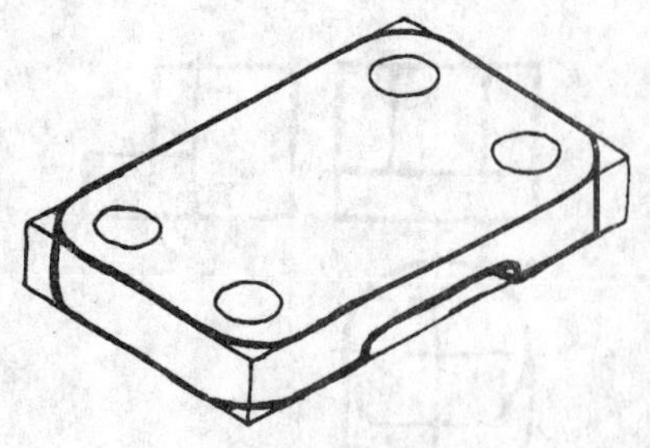

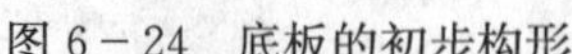

图 6-24　底板的初步构形

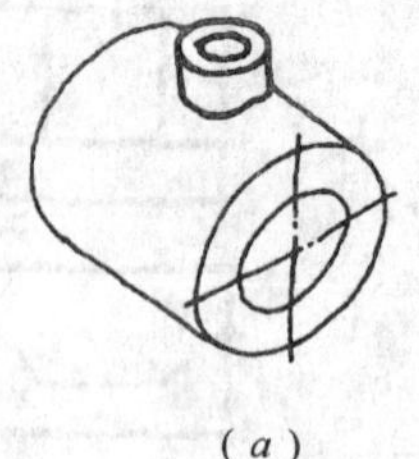

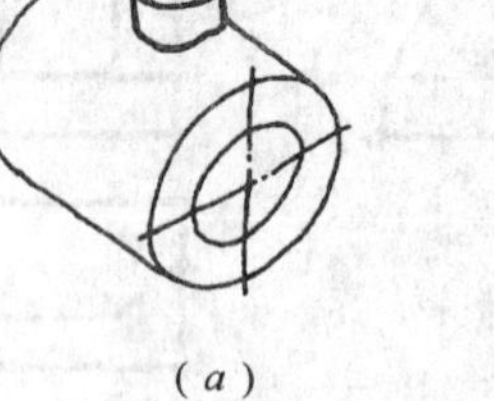

(*a*)

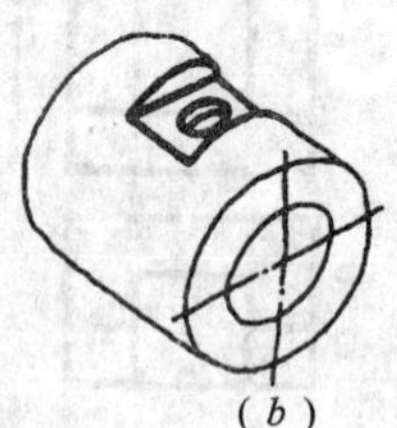

(*b*)

图 6-25　圆筒的构形

(3)支撑结构的构形　选用肋板作为支撑结构，既简单又省料。结构形式可有多种，初步方案如图 6-26(*a*)、(*b*)所示。

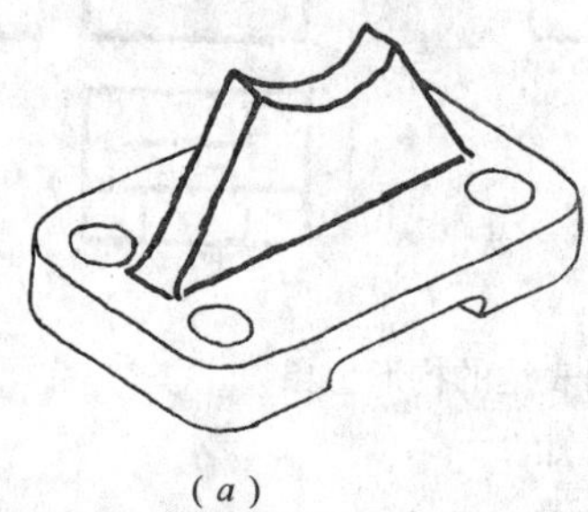

(*a*)

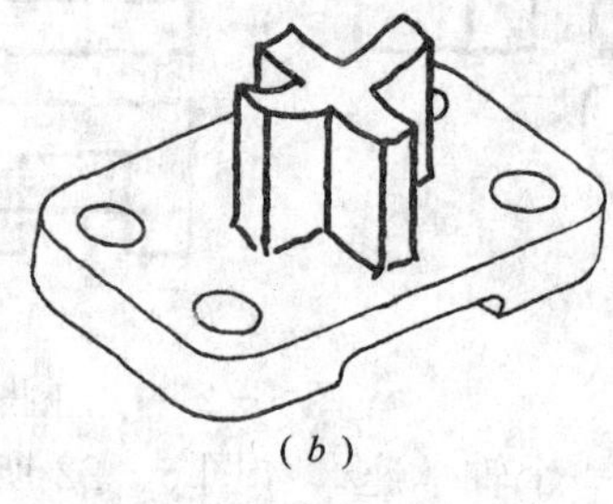

(*b*)

图 6-26　支撑结构的构形

(4)考虑各种其他因素改进方案为如图 6-27 所示的结构形式。

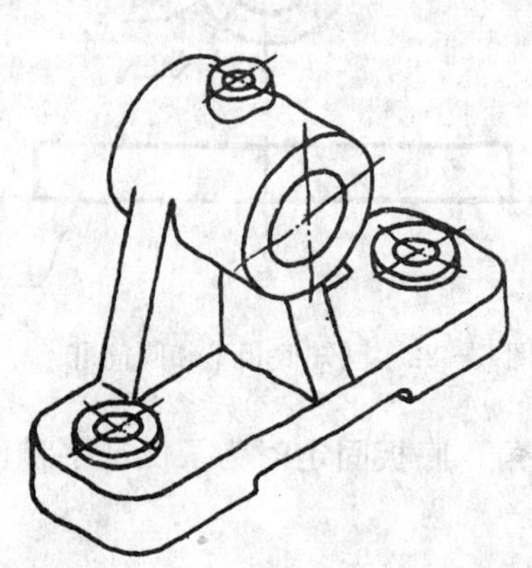

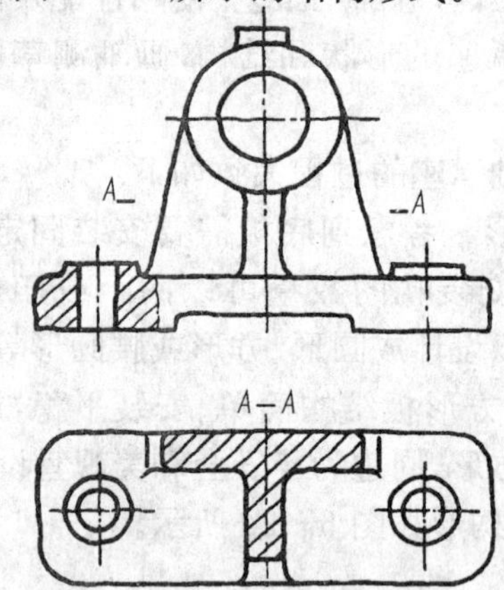

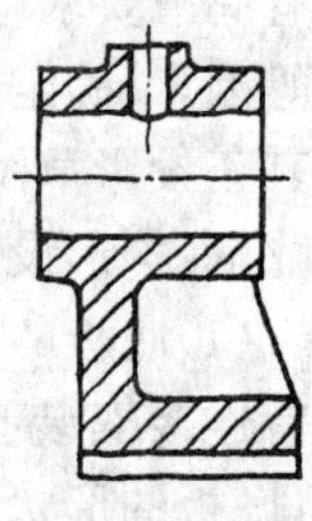

图 6-27　轴承座的构形设计草图

思考题

1. 草图的最大优点是什么？通常用于哪些场合？
2. 画草图应掌握哪几点基本要求？为什么要训练徒手画图线的技能？
3. 徒手画线时，用什么方法画直线？画斜线？画 30°、45°、65°的定角度直线。
4. 徒手画圆有哪几种方法？分别适合哪种情况？
5. 读图及构形设计中，为什么要边想边勾画草图？

第七章　机件常用的表达方法

前几章介绍了正投影的基本原理及用三视图表达机件的方法，但在生产实际中，机件的形状是千变万化的，仅用前面学过的知识，很难准确、完整、清晰地表达复杂零件的内外形状，因此，国家标准规定了各种画法，下面介绍一些常用的表达方法。

第一节　视　图

视图主要用来表达机件的外部形状，一般只画出视图的可见部分，必要时才用虚线表达其不可见部分。根据国家标准《技术制图、图样画法、视图》(GB/T17451—1998)，视图分为基本视图、向视图、斜视图和局部视图。

一、基本视图

当机件形状比较复杂时，为了清楚地表达它的内外结构形状，可根据“国标”规定，在原有的三个投影面的基础上，再增加三个投影面，组成一个正六面体，正六面体的六个投影面称为基本投影面，如图 7-1 所示。将机件置于正六面体中间，分别向六个基本投影面投射所得到的视图称为基本视图。除了前面介绍过的主视图、俯视图和左视图外，还有由右向左投射得到的右视图，由下向上投射得到的仰视图，由后向前投射得到的后视图。

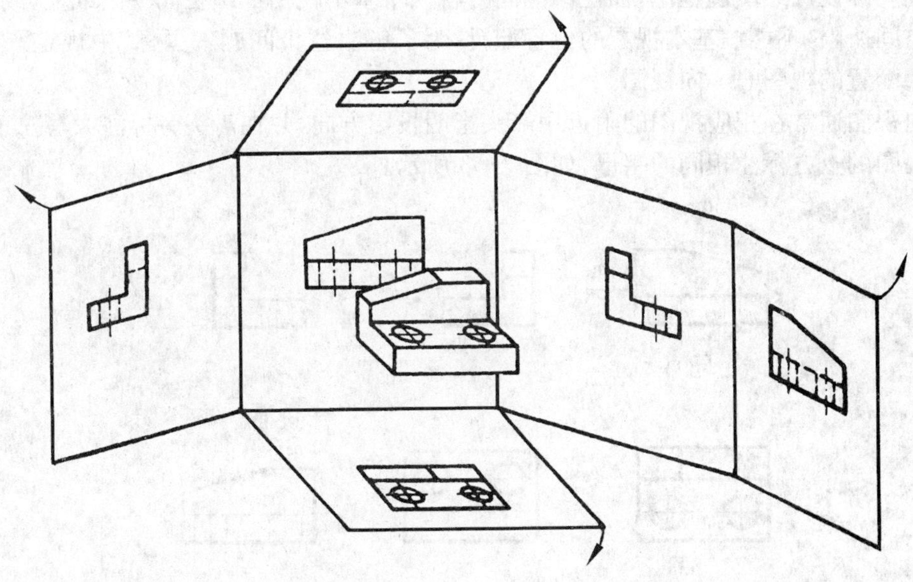

图 7-1　六个基本投影面及其展开

投影面按图 7-1 展开成同一平面后，六个基本视图的配置关系如图 7-2 所示，此时一般不标注视图的名称。

基本视图的投影规律:主、俯、仰视图长对正;主、左、右、后视图高平齐;左、右、俯、仰视图宽相等。看图时要注意方位对应关系,除后视图外,靠近主视图的一侧均为机件的后面,远离主视图的一侧为机件的前面。

实际绘图时,通常无需画出六个基本视图,可根据机件的形状和结构特点,选用必要的几个基本视图,但其中必须有主视图,且所选的每一个视图都要有各自表达的重点。

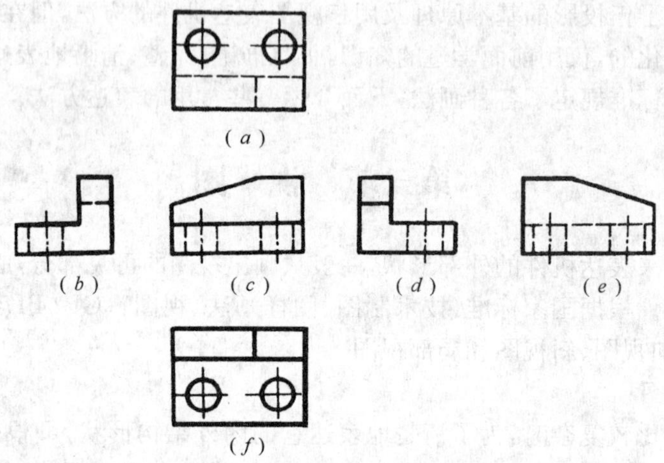

图 7-2　六个基本视图的配置

(*a*)仰视图;(*b*)右视图;(*c*)主视图;(*d*)左视图;(*e*)后视图;(*f*)俯视图。

二、向视图

在实际设计绘图过程中,往往不能同时将六个基本视图都画在同一图纸上,或者由于图纸空间所限,不能按基本视图的位置配置,为了解决这个问题,“国标”中规定了一种可以自由配置的视图——向视图。

向视图通常在相应视图的附近用箭头指明投影方向,并在箭头旁标注大写拉丁字母,在向视图的上方标注相同的字母,如图 7-3 所示。

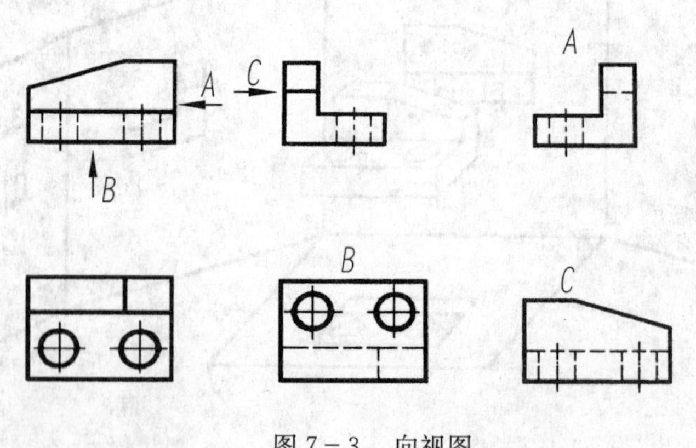

图 7-3　向视图

三、斜视图

将机件向不平行于基本投影面的平面投射所得的视图称为斜视图。

图 7-4(a)为压紧杆的三视图,由于压紧杆的耳板是倾斜的,所以它的俯视图和左视图都不反映实形。为了便于绘图和读图,如图 7-4(b)所示,加一个平行于倾斜结构的正垂面作为新投影面,将倾斜结构向新投影面作正投影,即可得到反映实形的视图。因为斜视图只是为了表达倾斜结构的局部形状,所以画出实形后,可用波浪线断开,不画其他部分的视图,如图 7-5 所示。

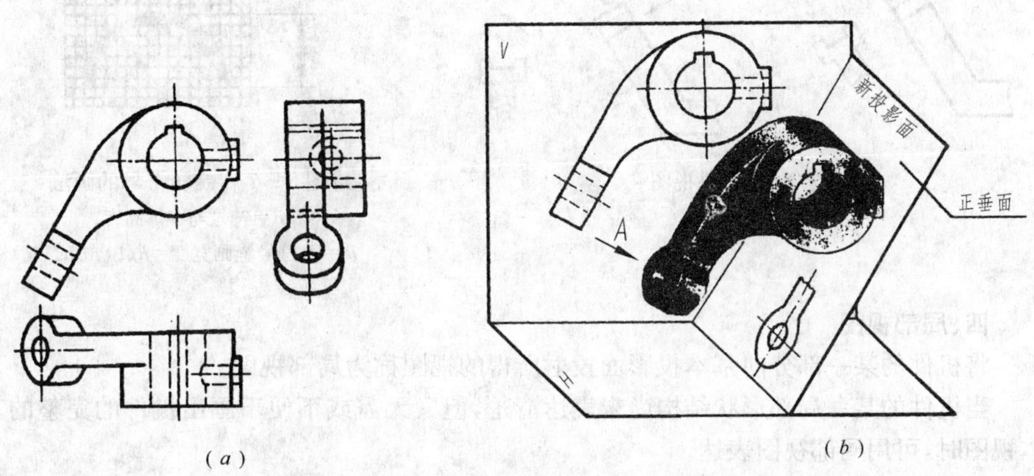

图 7-4　压紧杆的三视图及斜视图的形成

(a)三视图;(b)倾斜结构斜视图的形成。

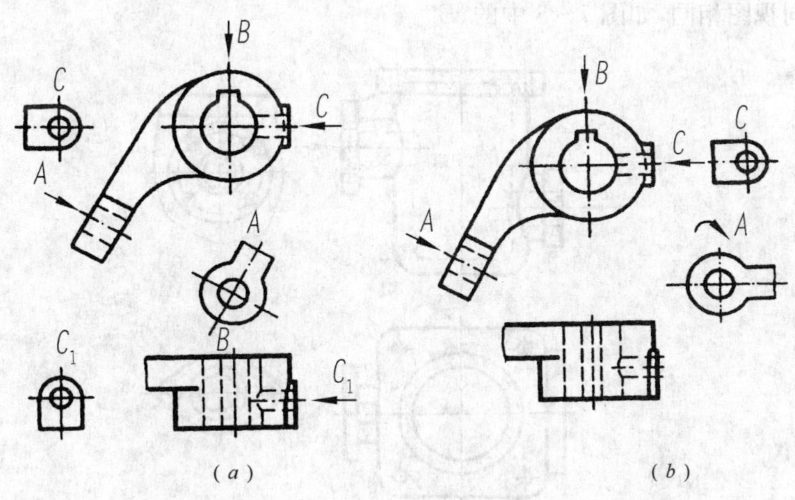

图 7-5　压紧杆的斜视图和局部视图的两种配置形式

画斜视图时要注意以下三点:

(1)必须在斜视图的上方标注视图的名称,在相应的视图附近用箭头指明表达部位和投影方向,并注上相同的字母。画箭头时,一定要垂直于被表达的倾斜部分,而字母要按水平方向书写,如图 7-5 所示。

(2)斜视图一般按投影关系配置,必要时可以配置在其他适当的位置,在不致引起误解时，允许将图形旋转，此时应加标注，如图 7－5(*b*)和图 7－6 所示，字母应靠近旋转符号的箭头端，旋转符号如图 7－7 所示，旋转符号的箭头方向为旋转方向。

(3)斜视图一般只画倾斜部分的局部形状，其余部分不必画出，可用波浪线或双折线与其他部分断开，如图 7－5 和图 7－6 所示。

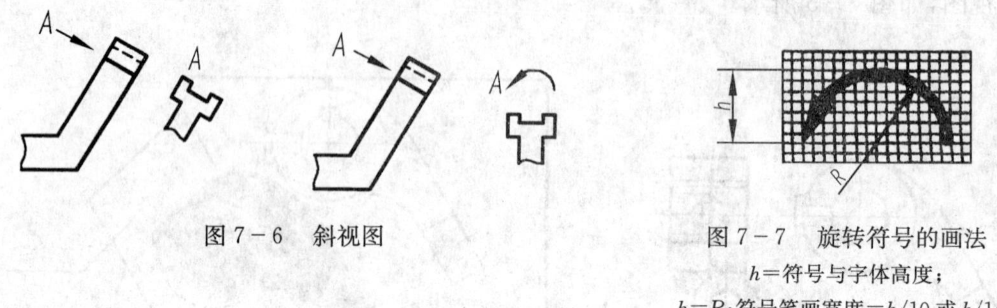

图 7－6　斜视图

图 7－7　旋转符号的画法

h＝符号与字体高度；

$h=R$；符号笔画宽度＝$h/10$ 或 $h/14$。

四、局部视图

将机件的某一部分向基本投影面投射所得的视图称为局部视图。

当机件的某一局部形状结构尚未表达清楚，但又无需或不便于画出机件的完整的基本视图时，可用局部视图表达。

画局部视图需注意以下两点：

(1)局部视图的配置形式有两种：其一是按基本视图配置，如图 7－5(*a*)中的"*B*"。在 7－5(*b*)中，因为中间没有其他图形间隔，所以省略标注。其二是按向视图的配置形式，标注方法与向视图相同，如图 7－8 中的"*B*"。

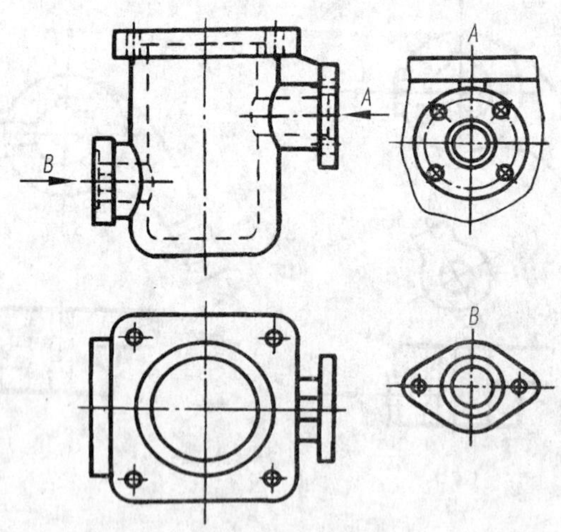

图 7－8　局部视图的配置

(2)局部视图的断裂边界通常采用波浪线或双折线，但当局部视图所表示的局部结构是完整的且外形轮廓线又是封闭时，波浪线可以省略不画，如图 7－5 中的"*C*"或"C_1"、图 7－8 中的"*B*"。要注意用波浪线作为断裂线时，波浪线要画在实体上，超出机件轮廓或画在机件的中空处都是错误的，如图 7－9 所示。

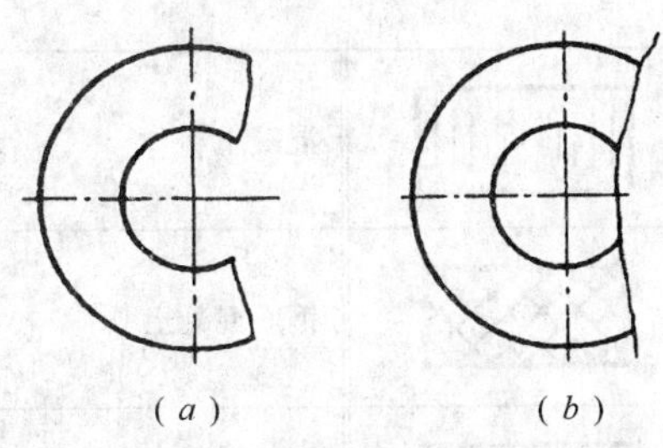

图 7-9　波浪线的正误画法

(a)正确；(b)错误。

第二节　剖视图

视图主要用于表达机件的外部结构形状，而内部结构形状在前述视图中是用虚线表示的。当机件内部结构形状比较复杂时，视图中的虚线会很多，会出现内外形状重叠、虚实线交叉的现象，既影响图形的清晰，又不利于看图和标注尺寸，如图 7-10 所示。为了完整、清晰地表达机件的内部结构形状，国家标准《技术制图　图样画法　剖视图和断面图》(GB/T17452—1998)规定了剖视图的画法。

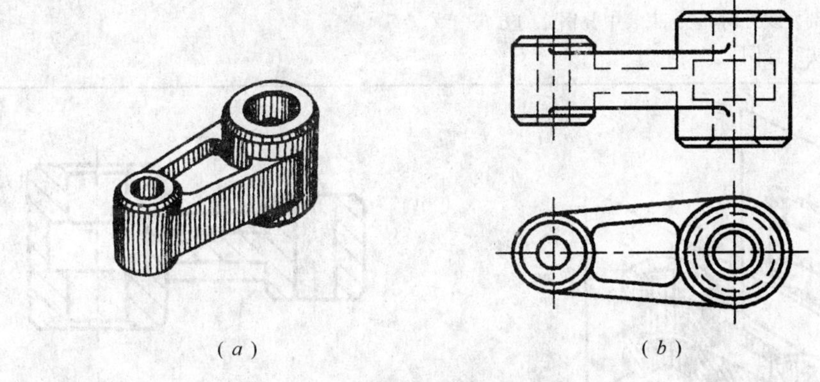

图 7-10　摇杆的立体图和两视图

一、剖视图的概念

1. 剖视图的形成

假想用剖切面剖开机件，将处在观察者和剖切面之间的部分移去，而将其余部分向投影面投射所得的图形称为剖视图，简称剖视，如图 7-11 所示。

剖切面与机件接触的部分称为剖面区域，为了便于识图和区分机件的材料类别，在剖面区域内应画出剖面符号，不同的材料有不同的剖面符号(见表 7-1)。

表 7-1　剖面符号

金属材料(已有规定剖面符号者除外)		木质胶合板(不分层数)	
线圈绕组元件		基础周围的泥土	

（续）

材料名称	剖面符号	材料名称	剖面符号
转子、电枢、变压器和电抗器等的叠钢片		混凝土	
非金属材料（已有规定剖面符号者除外）		钢筋混凝土	
型砂、填砂、粉末冶金、砂轮、陶瓷刀片、硬质合金刀片等		砖	
玻璃及供观察用的其他透明材料		格网（筛网、过滤网等）	
木材　纵剖面		液体	
木材　横剖面			

注：①剖面符号仅表示材料的类别，材料的名称和代号必须另行注明。
②叠钢片的剖面线方向，应与束装中叠钢片的方向一致。
③液面用细实线绘制

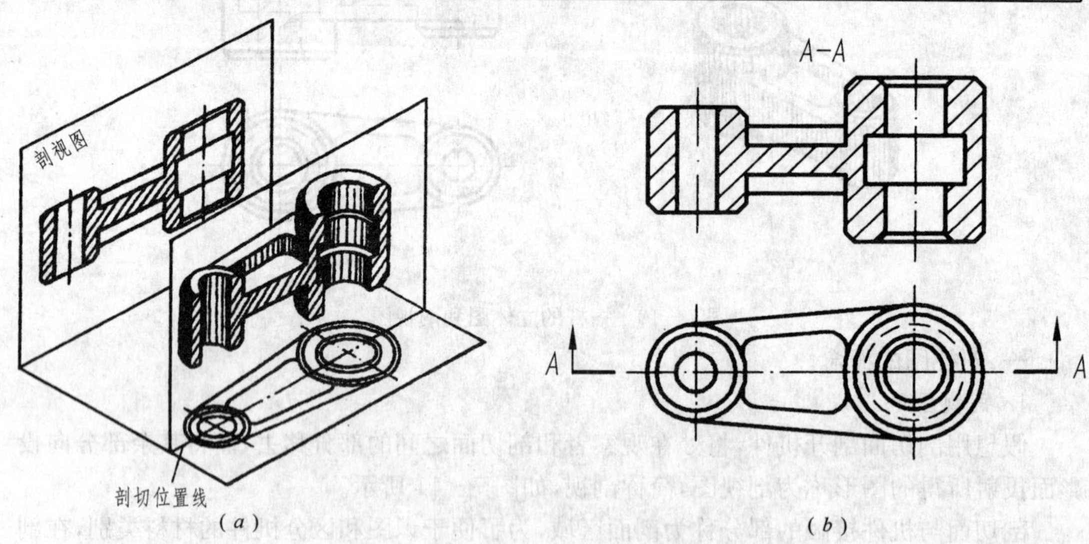

图 7－11　摇杆的剖视图

当不需要在剖面区域中表示材料类别时，可采用通用剖面线表示，该剖面线一般采用与图形的主要轮廓线或剖面区域的对称线成 45°的相互平行且间隔均匀的细实线。同一机件的各剖视图中，剖面线的间隔和方向应一致，如图 7－12 所示。

2. 剖视图的画法

(1)确定剖切位置　为了清楚地表达机件内部结构的真实形状，剖切平面应平行于投

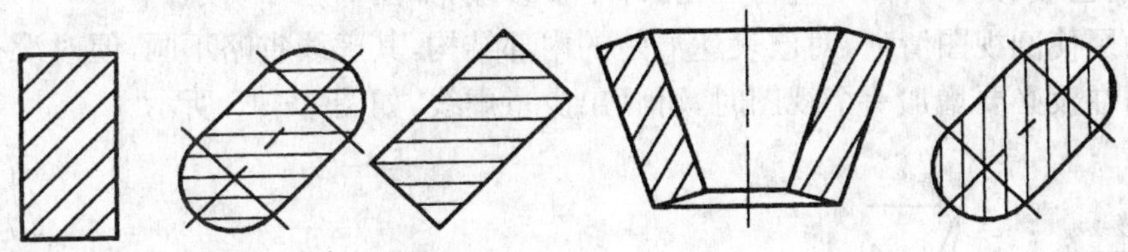

图 7－12　剖面线的画法

影面并通过内部结构的对称面或轴线。

(2)画剖切后的投影　机件被假想剖开，首先要弄清楚机件的哪一部分留下投影，然后画出剖面区域的轮廓线及剖切面后方可见的轮廓线。

(3)画剖面符号。

3. 剖视图的标注

剖视图用剖切符号、剖切线和剖视图名称(字母)进行标注。

(1)剖切符号　剖切符号是由剖切位置线和箭头组成，剖切位置线用短的粗实线绘制，表示投影方向的箭头应垂直于剖切位置线，剖切符号应尽可能不与图形的轮廓线相交，如图 7－13 所示。

(2)剖切线　指示剖切面位置的线，用细点画线绘制。

(3)剖视图名称　在剖视图的上方用大写拉丁字母标出剖视图的名称，并在剖切符号外侧标出同样的字母。

剖切符号、剖切线和字母的组合标注如图 7－11 和图 7－13 所示，剖切线也可不画。

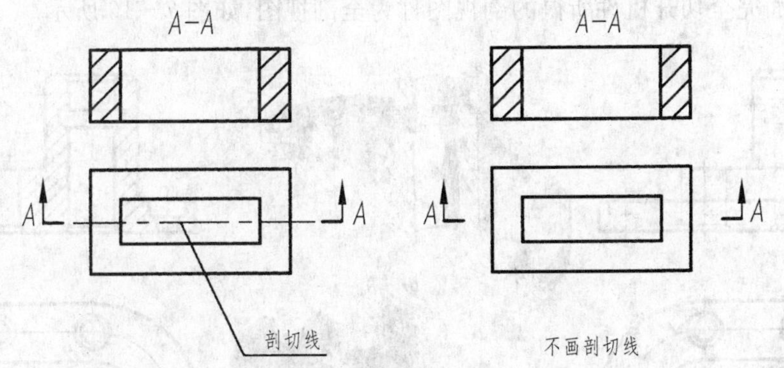

图 7－13　剖切符号及剖切线的画法

在下列情况下，剖视图可以简化或省略标注：

(1)剖视图按投影关系配置，中间又没有其他图形隔开时，可省略箭头，如图 7－18 所示。

(2)单一剖切平面通过机件的对称面或基本对称面且又符合(1)中的条件时，可全部省略，如图 7－16 所示。

4. 画剖视图应注意的事项

(1)剖切是假想的，实际上机件仍是完整的，因此机件的一个视图采用剖视表达后，并不影响其他视图的完整性。如图 7－11 中的主视图画成剖视，俯视图仍应完整地画出。

(2)剖切面后方的可见轮廓线应全部画出，不要漏线；而对于剖切面前方的可见外形，由于剖切后已被移去，所以不应再画出，即不要多线，如图 7－14 所示。

（3）为了使剖视图清晰，对已表达清楚的内部结构，其虚线省略不画，但对没有表达清楚的结构，在没必要增加一个视图时，可画出少量虚线，如图 7－15 所示。

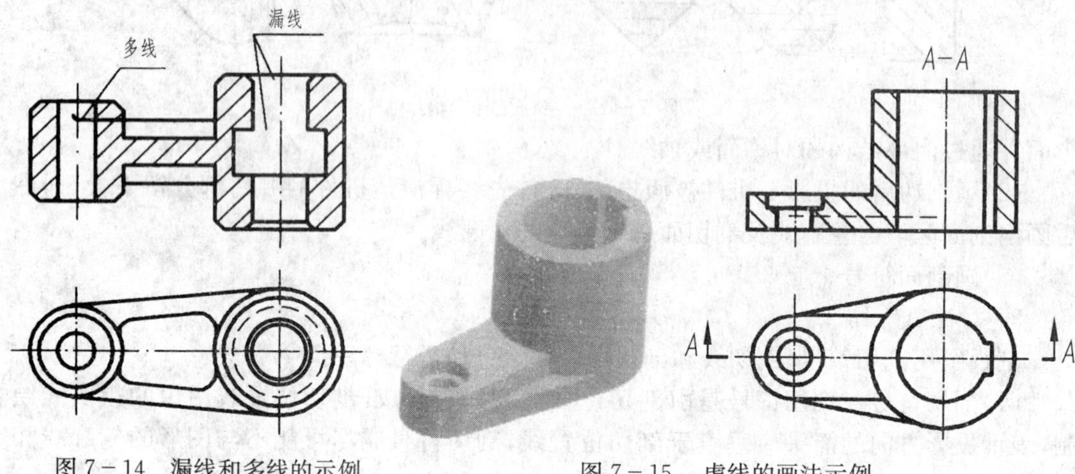

图 7－14　漏线和多线的示例　　图 7－15　虚线的画法示例

二、剖视图的种类

按剖切范围划分，剖视图分为全剖视图、半剖视图和局部剖视图。

1. 全剖视图

用剖切面完全切开机件所得的剖视图称为全剖视图，如图 7－16 所示。

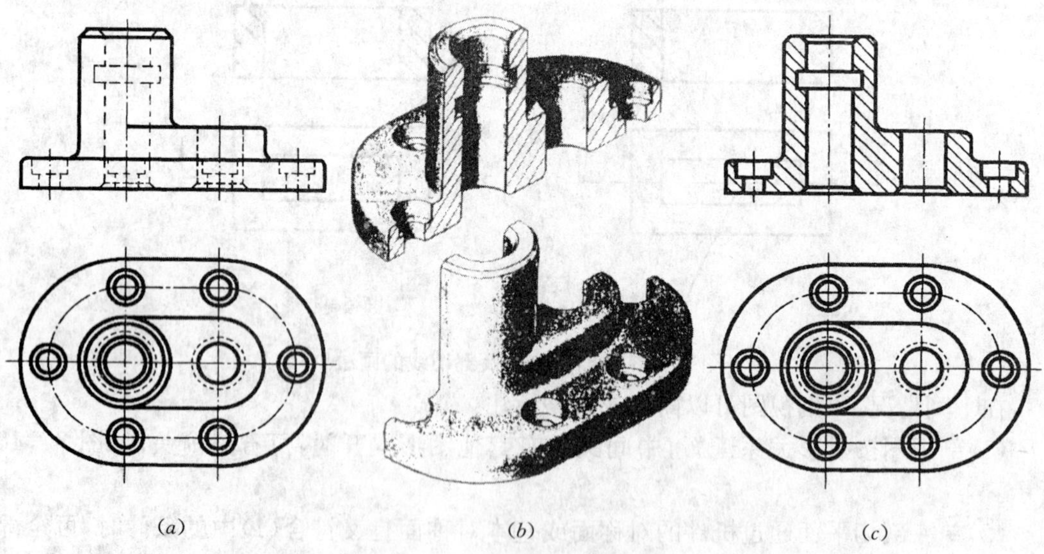

图 7－16　泵盖的全剖视图

（a）两视图；（b）剖切方法；（c）全剖视图。

全剖视图主要用于表达内部结构复杂而外形比较简单的不对称机件。

国标规定：对于机件的肋、轮辐及薄壁等，如按纵向剖切，这些结构都不画剖面符号，而用粗实线将它与邻接的部分分开，图 7－17 为拨叉的全剖视图。

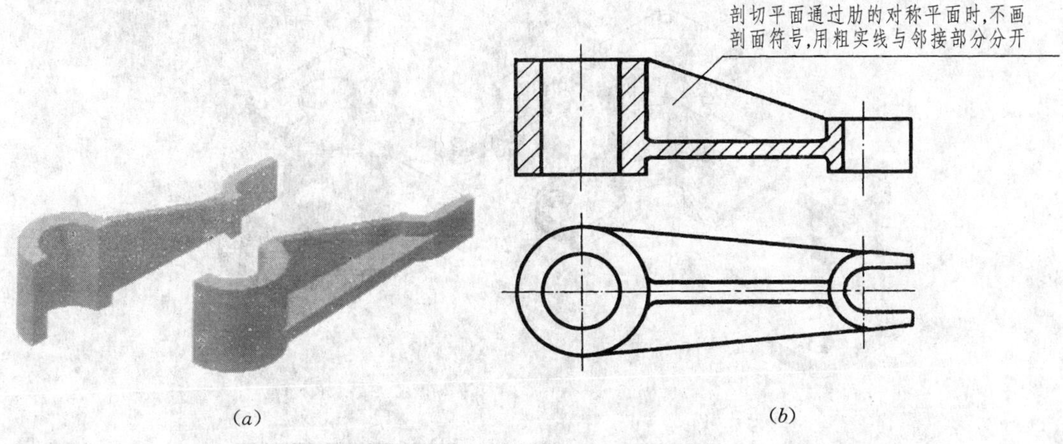

(a)　　(b)

图 7-17　纵向剖切肋的规定画法

(a)肋的纵向剖切;(b)肋的剖切画法。

2. 半剖视图

当机件具有对称平面时,向垂直于对称平面的投影面上投影所得的图形,可以对称中心线为界,一半画成剖视图表达机件的内部结构形状,另一半画成视图表达机件的外部结构形状,这样组合的图形称为半剖视图,如图 7-18 所示。

半剖视图主要用于机件的内外结构都需要表达,而且机件形状对称(或接近于对称,其不对称的部分已另有视图表达清楚)的情况。

画半剖视图应注意以下四点:

(1)在半剖视图中,视图与剖视图的分界线应是细点画线,不能画成粗实线。

(2)由于机件对称,在半个剖视图中已表达清楚的内部形状,在表达外部形状的半个视图中,虚线应省略不画。

(3)半剖视图中的剖视部分通常画在对称中心线的下方或右侧。

(4)半剖视图的标注与全剖视图相同。

3. 局部剖视图

用剖切面局部地切开机件所得的剖视图称为局部剖视图。

局部剖视图是一种比较灵活的表达方法,应用比较广泛。常用于下列情况:

(1)内外形状都较复杂而又不对称的机件,如图 7-19 所示。

(2)机件上只有个别内部结构(如槽、孔)未表达清楚,但又没有必要作全剖视图或不适合作半剖视图时,可采用局部剖视图。

(3)实心机件(如轴、手柄)上的孔、槽结构,如图 7-20 所示。

(4)机件虽然对称,但在图上恰好有一轮廓线与对称中心线重合,不宜采用半剖视图,可采用局部剖视图,如图 7-21 所示。

局部剖视图运用得当可使图形表达简明、清晰,但在一个视图中,局部剖视的数量不宜过多,否则会使图形支离破碎反而影响图形的清晰。

局部剖视图的标注方法与全剖视图的标注方法相同,但对于单一剖切平面,剖切位置明确的局部剖视图不必标注。

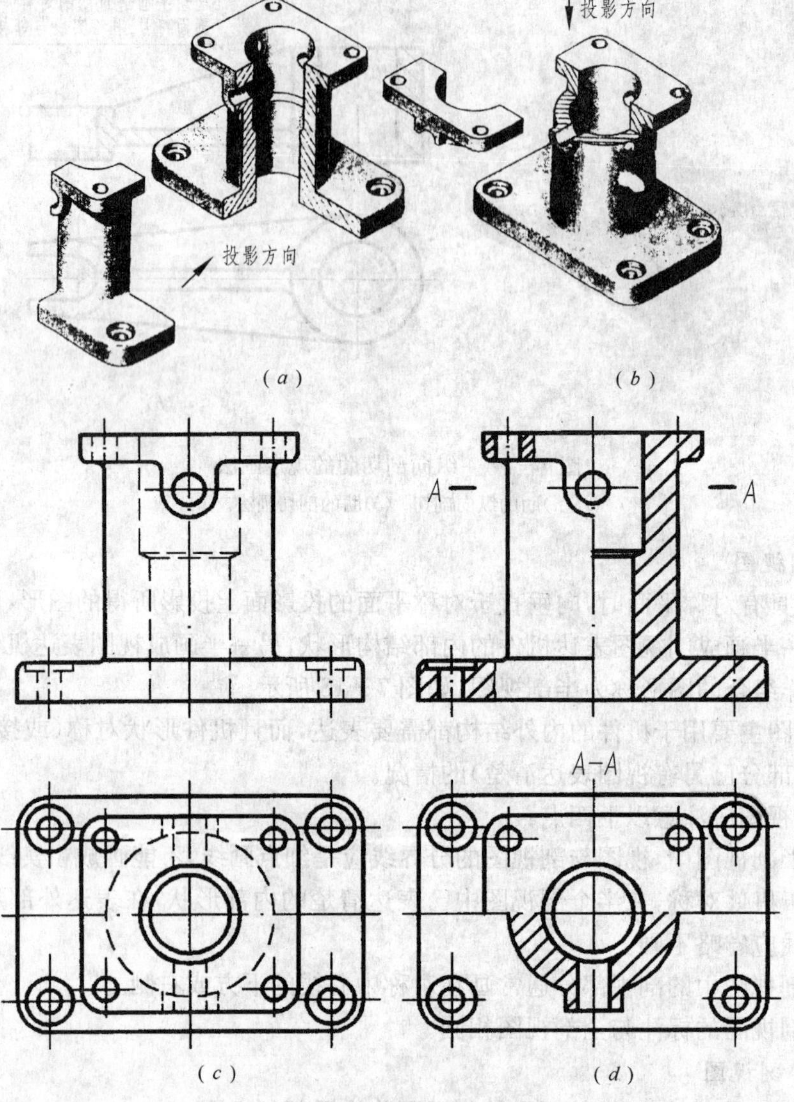

图 7-18　半剖视图

画局部剖视图时，机件断裂处的轮廓线用波浪线或双折线表示，如图 7-22 所示，画波浪线时要注意以下三点：

(1)波浪线不能与图形轮廓线重合，也不能画出图形之外。

(2)波浪线不能画在轮廓线的延长线上。

(3)波浪线相当于剖切部分断裂面的投影，因此当遇到孔、槽等结构时波浪线不能穿空而过。

当剖切结构为回转体时，允许将该结构的中心线作为局部剖视图与视图的分界线，如图 7-23 所示。

三、剖切面的种类

根据机件的结构特点，可选择单一剖切面、几个平行的剖切平面和几个相交的剖切平面来剖切机件。

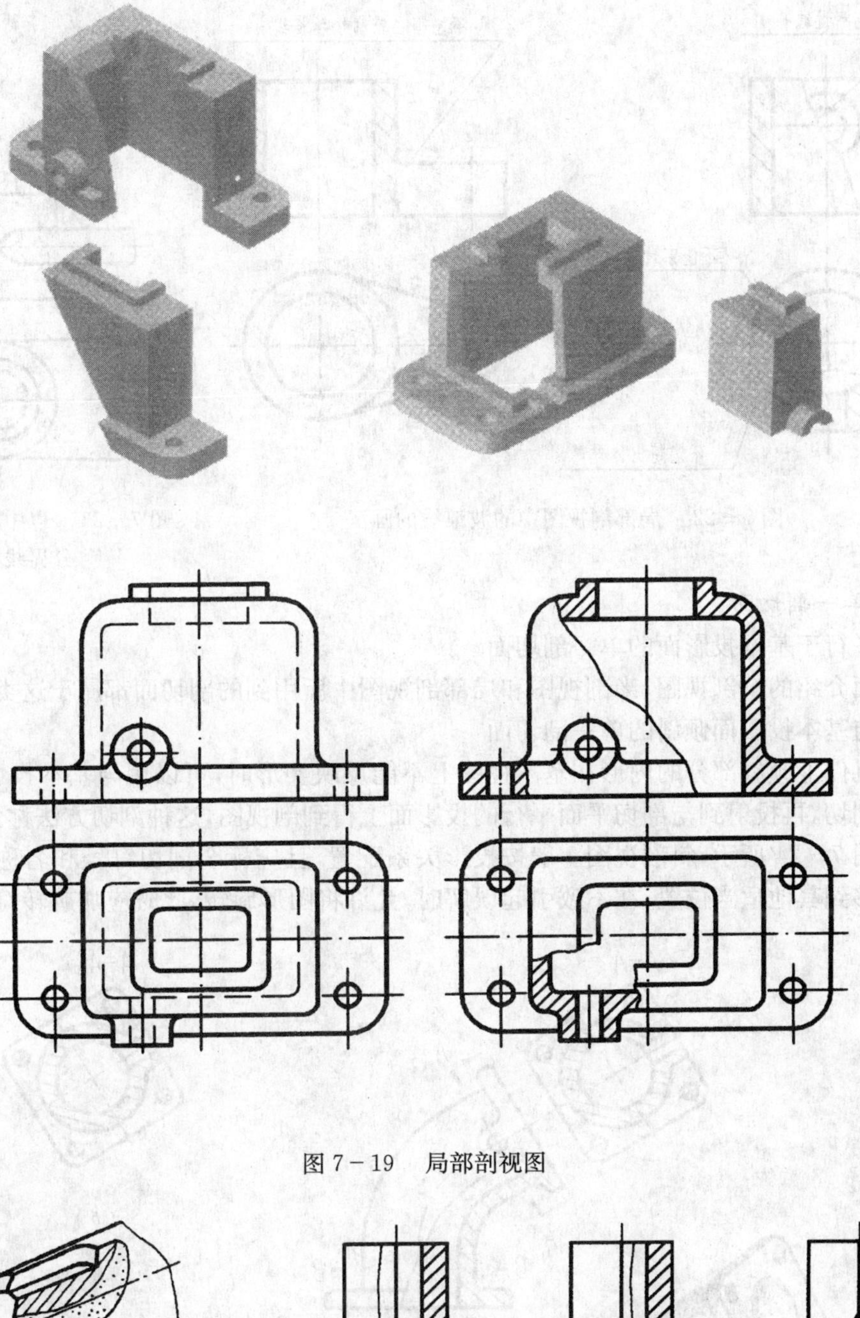

图 7－19　局部剖视图

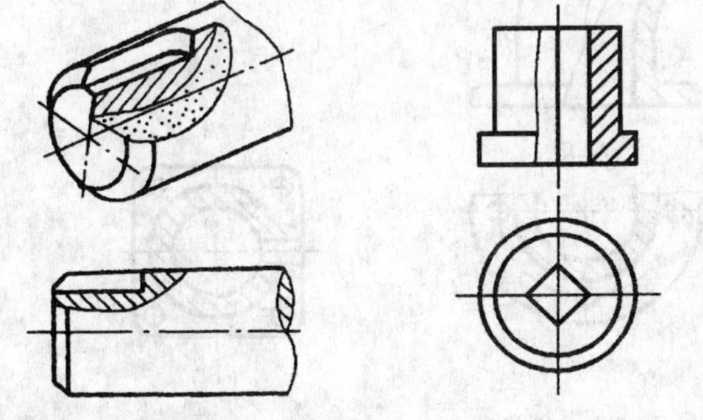

图 7－20　实心轴的局部剖视图

图 7－21　局部剖视图代替半剖视图

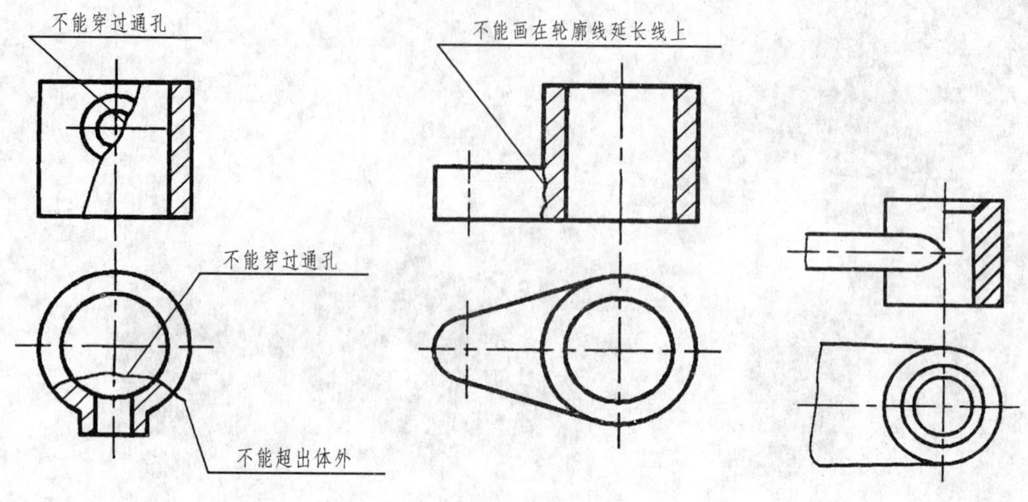

图 7-22　局部剖视图中的波浪线的画法

图 7-23　以中心线作为分界线

1. 单一剖切面

1)平行于基本投影面的单一剖切面

前面介绍的全剖视图、半剖视图和局部剖视图中所用到的剖切面都属于这类剖切面。

2)与基本投影面倾斜的单一剖切面

当机件上倾斜部分的内形在基本视图上不能反映实形时,可以用与基本投影面倾斜的平面剖切,再投射到与剖切平面平行的投影面上得到剖视图,这种剖切方法称为斜剖。

如图 7-24 所示,斜剖视图一般按投影关系配置,且应标全剖切符号和名称;必要时可以平移到其他适当位置;在不致引起误解时,允许将图形旋转,此时应加旋转符号。

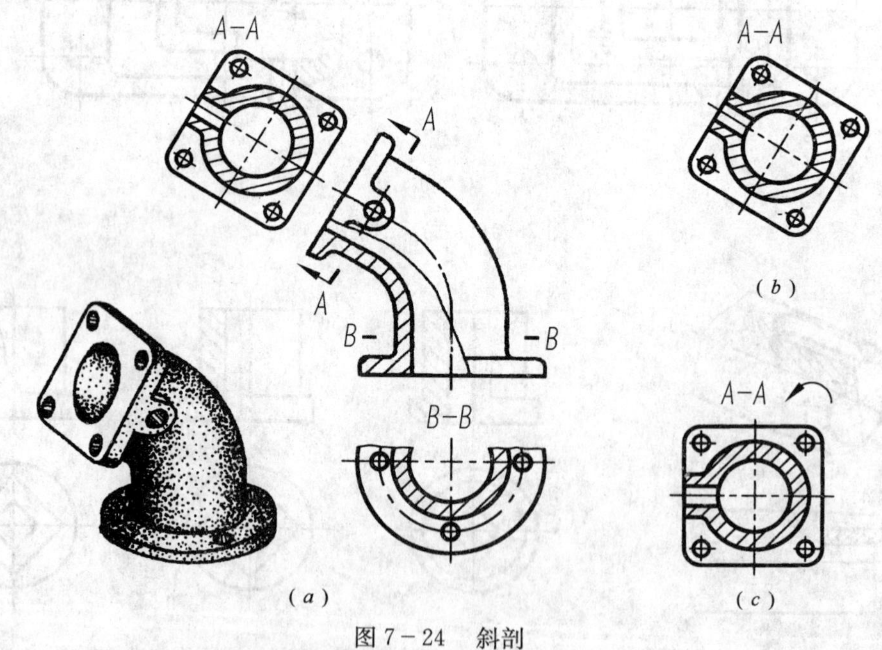

图 7-24　斜剖

2. 几个平行的剖切平面

用几个平行的剖切平面将机件切开，并向同一投影面投影得到剖视图，这种剖切方法称为阶梯剖，如图 7－25 所示。

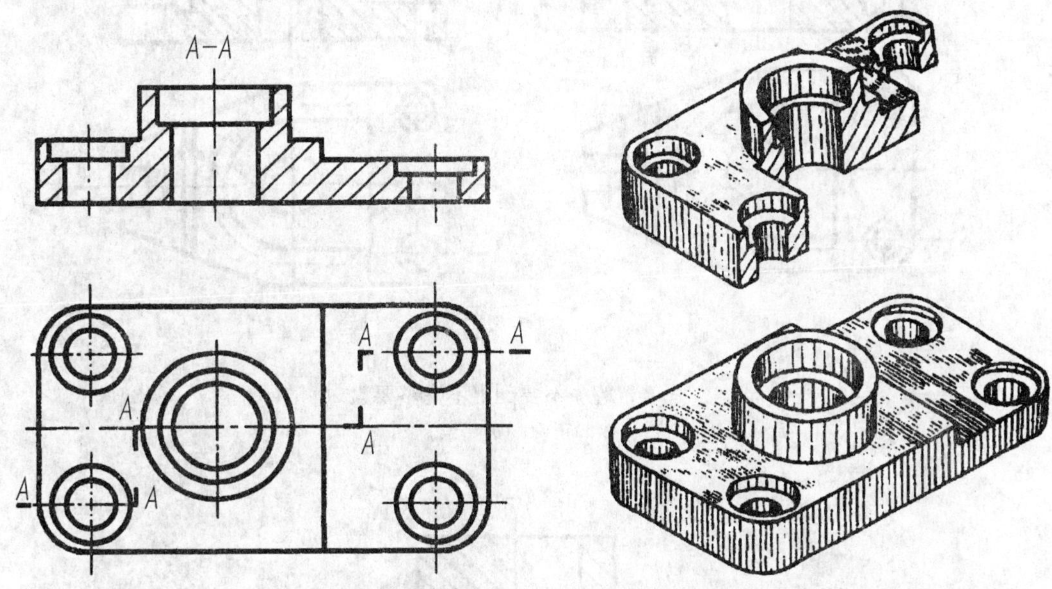

图 7－25　阶梯剖

在画阶梯剖的剖视图时应注意如下四点：

(1)剖切位置线的转折处不应与图中的任何轮廓线重合。

(2)剖视图上不要将各剖切平面的转折处画出粗实线，如图 7－26 所示。

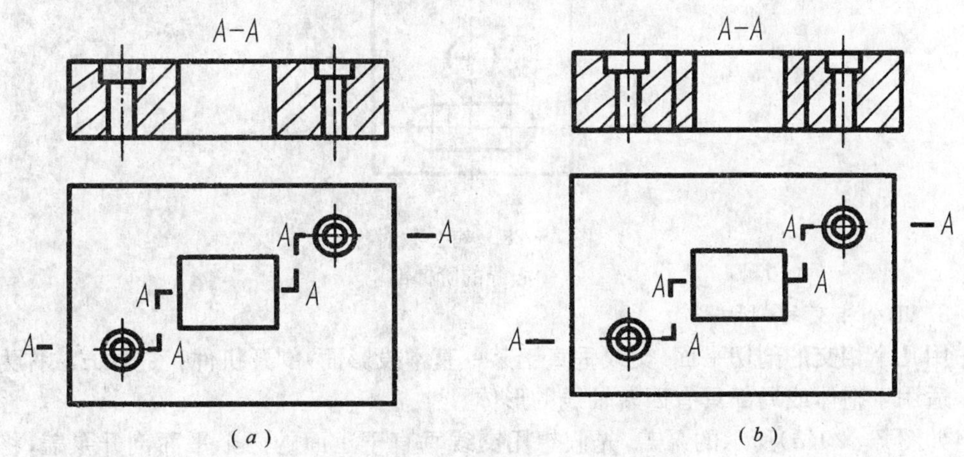

图 7－26　剖切面转折处不应画交线

(a)正确；(b)错误。

(3)在剖视图上不应出现不完整的要素，如图 7－27 所示的剖视图剖出半个孔是错误的。只有当两个要素在图上具有公共对称中心线或轴线时，才允许各画一半，此时应以中心线或轴线为界，如图 7－28 所示。

(4)阶梯剖必须标注。只有当剖视图按投影关系配置时，可省略箭头。

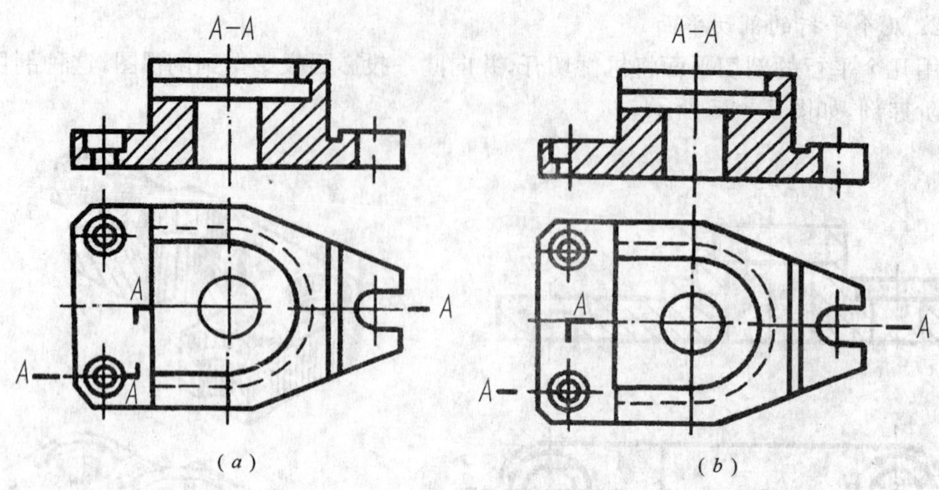

图 7-27　不要剖出不完整要素

(a)正确；(b)错误。

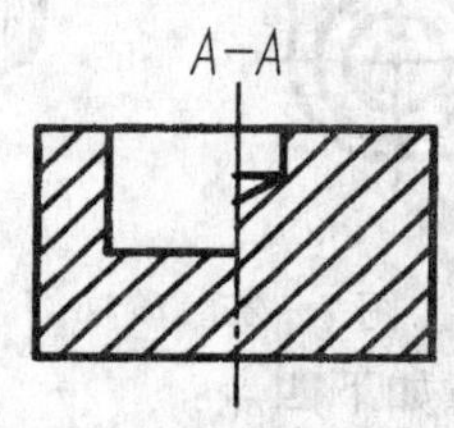

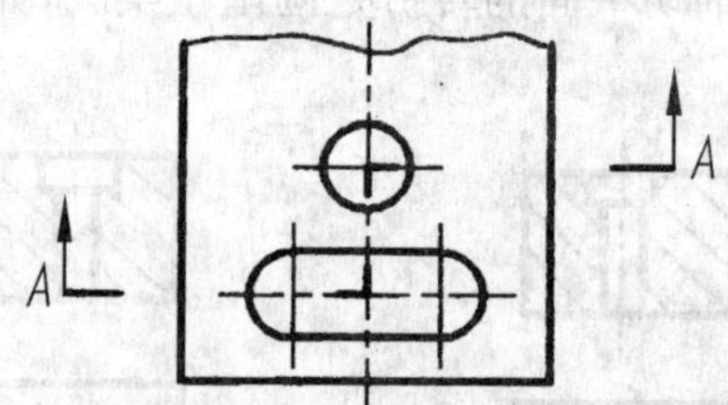

图 7-28　有公共对称中心线的阶梯剖

3. 几个相交的剖切平面

用几个相交的剖切平面(交线垂直于某一基本投影面)剖开机件，这种方法称为旋转剖。适用于整体或局部具有回转轴线的形体。

如图 7-29(*a*)所示的泵盖，先假想用交线垂直于正面的两个平面剖开泵盖，将处于观察者与剖切面之间的部分移去，再将剖开的倾斜部分旋转到与选定的基本投影面平行的位置(图中为侧面)，然后投影得到图中"*A*-*A*"全剖视图，即先剖，后转，再投射。同样方法也可得到图 7-29(*b*)摇杆的旋转剖。

旋转剖必须标注，如图 7-29 所示，画出剖切符号，在剖切符号的起、讫及转折处标注字母"*X*"，箭头表示投影方向(非旋转方向)，并在剖视图上方标出剖视图的名称"*X*-*X*"，但当转折处地方有限又不致引起误解时，可以省略标注转折处的字母。

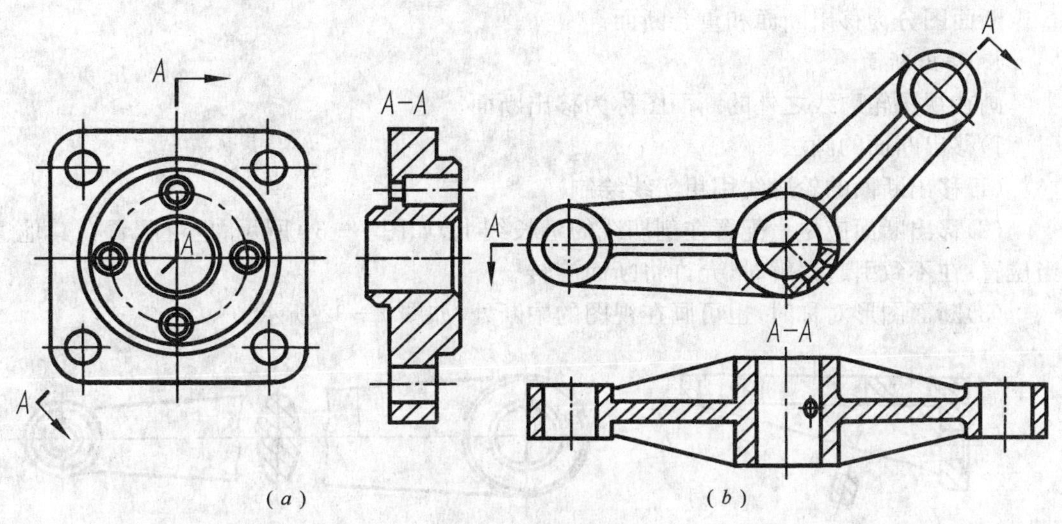

图 7－29　旋转剖

(a)泵盖；(b)摇杆。

位于剖切面后的其他结构一般仍按原来的位置投影，如图 7－29(b)中的油孔。

第三节　断 面 图

一、断面图的概念

假想用剖切面将机件的某处切断，仅画出该剖切面与机件接触部分的图形，这种图形称为断面图，简称断面，如图 7－30 所示。

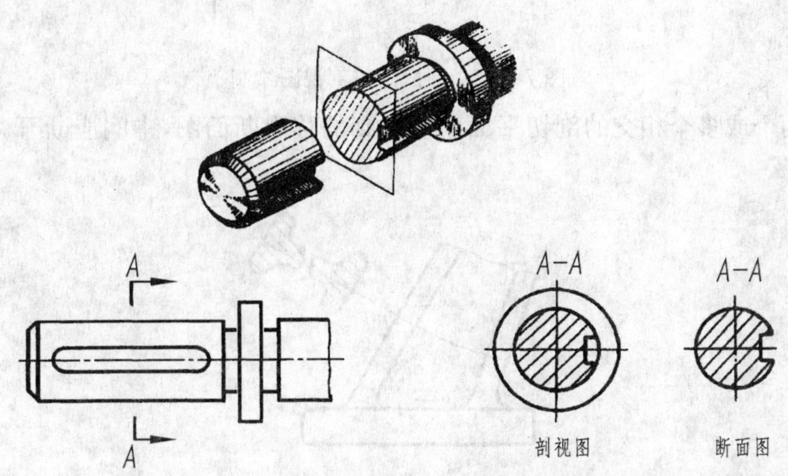

图 7－30　剖视图与断面图的区别

断面图主要用于表达机件的某一部位的断面形状，例如肋板、轮辐、轴上的孔和槽。

断面图与剖视图的区别在于：断面图是面的投影，仅画出断面的形状；而剖视图是体的投影，除了要画断面，还要画出剖切面后的其他部分的投影。

二、断面图的种类及画法

断面图分为移出断面和重合断面。

1. 移出断面

画在视图轮廓线之外的断面图称为移出断面。

1)移出断面的画法

(1)移出断面的轮廓线用粗实线绘制。

(2)移出断面应尽量配置在剖切线的延长线上,如图 7-31 所示;也可配置在其他适当位置;在不致引起误解时,允许将断面旋转。

(3)断面图形对称时,也可画在视图的中断处,如图 7-32 所示。

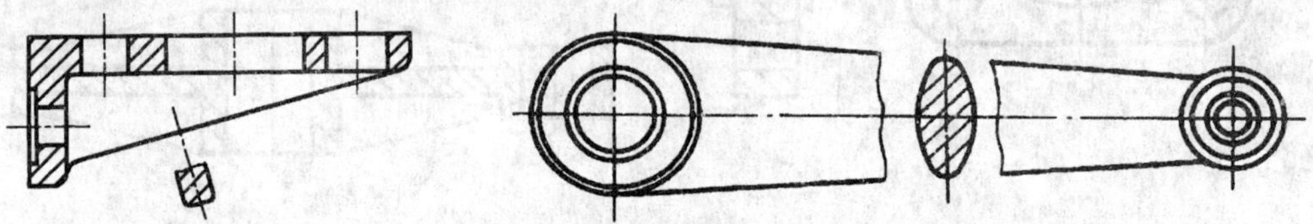

图 7-31 配置在剖切线的延长线上　　图 7-32 配置在视图的中断处

(4)一般情况下,断面图只画出剖切后断面的形状,但当剖切平面通过回转面形成的孔或凹坑的轴线时,这些结构按剖视绘制;当剖切平面通过非圆孔,导致出现分离的两个断面时,这些结构也按剖视绘制,如图 7-33 所示。

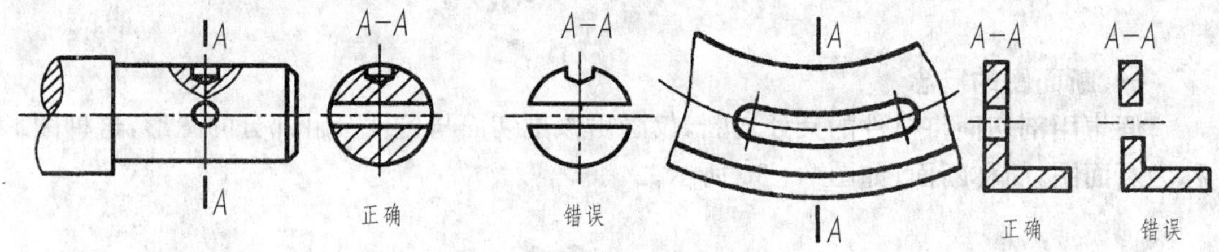

图 7-33 断面图按剖视图绘制

(5)由两个或多个相交的剖切平面剖切得到的移出断面图,中间应断开,如图 7-34 所示。

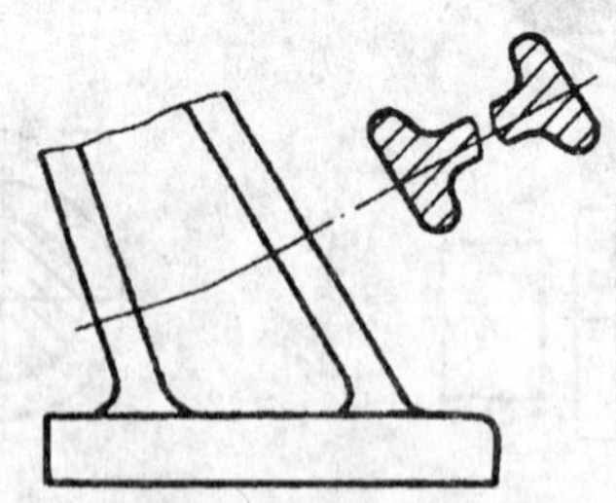

图 7-34 两个相交的剖切面
剖出的移出断面图

2)移出断面的标注

一般应标出移出断面的名称"X—X",在相应的视图上用剖切符号表示剖切位置和投影方向,并标注相同的字母,如图 7-35 所示。

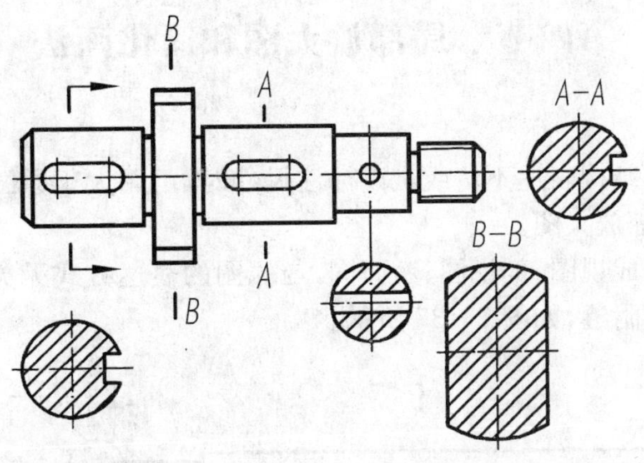

图 7-35　移出断面的标注

在下列情况下,可以部分省略标注:

(1)配置在剖切线延长线上的对称移出断面只画出剖切线,不对称的移出断面只画剖切符号和箭头。

(2)不在剖切符号延长线上的对称移出断面和配置在基本视图位置的移出断面可以省略箭头。

2. 重合断面

画在视图内的断面称为重合断面,如图 7-36 所示。

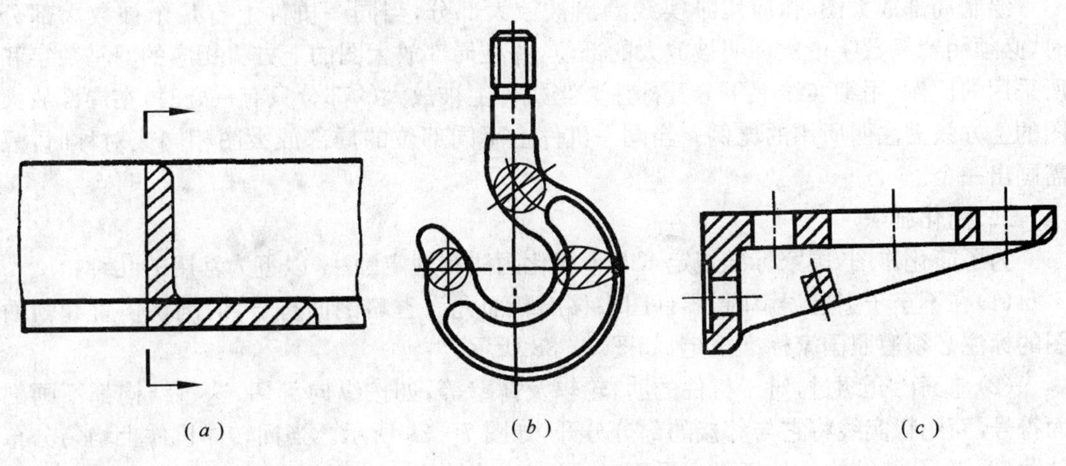

图 7-36　重合断面

1)重合断面的画法

重合断面的轮廓线用细实线绘制。当视图中的轮廓线与重合断面的图形重叠时,视图中的轮廓线仍应连续画出,不能间断。

2)重合断面的标注

重合断面标注时,一律省略字母;不对称的重合断面应标出剖切符号;对称的重合断面可不加任何标注。

第四节　局部放大图和简化画法

一、局部放大图

当机件上的细小结构表达不清或难以标注尺寸时，可用大于原图形的比例画出这些结构，此图形称为局部放大图。

局部放大图可画成视图、剖视图、断面图，与原图的表达方式无关。局部放大图尽量配置在被放大部分的附近，如图 7－37 所示。

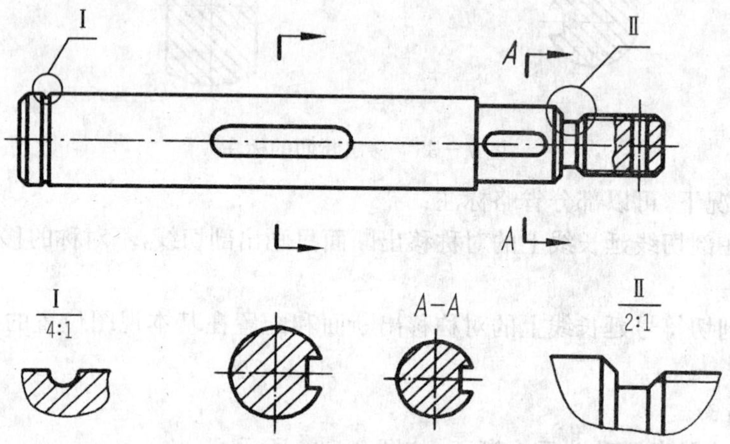

图 7－37　局部放大图

绘制局部放大图时，应用细实线圈出被放大部分，当同一机件上有几个被放大部分时，必须用罗马数字依次标明被放大的部位，并在局部放大图的上方将相应的罗马数字和所采用的比例，用细实线上下分开标注。当机件上被放大的部分只有一处时，在局部放大图的上方只需注明所用的比例。当同一机件上不同部位的局部放大图相同或对称时，只需画出一个。

二、简化画法

为了简化作图，国家标准规定了若干简化画法和规定画法，以下为常用的几种：

(1)在不至于引起误解时，零件图中移出断面允许省略剖面符号，但剖切位置和断面图的标注必须遵照国家标准规定，如图 7－38 所示。

(2)前面已介绍过，对于机件的肋、轮辐及薄壁等，如按纵向剖切，这些结构都不画剖面符号，而用粗实线将它与邻接的部分分开，如图 7－39 所示。当回转体机件上均匀分布的肋、轮辐、孔等结构不处于剖切平面时，可将这些结构旋转到剖切平面上画出，且不必标注，如图 7－40 所示。

(3)与投影面倾斜角度小于或等于 30°的圆(或圆弧)，其投影可用圆(或圆弧)代替，如图7－41 所示。

(4)在不致引起误解时，过渡线、相贯线允许简化，如用圆弧或直线代替非圆曲线，如图 7－42 所示。

(5)圆柱形法兰盘或类似机件上均匀分布的孔，可按图 7－42(b)所示的方法表示。

(6)当图形不能充分表达平面时，可用两条相交的细实线所画的平面符号表示，如图

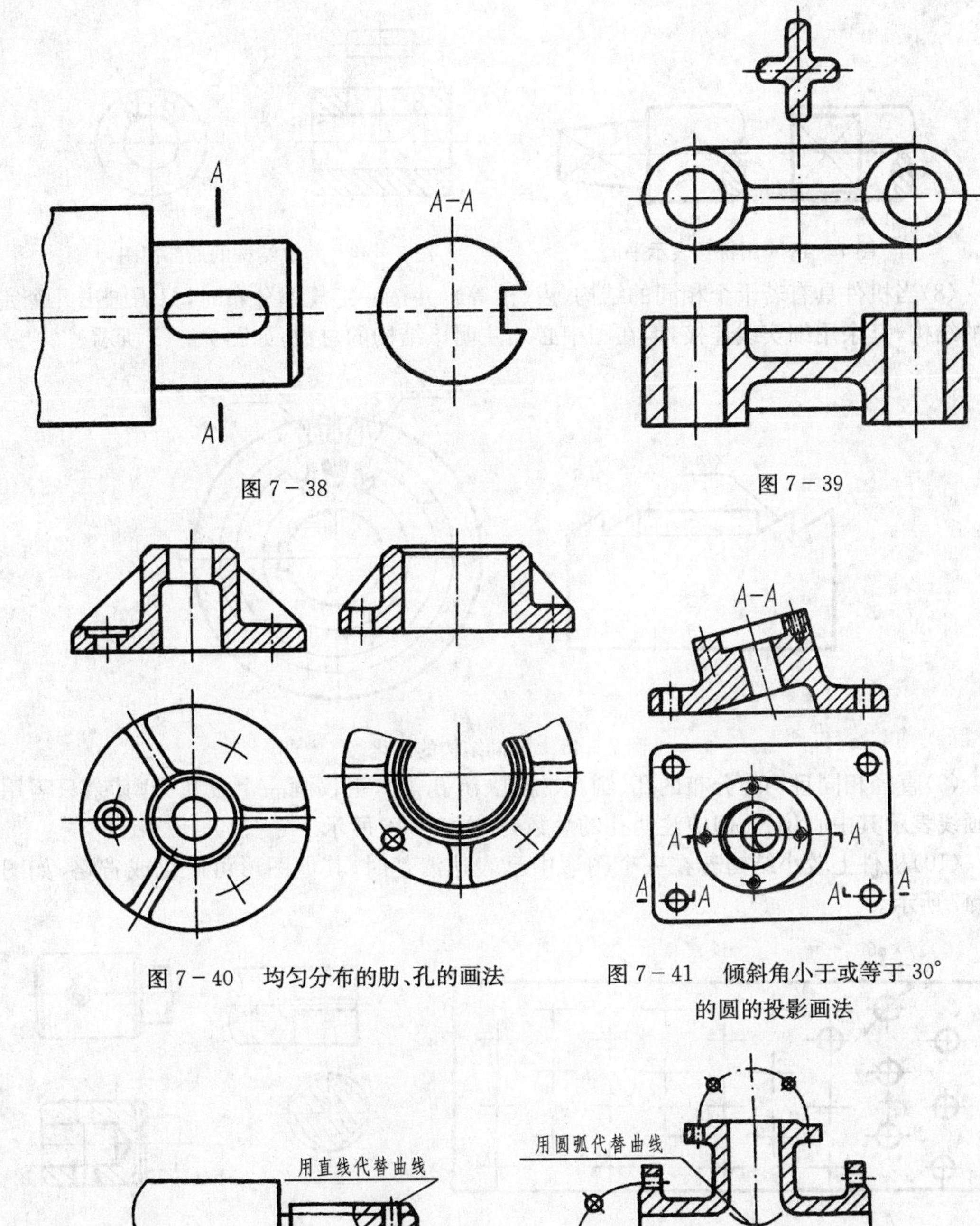

图 7-38

图 7-39

图 7-40　均匀分布的肋、孔的画法

图 7-41　倾斜角小于或等于 30°的圆的投影画法

图 7-42　过渡线、相贯线的简化

7-43 所示。

(7)机件上对称结构的局部视图,可按图 7-44 所示的方法表示。

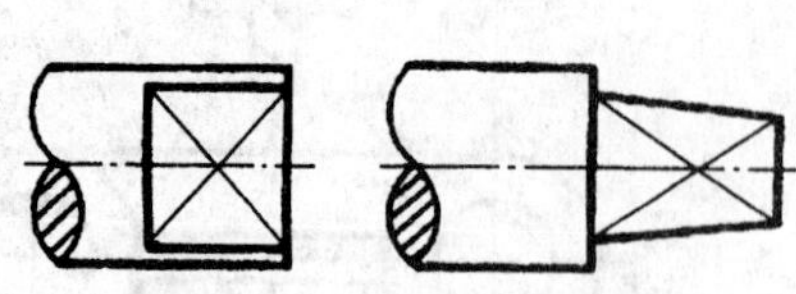

图 7-43　用符号表示平面

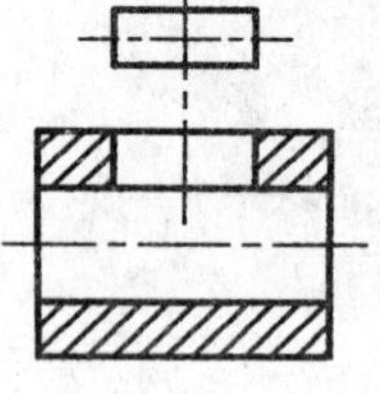

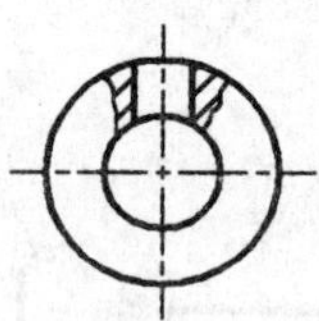

图 7-44　对称结构的局部视图

(8)当机件具有若干个相同的结构(齿、槽等),并按一定规律分布时,只需画出几个完整的结构,其余用细实线连接,但在图中必须注明该结构的总数,如图 7-45 所示。

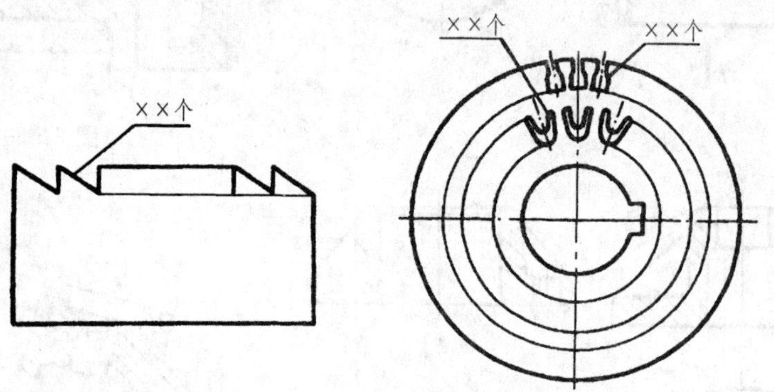

图 7-45　相同结构的简化

(9)直径相同且均匀分布的孔(圆孔、螺孔、沉孔等),可仅画一个或几个,其余只需用点画线表示其中心位置,但应注明孔的总数,如图 7-46 所示。

(10)机件上较小结构若在一个图形中已表达清楚时,其他图形可简化或省略,如图 6-47 所示。

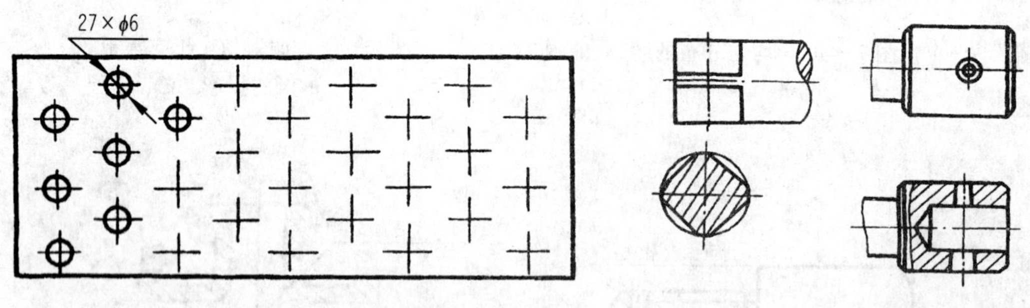

图 7-46　相同孔的简化　　图 7-47　小结构的简化

(11)在不致引起误解时,对称机件允许只画 1/2 或 1/4,但要在对称中心线的两端画出对称符号,即两条与其垂直的平行细实线,如图 7-48 所示。

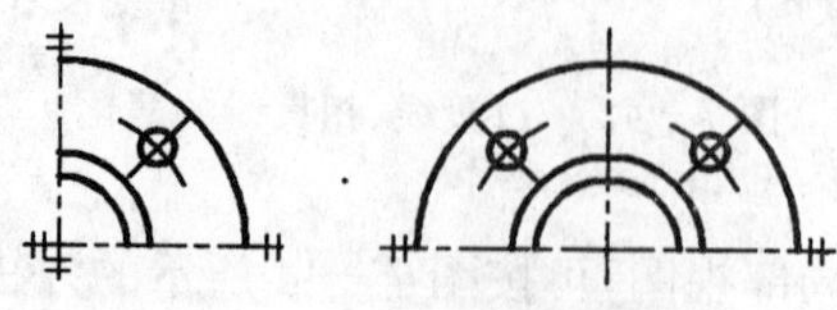

图 7-48　对称机件简化画法

(12)网状物、编织物或机件的滚花部分，可在轮廓线附近用粗实线完全或部分地表示出来，但要在零件图中或技术要求中注明这些结构的具体要求，如图 7-49 所示。

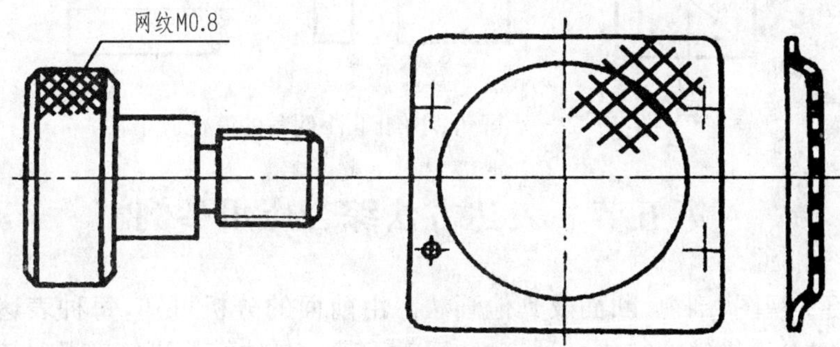

图 7-49　网状物、编织物的简化

(13)机件上斜度不大的结构，如在一个图形中已表达清楚时，其他图形可按小端画出，如图 7-50 所示。

图 7-50　小斜度的简化

(14)较长机件(轴、杆、型材等)沿长度方向的形状一致或按一定规律变化时，可断开后缩短绘制，但要标注实际尺寸，如图 7-51 所示。

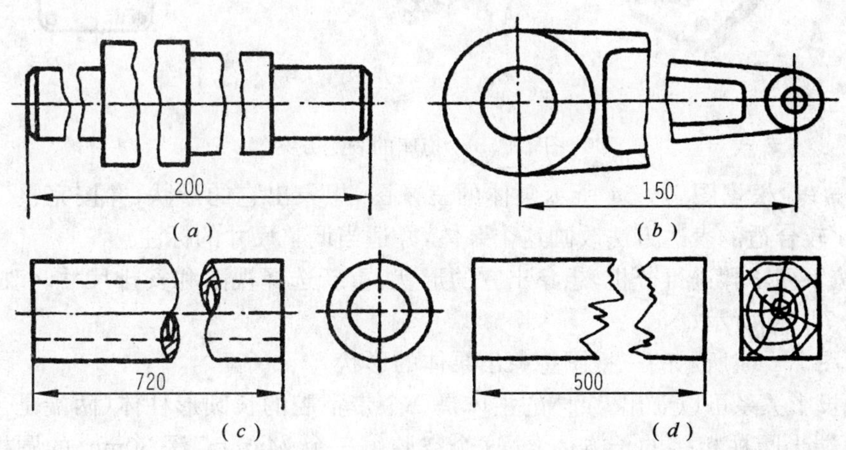

图 7-51　断开画法

(a)断开轴；(b)断开连杆；(c)断开管子；(d)断开木材。

(15)在不致引起误解时，零件图中的小圆角、锐边小倒圆或 45°小倒角，允许省略不画，但必须注明尺寸或在技术要求中加以说明，如图 7-52 所示。

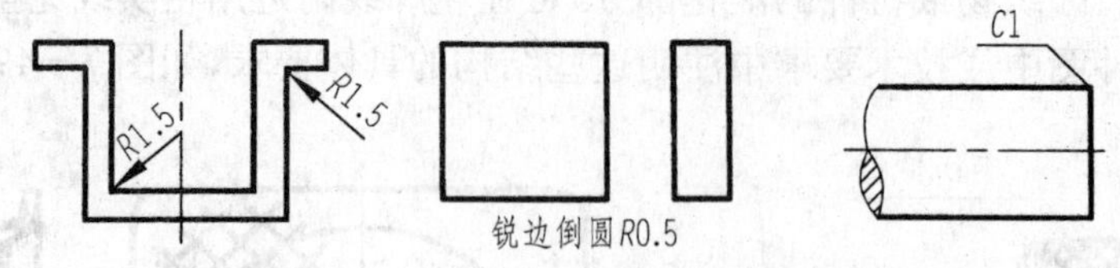

图 7 - 52　小圆角、小倒圆、小倒角的简化

第五节　表达方法综合应用举例

本章介绍了视图、剖视、断面及其他画法。由前面的分析可知，每种表达方法都适合于一定的场合，由于机件的结构多种多样，而对于某一具体结构可能有几种表达方案供选择，这就要在绘图时，通过对机件的结构分析，对可供选择的几种方案进行比较、检查和调整，最后确定一组视图，并恰当地标注尺寸，在完整、清晰地表达机件的结构形状和大小的前提下，力求画图简便、看图方便。

图 7 - 53(*a*)为一拖座，可用四个视图来表达，如图 7 - 53(*b*)所示。主视图采用局部剖视，既表达了圆柱孔、肋和斜板的外部形状，又表达了圆柱孔的内部结构；左视图采用局部视图，用于表达圆柱与肋板的连接关系；肋板的断面形状用移出断面来表达；用斜视图来表达下部斜板的实形。

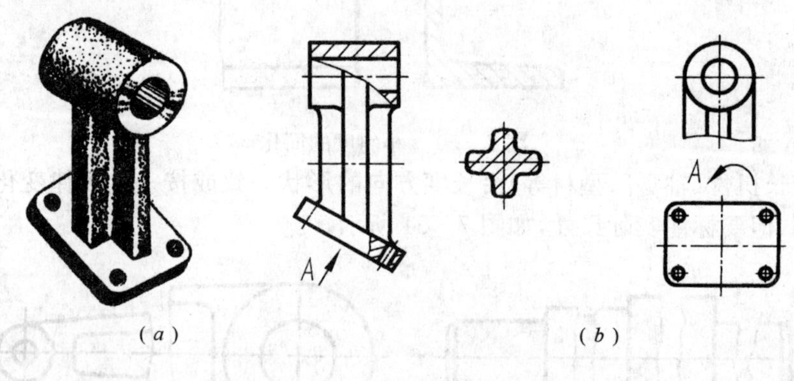

图 7 - 53　拖座的表达方案

例 7 - 1　根据图 7 - 54 所示泵体的三视图，想象出它的形状，并按完整、清晰的要求，选用比较合适的表达方法改画这个泵体，并适当调整尺寸的标注。

解：按下列步骤进行分析，想象出它的形状，重新选择视图和安排尺寸。改画后的泵体图如图 7 - 55 所示。

1)由图 7 - 54 所示的三视图想象出泵体的形状

根据投影关系可以看出，泵体的主体是一个带空腔的长圆形柱体(两端是半圆柱，中部是与两端半圆柱相接的长方体)。这个空腔由三个 ϕ44mm、深 30mm 的圆柱孔拼成。主体的前端还有一个厚度为 10mm 的凸缘。主体的后面有一个 8 字形凸台，凸台上部有 ϕ22mm、ϕ16mm 的同轴圆柱孔，ϕ16mm 的孔与主体的空腔相通。主体的左右两侧都分别伸出一个带孔的圆柱作为进出油管，孔与空腔相通。底部是一块有凹槽的矩形板，并有两个 ϕ10mm 的圆柱孔。经过这样分析，就可想象出这个泵体的整体形状。

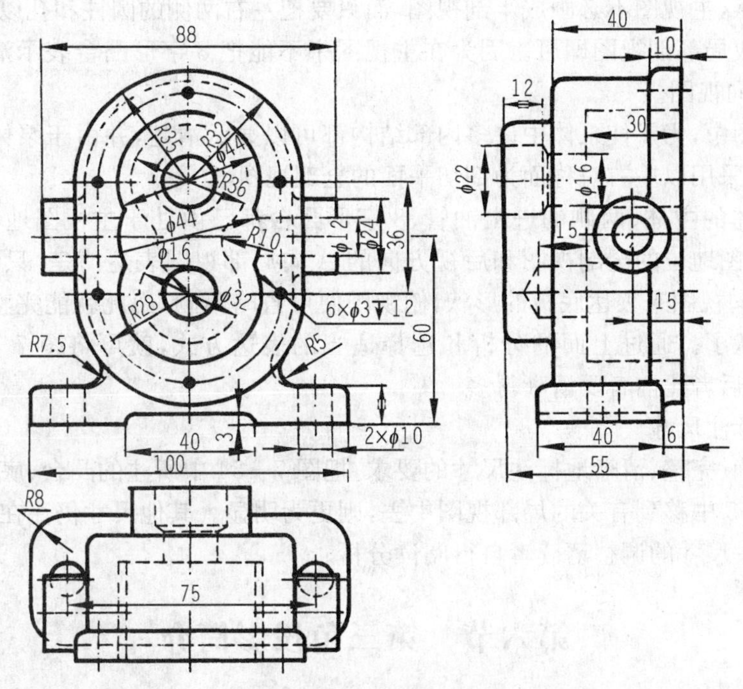

图 7-54　泵体的三视图

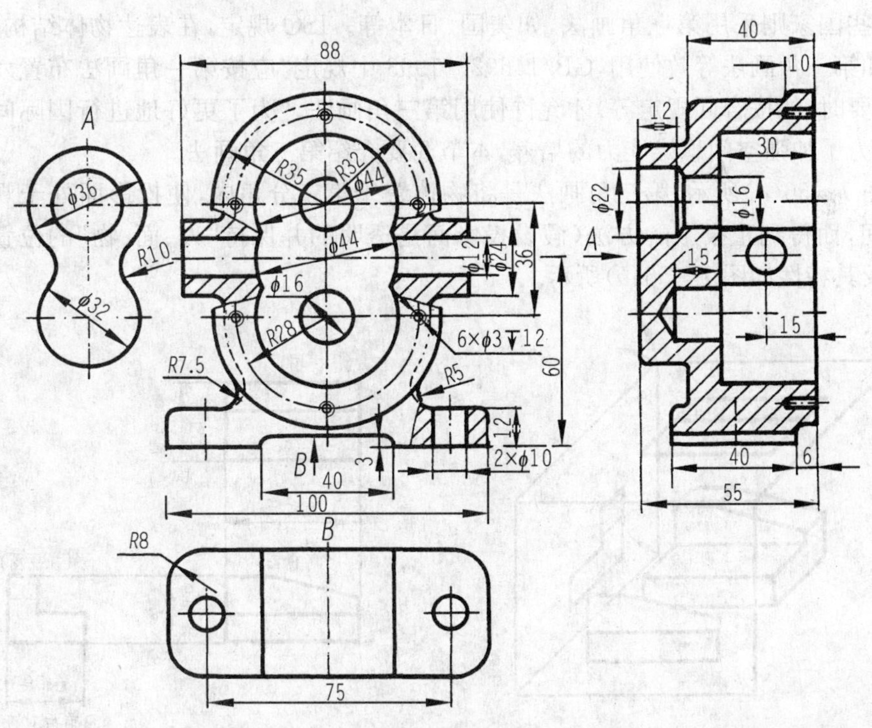

图 7-55　重画后的泵体图

2)选择适当的表达方式改画泵体的图形

图 7-55 中的主视图和左视图，分别能在某些方面较好地反映泵体的形状特征，都可选作主视图，今仍选用图 7-54 中的主视图为主视图，泵体虽是左右对称，但根据这个泵

体的具体形状，主视图不必画成半剖视图，而只要把左右两侧的圆柱和孔以及底板上的圆柱孔分别画成局部剖视图即可。因为在主视图中不能把 8 字形凸台表示清楚，故增加后视方向的 A 向视图。

在左视图中，为了使泵体中许多内部结构都可以显示清楚，并由于泵体的前后、上下都不对称，故采用以左右对称面为剖切平面的全剖视图。

由于泵体的主体、两侧的进出油管、8 字形凸台都已由处于主视图地位的局部剖视图、处于左视图地位的全剖视图和后视方向的 A 向局部视图表达清楚，只要另加一个仰视方向的 B 向视图来表达底板的形状，俯视图便可省略不画，由此就能完整、清晰地表达这个泵体形状了。通过上面的分析和选择适当的表达方式，就可将图 7-54 改画成图 7-55，显然，后者比前者要清晰得多。

3)重新标注尺寸

根据正确、完整、清晰地标注尺寸的要求，把图 7-54 中所注的凸台、底板上的一些尺寸，在图 7-55 中移到有关的局部视图中去，则更为明显。其他尺寸仍注在原处还是比较合适的。有关尺寸的调整请读者自行阅读分析。

第六节　第三角投影简介

世界各国都采用正投影法来绘制工程图样，但有些国家采用第一角画法，如中国、德国等，有些国家则采用第三角画法，如美国、日本等。ISO 规定，在表达物体结构时，第一角画法和第三角画法等效使用，GB/14692—1993 中规定“应按第一角画法布置六个基本视图，必要时(如按合同规定等)才允许使用第三角画法。”为了更好地进行国际间的技术交流，也为了加强空间思维能力的培养，本节简要介绍第三角画法。

如图 7-56(*a*)所示，第三角画法是将物体置于第三分角内，使投影面处于观察者与物体之间，而得到正投影的方法(假设投影面是透明的并保持“人、面、物”的位置关系)。三视图及其特性如图 7-56(*b*)所示。

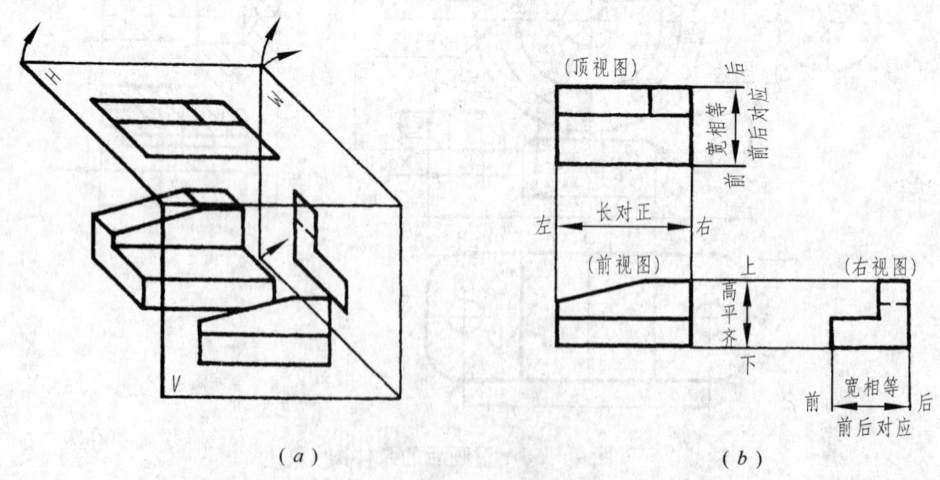

(*a*)　　(*b*)

图 7-56　采用第三角画法的三视图

(*a*)形成过程；(*b*)三视图及其特性。

采用第三角画法时，与第一角画法相类似，在 V、H、W 投影面的基础上增加三个基本投影面，从而组成一个六面体。将物体置于六面体内，经投射后可以得到六个视图，然后展开投影面而得到如图 7－57 所示的六个基本视图：前视图、顶视图、底视图、左视图、右视图和后视图。在 ISO 国际标准中，第三角画法用图 7－58 的符号表示。我国国家标准采用第一角画法，因此采用第一角画法时无需标出画法识别符号，当采用第三角画法时，必须在图样中画出第三角画法的识别符号。

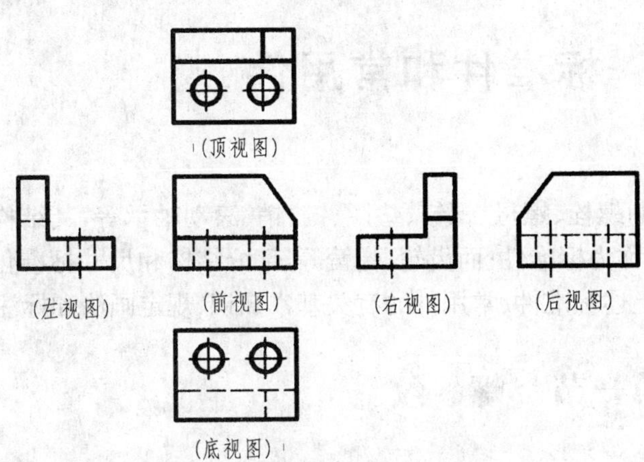

图 7－57　第三角投影 6 个基本视图的配置

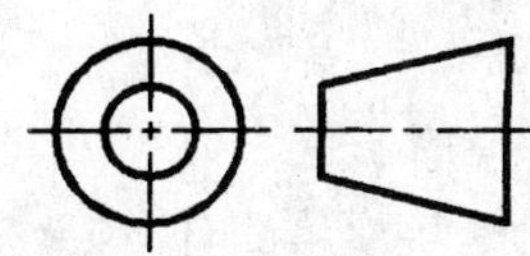

图 7－58　第三角画法的识别符号

思考题

1. 机件常用的表达方法有哪几种？
2. 视图的配置和标注有什么关系？
3. 什么是剖视图？有哪几种？如何标注？
4. 断面图有哪两种？有什么区别？
5. 常见的简化画法有哪些？

第二篇 机械制图

第八章 标准件和常用件

在各种机器和仪表中广泛使用的螺栓、螺母、螺钉、垫圈、键、销、滚动轴承等，其结构和尺寸都已全部标准化，这样的零部件称为标准件；而齿轮、弹簧等，部分结构和尺寸标准化的零部件称为常用件。本章主要介绍上述标准件、常用件的有关基本知识、规定画法和标注。

第一节 螺 纹

一、螺纹的形成

一平面图形（如三角形、梯形、矩形等）绕一圆柱（或圆锥）面作螺旋线运动形成的圆柱（圆锥）螺旋体，称为螺纹。在外表面上加工的螺纹称为外螺纹，在内表面上加工的螺纹称为内螺纹，如图 8-1 所示。

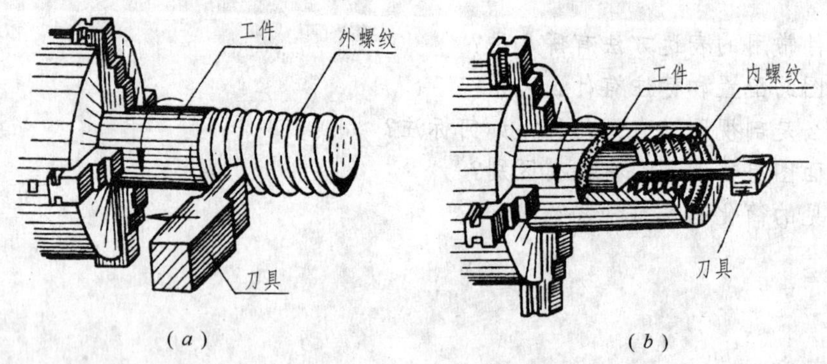

图 8-1 螺纹的加工

二、螺纹的工艺结构

(1)螺尾 螺纹末端形成的沟槽渐浅部分称为螺尾，如图 8-2(*a*)所示。

(2)螺纹退刀槽 为了便于退出刀具，不产生螺尾，在螺纹的终止处先加工出供退刀用的槽，再加工螺纹，此槽称为退刀槽，如图 8-2(*b*)所示。

(3)螺纹倒角和倒圆 为了便于装配和防止端部螺纹损伤，在螺纹的始端一般加工出倒角或倒圆，如图 8-2(*a*)所示。

(4)不穿通的螺纹孔 加工螺纹孔时，先钻孔再攻螺纹。对于不穿通的螺纹孔，钻头尖部使孔的末端形成圆锥面，画图时此锥孔画成 120°；攻螺纹时，螺纹不能加工到钻孔底部，如图 8-2(*c*)所示。

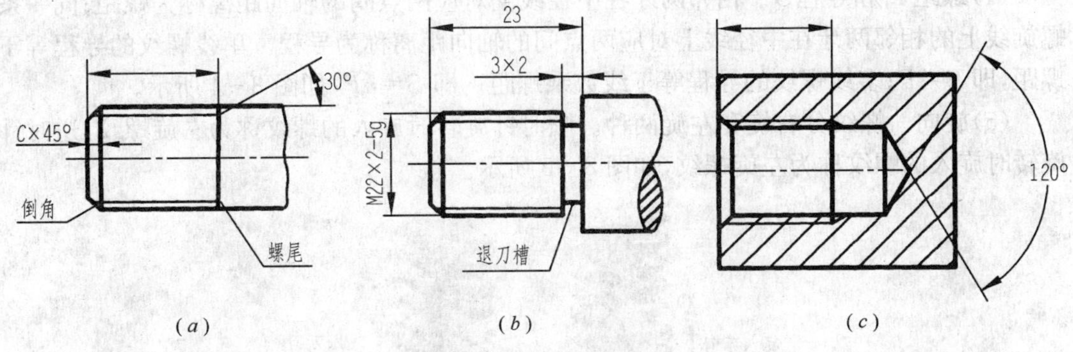

图 8-2　螺纹的工艺结构

三、螺纹的要素

螺纹要素包括牙型、大径、旋向、线数、螺距和导程等。

(1)牙型　在通过螺纹轴线的剖面上，螺纹的轮廓形状称为牙型，它有三角形、梯形、锯齿形等。不同的螺纹牙型，有不同的用途。

(2)大径　螺纹的最大直径，也称公称直径，它是与外螺纹牙顶或内螺纹牙底相切的假想圆柱的直径，代号为 d(外螺纹)或 D(内螺纹)。与外螺纹牙底或内螺纹牙顶相切的假想圆柱的直径，称为小径，代号为 d_1(外螺纹)或 D_1(内螺纹)。通过牙型上沟槽和凸起宽度相等处的一个假想圆柱的直径，称为中径，代号为 d_2(外螺纹)或 D_2(内螺纹)，如图 8-3所示。

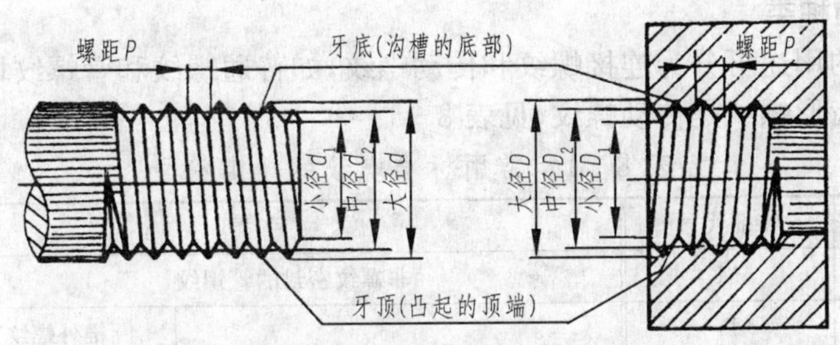

图 8-3　螺纹的结构要素

(3)线数 n　指同一圆柱面上切削螺纹的条数。只切削一条的称为单线螺纹如图 8-4(a)所示；切削两条的称为双线螺纹；切削两条以上的称为多线螺纹，如图 8-4(b)所示。

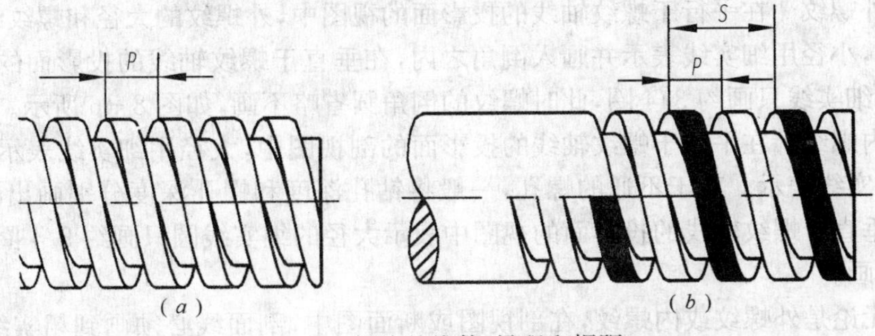

图 8-4　螺纹的线数、导程和螺距

(4)螺距 P 和导程 S　相邻两牙在中径线上对应两点间的轴向距离称为螺距；同一条螺旋线上的相邻两牙在中径线上对应两点间的轴向距离称为导程。单线螺纹的导程等于螺距，即 $S=P$；多线螺纹的导程等于线数乘螺距。即 $S=nP$，如图 8-4 所示。

(5)旋向　螺纹分右旋和左旋两种。顺时针旋转时旋入的螺纹称为右旋螺纹；逆时针旋转时旋入的螺纹称为左旋螺纹，如图 8-5 所示。

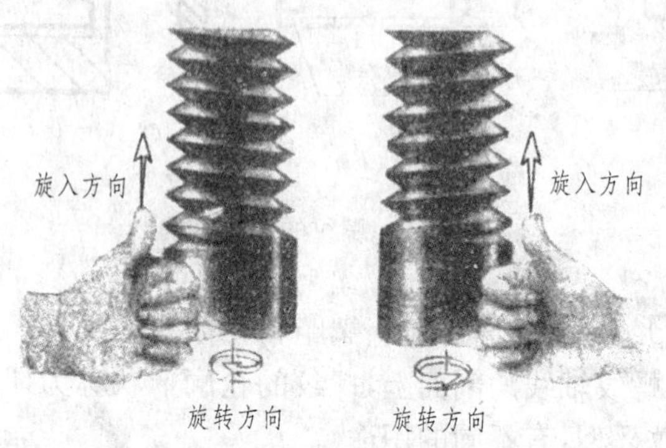

图 8-5　螺纹的旋向

只有当外螺纹和内螺纹的上述五个要素完全相同时，才能旋合在一起。

国家标准规定了常用螺纹的标准牙型、公称直径和螺距系列。凡是牙型、直径和螺距三者均符合国家标准的称为标准螺纹；牙型符合标准，而直径或螺距不符合标准的称为特殊螺纹；牙型不符合标准的称为非标准螺纹。

四、螺纹的种类

根据螺纹的用途可分为连接螺纹和传动螺纹，如普通螺纹和管螺纹均为连接螺纹，而梯形螺纹和锯齿形螺纹是传动螺纹，见表 8-1。

表 8-1　常用标准螺纹的规定符号

螺纹种类	特征代号	螺纹种类		特征代号
普通螺纹	M	非螺纹密封的管螺纹		G
梯形螺纹	Tr	用螺纹密封的管螺纹	圆锥外螺纹	R
锯齿形螺纹	B		圆锥内螺纹	Rc
米制螺纹	ZM		圆柱内螺纹	Rp

五、螺纹的规定画法

国家标准 GB/T4459.1—1995 制定了螺纹的规定画法。

(1)外螺纹　在平行于螺纹轴线的投影面的视图中，外螺纹的大径和螺纹终止线用粗实线表示，小径用细实线表示并画入倒角之内，在垂直于螺纹轴线的投影面的视图中，表示小径的细实线只画约 3/4 圈，此时螺纹的倒角圆省略不画，如图 8-6 所示。

(2)内螺纹　在平行于螺纹轴线的投影面的剖视图中，大径用细实线表示，小径和终止线用粗实线表示。对于不通的螺孔，一般将钻孔深度和螺孔深度分别画出，如图 8-7 所示；在垂直于螺纹轴线的投影面的视图中表示大径的细实线圆只画约 3/4 圈，孔的倒角圆省略不画。

(3)无论是外螺纹或内螺纹，在剖视图或断面图中，剖面线必须画到粗实线。为方便作图，螺纹小径 d_1 或 D_1 一般可按 $d_1=0.85d$ 或 $D_1=0.85D$ 绘制，倒角的轴向距离可按

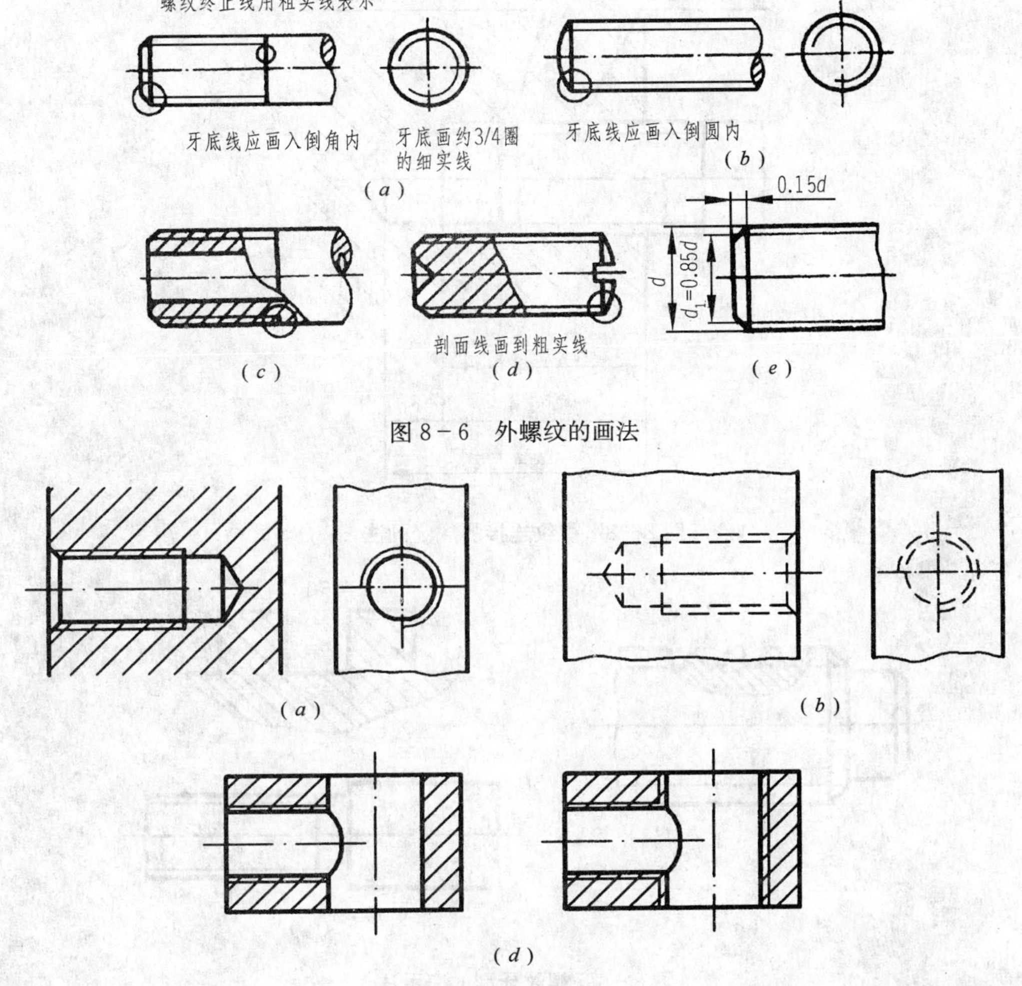

图 8－6　外螺纹的画法

图 8－7　内螺纹的画法

0.15d 或 0.15D 绘制，如图 8－6 和图 8－7 所示。

(4)内、外螺纹连接的画法　如图 8－8 所示，以剖视图表示内、外螺纹连接时，其旋合部分应按外螺纹绘制，其余部分仍按各自的画法表示。画图时应注意的是：表示大、小径的粗实线和细实线应分别对齐，而与倒角的大小无关。

(5)螺纹牙型的表示法　当需要表示螺纹牙型时，可按图 8－9(a)所示的局部剖视图或按图 8－9(b)的局部放大图的形式绘制。

六、螺纹的标注

螺纹采用规定画法后，在图上看不出它的牙型、螺距、线数和旋向等结构要素，这需要用标记加以说明。各种常用螺纹的标注方式及示例见表 8－2。

螺纹的标注方法分为标准螺纹和非标准螺纹两种，下面分别介绍。

1. 标准螺纹的标注

国家标准(GB/T4459.1—1995)中规定，标准螺纹应在图上注出相应的代号，见表 8－2。

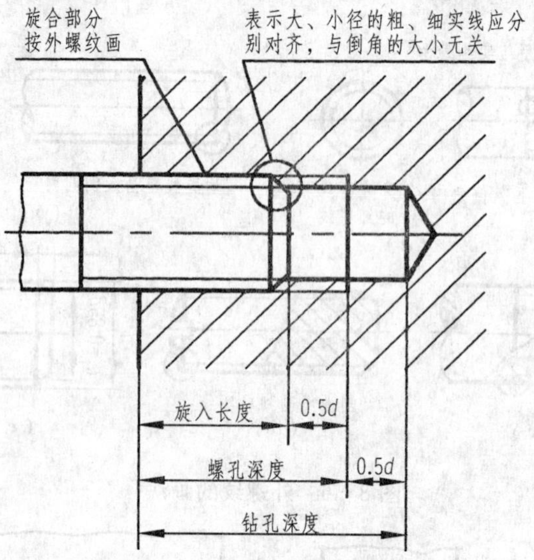

图 8-8　螺纹连接的规定画法

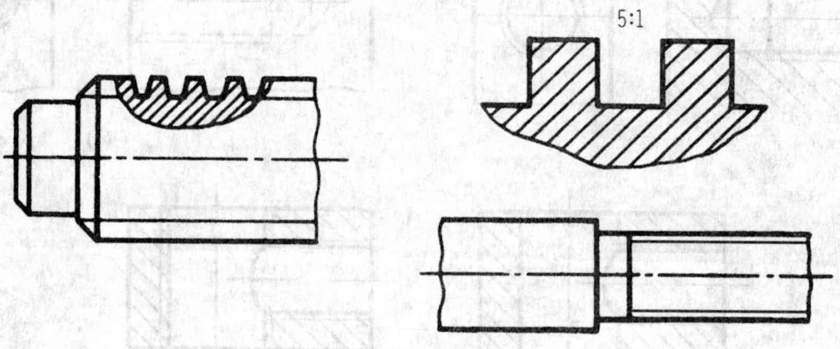

(*a*)　　　　　　　　(*b*)

图 8-9　螺纹牙型的表示法

(*a*)局部剖视图；(*b*)局部放大图。

1)普通螺纹的标注

普通螺纹标注的一般格式如下：

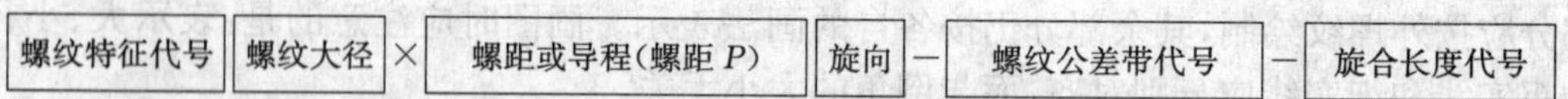

螺纹特征代号 螺纹大径 × 螺距或导程(螺距 *P*) 旋向 — 螺纹公差带代号 — 旋合长度代号

(1)螺纹公差带代号　说明螺纹允许的尺寸公差(分为中径公差和顶径公差两种)，是由数字和字母组成，其数字说明公差等级，字母说明基本偏差代号小写字母为外螺纹，大写字母为内螺纹。对于中径和顶径相同的，只标注一个。

(2)旋合长度　螺纹的旋合长度分为短、中、长三组，分别用 S、N、L 表示。一般情况下，可以不加注，按中等旋合长度考虑。

2)管螺纹和梯形螺纹的标注

管螺纹应标注螺纹代号、尺寸代号、公差等级和旋向。应当注意：管螺纹必须采用指引线标注，指引线从大径引出，非螺纹密封的外螺纹公差等级分为 A、B 两种，其余的公差等级不标注。

梯形螺纹应标注：螺纹代号（包括牙型符号 Tr、螺纹大径、螺距等）、公差带代号及旋合长度三部分。

表 8-2　常用标准螺纹的标注示例

螺纹种类	标注图例	代号及意义	说明
粗牙普通螺纹	M16-5g6g-S M10LH-7H-L	M16－5g6g－S：旋合长度；顶径公差带；中径公差带；螺纹大径；普通螺纹代号 M10LH－7H－L：旋合长度；中径和顶径公差带相同；左旋	(1)粗牙不标注螺距。 (2)右旋不标注旋向。 (3)外螺纹公差带用小写字母，内螺纹用大写字母。中径和顶径公差带相同时，只注一个； (4)旋合长度为中等长度时，不标注
细牙普通螺纹	M16X1-5g	M16×11-5g：中径和顶径公差带相同；螺距；螺纹大径	细牙要标注螺距，其他同粗牙普通螺纹
非螺纹密封的管螺纹	G1/2A	G1/2A：公差等级；尺寸代号；管螺纹代号	(1)管螺纹尺寸代号不是螺纹大径，作图时要根据此尺寸查出螺纹大径。 (2)以旁注的方式引出标注。 (3)右旋省略不注
螺纹密封的圆柱管螺纹	Rp1/2	Rp1/2：尺寸代号；螺纹密封的圆柱管螺纹代号	
梯形螺纹	Tr36X12(P6)-8e-L	Tr36×12(P6)－8e－L：旋合长度；中径公差带；螺距；导程；大径；梯形螺纹代号	(1)要标注螺距。 (2)多线螺纹还要标注导程 (3)右旋省略不标注。左旋要标注LH。 (4)公差带只标注中径的。 (5)旋合长度分中等(N)和长(L)两组，中等不标注
锯齿形螺纹	B36X6-8e	B36×6-8e：中径公差带；螺距；大径；锯齿形螺纹代号	

(续)

螺纹种类	标注图例	代号及意义	说明
单线梯形螺纹	Tr36×6-8e	Tr36×6-8e 中径和顶径公差带相同 螺距 螺纹大径 梯形螺纹代号	(1)要注螺径。 (2)多线的还要注导程 (3)右旋省略不注,左旋要标注 LH。 (4)旋合长度分为中等(N)和长(L)两组,中等旋合长度符号 N 可以不标注
多线梯形螺纹	Tr36×12(P6)LH-8e-L	Tr36×12 (P6) LH-8e-L 旋合长度 公差带代号 左旋 螺距 导程 螺纹大径 梯形螺纹代号	

2. 特殊螺纹和非标准螺纹的标注

(1)牙型符合标准、直径或螺距不符合标准的螺纹,应在牙型符号前加上"特"字,标出大径和螺距,如图 8-10 所示。

(2)绘制非标准牙型的螺纹时,应画出螺纹的牙型,并注出所需要的尺寸及有关要求。

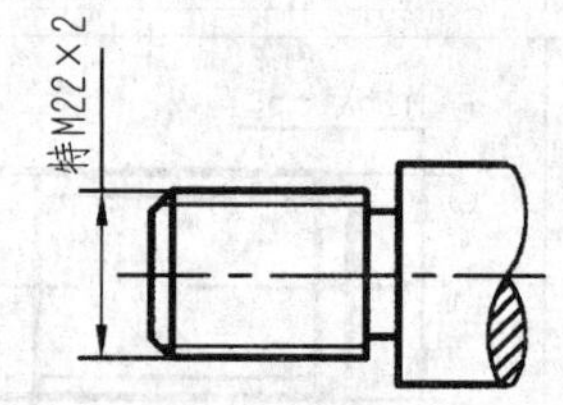

图 8-10　特殊螺纹的标注

第二节　螺纹紧固件

一、螺纹紧固件及其标记

螺纹紧固件是运用一对内、外螺纹的连接作用来连接和紧固一些零部件。常用的螺纹紧固件有螺栓、双头螺柱、螺钉、螺母和垫圈等,如图 8-11 所示。这些连接件均已标准化,它们的结构和尺寸均可查阅有关标准和手册。表 8-3 是常用螺纹紧固件的视图、主要尺寸及规定标记示例。

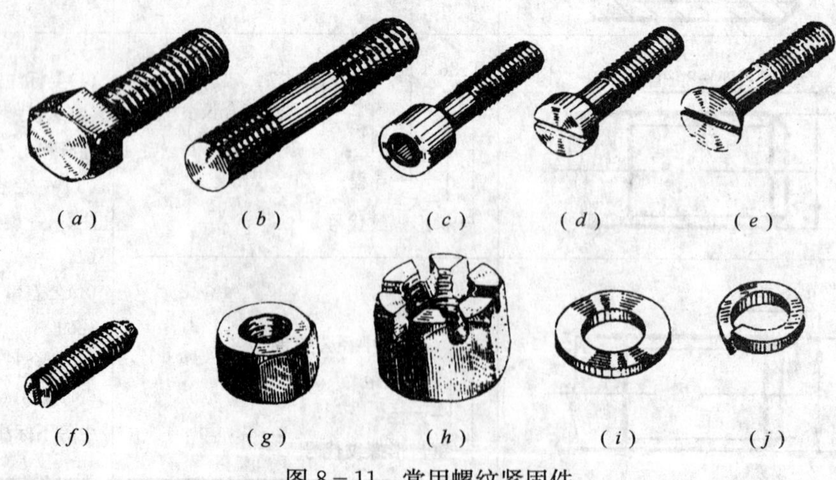

图 8-11　常用螺纹紧固件

表 8－3　常用螺纹紧固件的标记示例

名称及视图	规定标记示例	名称及视图	规定标记示例
六角头螺栓—C级 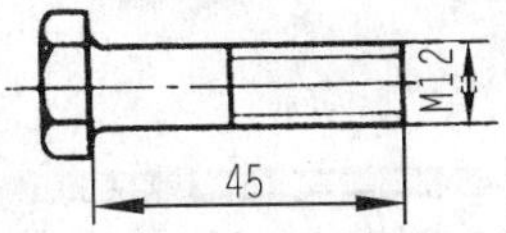	螺栓 GB/T5780 M12×45	开槽锥端紧定螺钉 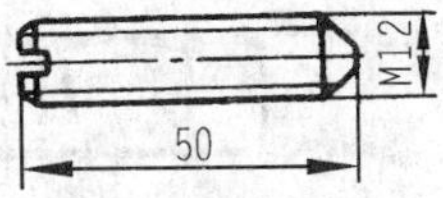	螺钉 GB/T71 M12×50
B型双头螺柱 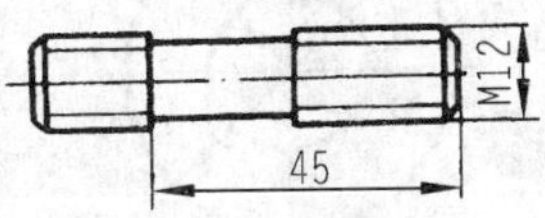	螺柱 M12×45 GB/T899	Ⅰ型六角螺母—C级 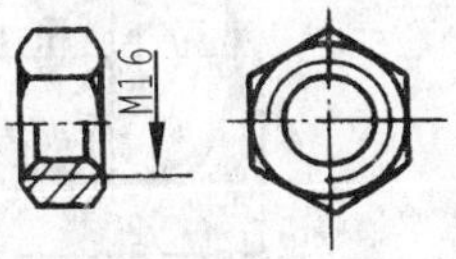	螺母 GB/T41 M16
内六角圆柱螺钉 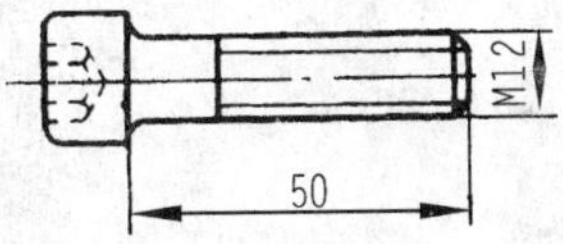	螺钉 GB/T70.1 M12×50	Ⅰ型六角开槽螺母—C级 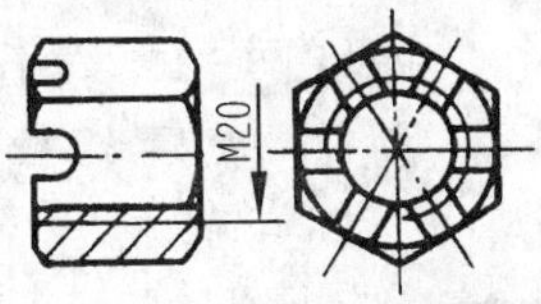	螺母 GB/T6179 M20
开槽圆柱头螺钉 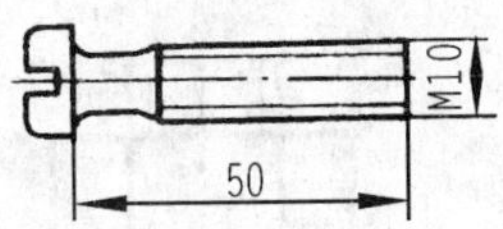	螺钉 GB/T65 M10×50	平垫圈—A级 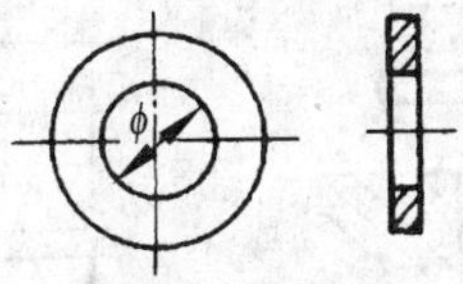	垫圈 GB/T97.1 16
开槽沉头螺钉 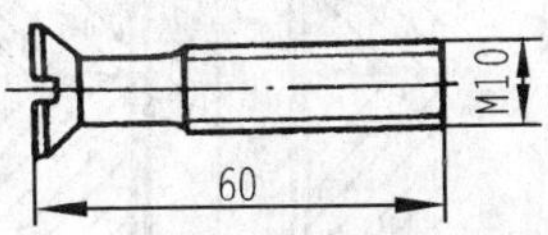	螺钉 GB/T68 M10×60	标准型弹簧垫圈 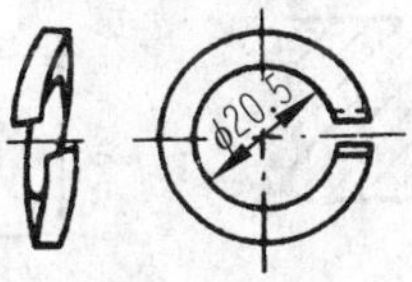	垫圈 GB/T93 20

二、螺纹紧固件的连接画法

1. 螺栓连接

螺栓连接由螺栓、螺母、垫圈构成。它主要用于连接不太厚、拆装比较方便、能钻成通孔的两零件的连接，如图 8－12 所示。被连接的两块板上钻有直径比螺栓大径略大的孔(孔径≈1.1d)，连接时，先把螺栓穿过通孔，然后在螺栓上部套上垫圈，最后拧紧螺母。

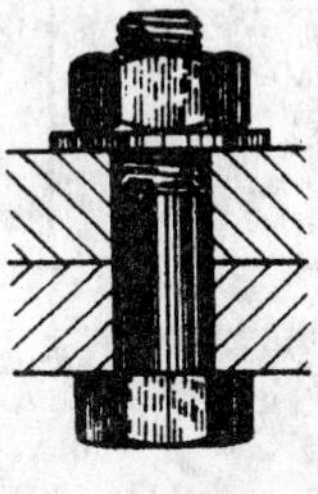

图 8－12　螺栓连接

绘制螺栓连接装配图时，可根据选定的螺栓、螺母、垫圈，在标准中查出有关尺寸，计算出螺栓长度，选取标准长度后，即可绘图，这种方法称为查表法；而实际上广泛采用的是比例画法，即螺纹连接件各部分的尺寸(除公称长度外)都可用 d 或 D 的一定比例画出，如图 8－13 所示。而螺栓的公称长度 l，经计算后选定，从图 8－14(b)可知。

$$l=\delta_1+\delta_2+h+m+a$$

式中：a 为螺栓伸出螺母的长度，一般可取 $0.3d$ 左右。上式计算得出数值后，再从相应的螺栓标准所规定的长度系列中，选取合适的 l 值。

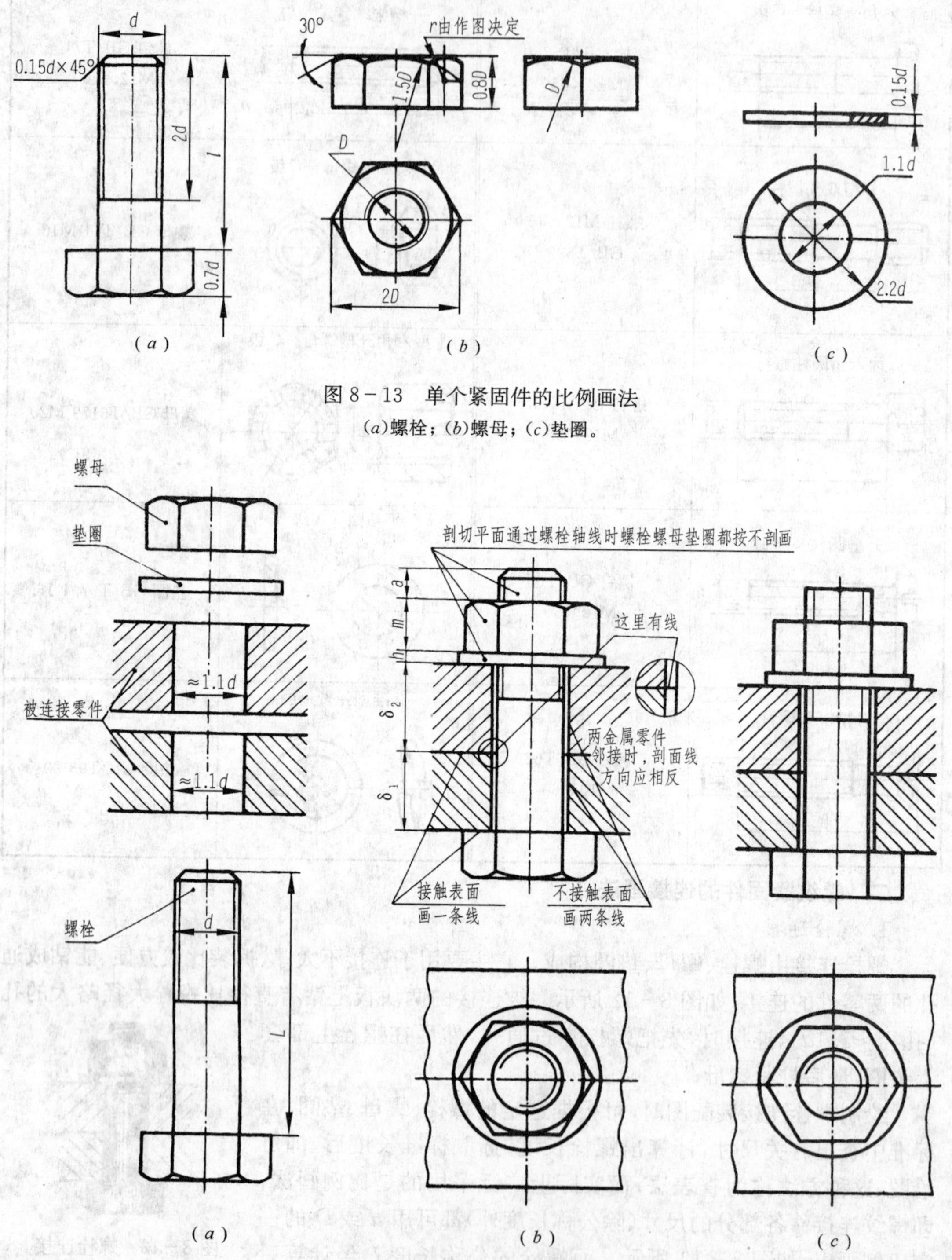

图 8-13　单个紧固件的比例画法

(a)螺栓；(b)螺母；(c)垫圈。

图 8-14　螺栓连接的画法

(a)连接前；(b)连接后；(c)简化画法。

图 8-14(b)是用螺栓连接两块板的装配画法；也可以采用图 8-14(c)所示的简化画法。由图可知螺纹紧固件的装配画法，应遵守以下规定：

(1)两零件接触表面画一条线，不接触表面画两条线。

(2)同一零件在各剖视图中，剖面线方向和间隔应相同，相邻零件的剖面线方向应相反。

(3)在剖视图中，当剖切面通过标准件的轴线时，这些零件均按不剖绘制。

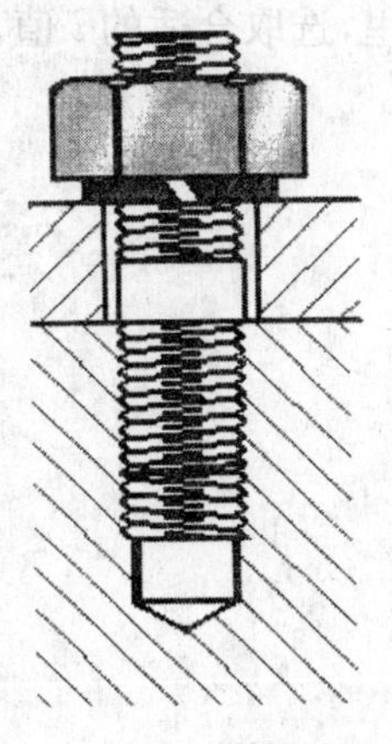

图 8-15　螺柱连接

2. 双头螺柱连接

双头螺柱连接由双头螺柱、螺母、垫圈构成。当两个连接件中有一个零件比较厚或不适宜用螺栓连接时，可用双头螺柱连接。图 8-15 是双头螺柱连接的示意图。在较薄的零件上钻孔(孔径≈1.1d)，在较厚的零件上制出螺孔。双头螺柱两端都制有螺纹，一端旋入螺孔里，称为旋入端；另一端穿过较薄零件上的通孔，套上垫圈，旋紧螺母，称为紧固端。图 8-16(a)、(b)分别是双头螺柱以及被连接件的近似画法。

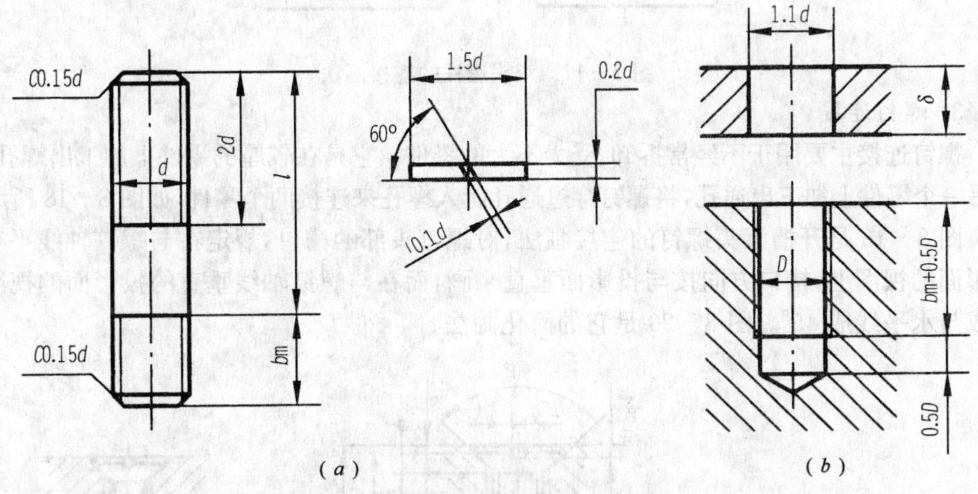

图 8-16　螺柱、弹簧垫圈及螺孔的画法

双头螺柱的旋入端长度 b_m 取决于机体的材料，见表 8-4。双头螺柱的公称长度 l 指去掉旋入端 b_m 后余下的长度。

表 8-4　旋入端长度

被旋入零件的材料	旋入端长度 b_m
钢、青铜	$b_m=d$
铸铁	$b_m=1.25d$ 或 $b_m=1.5d$
铝	$b_m=2d$

图 8-17 是双头螺柱的连接画法，从此图可以得出

$$l=\delta+h+m+a$$

式中各数值与螺栓连接相似，计算出 l 值后，仍应从双头螺柱标准中所规定的长度系列

里,选取合适的 l 值。

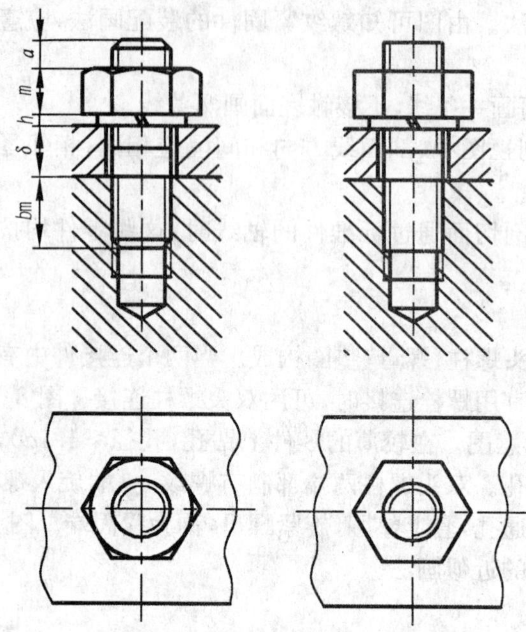

图 8－17　双头螺柱的连接画法

3. 螺钉连接

螺钉连接主要用于不经常拆卸、受力不大的零件。它是在较厚的零件上加工出螺孔,而在另一个零件上加工出通孔,将螺钉穿过通孔旋入螺孔来连接两个零件,如图 8－18 所示。

图 8－19 是开槽沉头螺钉的连接画法,对螺钉头部的槽口,规定在与螺钉轴线平行的投影面的视图上,槽口方向按与投影面垂直来画,而在与螺钉轴线垂直的投影面的视图上画成与水平线成 45°。图 8－20 是它的简化画法。

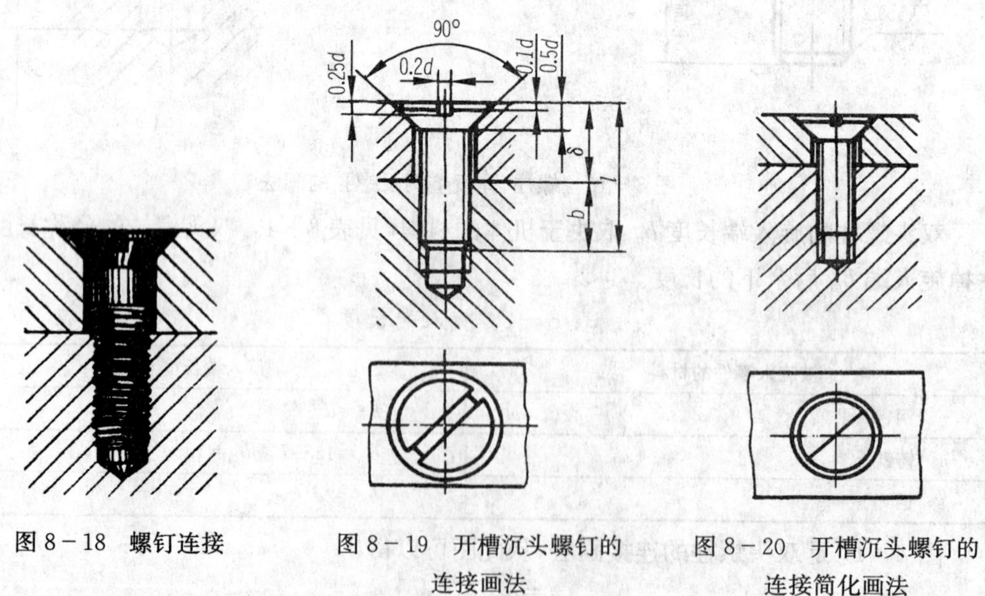

图 8－18　螺钉连接　　图 8－19　开槽沉头螺钉的连接画法　　图 8－20　开槽沉头螺钉的连接简化画法

螺钉旋入机体的深度 b,与双头螺柱旋入端 b_m 的选择相同,见表 8－4。从图 8－19

得出：$l=\delta+b$，计算后应在螺钉长度系列中选取标准长度。

第三节 齿 轮

齿轮是机械传动中应用最广泛的一种传动件，它可以传递动力、改变旋转速度及方向。齿轮的参数中只有模数、压力角已经标准化，因此，它属于常用件。常见的齿轮传动有以下三类，如图 8-21 所示(这里仅介绍前两类)：

(1)圆柱齿轮 用于两平行轴之间的传动；

(2)圆锥齿轮 用于相交两轴之间的传动；

(3)蜗轮与蜗杆 用于两交叉轴之间的传动。

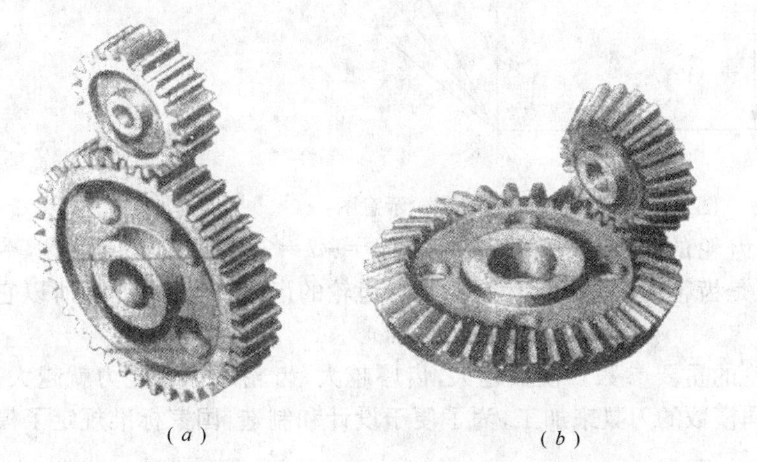

(*a*) (*b*) (*c*)

图 8-21 常见的齿轮传动

(*a*)圆柱齿轮；(*b*)圆锥齿轮；(*c*)螺杆与蜗轮。

一、直齿圆柱齿轮

圆柱齿轮是最常用的齿轮，按其轮齿的方向分为直齿、斜齿、人字齿三种。

1. 直齿圆柱齿轮各部分的名称、代号和尺寸计算

图 8-22 是两个啮合的圆柱齿轮示意图，从图中可以看出圆柱齿轮各部分的几何要素。

(1)齿顶圆 齿顶圆柱面与端平面的交线，其直径用 d_a 表示。

(2)齿根圆 齿根圆柱面与端平面的交线，直径用 d_f 表示。

(3)分度圆 介于齿顶圆柱面与齿根圆柱面之间的一个假想圆柱面(该圆柱面上的齿厚与槽宽相等)，称为分度圆柱面。分度圆是设计、制造齿轮时进行各部分尺寸计算的基准圆。

(4)齿高、齿顶高和齿根高 齿顶圆与齿根圆之间的径向距离称为齿高，用 h 表示；齿顶圆与分度圆之间的径向距离称为齿顶高，用 h_a 表示；分度圆与齿根圆之间的径向距离称为齿根高，用 h_f 表示。

(5)齿距、齿厚和槽宽 在分度圆上相邻两齿对应点之间的弧长，称为齿距，用 p 表示；每个齿廓在分度圆上的弧长称为齿厚，用 s 表示；一个齿槽的两侧齿廓之间的分度圆弧长称为槽宽，用 e 表示。

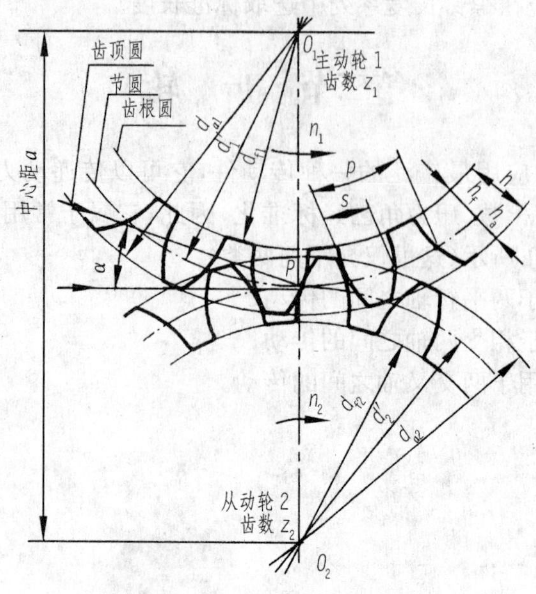

图 8-22 两个啮合圆柱齿轮示意图

(6)模数 用 z 表示齿轮的齿数，则分度圆的周长 $=\pi d=zp$，所以，$d=zp/\pi$，令 $p/\pi=m$，则 $d=mz$。m 就是齿轮的模数。因为一对啮合齿轮的齿距 p 必须相等，所以它们的模数也必须相等。

模数是设计、制造齿轮的重要参数。模数越大，齿厚越大，齿轮的承载能力就越大。不同模数的齿轮，要用不同模数的刀具来加工，为了便于设计和制造，国家标准规定了模数的标准数值，见表 8-5。

表 8-5 标准模数 m(GB/T1357—1987)

0.1	0.12	0.15	0.2	0.25	0.3	0.4
0.5	0.6	0.8	1	1.25	1.5	2
2.5	3	4	5	6	8	10
12	16	20	25	32	40	50
注：本表为第一系列						

(7)节圆及中心距 如图 8-22 所示，O_1、O_2 分别是两啮合齿轮的中心，两齿轮的一对齿廓的啮合接触点是在连心线 O_1O_2 上的 P 点，称为节点。分别以 O_1、O_2 为圆心，O_1P、O_2P 为半径作圆，这两个圆称为齿轮的节圆，其直径分别以 d'_1 和 d'_2 表示。一对正确啮合的标准齿轮，节圆和分度圆重合。此时的中心距为标准中心距，用 a 表示，即

$$a=(d'_1+d'_2)/2=(d_1+d_2)/2$$

(8)压力角 在节点 P 处，两齿廓曲线的公法线(齿廓的受力方向)与两节圆的内公切线(节点 P 处的瞬时运动方向)所夹的锐角，称为压力角，用 α 表示。我国采用 $\alpha=20°$。

(9)传动比 传动比 i 为主动齿轮的转速 n_1 与从动齿轮的转速 n_2 之比，即 $i=n_1/n_2$。用于减速的一对啮合齿轮，其传动比 $i>1$。由 $z_1n_1=z_2n_2$ 可得 $i=n_1/n_2=z_2/z_1$。

直齿圆柱齿轮各部分的尺寸计算见表 8-6。

表 8-6　标准直齿轮轮齿各部分名称、代号及尺寸计算

名　称	代　号	计算公式	备　注
齿　数	z_1 z_2		主动齿轮的齿数； 从动齿轮的齿数
传动比	i	$i=n_1/n_2=z_2/z_2$	n_1 为主动齿轮每分钟转数； n_2 为从动齿轮每分钟转数
模　数	m	$m=p/\pi$	
压力角	α	$\alpha=20°$	
分度圆直径	d	$d=mz$	
齿顶圆直径	d_a	$d_a=m(z+2)$	$d_a=d+2h_a$
齿根圆直径	d_f	$d_f=m(z-2.5)$	$d_f=d-2h_f$
齿顶高	h_a	$h_a=m$	
齿根高	h_f	$h_f=1.25m$	
齿　高	h	$h=2.25m$	$h=h_a+h_f$
顶　隙	c	$c=0.25m$	$c=h_f-h_a$
齿　距	p	$p=\pi m$	$p=s+e$
齿　厚	s	$s=\pi m/2$	$s=p/2$
槽　宽	e	$e=\pi m/2$	$e=p/2$
齿　宽	b		轮齿沿分度圆柱面的直母线长
节圆直径	d'	$d'=d$	
标准中心距	a	$a=m(z_1+z_2)/2$	$a=(d_1+d_2)/2$
注：本表适用于标准直齿轮外啮合时			

2. 圆柱齿轮的规定画法

1）单个圆柱齿轮

根据 GB4459.2—2003 规定的齿轮画法，齿顶圆和齿顶线用粗实线绘制；分度圆和分度线用点画线绘制；齿根圆和齿根线用细实线绘制或省略不画，如图 8-23(*a*)所示。在剖视图中，当剖切平面通过齿轮的轴线时，轮齿一律按不剖绘制，齿根线用粗实线绘制，如图 8-23 所示。当需要表示斜齿与人字齿的齿线的形状时，可用三条与齿线方向一致的细实线表示，如图 8-23(*c*)、(*d*)所示。

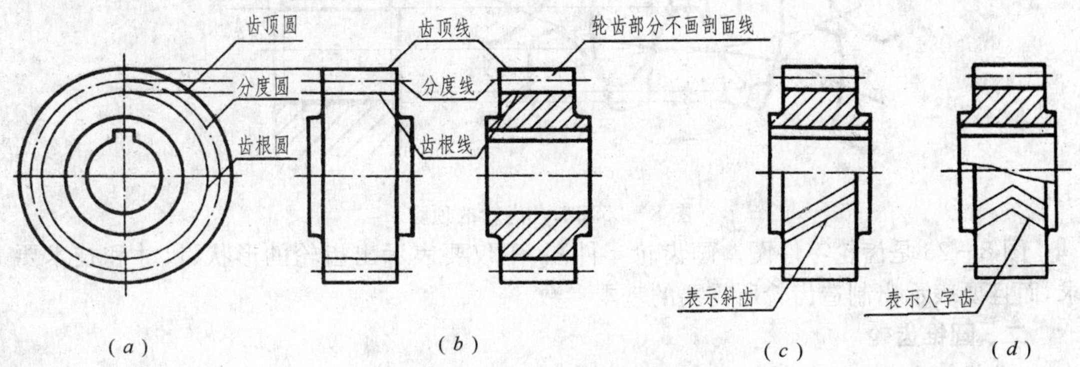

图 8-23　圆柱齿轮的规定画法
(*a*)直齿(外形视图)；(*b*)直齿(全剖视图)；
(*c*)斜齿(半剖视图)；(*d*)人字齿(局部剖视图)。

2)啮合齿轮

在垂直于圆柱齿轮轴线的投影面的视图中，啮合区内的齿顶圆均画粗实线，如图 8-24(*a*)所示，或省略不画，如图 8-24(*b*)所示。在剖视图中，当剖切平面通过两啮合齿轮轴线时，在啮合区内，将一个齿轮的轮齿画粗实线，另一个齿轮的轮齿被遮挡的部分用虚线绘制，如图 8-24(*a*)所示，也可省略不画。若画外形图时，在平行于圆柱齿轮轴线的投影面的外形视图中，啮合区的齿顶线不需画出，节线用粗实线绘制，其他处的节线仍用点画线绘制，如图 8-24(*c*)～(*d*)所示。

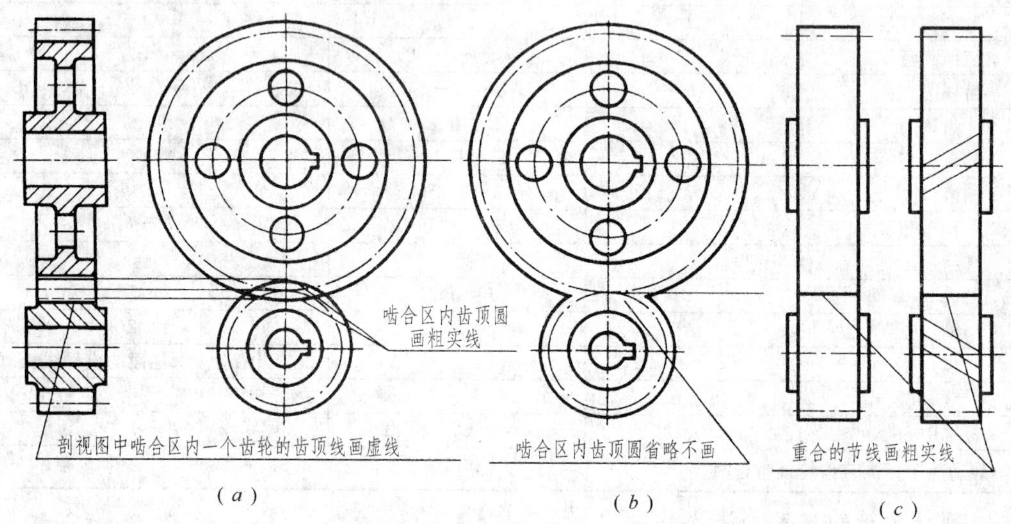

图 8-24　圆柱齿轮啮合的规定画法

(*a*)规定画法；(*b*)省略画法；(*c*)外形视图(直齿)；(*d*)外形视图(斜齿)。

如图 8-25 所示，在齿轮啮合的剖视图中，由于齿根高与齿顶高相差 $0.25m$，因此，一个齿轮的齿顶线和另一个齿轮的齿根线之间，应有 $0.25m$ 的顶隙。

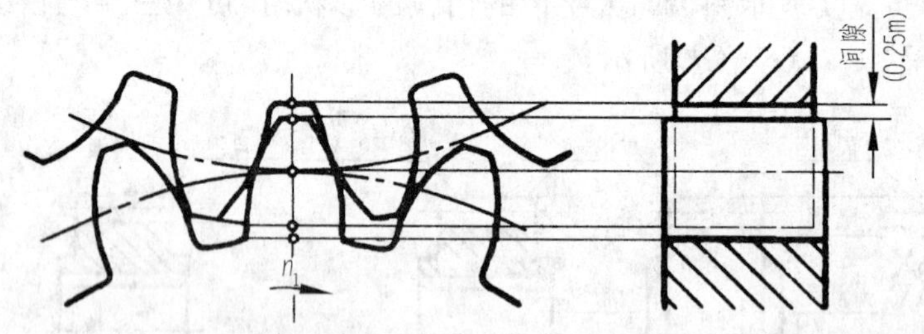

图 8-25　啮合齿轮的顶隙

图 8-26 是齿轮零件图。画齿轮零件图，不仅要表示出齿轮的形状、尺寸和技术要求，而且要表示出制造齿轮所需要的基本参数。

二、圆锥齿轮

1. 直齿圆锥齿轮各部分名称、代号及尺寸关系

圆锥齿轮通常用于垂直相交的两轴之间的传动，由于轮齿是在圆锥面上制出的，因而一端大，另一端小。为了计算和制造方便，规定根据大端模数为准，用它决定轮齿的有关尺寸。圆锥齿轮各部分的名称、代号如图 8-27 所示，尺寸计算公式列于表 8-7。

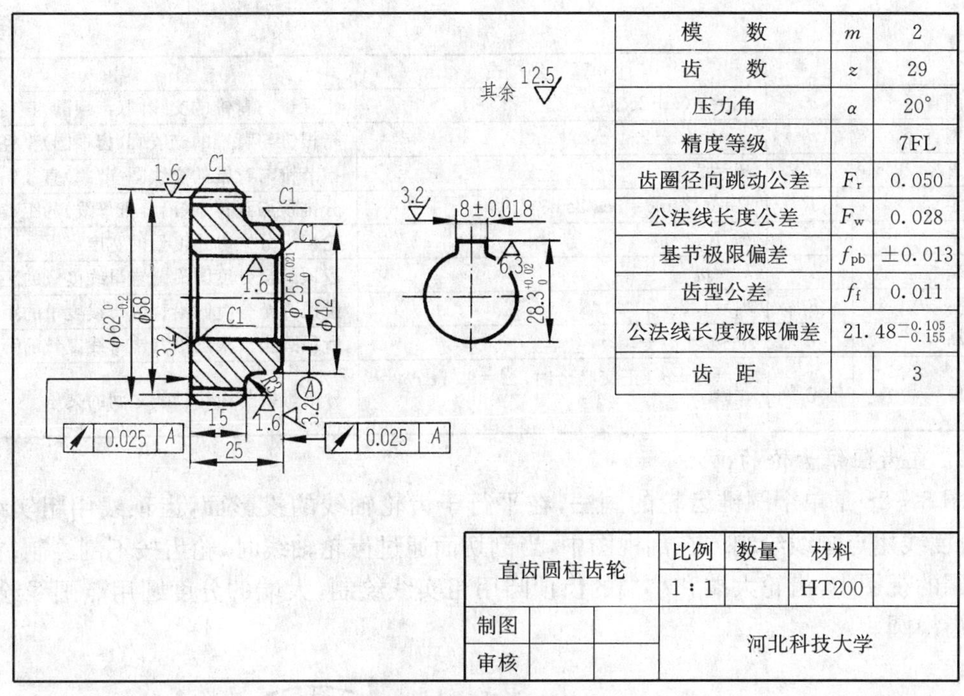

图 8－26　齿轮零件图

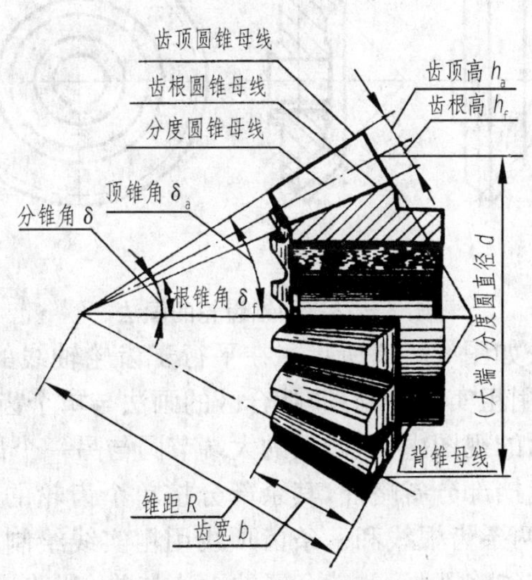

图 8－27　圆锥齿轮各部分的名称、代号

表 8－7　直齿圆锥齿轮各部分名称、代号及尺寸计算

名　称	代号	计算公式	备　注
齿数	z		
传动比	i	$i=n_1/n_2=z_2/z_1=\sin\delta_2/\sin\delta_1$	
压力角	α	$\alpha=20°$	指大端压力角
齿　距	p	$p=\pi m$	指大端齿距
模　数	m	$m=p/\pi$	指大端模数
分度圆直径	d	$d=mz$	指分锥与背锥的交线圆(分度圆)直径

(续)

名　称	代号	计算公式	备　注
齿顶圆直径	d_a	$d_a=m(z+2\cos\delta)$	指顶锥与背锥的交线圆(齿顶圆)直径
齿根圆直径	d_f	$d_f=m(z-2.4\cos\delta)$	指根锥与背锥的交线圆(齿根圆)直径
节圆直径	d'	$d'=d$	指节锥与背锥的交线圆(节圆)直径
锥　距	R	$R=d/2\sin\delta=mz/2\sin\delta$	分锥顶点到背锥(沿分锥母线)的距离
齿　宽	b	$b\leqslant R/3$	轮齿沿分锥母线度量的宽度
齿顶高	h_a	$h_a=m$	齿顶圆至分度圆沿背锥母线度量的距离
齿根高	h_f	$h_a=1.2m$	齿根圆至分度圆沿背锥母线度量的距离
齿　高	h	$h=h_a+h_f=2.2m$	齿顶圆至齿根圆沿背锥母线度量的距离
分锥角	δ	$\Sigma=\delta_1+\delta_2$(正交啮合时,$\Sigma=90°$;$\tan\delta_1=z_1/z_2$)	分锥母线与齿轮轴线之间的夹角

2. 直齿圆锥齿轮的画法

图 8-28 是单个圆锥齿轮的画法,在平行于齿轮轴线的投影面,齿顶线用粗实线绘制,分度线用点画线绘制。在剖视图中,当剖切面通过齿轮轴线时,轮齿按不剖绘制;在投影为圆的视图中,齿轮大端和小端的齿顶圆用粗实线绘制,大端的分度圆用点画线绘制,不画齿根圆。

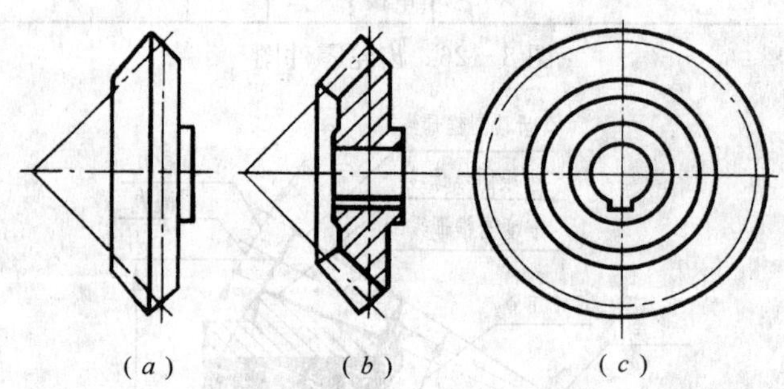

图 8-28　圆锥齿轮的画法

圆锥齿轮的啮合画法如图 8-29 所示。在平行于齿轮轴线的投影面的视图中,啮合区内的齿顶线不画,节线用粗实线绘制;非啮合区的画法与单个齿轮的画法相同。在垂直于某一齿轮轴线的投影面的视图中,该齿轮的大端节圆与另一个齿轮的节线相切,除了一个齿轮被另一个齿轮的遮挡部分省略外,其余部分按单个齿轮的画法绘制。当主视图画成剖视图时,啮合区内的两条齿根线和一条齿顶线用粗实线绘制,节线用点画线绘制,另一条齿顶线用虚线绘制或省略不画;非啮合区的画法与单个齿轮的剖视图画法相同。

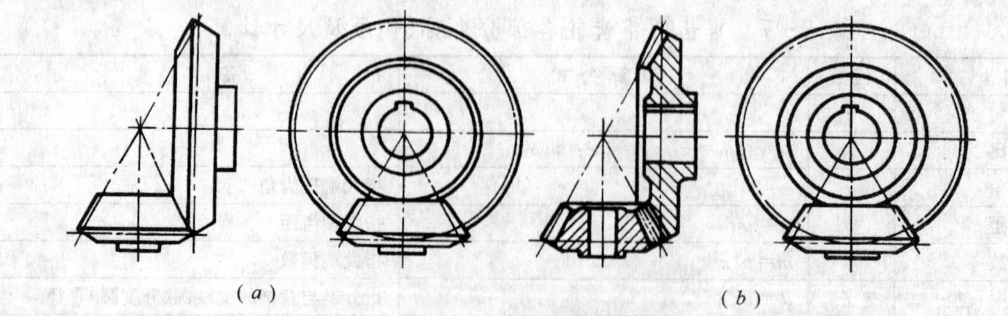

图 8-29　圆锥齿轮的啮合画法

第四节　键和销

一、键连接

键通常用来连接轴和轴上的传动零件(如齿轮、带轮),以传递运动和动力。

键是标准件,常用的键有普通平键、半圆键等,如图 8-30 所示。

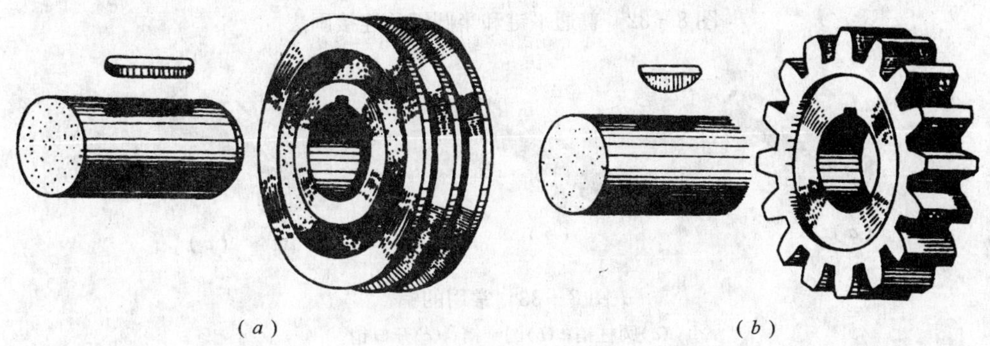

图 8-30　平键、半圆键的连接形式

(a)普通平键;(b)半圆键。

普通平键有 A 型(圆头)、B 型(方头)、C 型(单圆头)三种,其形状和尺寸如图 8-31 所示。在标记时,A 型可省略,B 型及 C 型要在公称尺寸前加注 B 或 C。

例如 $b=16mm$、$h=10mm$、$L=100mm$ 的圆头(A)型普通平键,标记为:键 16×100 GB1096。

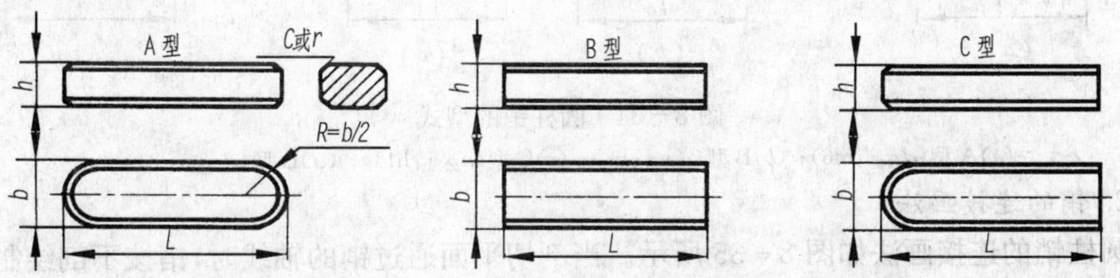

图 8-31　普通平键的型式及尺寸

画普通平键连接装配图时,应根据轴的直径查阅有关标准,确定键宽 b 和键高 h、轴和轮上的键槽尺寸以及选定键的标准长度。

图 8-32 是普通平键的连接画法。由于普通平键和半圆键的侧面是工作面,通过工作表面和被连接件接触来传递扭矩。因此,侧面应画一条线,而键的上顶面是非工作表面,它和轮上的键槽底面间有间隙,应画两条线。

二、销连接

1. 销的画法和标记

销也是标准件,通常用于零件间的连接或定位。常用的销有圆柱销、圆锥销和开口销,如图 8-33 所示。其中开口销常与六角开槽螺母配合使用,它穿过螺母上的槽和螺杆上的孔以防螺母松动。圆锥销的公称直径指小端直径。

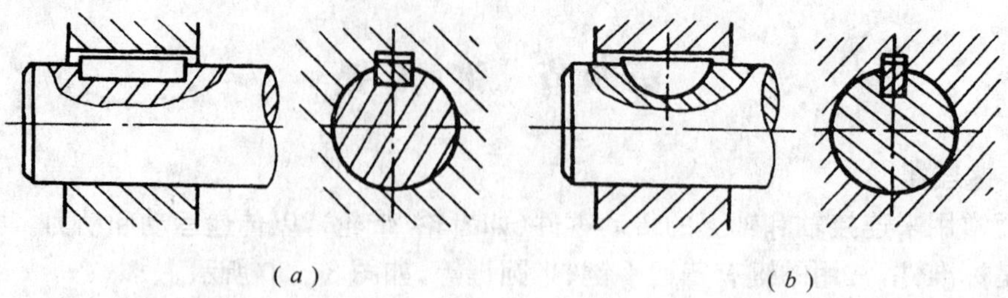

图 8－32 普通平键和半圆键的连接画法

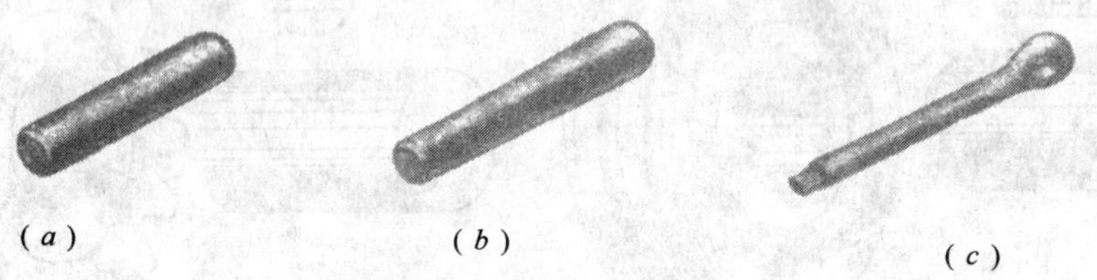

图 8－33 常用的销

(a)圆柱销；(b)圆锥销；(c)开口销。

圆柱销有四种型式，如图 8－34 所示。

标记示例：公称直径 d=10mm，长度 l=60mm，d 公差为 m6，材料为 35 钢，热处理硬度 28HRC～38HRC，表面氧化处理的 A 型圆柱销：销 GB/T119.1 10×60。

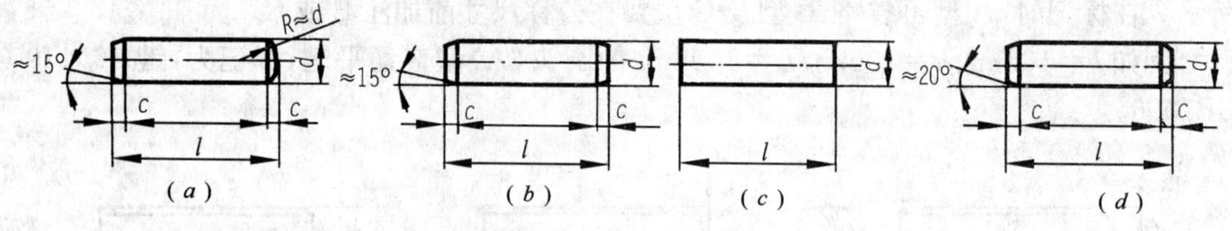

图 8－34 圆柱销的型式

(a)A 型($d_{公里}$:m6)；(b)B 型($d_{公里}$:h8)；(c)C 型($d_{公里}$:h11)；(d)D 型($d_{公里}$:u8)。

2. 销的连接画法

圆柱销的连接画法如图 8－35 所示。当剖切平面通过销的轴线时，销按不剖绘制；若剖切平面垂直销的轴线时，被剖切的销应画出剖面线。

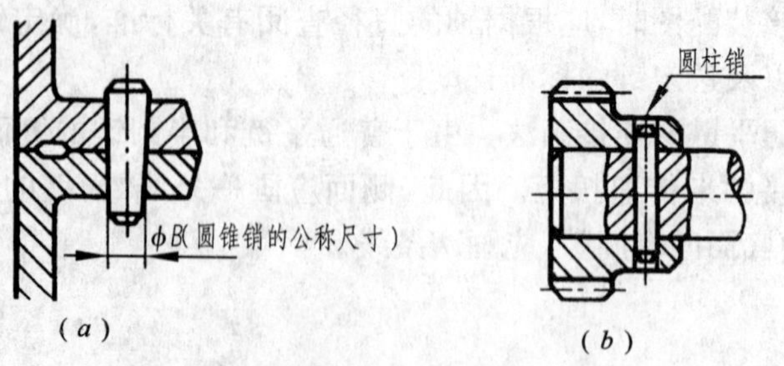

图 8－35 销连接

(a)定位销；(b)连接销。

第五节　滚动轴承和弹簧

一、滚动轴承

滚动轴承是支承轴的标准部件，它具有结构紧凑、摩擦阻力小等优点，在机器中已广泛使用。国家标准 GB/T4459.7—1998 还规定了滚动轴承的表示法。

1. 滚动轴承的组成、分类和代号

滚动轴承通常由外圈、内圈、滚动体和保持架组成，如图 8-36 所示。在一般情况下，外圈装在机座的轴承孔内，固定不动；而内圈套在转动的轴上，随轴转动。

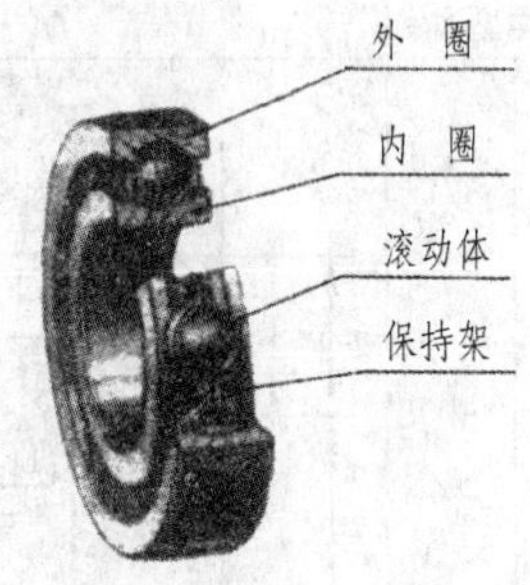

图 8-36　滚动轴承的结构

滚动轴承按承受某一方向的载荷能力，分为向心轴承、推力轴承和向心推力轴承三类；按滚动体的形状，分为球轴承和滚子轴承两类。

按照 GB/T272—1993 的规定，滚动轴承的代号由前置代号、基本代号和后置代号组成。前置代号和后置代号是轴承结构形状、尺寸和技术要求等有改变时，在其基本代号前后添加的补充代号。补充代号的规定可由该国标中查知。

轴承的基本代号由轴承的类型代号、尺寸系列代号和内径代号组成。排列顺序为类型代号、尺寸系列代号、内径代号，见表 8-8。

例如，滚动轴承代号 6204，其中：6 为类型代号，表示深沟球轴承；2 为尺寸系列代号“02”，“0”为宽度系列代号，“2”为直径系列代号，二者组合注写为“2”；04 为内径代号，表示轴承内径为 4×5＝20mm。

它的规定标记为滚动轴承 6204 GB/T276—1994。

表 8-8　滚动轴承基本代号

<table>
<tr><td>位数自右至左</td><td colspan="2">第五(或六)位</td><td>第四位</td><td>第三位</td><td>第一、二位</td></tr>
<tr><td>数字或字母代表的意义</td><td colspan="2">轴承类型</td><td>宽度系列代号</td><td>直径系列代号</td><td>轴承内径 d 的代号</td></tr>
<tr><td rowspan="13">代号</td><td>(0)</td><td>双列角接触球轴承</td><td rowspan="13">是指对同一轴承系列的宽度尺寸系列。分别有 8、0、1、2、3、4、5、6 等宽度尺寸依次递增的宽度系列；
推力轴承以高度系列对应于向心轴承的宽度系列，有 7、9、1、2 等高度尺寸依次递增的四个高度系列</td><td rowspan="13">系指对应同一轴承内径的外径尺寸系列。分别有 7、8、9、0、1、2、3、4、5 等外径尺寸依次递增的直径系列</td><td rowspan="13">当 10mm≤d≤495mm 时
00——d=10mm
01——d=12mm
02——d=15mm
03——d=17mm
04 以上——d=数字×5
(内径为 22、28、32mm 或≥500mm 时除外)</td></tr>
<tr><td>1</td><td>调心球轴承</td></tr>
<tr><td>2</td><td>调心滚子轴承</td></tr>
<tr><td>3</td><td>圆锥滚子轴承</td></tr>
<tr><td>4</td><td>双列深沟球轴承</td></tr>
<tr><td>5</td><td>推力球轴承</td></tr>
<tr><td>6</td><td>深沟球轴承</td></tr>
<tr><td>7</td><td>角接触球轴承</td></tr>
<tr><td>8</td><td>推力圆柱滚子轴承</td></tr>
<tr><td>N</td><td>圆柱滚子轴承</td></tr>
<tr><td>NA</td><td>滚针轴承</td></tr>
<tr><td>U</td><td>外球面球轴承</td></tr>
<tr><td>QJ</td><td>四点接触球轴承</td></tr>
<tr><td colspan="6">注：GB/T272—1993 规定，在轴承代号中，第四位数字有时省略</td></tr>
</table>

2. 滚动轴承的画法

滚动轴承为标准件，只需按国家标准规定，在装配图中采用规定画法或特征画法即可。画滚动轴承时，先根据轴承代号由国家标准查出其外径 D、内径 d 及宽度 B 等尺寸，然后按表 8－9 中的图形、比例关系画出。

表 8－9　滚动轴承的规定画法和特征画法

尺寸比例 轴承类型		规定画法	特征画法	尺寸比例 轴承类型		规定画法	特征画法
深沟球轴承		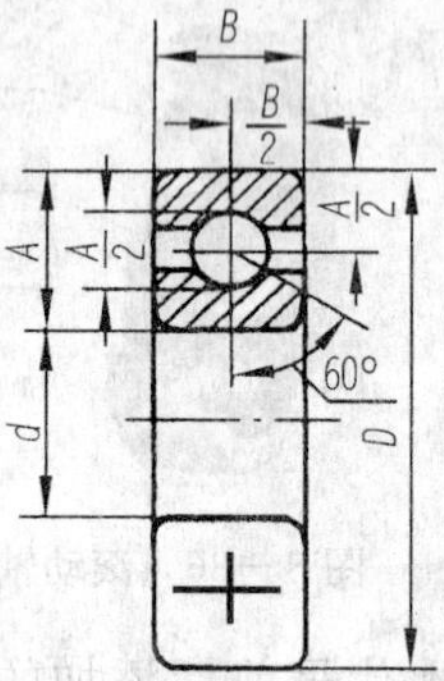	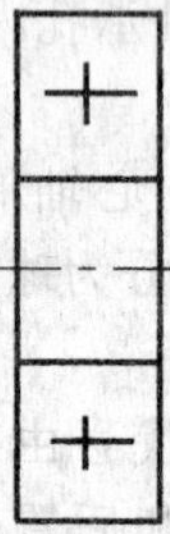	角接触球轴承	双列	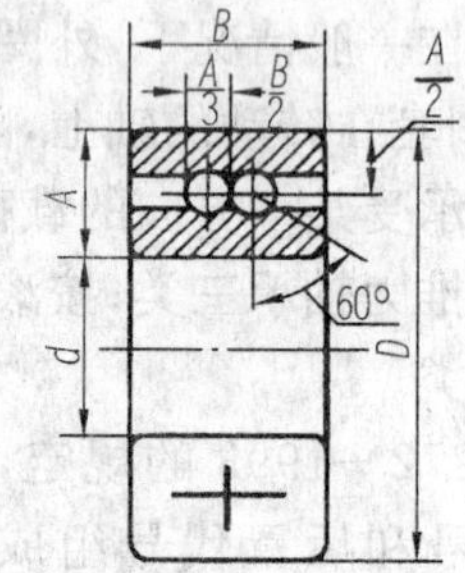	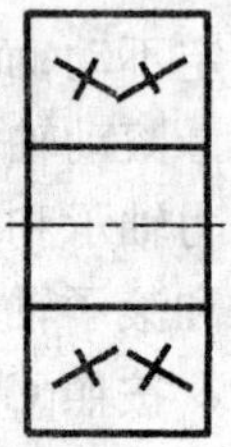
调心球轴承	双列	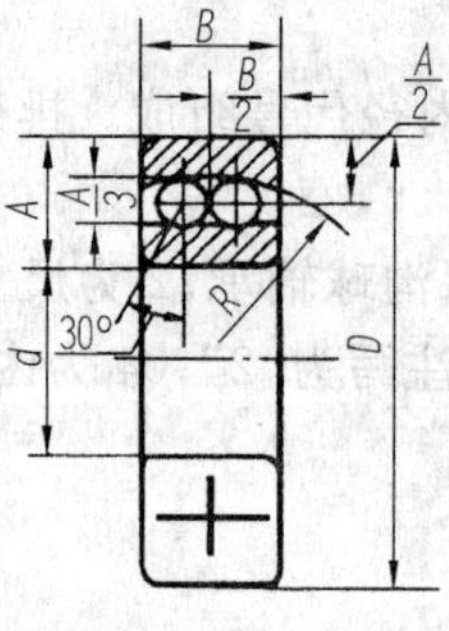	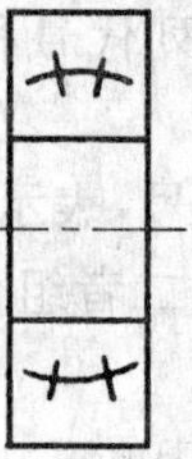	推力球轴承	双列	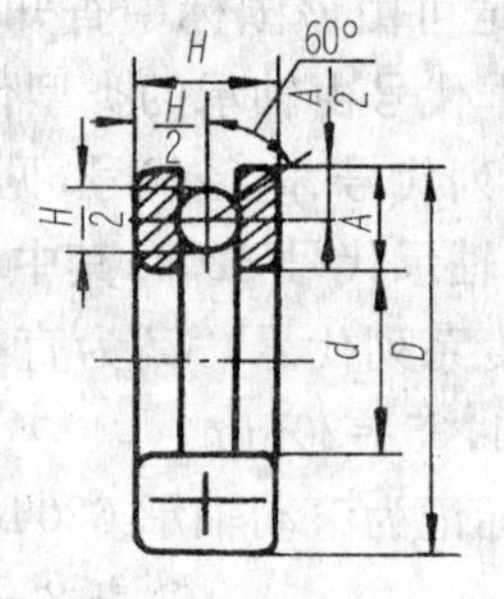	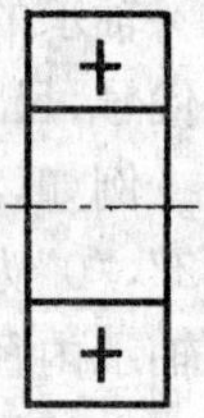
角接触球轴承		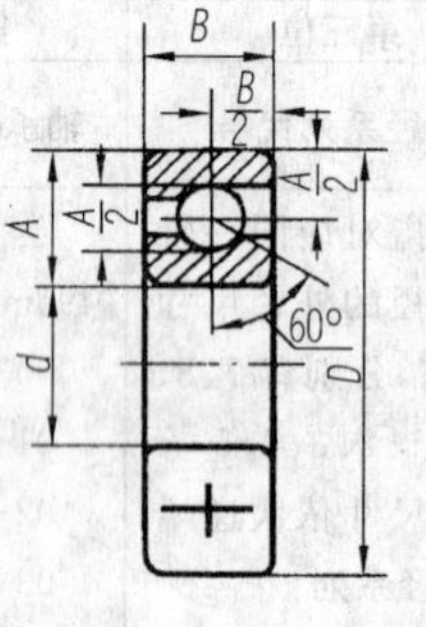			双向	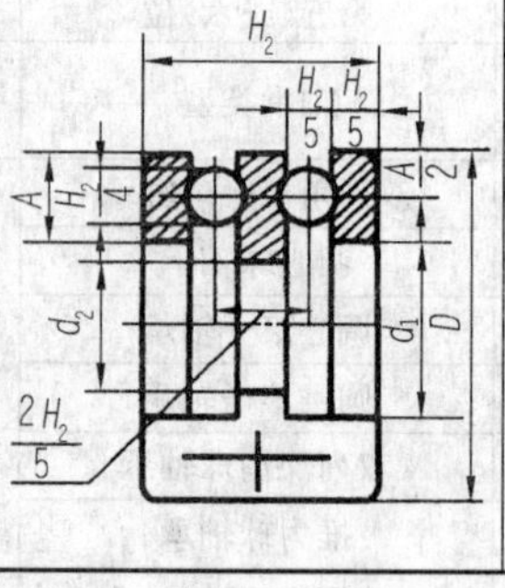	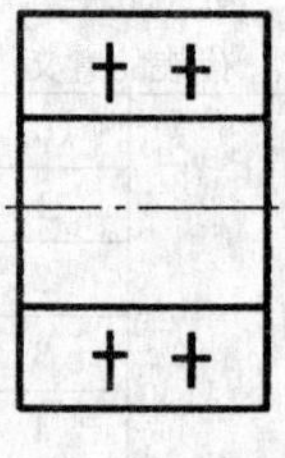

二、弹簧

1. 弹簧的用途及类型

弹簧属于常用件。它主要用于减振、夹紧、储能和测力等方面。常见的弹簧如图 8－37 所示。

2. 圆柱螺旋压缩弹簧的规定画法

GB/T4459.4—2003 规定了各种弹簧的视图、剖视图及示意图的画法，图 8－38 为圆柱螺旋压缩弹簧的画法。

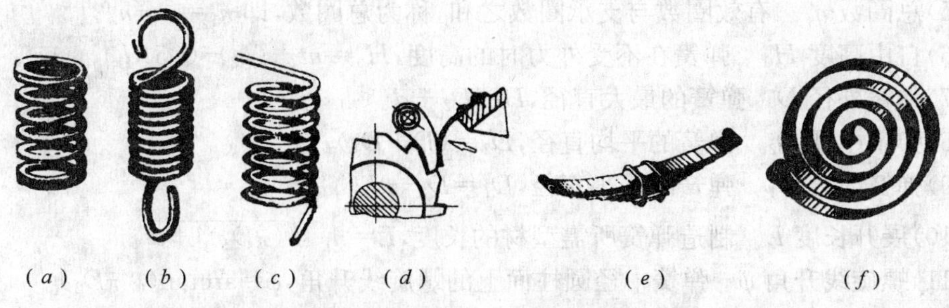

图 8－37　几种常见的弹簧

(a)圆柱螺旋压缩弹簧；(b)圆柱螺旋拉伸弹簧；(c)圆柱螺旋扭转弹簧；
(d)片弹簧；(e)板弹簧；(f)蜗卷弹簧。

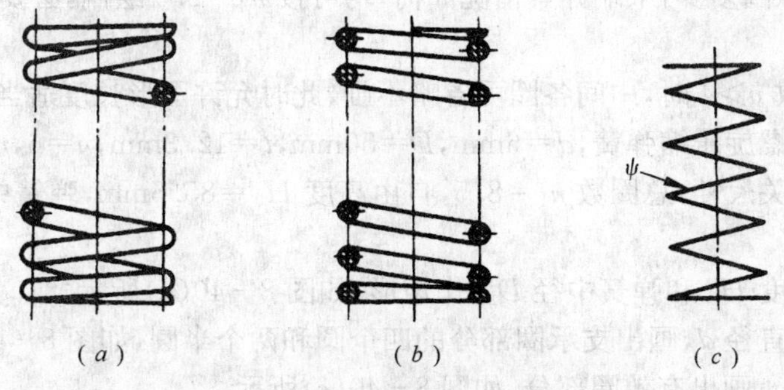

图 8－38　圆柱螺旋压缩弹簧的画法

(a)视图；(b)剖视图；(c)示意图。

3. 圆柱螺旋压缩弹簧各部分名称及尺寸计算

GB/T805—1986 规定了弹簧术语。圆柱螺旋压缩弹簧各部分名称及尺寸关系，如图 8－39 所示。

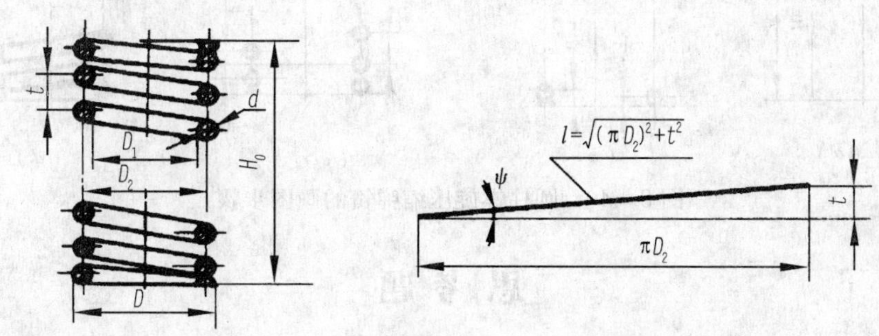

图 8－39　圆柱螺旋压缩弹簧各部分名称、代号

(1)型材直径 d 或型材的截面尺寸　弹簧钢丝的直径。

(2)节距 t　除支承圈外，相邻两圈的轴向距离。

(3)有效圈数 n　除支承圈外，能保持相等节距的圈数。

(4)支承圈数 n_2　为保持弹簧轴线与支承面垂直，使压缩弹簧在工作时受力均匀，弹簧两端并紧、磨平的圈数，称为支承圈。n_2 一般取 1.5、2 或 2.5，其中 $n_2=2.5$ 最为常用，此时两端各并紧半圈，磨平 3/4 圈。

(5)总圈数 n_1　有效圈数与支承圈数之和，称为总圈数，即 $n_1=n+n_2$。

(6)自由高度 H_0　弹簧在不受外力时的高度，$H_0=nt+(n_2-0.5)d$。

(7)弹簧外径 D　弹簧的最大直径，$D=D_2+d$。

(8)弹簧中径 D_2　弹簧的平均直径，$D_2=(D+D_1)/2$。

(9)弹簧内径 D_1　弹簧的最小直径，$D_1=D_2-d$。

(10)展开长度 L　制造弹簧所需型材的长度，$L=n_1\sqrt{(\pi D_2)^2+t^2}$。

(11)螺旋线升角 ψ　弹簧中径圆柱面上的螺旋线升角，$\psi=\arctan(t/\pi D_2)$。

4. 圆柱螺旋压缩弹簧的画法

(1)在平行于弹簧轴线的投影面上，各圈的轮廓线应画成直线，如图 8-38 所示。

(2)螺旋弹簧均可画成右旋，但左旋弹簧不论画成左旋或右旋，均要加注“左”字。

(3)不论支承圈多少，末端并紧情况如何，均可按 $n_2=2.5$ 绘制，必要时也可按其实际结构绘制。

(4)有效圈数 $n>4$ 时，中间各圈可省略不画，此时允许图形长度适当缩短。

例　画圆柱螺旋压缩弹簧，$d=6$mm，$D=50$mm，$t=12.3$mm，$n=6$，$n_2=2.5$，右旋。

首先计算有关尺寸：总圈数 $n_1=8.5$，自由高度 $H_0=85.5$mm，弹簧中径 $D_2=44$mm。作图步骤如下：

①按自由高度 H_0 和弹簧中径 D_2，作矩形，如图 8-40(a)所示。

②根据材料直径 d，画出支承圈部分的四个圆和两个半圆，如图 8-40(b)所示。

③根据节距 t，画出有效圈部分，如图 8-40(c)所示。

④按右旋方向作相应圆的公切线，并画剖面线如图 8-40(d)所示。

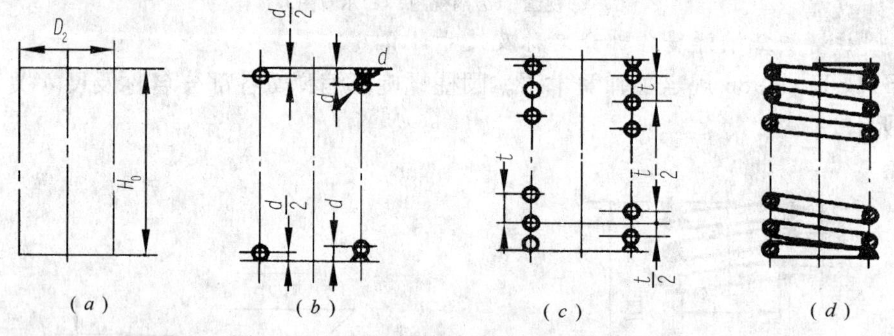

图 8-40　圆柱螺旋压缩弹簧的画图步骤

思考题

1. 螺纹的要素有哪几个？它们的含义是什么？

2. 试述螺纹的规定画法(包括内、外螺纹及其连接)。

3. 如何绘制螺纹连接件的单件和连接的图形？后者在画图时，要注意哪三项装配的规定画法？

4. 试述圆柱齿轮及其啮合的规定画法。在啮合区内，画图时应注意什么？

5. 普通平键、圆柱销、深沟球轴承如何标记？根据规定标记，如何查表得出其他尺寸？试述其装配时的规定画法。

第九章 零件图

第一节 零件图的作用和内容

机器和部件都是由若干零件装配而成的。用来表达单个零件的图样称为零件图,它是生产中的重要技术文件,是制造和检验零件的依据。在生产过程中,先根据零件的材料和数量进行备料;然后按图纸所表达的零件形状、尺寸、技术要求进行加工;最后还要根据图纸上的全部要求进行检验。因此为了保证设计要求,制造出合格的零件,一张完整的零件图(见图 9-1)应包括四方面内容:

(1)一组视图　用一组视图(包括视图、剖视图、断面图、局部放大图等)完整、清晰地表达出零件的内外结构。

(2)完整的尺寸　零件图中应正确、完整、清晰、合理地标注出制造零件所需的全部尺寸。

(3)技术要求　零件图中必须用规定的代号、数字和文字简明地表示出零件在制造和检验时所应达到的技术要求。例如,表面粗糙度、尺寸公差、形位公差、热处理要求等。

(4)标题栏　在零件图右下角的标题栏内写出该零件的名称、数量、材料、比例、图号、以及设计、制图、校核人员的签名和日期等。

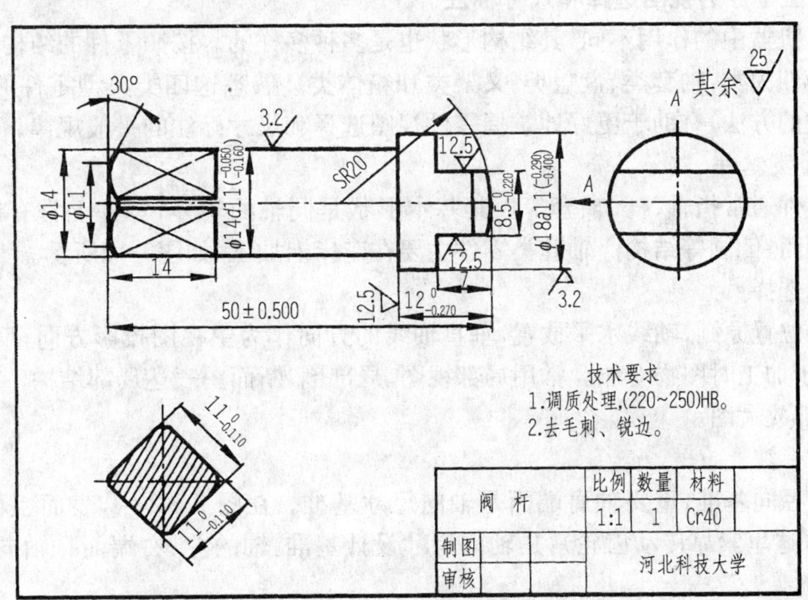

图 9-1　阀杆零件图

第二节　零件图的视图选择和表达方法

一、零件图的视图选择

零件的视图选择，就是要求选择适当的视图、剖视、断面等表达方法，将零件的各部分形状结构和相互位置完整、清晰地表达出来，力求画图简便，利于看图。零件图视图选择的原则是：在分析零件的功用、形体结构和加工方法的基础上，首先根据零件的工作位置或加工位置，选择最能反映零件形状特征的视图，作为主视图；然后再按能完整、清晰地表达这个零件选取其他视图。

二、零件图的尺寸标注

零件图中的尺寸是加工和检验零件的重要依据。在零件图上标注尺寸，除了以前有关章节所述的正确、完整、清晰的要求外，还要标注得合理。合理就是标注的尺寸既要保证达到设计要求，又要便于对零件加工和检测。

在具体标注时，应恰当地选择好尺寸基准，一般将基准分为设计基准和工艺基准，设计基准是指确定零件在机器或部件中位置和几何关系的一些面、线、点；工艺基准是指零件在加工和检测时所选定的、确定零件表面位置的一些面、线、点。

零件在长、宽、高每个方向上至少应有一个基准，但根据设计、加工、测量上的要求，一般还有一些附加基准。把决定零件主要尺寸的基准称为主要基准；把附加的基准称为辅助基准。在同一方向上的主要基准和辅助基准之间，一定要有尺寸联系。常用的基准有：基准面——底板的安装面、重要的端面、装配结合面、零件的对称面等；基准线——回转体的轴线。

三、典型零件的视图选择和尺寸标注

零件在机器中的作用不同，其结构形状也是多种多样的。按照零件的结构特点，通常将零件分为四大类：轴套类、盘盖类、叉架类和箱体类。熟悉这四类典型零件的视图表达和尺寸标注的方法，有助于更好地掌握零件视图选择和尺寸标注的一般规律。

1. 轴套类零件

这类零件通常指轴、杆、轴套等。其基本形状是同轴回转体，零件上常有键槽、退刀槽、螺纹、倒角、倒圆等结构。轴套类零件主要在车床上加工，如图9－2所示。

1)视图选择

按加工位置原则，轴线水平放置，垂直轴线的方向作为主视图投影方向，反映轴向结构形状，便于加工时图物对照。常用局部视图、局部剖、断面图表达局部结构，一些细小结构，可用局部放大图。

2)尺寸标注

轴线是径向基准，重要轴肩端面是轴向尺寸基准。在图 9－2 中，表面粗糙度 R_a 为 6.3 的轴肩（这里紧靠传动齿轮），是轴向尺寸设计基准，轴的左、右端面是轴向尺寸工艺基准。

2. 盘盖类零件

这类零件主要有手轮、带轮、链轮、端盖等。其主要形状由共轴线的回转体组成，也有些盘盖类零件主体形状是方形的。这类零件一般是轴向尺寸较小，径向尺寸较大，还有较

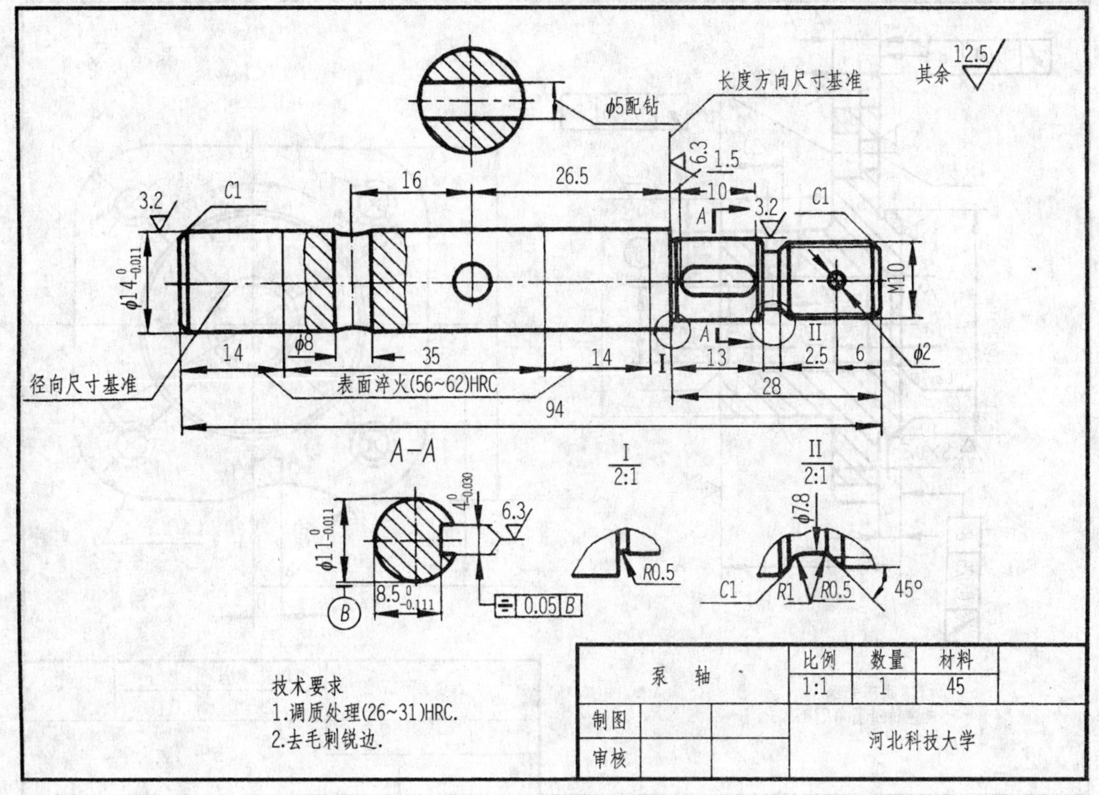

图 9-2　泵轴零件图

多的螺孔、光孔、销孔、键槽、轮辐、肋板等结构。它们主要也是在车床上加工的，如图9-3所示。

1)视图选择

按加工位置原则，轴线水平放置，全剖视图作为主视图。根据表达需要，常选用一个左视图或右视图或局部视图表达零件外形和各组成部分的结构形状和相对位置。

2)尺寸标注

通常选用通过轴孔的轴线作为径向尺寸基准，而长度方向尺寸基准，常选用重要的端面。

在图 9-3 中，方板左端面为长度方向尺寸基准，标注尺寸 7、15，油杯孔的定位尺寸 20、沉孔深度 9 及总长 58 等都是根据结构工艺要求从各自工艺基准注出。在左视图中，中心线分别为宽度、高度方向尺寸基准，标出定形尺寸 115×115 和定位尺寸 85、ϕ110、10、45°。

3. 叉架类零件

机器上的拨叉、支架、摇臂、连杆等都属于叉架类零件。这类零件形式多样、结构比较复杂，一般由支承、工作和连接三部分组成，常由铸造或模锻制成毛坯，经必要的机械加工而成。一般具有肋、板、杆、筒、座以及铸造圆角、拔模斜度、凸台和凹坑等，如图 9-4 所示。

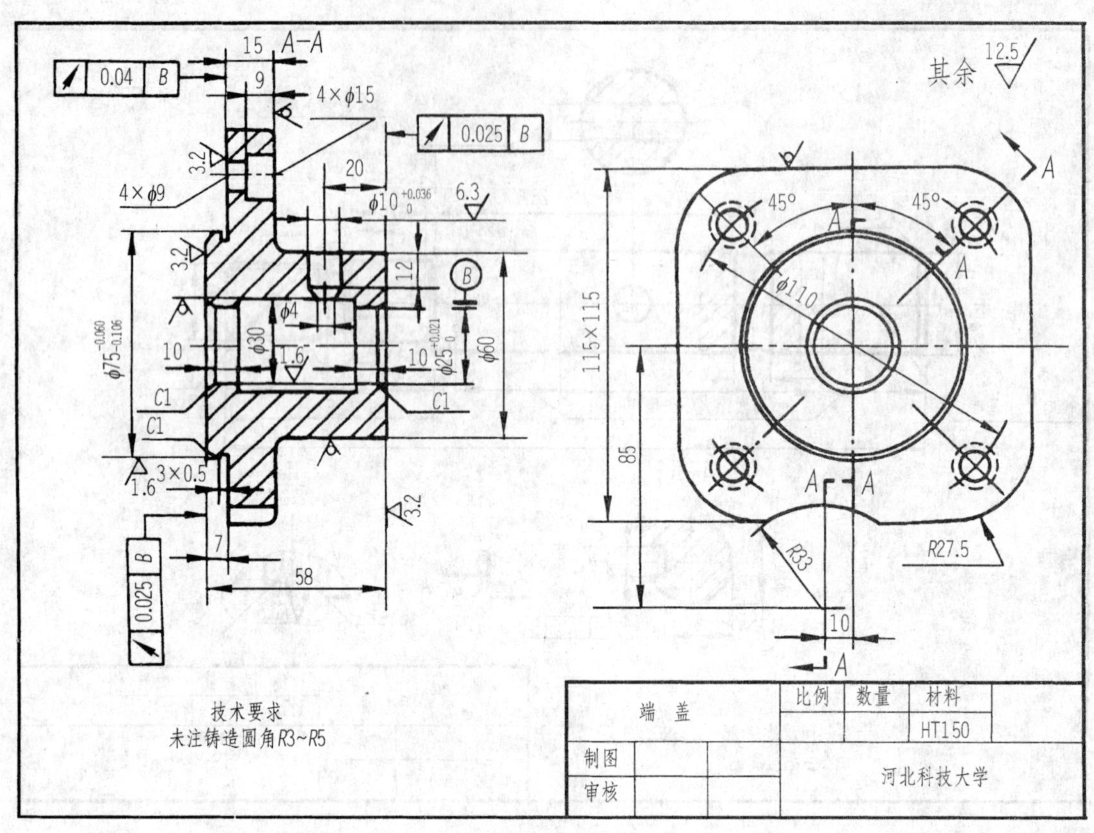

图 9－3 端盖零件图

1)视图选择

叉架类零件由于加工位置多变，在选择主视图时，主要考虑工作位置和形状特征原则，如图 9－4 所示的主视图。

叉架类零件常常需要两个或两个以上的基本视图，并要用局部视图、断面图等表达零件的细部结构。如图 9－4 所示，除主视图外，采用俯视图表达安装板、肋和轴承的宽度，以及它们的相对位置；此外，用 A 向局部视图表达安装板左端面的形状，用移出断面表达肋的断面形状。

2)尺寸标注

在标注叉架类零件时，通常选用安装基面或零件的对称面作为尺寸基准。如图 9－4 所示，选用安装板左端面作为长度方向的尺寸基准；选用安装板的水平对称面作为高度方向的尺寸基准；从这两个基准出发，分别标注出 74、95，定出上部轴承的轴线位置，作为 φ20、φ38 的径向尺寸基准；宽度方向的尺寸基准是前后方向的对称面，由此在俯视图上标注出 30、40、60，以及在 A 向局部视图中标注出 60、90。

4. 箱体类零件

各种阀体、泵体、减速器箱体、液压缸体等都属于箱体类零件。它们是用来支承、包容、保护运动零件或其他零件的，所以多数是中空的壳体，并有轴孔、轴承孔、凸台和肋板以及固定用的法兰凸缘、安装底板、螺孔、安装孔等结构，如图 9－5 所示。

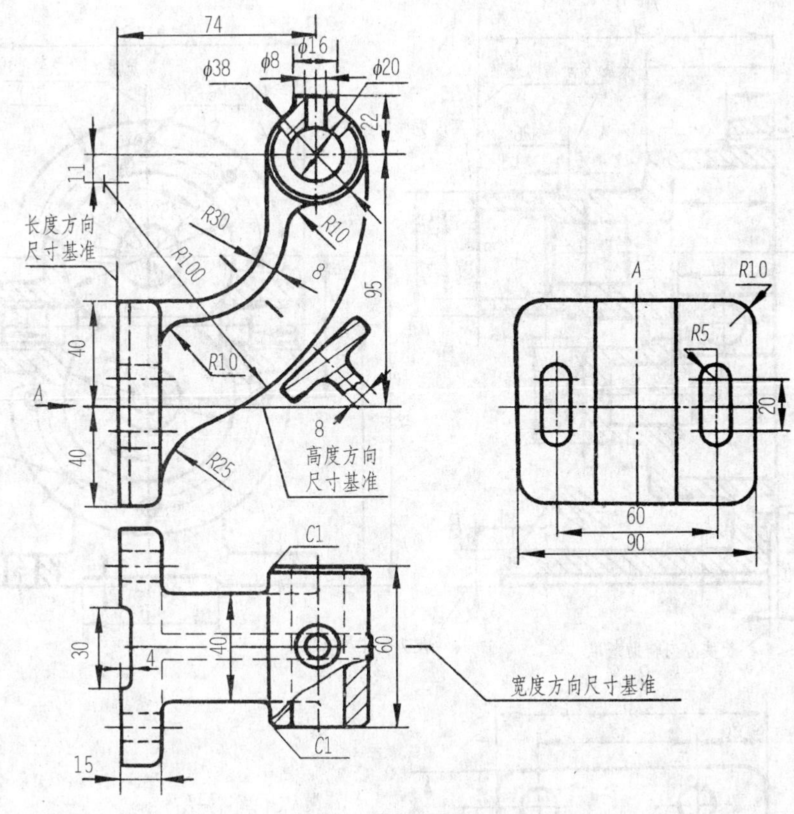

图 9-4　踏脚座零件图

1)视图选择

由于箱体类零件的形状结构比前三类零件复杂,并且加工位置变化更多,所以,要按工作位置和形状特征原则选择主视图;根据表达需要,选择其他基本视图,对内部结构常采用剖视图表达。

如图 9-5 所示,泵体以垂直于轴孔 $\phi18^{+0.018}_{0}$ 轴线的方向作为主视图的投影方向。用全剖的主视图和局部剖的左视图分别表达它的内部结构和外部形状;用 $B-B$ 剖视图表达肋板断面、底板形状和安装孔的分布。此外,还用移出断面表达中部肋板的断面形状。

2)尺寸标注

在标注箱体类零件的尺寸时,通常选用设计上要求的轴线、重要的安装面、接触面(或加工面)、箱体某些主要结构的对称面等作为尺寸基准。对于箱体上需要切削加工的部分,应尽可能按便于加工和检测的要求来标注尺寸。

如图 9-5 所示的泵体,从设计要求出发,泵体高度方向主要设计基准是底面。主动轴孔的中心高 98 是以底面为基准标注的。主动轴孔的轴线作为高度方向的辅助基准。这样,就可以注出高度方向的各个尺寸;长度方向的主要设计基准是左端面,它是装配结合面;宽度方向的基准是泵体前后对称面。

四、零件上常见结构的尺寸标注方法

零件上常见的结构,如光孔、锪孔、沉孔、螺孔等各类孔及倒角、退刀槽等尺寸,都有固定的标注方法,详见表 9-1、表 9-2。

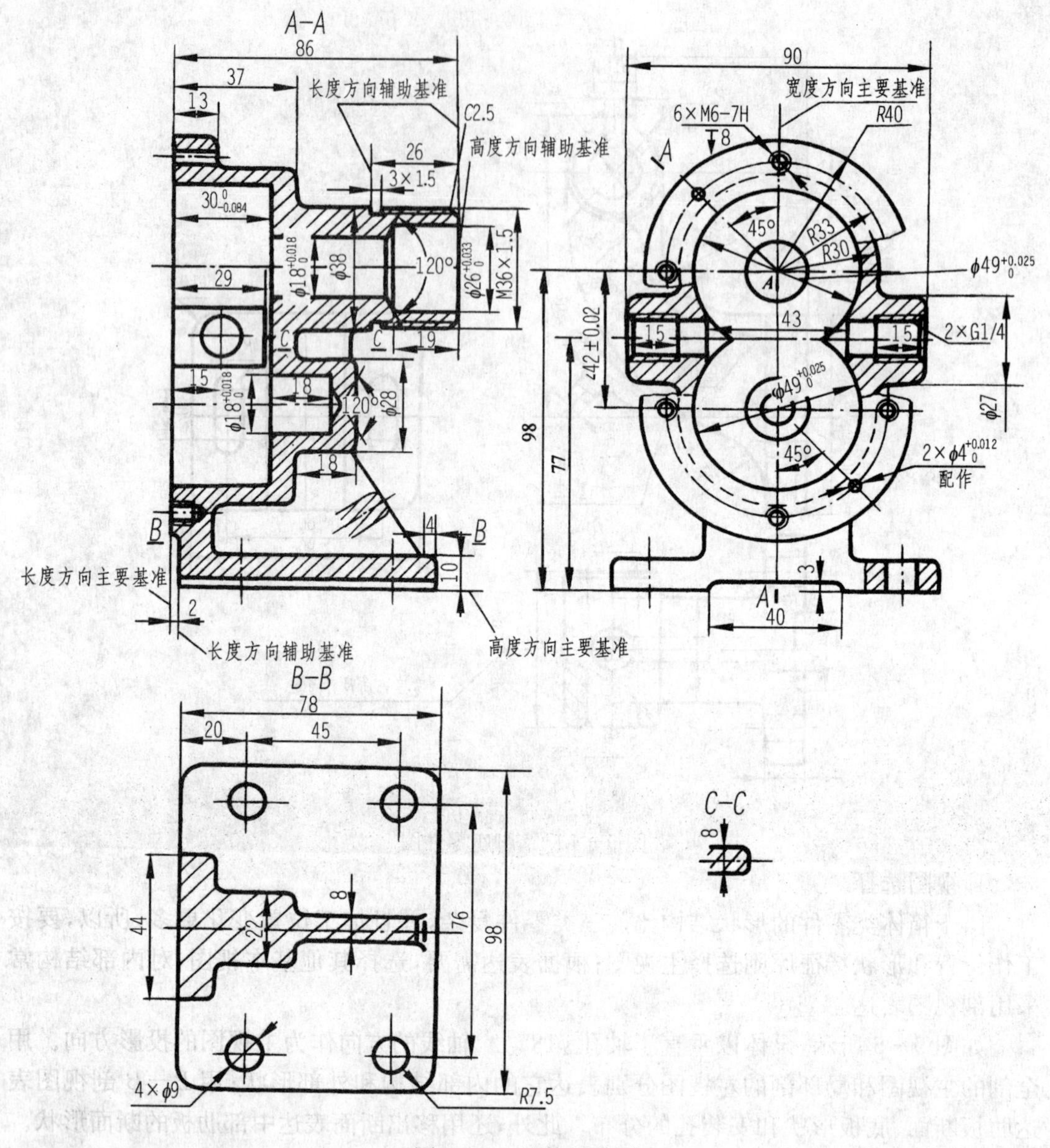

图 9-5　泵体零件图

表 9-1　常见孔的尺寸标注

结构	普通注法	简化注法
光孔	4×φ4 10	4×φ4↧10 4×φ4↧10
螺孔	3×M6	3×M6 3×M6

（续）

结构		普通注法	简化注法
螺孔		3×M6；10；12	3×M6↧10 孔↧12；3×M6↧10 孔↧12
沉孔	埋头孔	90°；$\phi13$；4×$\phi7$	4×$\phi7$ ⌵$\phi13$×90°；4×$\phi7$ ⌵$\phi13$×90°
	柱形沉孔	$\phi12$；4.5；4×$\phi6.4$	4×$\phi6.4$ ⌴$\phi13$↧4.5；4×$\phi6.4$ ⌴$\phi13$↧4.5
	锪平孔	$\phi13$；4×$\phi7$	4×$\phi7$ ⌴$\phi13$；4×$\phi7$ ⌴$\phi13$

表 9－2　倒角和退刀槽的尺寸标注

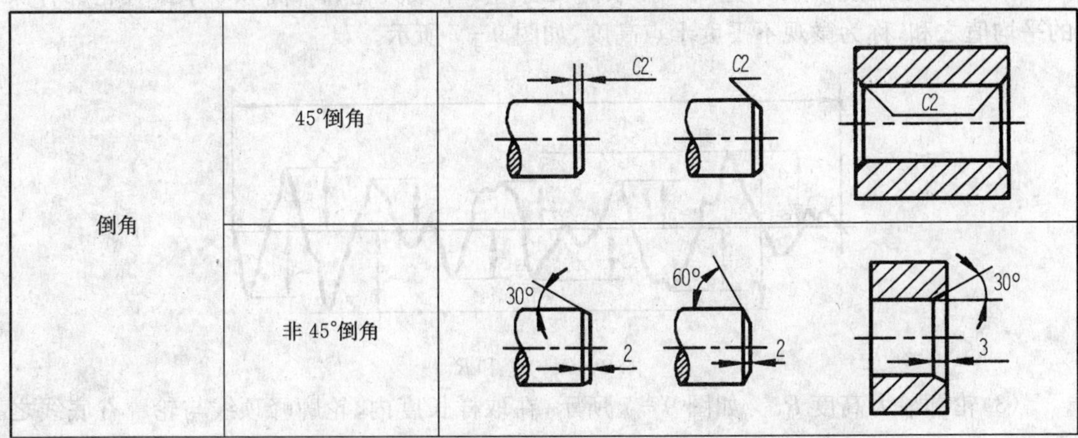

倒角	45°倒角	C2；C2；C2
	非 45°倒角	30°，2；60°，2；30°，3

（续）

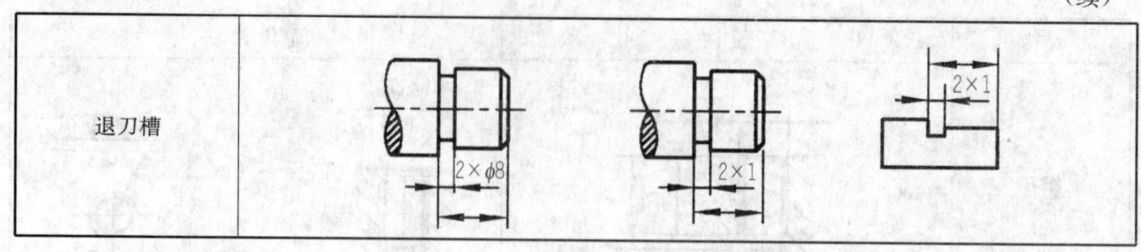

第三节　零件图的技术要求

一、表面粗糙度

1. 表面粗糙度的概念

零件的表面即使经过精细加工看起来很光滑，但在显微镜下观察，还可以看到峰谷高低不平的情况。这种表面上具有较小间距的峰谷所组成的微观几何形状特性，称为表面粗糙度。它是由于加工刀痕、零件表面金属塑性变形和其他因素所形成的。

表面粗糙度是评定零件表面质量的重要指标之一。它对零件的耐磨性、耐腐蚀性、密封性、抗疲劳强度、零件间的配合性质以及外观等都有影响。

2. 评定表面粗糙度的参数

(1)轮廓算术平均偏差 R_a　如图 9-6 所示，在取样长度 l 内，轮廓线上各点到基准线距离(偏距)绝对值的算术平均偏差称为轮廓算术平均偏差。

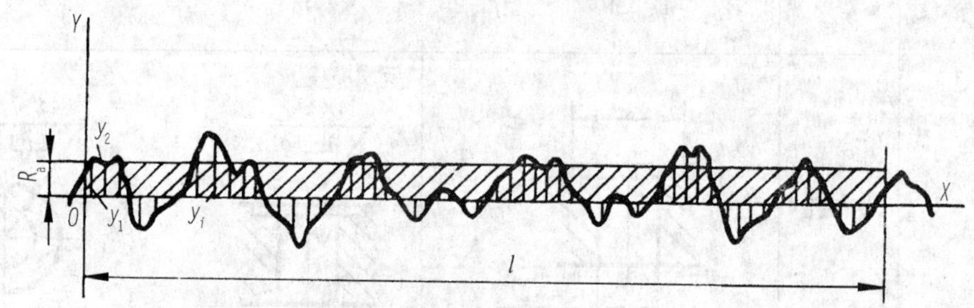

图 9-6　轮廓算术平均偏差 R_a

(2)微观不平度十点高度 R_z　在取样长度内 5 个最大轮廓峰高和 5 个最大轮廓谷深的平均值之和，称为微观不平度十点高度，如图 9-7 所示。

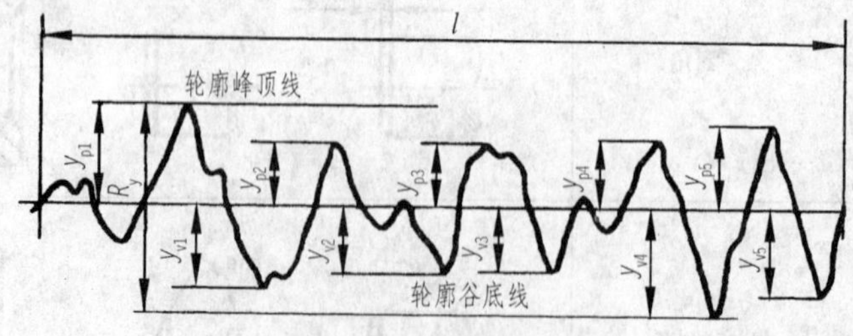

图 9-7　R_z 和 R_y

(3)轮廓最大高度 R_y　如图 9-7 所示，在取样长度内，轮廓峰顶线与轮廓谷底线之间的距离，称为轮廓最大高度。

零件表面粗糙度参数值的选用，既要满足零件表面功能的要求，又要考虑经济的合理性。零件表面粗糙度要求越高(即表面粗糙度参数越小)，则其加工成本也越高。所以在满足零件表面功能要求的前提下，应尽量选用较大的表面粗糙度参数值。具体选用时，可参照生产中实例，用类比法确定。

3. 表面粗糙度符号、代号及其注法

1)表面粗糙度符号

国家标准规定了表面粗糙度代号、符号及其注法。图样上表示零件表面粗糙度的符号见表 9-3。表面粗糙度符号的尺寸见表 9-4，画法如图 9-8 所示。

表 9-3　表面粗糙度的符号

符　号	意义及说明
	基本符号，表示表面可用任何方法获得。当不加注粗糙度参数值或有关说明(如表面处理、局部热处理状况等)时，仅适用于简化代号标注
	基本符号加一短画，表示表面是用去除材料的方法获得。如车、铣、钻、磨、剪切、抛光、腐蚀、电火花电工、气割等
	基本符号加一小圆，表示表面是用不去除材料方法获得。如铸、锻、冲压变形、热轧、冷轧、粉末冶金等，或者是用于保持原供应状况的表面(包括保持上道工序的状况)
	在上述三个符号的长边上均可加一横线，用于标注有关参数和说明
	在上述三个符号上均可加一小圆，表示所有表面具有相同的表面粗糙度要求

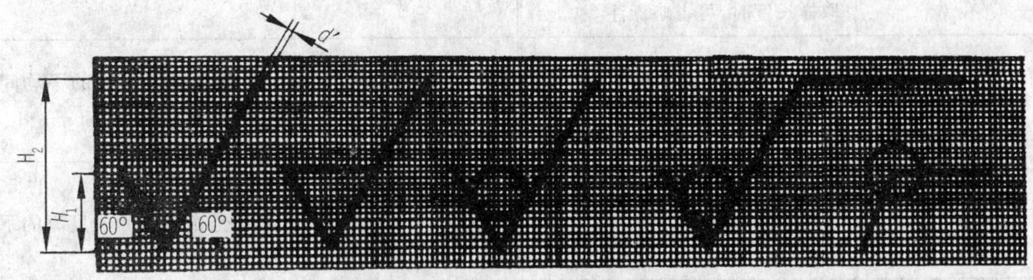

图 9-8　表面粗糙度符号的画法

表 9-4　表面粗糙度符号的尺寸　(mm)

轮廓线的线宽 b	0.35	0.5	0.7	1	1.4	2	2.8
数字与大写字母(或/和小写字母)的高度 h	2.5	3.5	5	7	10	14	20
符号的线宽 d'数字与字母的笔画宽度 d	0.25	0.35	0.5	0.7	1	1.4	2
高度 H_1	3.5	5	7	10	14	20	28
高度 H_2	8	11	15	21	30	42	60

2)表面粗糙度代号的注法

表面粗糙度代号包括表面粗糙度符号、参数值及其他规定。表面粗糙度数值及其有关规定在符号中注写的位置如图 9-9 所示。

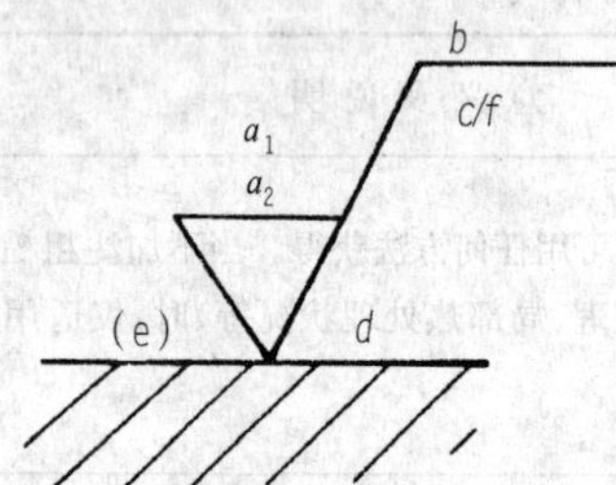

a_1、a_2—粗糙度高度参数代及其数值(单位为 μm);
b—加工要求、镀覆、涂覆、表面处理或其他说明等;
c—取样长度(单位为 mm)或波纹度(单位为 μm);
d—加工纹理方向符号;
e—加工余量(单位为 mm);
f—粗糙度间距参数值(单位为 mm)或轮廓支承长度率。

图 9-9　表面粗糙度数值的注写位置

(1)表面粗糙度参数 R_a 值、R_z 值与 R_y 值的标注法见表 9-5。

表 9-5　表面粗糙度参数值的标注示例

符　号	说　明	符　号	说　明
3.2	R_a 的上限值为 3.2μm,用任何方法获得	R_a200	R_a 的上限值为 200μm,用不去除材料的方法获得
3.2 1.6	R_a 的上限值为 3.2μm,下限值为 1.6μm,用去除材料的方法获得	3.2 R_y12.5	R_a 的上限值为 3.2μm,R_y 的上限值为 12.5μm,用去除材料的方法获得
R_y3.2	R_y 的上限值为 3.2μm,用去除材料的方法获得	R_y3.2	R_y 的最大允许值为 3.2μm,用去除材料的方法获得
a 2.5	取样长度为 2.5mm,若按 GB/T1013—1995 选用对应的取样长度时,可省略标注	a 5	最少加工余量 5mm
a ⊥	加工纹理垂直于标注代号的视图的投影面	a (S_m0.050)	轮廓微观不平度的平均间距 S_m 的上限值为 0.050mm
a c	纹理呈近似同心圆	a (tp70% 50%)	轮廓水平截距在 R_y 的 50% 位置上,轮廓支承长度率的下限值为 70%

(2)表面粗糙度代(符)号在图样上的标注　在图样上标注表面粗糙度的基本原则如下:

①在同一图样上,每一表面只标注一次表面粗糙度。

②表面粗糙度代号应标注在可见轮廓线、尺寸线、尺寸界线或它们的延长线上，符号的尖端必须从材料外指向表面。代号中数字及符号方向应与尺寸数字方向相同。

表 9-6 列举了表面粗糙度在图样上标注的方法。

表 9-6　表面粗糙度标注方法(摘自 GB/T131—1993)

表面粗糙度代号中数字和符号的方向必须按下图规定标注 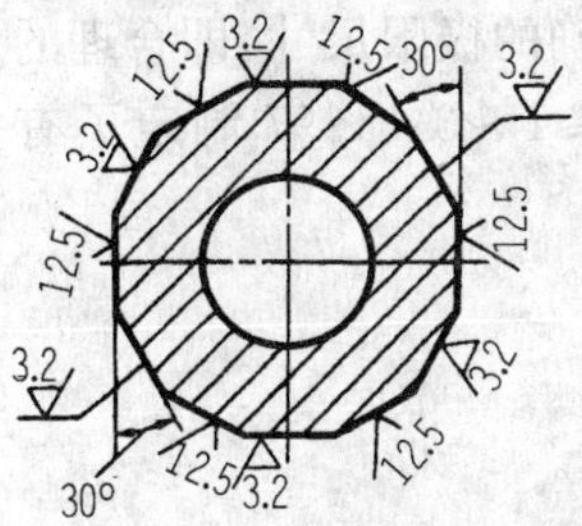	带横线的表面粗糙度符号应按下图标注 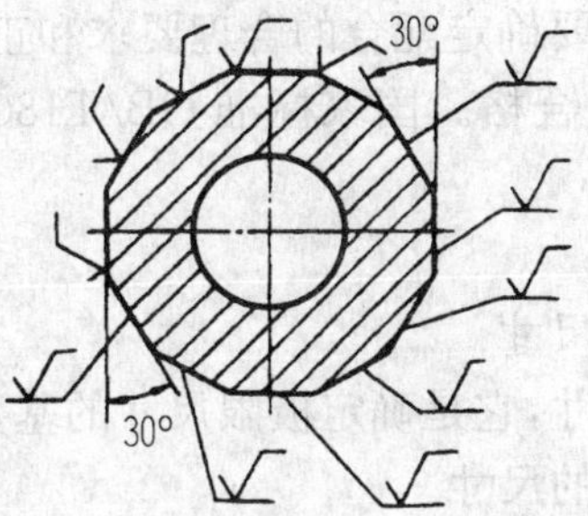	符号的尖端必须从材料外指向表面，使用最多的一种粗糙度代号统一标注在图样右上角，前面加注"其余"二字，且应比图形中其他代(符)号大 1.4 倍 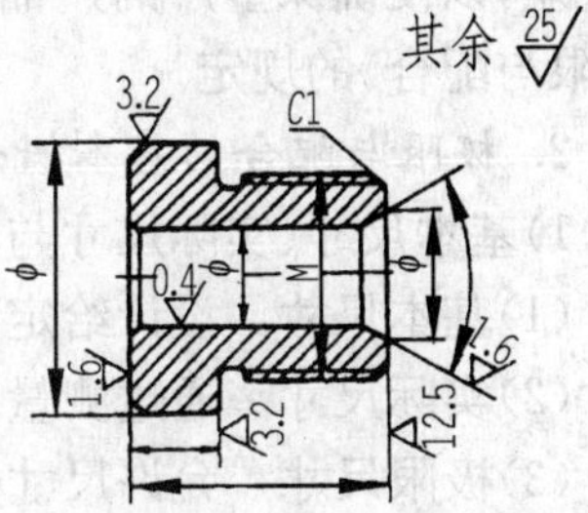
当所有表面粗糙度要求相同时，可统一标注在图样右上角 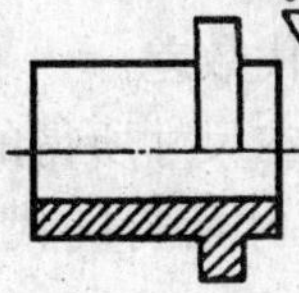	同一表面上有不同的表面粗糙度要求时，须用细实线画出其分界线 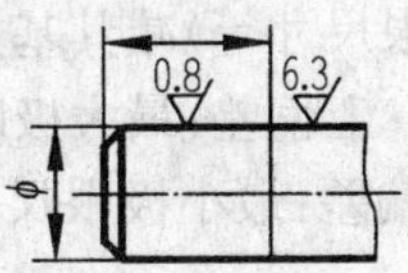	连续表面及重复要素(孔、槽、齿等)的表面和用细实线连接的不连续表面，其表面粗糙度代号只标注一次 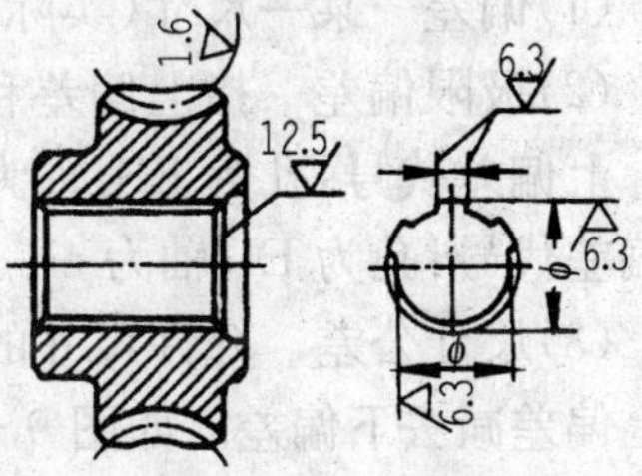
当地方狭小或不便标注时，代号可以引出标注 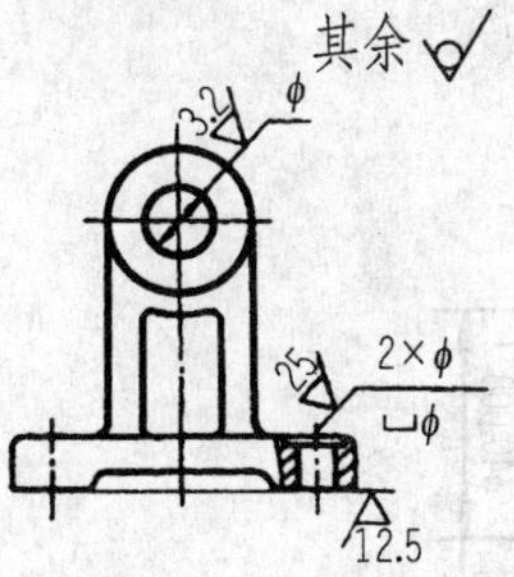	为简化标注或标注位置受到限制时，可标注简化代号，也可采用省略注法(见下图)，但应在标题栏附近说明简化代号的意义 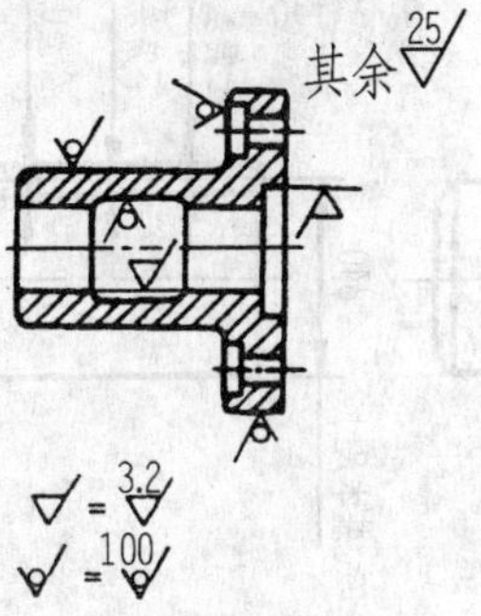	需将零件局部热处理或镀(涂)时，应用粗点画线画出其范围并标注相应的尺寸，也可将要求注写在表面粗糙度符号内 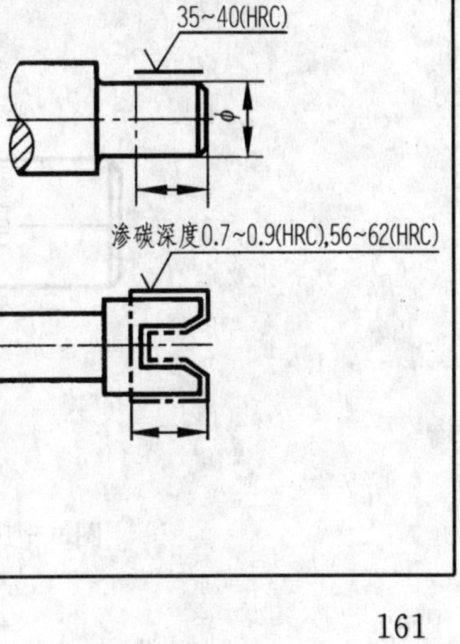

二、极限与配合

1. 互换性与极限配合

在现代化机械生产中，要求从一批规格相同的零件中任取一件，不经修配，就能顺利地安装到机器上，并能满足机器性能的要求，零件的这种性质称为互换性。如日常使用的螺钉、螺母等都具有互换性。互换性既能满足各生产部门广泛的协作要求，又能进行高效率的专业化生产。

为了保证零件具有互换性，需要确定配合的合理要求和正确的极限尺寸，即合理的尺寸公差，以便确保生产的产品质量合格。国家标准 GB/T1800.1～3—1997 制定了有关《极限与配合》的规定。

2. 极限与配合的基本概念

1)基本尺寸、实际尺寸与极限尺寸

(1)基本尺寸　设计给定的尺寸，它是确定极限尺寸的基数。

(2)实际尺寸　通过测量获得的尺寸。

(3)极限尺寸　允许尺寸变化的两个极端值。允许的最大尺寸为最大极限尺寸，允许的最小尺寸为最小极限尺寸。实际尺寸应位于其中，也可达到极限尺寸。如图 9－10 所示，轴的直径尺寸 $\phi40\pm0.008$mm；基本尺寸 $\phi40$mm；最大极限尺寸 $\phi40.008$mm；最小极限尺寸 39.992mm。

2)偏差、极限偏差、尺寸公差、零线及公差带

(1)偏差　某一尺寸(实际尺寸、极限尺寸等)减其基本尺寸所得的代数差。

(2)极限偏差　指上偏差和下偏差。上偏差：最大极限尺寸减其基本尺寸所得的代数差。上偏差代号：孔为 ES，轴为 es。下偏差：最小极限尺寸减其基本尺寸所得的代数差。下偏差代号：孔为 EI，轴为 ei。

(3)尺寸公差　允许尺寸的变动量。公差等于最大极限尺寸减去最小极限尺寸，也等于上偏差减去下偏差。如图 9－10 所示，轴的尺寸 $\phi40\pm0.008$：上偏差 es＝40.008－40＝＋0.008；下偏差 ei＝39.992－40＝－0.008；尺寸公差＝40.008－39.992＝0.008－(－0.008)＝0.016。

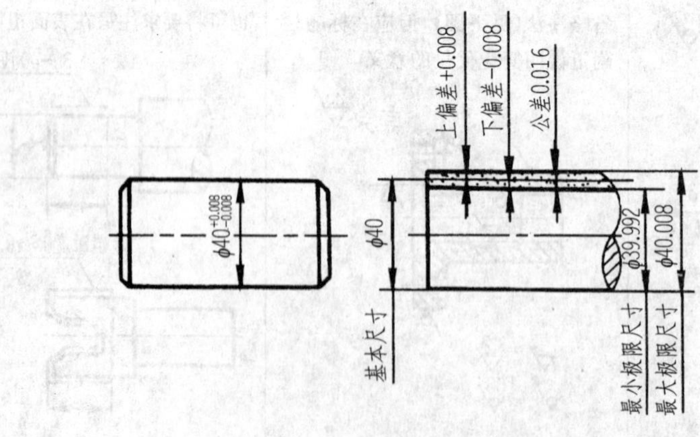

图 9－10　基本尺寸、极限尺寸、极限偏差和公差

(4)零线　在极限与配合图解中，表示基本尺寸的一条直线称为零线。通常以零线为基准确定偏差和公差，如图 9－11 所示。

(5)公差带　在公差带图中，由代表上、下偏差或最大极限尺寸和最小极限尺寸的两条直线所限定的一个区域称为公差带，如图 9－12 所示。

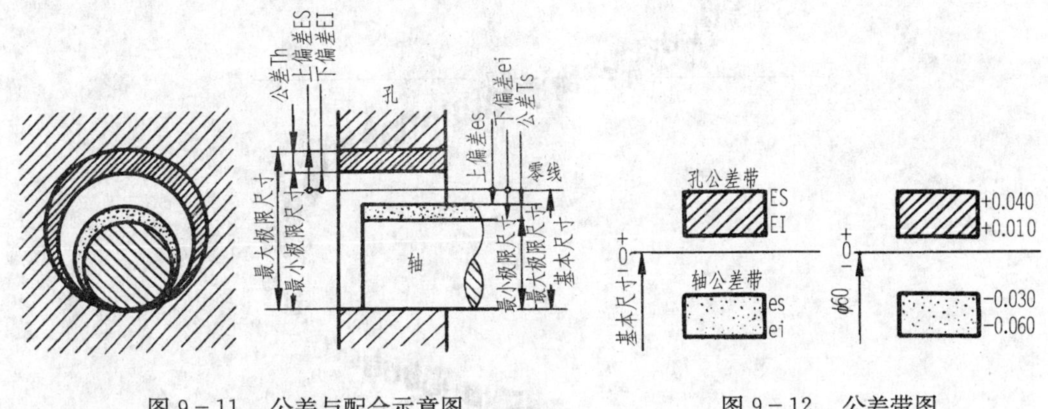

图 9－11　公差与配合示意图　　　　图 9－12　公差带图

3)标准公差与基本偏差

(1)标准公差与标准公差等级　在极限与配合标准中所规定的任一公差值为标准公差。确定尺寸精确程度的等级，为标准公差等级。在基本尺寸至 500mm 内标准公差分为 20 个等级，即 IT01，IT0，IT1，IT2，…，IT18。IT 为标准公差代号，数字表示公差等级。等级越高表示尺寸精度越高，其中 IT01 最高，依次递降，IT18 最低。

标准公差数值由基本尺寸和公差等级确定，见附表 1－1。标准公差用于确定公差带的大小。

(2)基本偏差　用以确定公差带相对于零线位置的上偏差或下偏差，称为基本偏差。一般是指靠近零线的偏差。图 9－13 为基本偏差系列示意图。该图只表示公差带的各种位置，不表示公差带的大小，因此，公差带一端是开口的。基本偏差代号用一个或两个拉丁字母表示，大写字母为孔，小写字母为轴，各 28 个。其中 A～H(a～h)的基本偏差用于间隙配合，J～ZC(j～zc)用于过渡配合和过盈配合。

孔和轴的公差带代号由基本偏差代号与公差等级代号组成，如 H8、F8、K7、P7 等为孔的公差带代号；h7、f7、k6、p6 等为轴的公差带代号。

4)配合

基本尺寸相同的相互结合的孔和轴公差带之间的关系称为配合。

(1)配合的种类　根据使用的要求不同，孔和轴之间的配合有松有紧，因而“国标”规定配合分三类，即间隙配合、过盈配合和过渡配合，如图 9－14 所示。

①间隙配合　具有间隙的配合，孔的公差带完全在轴的公差带之上(包括最小间隙等于零)。

②过盈配合　具有过盈的配合，孔的公差带完全在轴的公差带之下(包括最小过盈等于零)。

③过渡配合　可能具有间隙或过盈的配合。孔的公差带与轴的公差带相互交叠。

④配合公差　允许间隙或过盈的变动量。配合公差对间隙配合等于最大间隙与最小

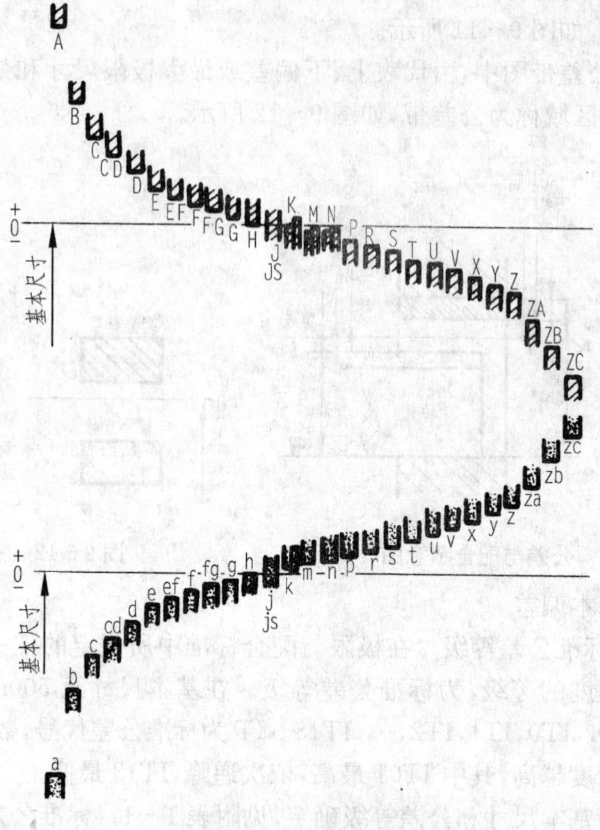

图 9－13　基本偏差系列

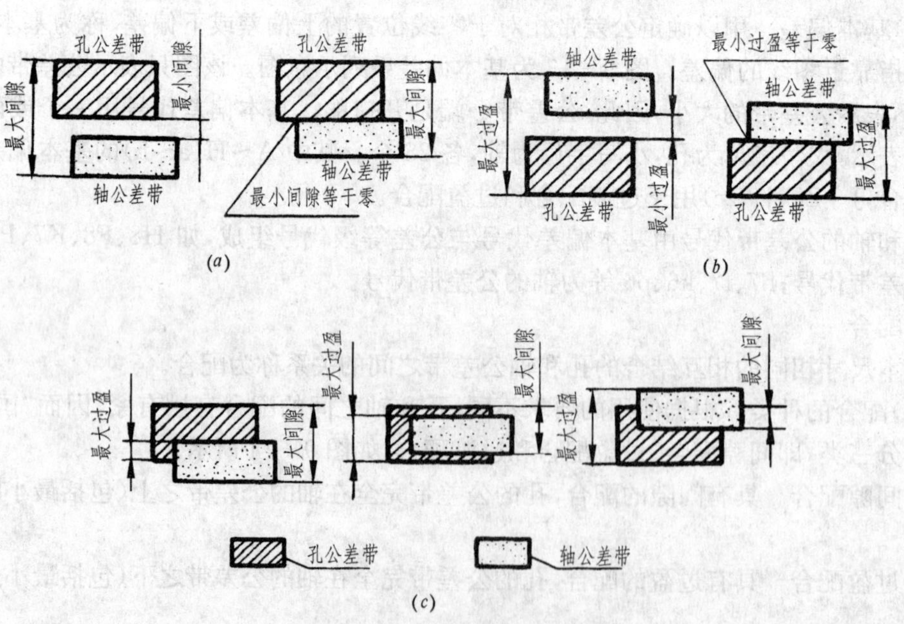

图 9－14　三类配合

(a)间隙配合；(b)过盈配合；(c)过渡配合。

间隙之代数差的绝对值;对过盈配合,等于最小过盈与最大过盈之代数差的绝对值;对于过渡配合,等于最大间隙与最大过盈之代数差的绝对值。

(2)配合制度　国家标准规定了两种不同的配合制度,即基孔制和基轴制。

①基孔制　基本偏差为一定的孔的公差带,与不同基本偏差的轴的公差带形成各种配合的一种制度。基孔制的孔为基准孔,它的基本偏差代号为 H,其下偏差为零。

②基轴制　基本偏差为一定的轴的公差带,与不同基本偏差的孔的公差带形成各种配合的一种制度。基轴制的轴为基准轴,它的基本偏差代号为 h,其上偏差为零。

5)公差与配合在图样上的标注

(1)在装配图上的标注　在装配图上标注公差与配合,采用组合式注法,如图 9-15(*a*)所示。它是在基本尺寸后面注一分式,分子为孔的公差带代号,分母为轴的公差带代号。对于基孔制的基准孔,基本偏差用 H 表示;对于基轴制的基准轴,基本偏差用 h 表示。

(2)在零件图上的标注　在零件图上标注公差的方法有三种形式:只注公差代号,如图 9-15(*b*)所示;只注极限偏差数值,如图 9-15(*c*)所示;注出公差带代号及极限偏差数值,如图 9-15(*d*)所示。

(3)查表方法　相互配合的孔和轴,按基本尺寸和公差带代号可通过查表获得极限偏差数值。查表的步骤一般是:先查出孔和轴的标准公差,然后查出孔和轴的基本偏差(配合件只列出一个偏差);最后由配合件的标准公差和基本偏差的关系,算出另一个偏差。优先及常用配合的极限偏差可直接由表查得,也可按上述步骤进行。

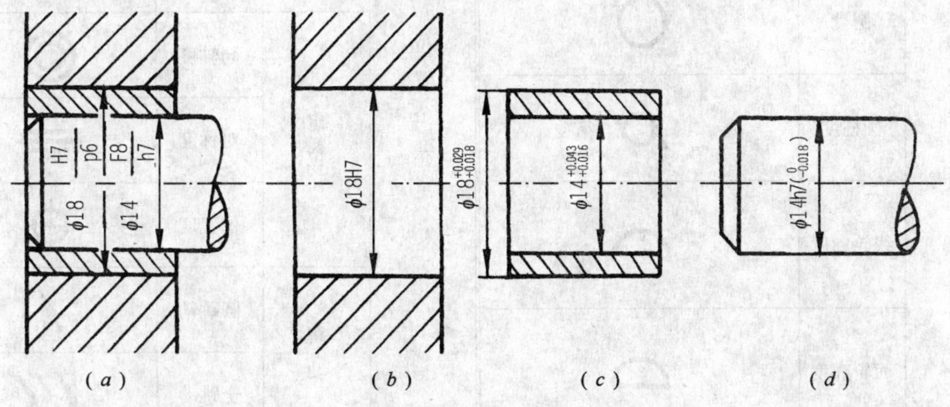

图 9-15　在图样上公差与配合的标注方法

例　查表写出 ϕ18H8/f7 的极限偏差数值。

解:对照基孔制优先常用配合,H8/f7 是基孔制的优先配合,其中 H8 是基准孔的公差带代号,f7 是配合轴的公差带代号。

由于此例选用的是优先常用配合,所以极限偏差可从表中直接查得。

ϕ18H8 基准孔的极限偏差:由附表 1-2 中,从基本尺寸大于 14 至 18 的行和公差带 H8 的列相交处查得$^{+27}_{0}$,这就是基准孔的上、下偏差,所以 ϕ18H8 可以写成 $\phi18^{+0.027}_{0}$。

ϕ18f7 配合轴的极限偏差:由附表 1-3 中,从基本尺寸大于 14 至 18 的行和 f7 的列相交处,得$^{-16}_{-34}$,这就是配合轴上、下偏差,所以 ϕ18f7 可写成 $\phi18^{-0.016}_{-0.034}$。

3. 形状和位置公差简介

形状公差是指单一实际要素(零件上实际存在的要素)的形状所允许的变动全量。

位置公差是指关联实际要素(对其他要素有功能关系的要素)的位置对基准所允许的变动全量。

在机器中某些精确程度较高的零件,不仅需要保证其尺寸公差,还要保证其形状和位置公差。

1)形状公差和位置公差符号

形位公差符号的内容有:各项公差特征符号、附加符号、基准符号、公差数值及填写上列各项所用的框格——公差框格。

(1)形位公差的特征符号及其他的有关符号见表 9-7,各项符号均用粗实线绘制,推荐尺寸如图 9-16 所示。

表 9-7　形位公差各项目的符号

分类	名称	符号	分类		名称	符号
形状公差	直线度	⏤	位置公差	定向	平行度	∥
	平面度	▱			垂直度	⊥
	圆度	○			倾斜度	∠
	圆柱度	⌭		定位	同轴度	◎
	线轮廓度	⌒			对称度	⌯
	面轮廓度	⌓			位置度	⌖
				跳动	圆跳动	↗
					全跳动	⌰

(2)公差框格　公差框格是一个用细实线绘制,由两格或多格横向连成的矩形方框,框内各项的填写顺序自左向右为:公差特征符号;公差数值及(或)有关附加符号;基准符号及(或)有关附加符号,如图 9-16 所示。

2)形位公差标注示例

图 9-17 所示是国家标准中形位公差标注示例。从图中可以看到,当被测要素为线或表面时,从框格引出的指引线箭头,应指在该要素的轮廓线或其延长线上;当被测要素是轴线,应将箭头与该要素的尺寸线对齐,如 M8×1 轴线的同轴度标注法。当基准要素是轴线时,应将基准符号与该要素的尺寸线对齐,如图 9-17(*a*)所示的基准 *B*,图 9-17 所示的基准 *A*。

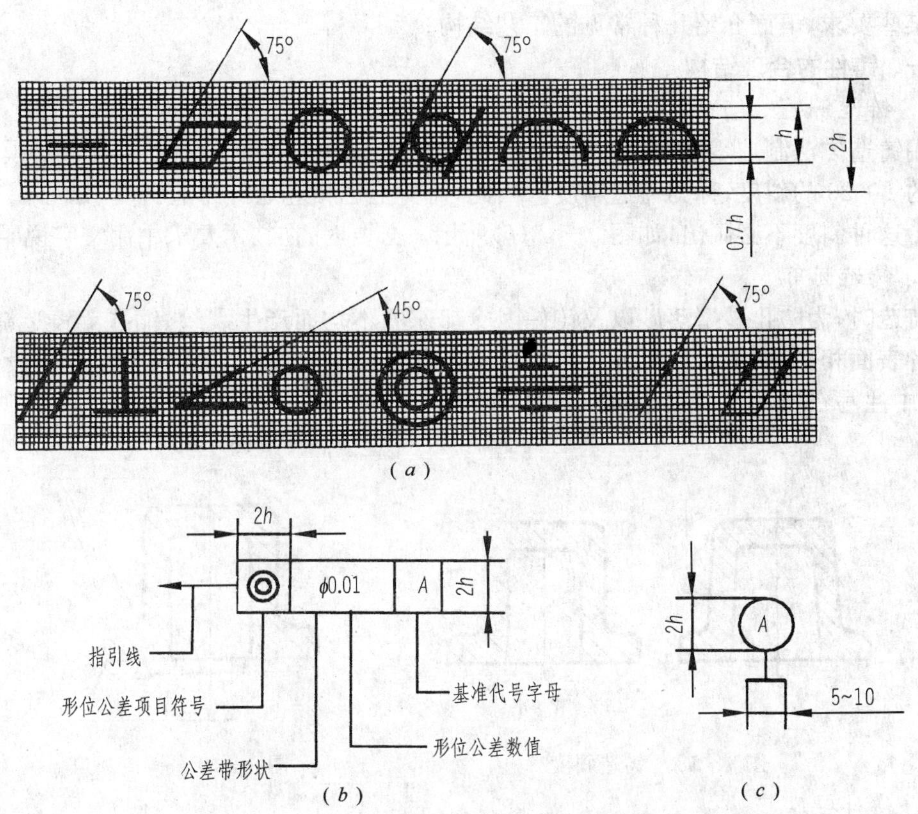

图 9－16　形位公差框格、各项目符号推荐尺寸

(a)形位公差项目符号推荐尺寸；(b)形位公差框格；(c)基准代号。

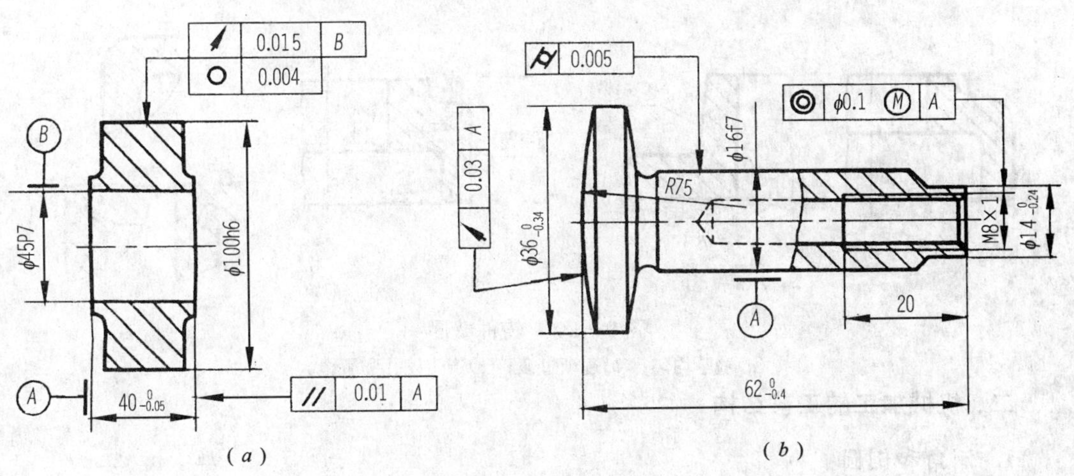

图 9－17　形位公差标注示例

第四节　常见的零件合理结构

零件的结构形状主要由它在部件(或机器)中的作用而定的。但制造工艺对零件结构

也有某些要求，下面介绍几种常见的工艺结构。

一、铸件的合理结构

1. 铸造斜度

用铸造方法制造零件毛坯时，为了便于将木模从砂型中取出，一般沿木模拔模的方向做成约 1∶20 的斜度，称为铸造斜度。因此，铸件上也相应地有铸造斜度，如图 9－18(*a*)所示。这种斜度不必画出，如图 9－18(*b*)所示。必要时，在技术要求中用文字说明。

2. 铸造圆角

铸造时，为防止砂型落砂以及铸件因冷却速度不均而产生裂纹、缩孔等铸造缺陷，在铸件各表面相交处，都做成圆角，称之为铸造圆角。铸造圆角半径在视图上一般不予标注，集中注写在技术要求中，如图 9－19 所示。

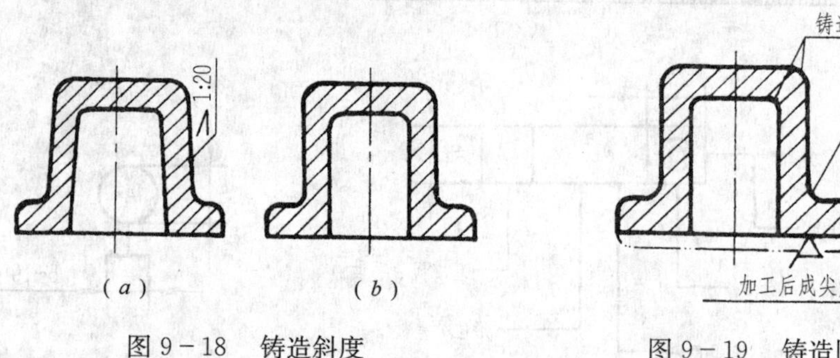

图 9－18　铸造斜度　　　图 9－19　铸造圆角

3. 铸件壁厚

为了避免浇注零件时各部分因冷却速度不同而产生缩孔或裂纹，铸件的壁厚应保持大致相等或逐渐变化，如图 9－20 所示。

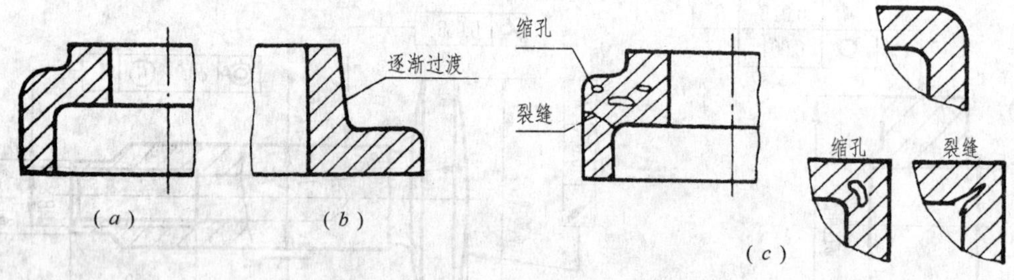

图 9－20　铸件壁厚

(*a*)壁厚均匀；(*b*)逐渐过渡；(*c*)产生缩孔和裂缝。

二、机械加工的工艺结构

1. 倒角和倒圆

为了便于装配和去除毛刺、锐边，在轴和孔的端部一般都加工成倒角。为了避免因应力集中而产生裂纹，在轴肩处往往加工成圆角过渡的形式，称为倒圆，如图 9－21 所示。倒角一般为 45°，用 *C* 表示。

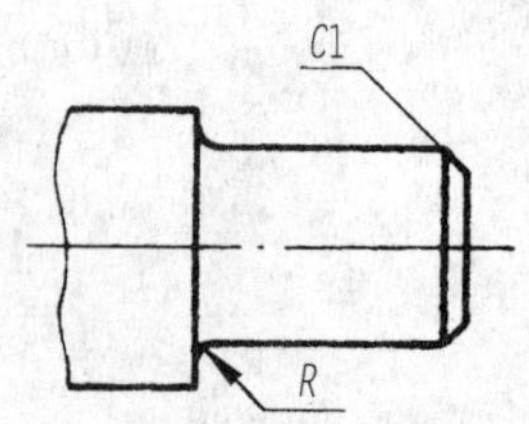

图 9－21　倒角和倒圆

2. 退刀槽和越程槽

切削加工过程中，特别是在车螺纹和磨削时，为了便于退出刀具或使砂轮稍稍越过加工面，常常在待加工面的末端，先车出螺纹退刀槽或砂轮越程槽，如图 9－22 和图 9－23 所示。

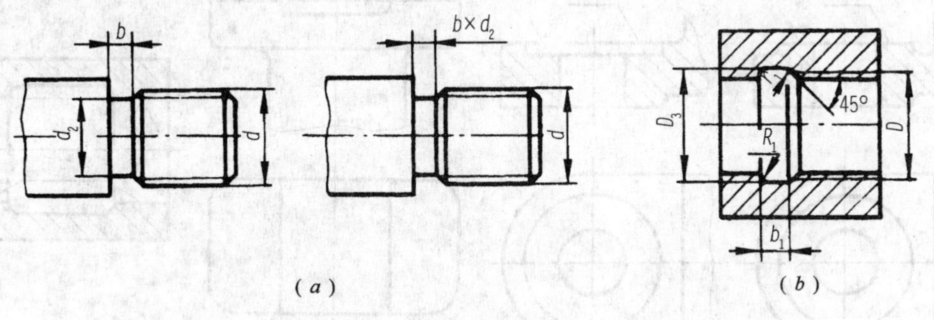

图 9－22　螺纹退刀槽

(a)外螺纹；(b)内螺纹。

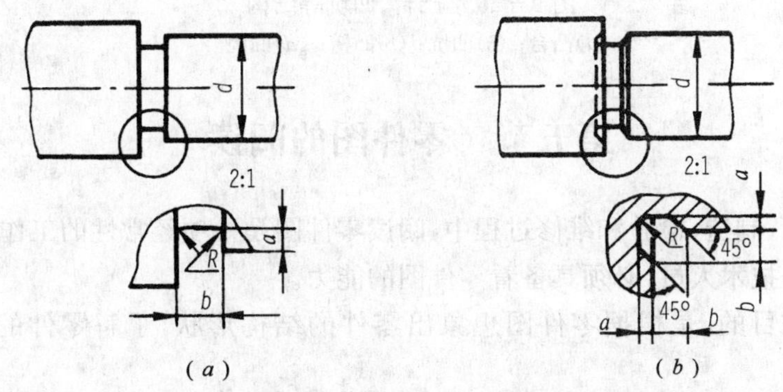

图 9－23　砂轮越程槽

3．加工孔的结构

钻孔时，被钻的端面应与钻头垂直，以避免钻孔偏斜或钻头折断，如图 9－24 所示。

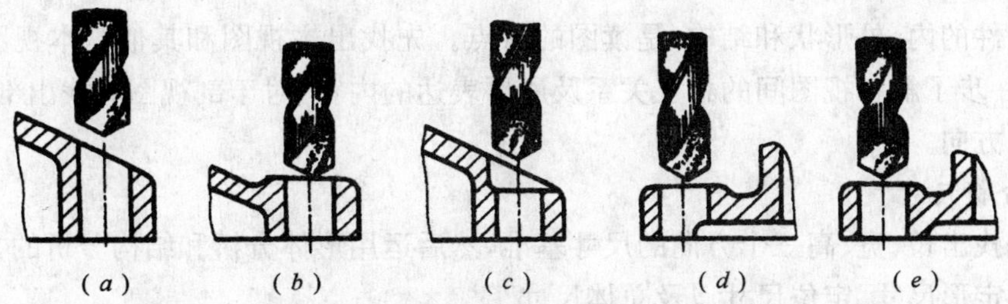

图 9－24　钻孔结构

(a)沿斜面钻孔钻头易断(不好)；(b)在斜面顶部设凸台(好)；(c)在斜面处设置凹坑(好)；(d)钻头单面受力易折断(不好)；(e)避免单边受力(好)。

4．凸台和凹坑

零件上与其他零件的接触面一般都要加工。为了减少加工面积，并保证零件表面之间接触良好，常常在铸件上设计出凸台、凹坑，如图 9－25(a)、(b)所示；图 9－25(c)、(d)是为了减少加工面积，而做成凹槽和凹腔的结构。

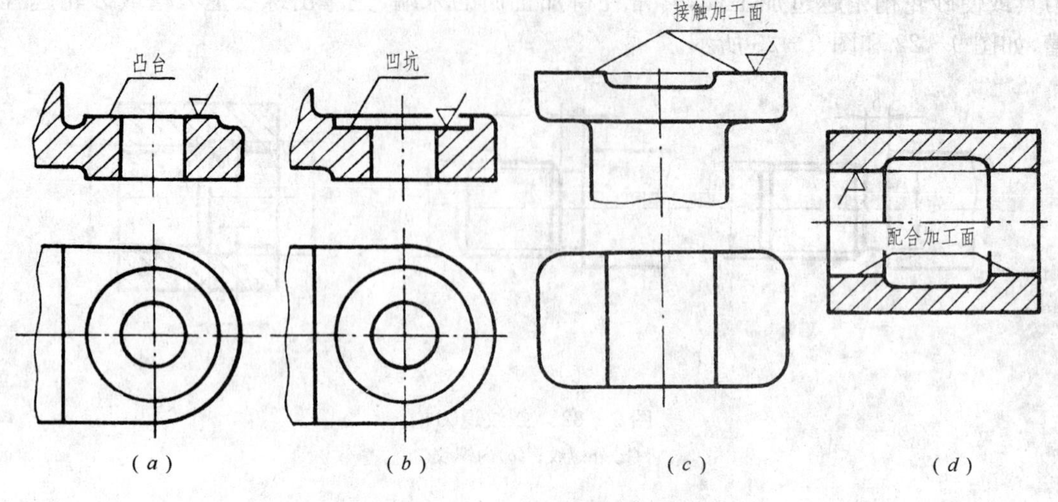

图 9-25　凸台、凹坑等结构
(a)凸台；(b)凹坑；(c)凹槽；(d)凹腔。

第五节　零件图的阅读

在机械设计、制造、检验和维修过程中，阅读零件图是一项经常性的工作。因此，从事各种专业的工程技术人员，必须具备看零件图的能力。

读零件图的目的，是根据零件图想象出零件的结构形状，了解零件的尺寸和技术要求。

一、读零件图的方法和步骤

1. 看标题栏

了解零件的名称、材料、比例等。

2. 分析视图，想象形状

读零件的内、外形状和结构，是读图的重点。先找出主视图和其他基本视图、局部视图等，进一步了解各视图间的相互关系及所要表达的内容，对于剖视图应找出剖切面的位置和投影方向。

3. 分析尺寸

首先找出长、宽、高三个方向的尺寸基准，然后运用形体分析和结构分析的方法，分析各部分的定形尺寸、定位尺寸以及总体尺寸。

4. 分析技术要求

为了便于对零件组织生产和检验，必须详细了解和分析零件图中表示粗糙度、尺寸公差、形位公差及热处理等技术要求。

二、读图举例

读图 9-26 所示的壳体零件图。

1. 看标题栏

零件名称是壳体，属箱体类零件。材料为 ZL102，是铝合金铸件。

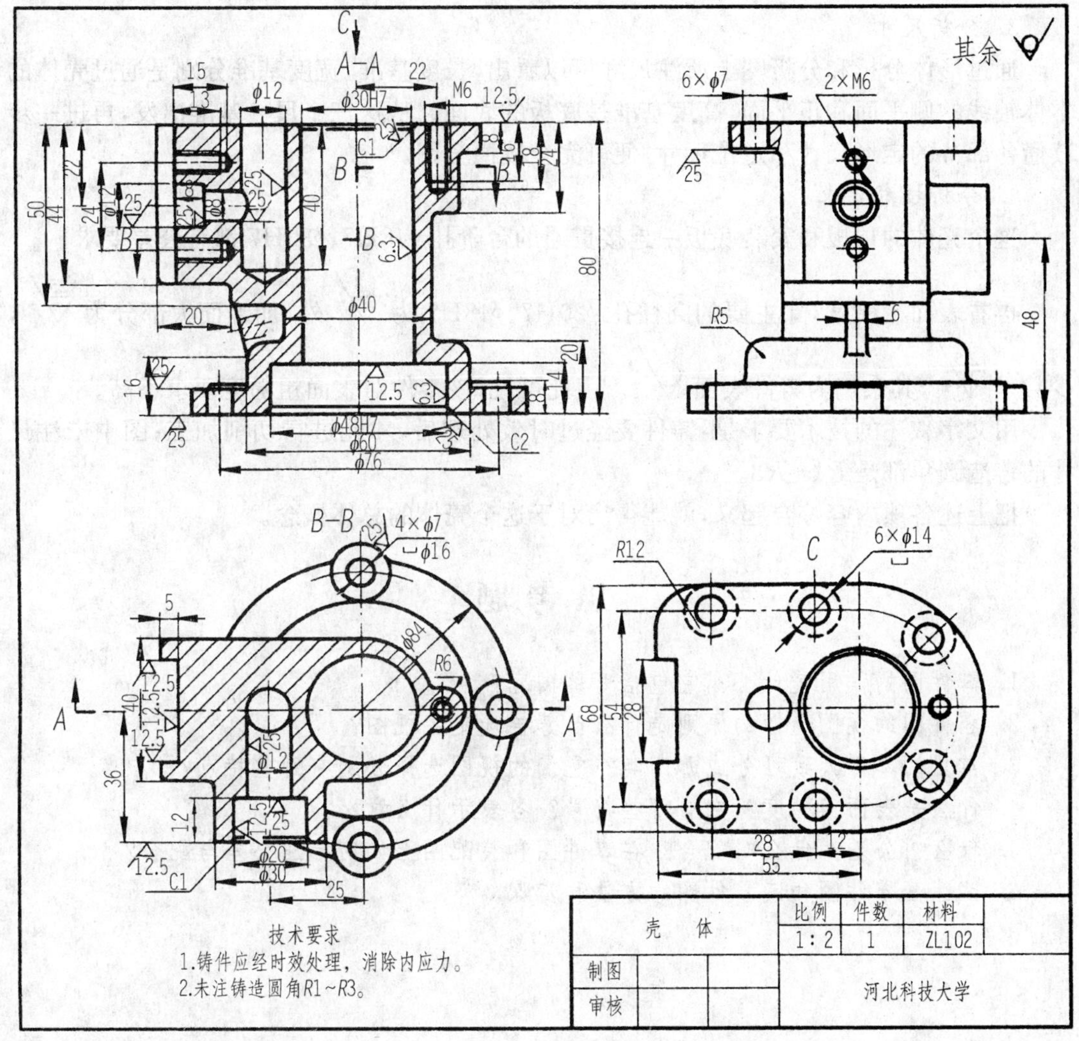

图 9－26　壳体零件图

2. 分析视图，想象形状

该零件较为复杂，采用三个基本视图（都采用剖视）和一个局部视图表达它的内外形状。主视图是采用单一正平面剖切所得的 $A-A$ 全剖视图，表达内部形状。俯视图是采用阶梯剖的 $B-B$ 全剖视图，同时表达内部和底板的形状。采用局部剖视的左视图以及 C 向局部视图，主要表达外形及顶面的形状。由形体分析可知，该壳体主要由上部的本体、下部的安装底板以及左面的凸块组成。除了凸块外，本体及底板基本上是回转体。

再看细部结构：顶部有 φ30H7 的通孔、φ12 的盲孔和 M6 的螺孔；底部有 φ48H7 的台阶孔，底板上还有锪平 4×φ16 的安装孔 4×φ7。结合主、俯、左三个视图看，左侧为带有凹槽的 T 形凸块，在凹槽的左端面上有 φ12、φ8 的台阶孔，与顶部 φ12 的圆柱孔相通；在这个台阶孔的上方和下方，分别有一个螺孔 M6。在凸块前方的圆柱形凸缘（从外径 φ30 可以看出）上，有 φ20、φ12 的台阶孔，向后也与顶部 φ12 的圆柱孔贯通。从左视图和 C 向视图可看到：顶部有 6 个安装孔 φ7，并在它们的下端分别锪平成 φ14 的平面。

通过以上分析，就可以大致看清壳体的内、外形状。

3. 分析尺寸

通过形体分析和分析图上所注尺寸可以看出，长度基准、宽度基准分别是通过壳体的本体轴线的侧平面和正平面，高度基准是底板的底面。从这三个尺寸基准出发，再进一步读懂各部分的定形尺寸和定位尺寸，便可完全读懂全图。

4. 分析技术要求

这个壳体的顶板和安装底板中连接贯通的台阶孔 ϕ48H7、ϕ30H7 都有公差要求。

再看表面粗糙度，除主要的圆柱孔 ϕ20H7、ϕ48H7 为 $\stackrel{6.3}{\triangledown}$ 外，加工面大部分为 $\stackrel{25}{\triangledown}$，少数是 $\stackrel{12.5}{\triangledown}$，其余仍为铸件表面 $\stackrel{\circ}{\triangledown}$。由此可见，该零件对表面粗糙度要求不高。

用文字叙述的技术要求是：铸件要经过时效处理后，才能进行切削加工；图中未注尺寸的铸造圆角都是 $R1 \sim R3$。

把上述各项内容综合起来，就能得出对于这个壳体的总体概念。

思考题

1. 零件图的作用是什么？它包括哪些内容？
2. 零件图的视图选择的原则是什么？怎样选定主视图？
3. 常见的零件大致可分成哪四类？它们的视图选择分别有哪些特点？
4. 什么是表面粗糙度？它有哪些符号？各表示什么意义？
5. 什么叫公差？什么叫配合？在零件图和装配图上如何标注公差与配合？
6. 试述画零件图和读零件图的方法和步骤。

第十章 装配图

第一节 装配图的作用和内容

一、装配图的作用

表达机器或部件的图样称为装配图。设计过程中，一般根据设计要求先画出机器或部件的装配图，以表达设计意图和要求，再根据装配图绘制零件图。生产过程中，根据装配图将加工好的零件装配成机器或部件，所以，装配图是生产中的重要技术文件。

二、装配图的内容

图 10－1 是滑动轴承装配图。由图可知，一张完整的装配图应具有如下内容：

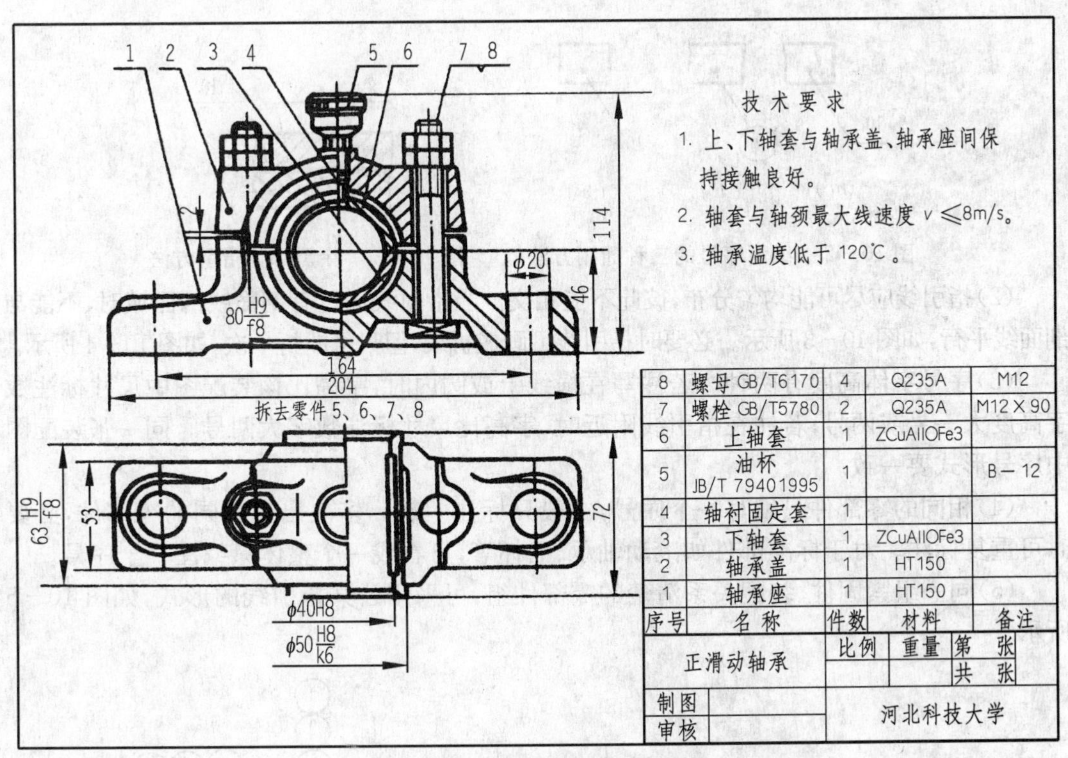

8	螺母 GB/T6170	4	Q235A	M12
7	螺栓 GB/T5780	2	Q235A	M12×90
6	上轴套	1	ZCuAl10Fe3	
5	油杯 JB/T 7940 1995	1		B－12
4	轴衬固定套	1		
3	下轴套	1	ZCuAl10Fe3	
2	轴承盖	1	HT150	
1	轴承座	1	HT150	
序号	名称	件数	材料	备注

正滑动轴承	比例	重量	第 张
			共 张
制图		河北科技大学	
审核			

图 10－1 滑动轴承装配图

1. 一组视图

用恰当的表达方法正确、完整、清晰地表示机器或部件的工作原理，零件间的相对位置、装配关系、连接方式和结构形状等。

2. 必要的尺寸

标出反映机器或部件性能、规格、外形及装配、检验和安装时所需的尺寸。

3. 技术要求

用符号或文字说明机器或部件在装配、试验、调整和使用等方面的要求。

4. 零部件序号、明细栏和标题栏

根据生产组织和管理工作的需要，在装配图上应对每个不同的零件编写序号，并按一定格式填写明细栏和标题栏。

第二节　装配图中零部件序号、标题栏和明细表

为便于看图和图样管理，在装配图中需对所有的零部件进行编写，并填写明细栏。

一、零部件序号及编排方法

(1)零部件序号应注写在视图轮廓线之外，在被编号的零部件的可见轮廓内画一小圆点，由此画出指引线，在指引线末端的横线上或圆内注写序号，也可将序号注写在指引线端点附近。指引线、横线或圆均用细实线绘制，如图 10－2 所示。

若所指部分为很薄零部件或涂墨的剖面而不宜画圆点时，可在指引线的末端画一箭头指向该部分轮廓，如图 10－3 所示。

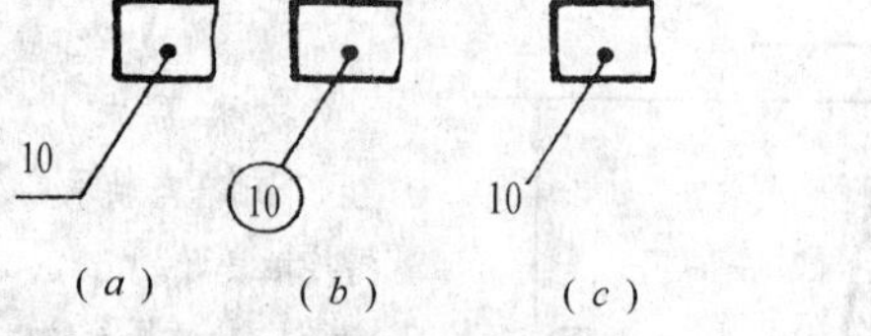

图 10－2　编写序号的三种通用方法　　图 10－3　涂黑部分指引方法

(2)指引线应尽可能均匀分布，彼此不能相交。当指引线通过有剖面线的区域时，不能与剖面线平行，如图 10－3 所示。必要时指引线可画成折线，但只可曲折一次，如图 10－4 所示。

(3)序号字体高度有两种。若注写在横线上或圆内时，字高比该装配图中尺寸标注数字高度大一号或两号；若注在指引线附近时，字高比尺寸标注数字大两号。同一张装配图中序号形式要一致。

(4)相同的零部件只编写一个序号，一般只标注一次。多次出现相同的零部件，必要时可重复标注。对于标准部件如滚动轴承、油杯等，可看成一个整体只编注一个序号。

(5)同一组紧固件、装配关系清楚的零部件组，可采用公共指引线的形式，如图 10－5 所示。

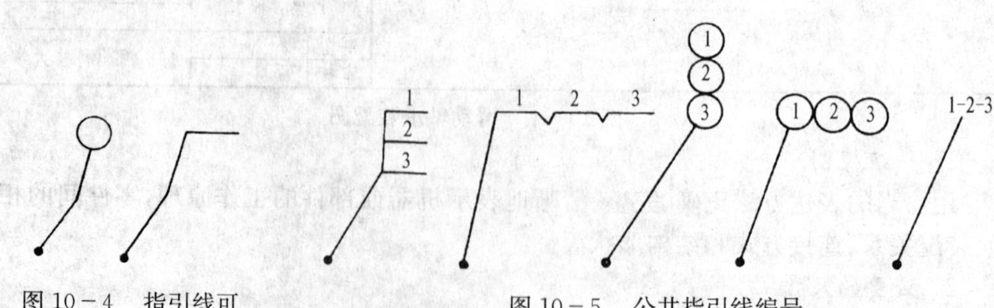

图 10－4　指引线可曲折一次　　图 10－5　公共指引线编号

(6)编写序号时，为使全图布置美观整齐，编写序号要沿水平或铅垂方向按顺时针或逆时针次序排列整齐，若在整个图上无法连续时，可只在水平或垂直方向顺序排列。

二、明细栏

明细栏格式及内容见第一章。

装配图的明细栏接在标题栏的上方，其侧边为粗实线，其余为细实线。填写明细栏时按零部件序号自下而上依次书写，不得间断或交错。当明细栏不能向上延伸时，可在标题栏左方再画一排。

在实际生产中，明细栏可不画在装配图内，作为装配图的续页单独按 $A4$ 幅面绘出，编写顺序是从上而下，可连续加页，但在明细栏下方应设置为与装配图完全一致的标题栏。

第三节　装配图的视图选择和表达方法

一、装配图的视图选择

1. 表达机器或部件的基本要求

装配图应清晰地表达机器或部件的工作原理、装配关系、主要零部件的基本结构及所属零部件的相对位置、连接方式和运动情况，而表达每个零部件的形状不是重点。选择装配图的表达方案时，应围绕上述要求，力求绘图简便。

2. 装配图的视图选择原则

1)主视图的选择　一般将机器或部件按工作位置放置，从最能反映机器或部件的工作原理、装配关系和结构特点的方向进行投影，沿其主要装配干线进行剖切画出主视图。

2)其他视图的选择　主视图确定后，对尚未表达清楚的内容，要选择其他视图予以补充完善。选择其他视图时应考虑以下要求：

(1)优先选用基本视图并做适当剖视。

(2)每一视图都要有明确的目的和表达重点，应避免对同一内容重复表达。

(3)视图的数量要依据机器或部件的复杂程度而定，在表达完整、清楚的基础上力求简练方便。

3. 装配图视图选择举例

以图 10－6 齿轮泵装配图为例，主视图按工作位置轴线水平横放绘制，用全剖视表达了主要装配干线上零部件间的装配关系。但泵腔内齿轮泵的增压原理没有反映出来。

图 10－7 为齿轮泵工作原理图，当主动轴转动时，在齿轮啮合区的前侧形产生局部真空而形成低压区，将油从吸油口吸入，随着齿轮的转动，在齿轮啮合区的后侧油压增加形成高压区，从而将油经压油口压出，供油路使用。

由此可见，只用主视图不能把部件的全部特征清楚的表达出来。主视图确定后，分析哪些内容尚未表达清楚，针对具体情况，选择其他视图。确定其他视图时，力求使每个视图都应有明确的表达重点，同时应避免重复。齿轮泵选择了左视图，采用了沿泵体和左泵盖结合面剖切画法，画出了半剖视图，既表达了齿轮泵的工作原理，又表达了泵体和左泵盖的外形。在左视图中又采用了两个局部剖，分别表达了吸油口及沉孔结构，如图 10－6 所示。

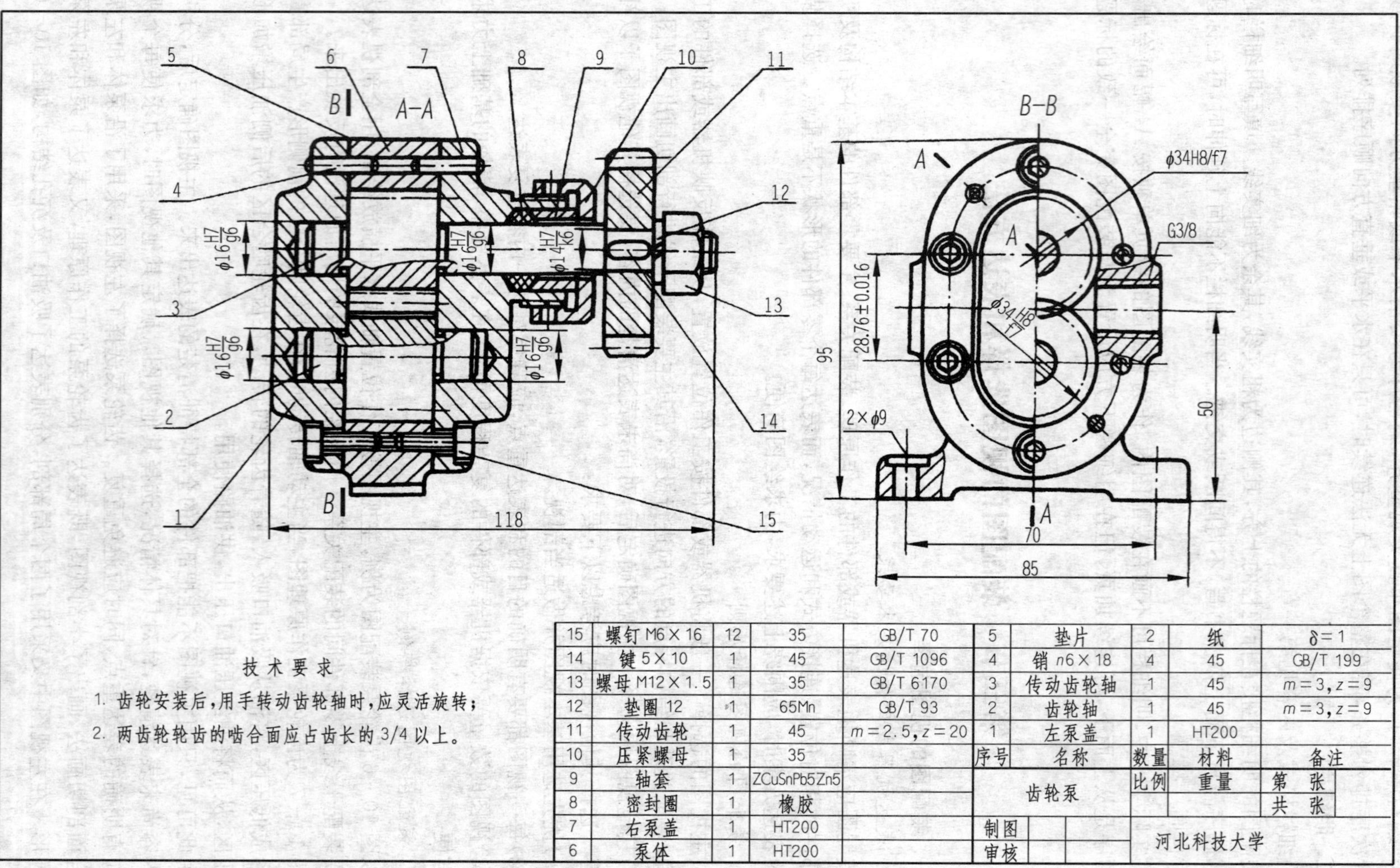

技术要求

1. 齿轮安装后，用手转动齿轮轴时，应灵活旋转；
2. 两齿轮轮齿的啮合面应占齿长的 3/4 以上。

15	螺钉 M6×16	12	35	GB/T 70	5	垫片	2	纸	$\delta=1$
14	键 5×10	1	45	GB/T 1096	4	销 $n6\times18$	4	45	GB/T 199
13	螺母 M12×1.5	1	35	GB/T 6170	3	传动齿轮轴	1	45	$m=3, z=9$
12	垫圈 12	1	65Mn	GB/T 93	2	齿轮轴	1	45	$m=3, z=9$
11	传动齿轮	1	45	$m=2.5, z=20$	1	左泵盖	1	HT200	
10	压紧螺母	1	35		序号	名称	数量	材料	备注
9	轴套	1	ZCuSnPb5Zn5		齿轮泵		比例	重量	第 张
8	密封圈	1	橡胶						共 张
7	右泵盖	1	HT200		制图		河北科技大学		
6	泵体	1	HT200		审核				

图 0-2 齿轮泵装配图

二、装配图的表达方法

在表达机器或部件时，除前面所介绍的绘制机械图样的基本方法外，国家标准《机械制图》对绘制装配图还提出了一些规定画法、简化画法和特殊的表达方法。

1. 规定画法

(1)同一装配图中的同一零部件的剖面线方向应相同，间隔应相等；相邻两零部件的剖面线方向相反，或方向一致而间隔不等，如图 10-8 所示。

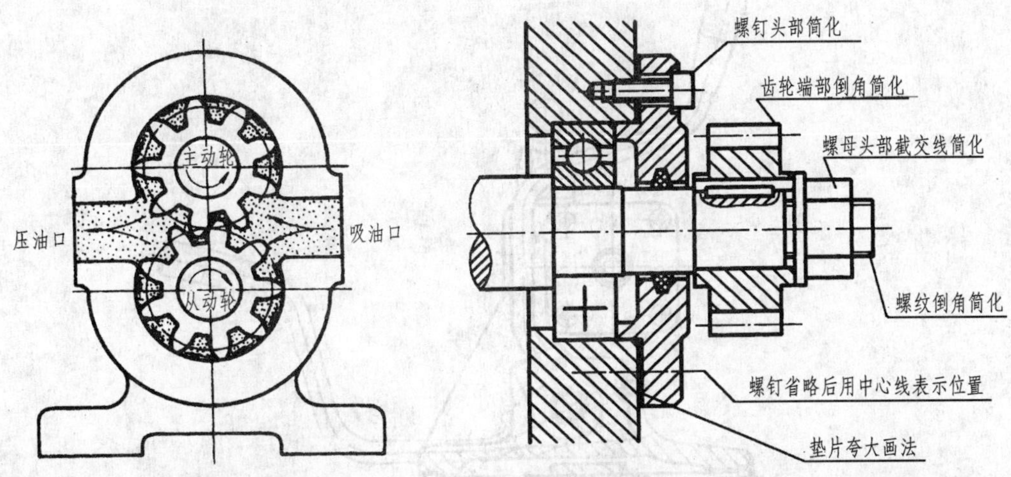

图 10-7　齿轮泵的工作原理　　图 10-8　简化画法与夸大画法

(2)两相邻零部件的接触面和配合面，只画一条轮廓线；但基本尺寸不相同的两相邻零部件间的非接触面，即使间隙很小，也必须画出两条轮廓线，如图 10-8 所示。

(3)在装配图中，若剖切平面通过标准件(如螺栓、螺母、垫圈、键、销等)以及轴、连杆、球、吊钩等实心件的对称平面或轴线时，这些零部件均按不剖绘制，如图 10-8 所示的螺钉、图 10-6 所示的轴和螺钉的画法。如需特别表示零部件的局部结构，可再用局部剖视表示。

2. 简化画法

(1)零件的工艺结构如圆角、倒角、退刀槽等允许不画出，如图 10-8 所示。

(2)当剖面厚度小于 2mm 时，允许将剖面涂黑代替剖面线，如图 10-8 所示。

(3)螺母和螺栓头部允许采用简化画法。对若干相同的零部件组(如螺纹连接件等)，在不影响理解的前提下，允许只画一处，其余用点画线表示中心位置，如图 10-8 所示。

3. 特殊画法

(1)拆卸画法　当某一个或几个零部件(在其他视图中已表达清楚)遮住了所要表达的装配关系或零部件时，可假想将其拆去，只画出所要表达部分的视图，采用此法时，在该视图上方注明“拆去零部件××等”字样，如图 10-1 所示。

(2)沿结合面剖切画法　为了表示装配体的内部结构，可沿某些零部件的结合面剖切，如图 10-6 所示的左视图是沿泵体和左泵盖的结合面剖切后画的半剖视图。

(3)夸大画法　在画装配图时，有时会遇到薄片零部件、细丝零部件、微小的间隙、较小的斜度和锥度等，允许该部分不按比例夸大画出。

(4)假想画法　为了表示运动零部件的运动范围和极限位置，可先在一个极限位置上画出该零部件，再在另一个极限位置上用双点画线画出轮廓，如图 10－9 中的车床尾座锁紧手柄的运动范围；为表示与本部件有装配关系但又不属于本部件的其他相邻零部件时，可用双点画线画出相邻零部件的轮廓，如图 10－9 中与车床尾座相邻的床身导轨就是用双点画线表示的。

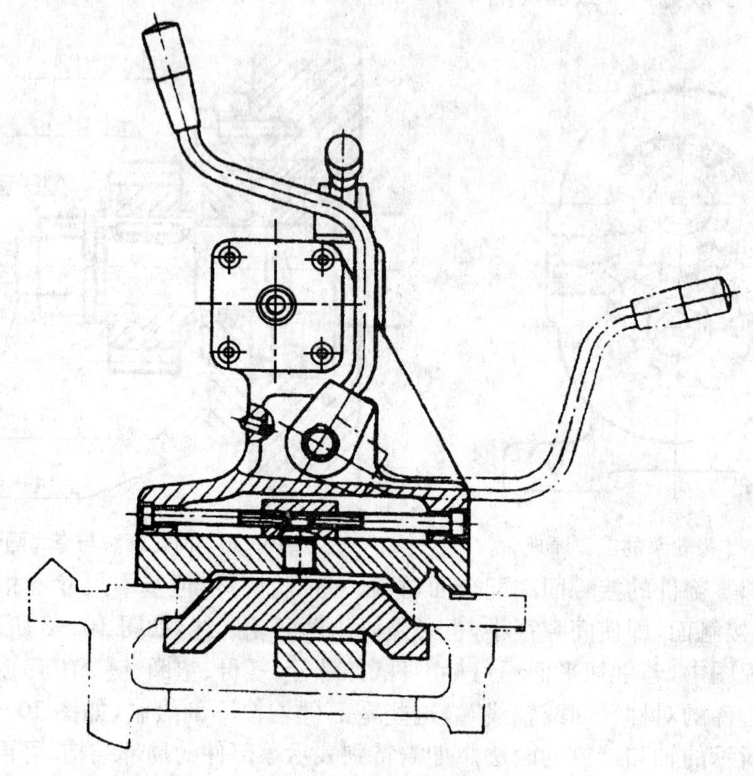

图 10－9　车床尾座

第四节　装配图的尺寸标注和技术要求

一、装配图的尺寸标注

装配图中应根据装配图的作用标注出必要的尺寸，以进一步说明机器的性能、工作原理、装配关系和安装的要求。装配图上应标注以下几种尺寸。

1. 外形尺寸

外形尺寸是表示机器或部件外形轮廓的尺寸，即总长、总宽、总高尺寸，这是在包装、运输、厂房设计和安装机器时所需的尺寸。图 10－6 中的齿轮泵装配图中的总长 118、总宽 85、总高 95 均是外形尺寸。

2. 装配尺寸

为了保证机器或部件的使用性能，对于零部件间的配合尺寸、重要的相对位置尺寸、连接尺寸及装配加工尺寸等应在装配图上注明，作为设计零部件或装配时的依据。

(1)配合尺寸　确定两零部件配合性质的尺寸。图 10－6 中传动齿轮轴与轴孔的配

合尺寸为 ϕ16H7/g6。

(2)相对位置尺寸　在设计或装配时需要保证的零部件之间的相对位置尺寸。图 10－6中的齿轮轴 2 与传动齿轮轴 3 之间的相对位置尺寸为 28.76±0.016。

3. 性能(规格)尺寸

它表示机器或部件的性能或规格的尺寸。这类尺寸是设计时确定的,也是了解或选用机器或部件的依据,图 10－6 中的齿轮泵管口直径 G3/8。

4. 安装尺寸

它表示机械或部件安装在地基上或与其他机器或部件相连接时所需尺寸,图 10－6 中的 70、2×ϕ9。

5. 其他重要尺寸

在设计中经过计算确定或选定的尺寸,但又未包括在上述四类尺寸中,而这种尺寸在拆画零部件图时不能改变。

上述五类尺寸,并非在每张装配图上都标注全,有时同一尺寸可能具有多种含义,因此,装配图上要标注哪些尺寸,要根据具体情况来确定。

二、装配图的技术要求

不同性能的机器或部件,其技术要求也不同。一般情况下,装配图应对机器或部件在装配、试验、调整、检验和使用等方面提出技术指标及其性能上的要求,或就其中某些项目提出要求。技术要求的各项内容,用符号等标注在视图上,或用文字和表格的形式写在图纸的空白处,也可附上另外编写的技术文件。

第五节　装配结构的合理性

绘制装配图时,应考虑到装配结构的合理性,以保证装配质量,并给零件的加工和装拆带来方便。确定合理的装配结构,必须具有丰富的实际经验,并作深入细致的分析比较。现举例说明如下:

(1)当轴和孔配合,且轴肩与孔的端面相互接触时,应在孔的接触端面制成倒角或在轴肩根部切槽,以保证两零件接触良好,如图 10－10 所示。

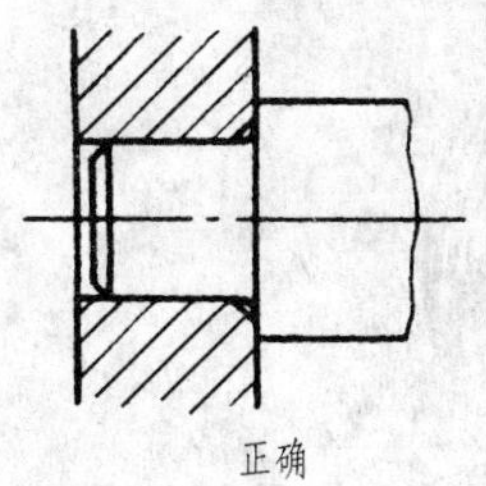

正确

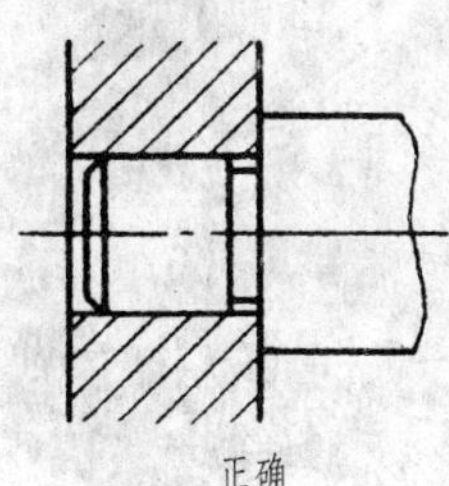

正确

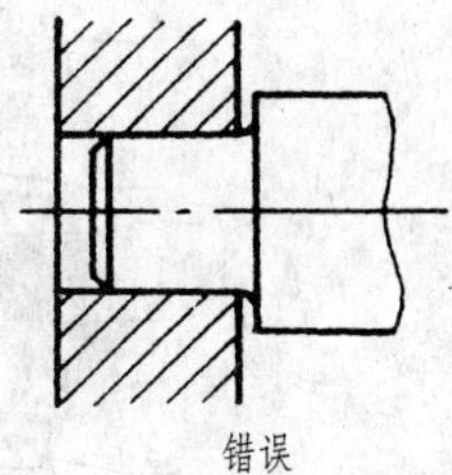

错误

图 10－10　常见装配结构(一)

(2)两个零件接触时,在同一方向上只允许有一对接触面,如图 10－11 所示。

(3)为了保证两零件在装拆前后不致降低装配精度,通常用圆柱销或圆锥销将两零件定位,如图 10－12(a)所示。为了加工和装拆的方便,在可能的条件下,最好将销孔做成通孔,如图 10－12(b)所示。

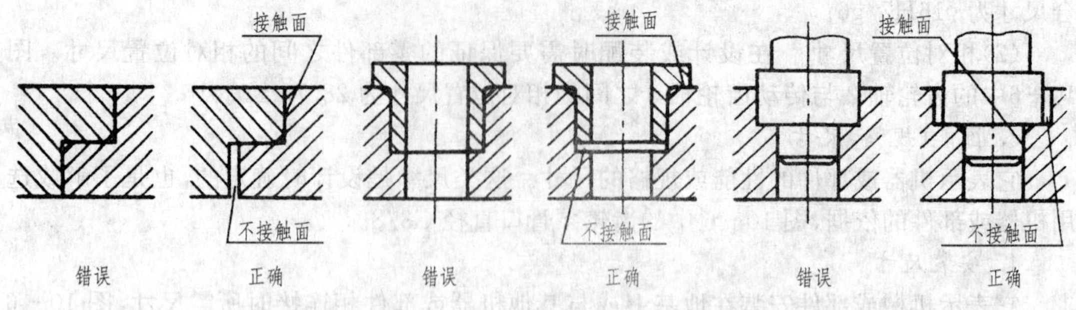

图 10-11　常见装配结构(二)

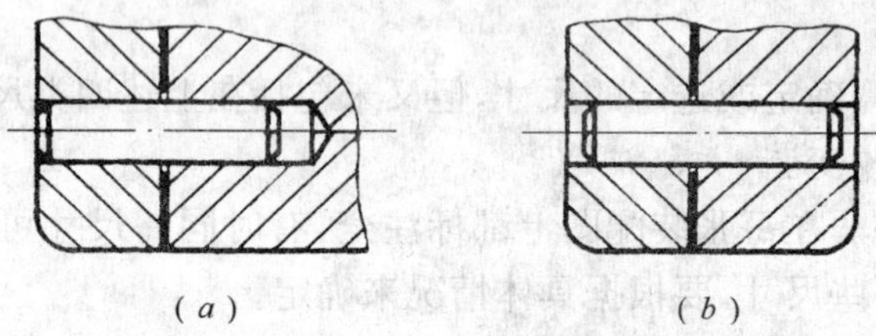

图 10-12　常见装配结构(三)

第六节　由零件图画装配图

设计、测绘机器或部件时都要画出装配图。画图时,先要了解装配体的工作原理、每种零件的数量及其在装配体中的作用和零件间的装配关系等,并且要读懂每个零件的零件图。画装配图与画零件图的方法步骤类似,现以图 10-13 所示的球阀为例,说明由零

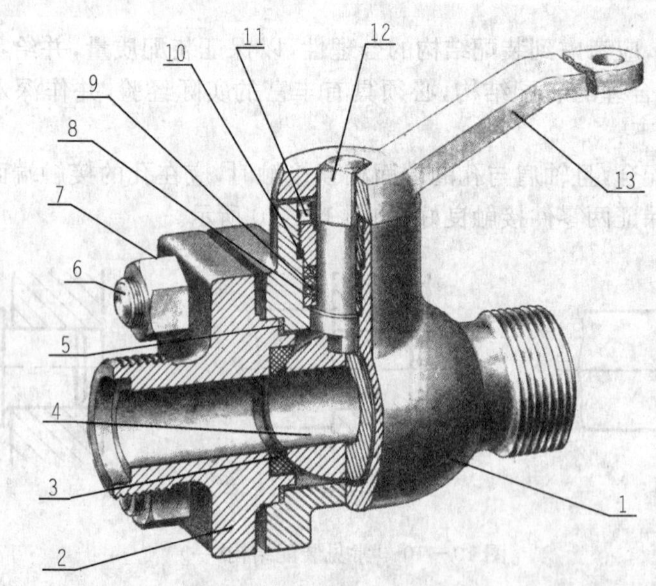

图 10-13　球阀的立体图

1—阀体；2—阀盖；3—密封圈；4—阀芯；5—调整垫圈；6—螺柱；7—螺母；
8—填料垫；9—中填料；10—上填料；11—填料压紧套；12—阀杆；13—扳手。

件图画装配图的方法和步骤。

一、了解部件的装配关系和工作原理

球阀是管道系统中用以启闭和调节流体流量的部件。其装配关系：阀体 1 和阀盖 2 用四个双头螺柱和螺母 6、7 连接，并用调整垫圈 5 调节阀芯 4 与密封圈 3 之间的松紧度。阀体上部的阀杆 12 与阀芯 4 连接。阀体与阀杆之间靠填料垫 8、中填料 9 和上填料 10 及填料压紧套 11 密封。其工作原理：扳手 13 处于图 10－13 所示位置时，阀门全部关闭，管道断流。

图 10－14 是球阀的主要零件的零件图，依此可拼画球阀的装配图。

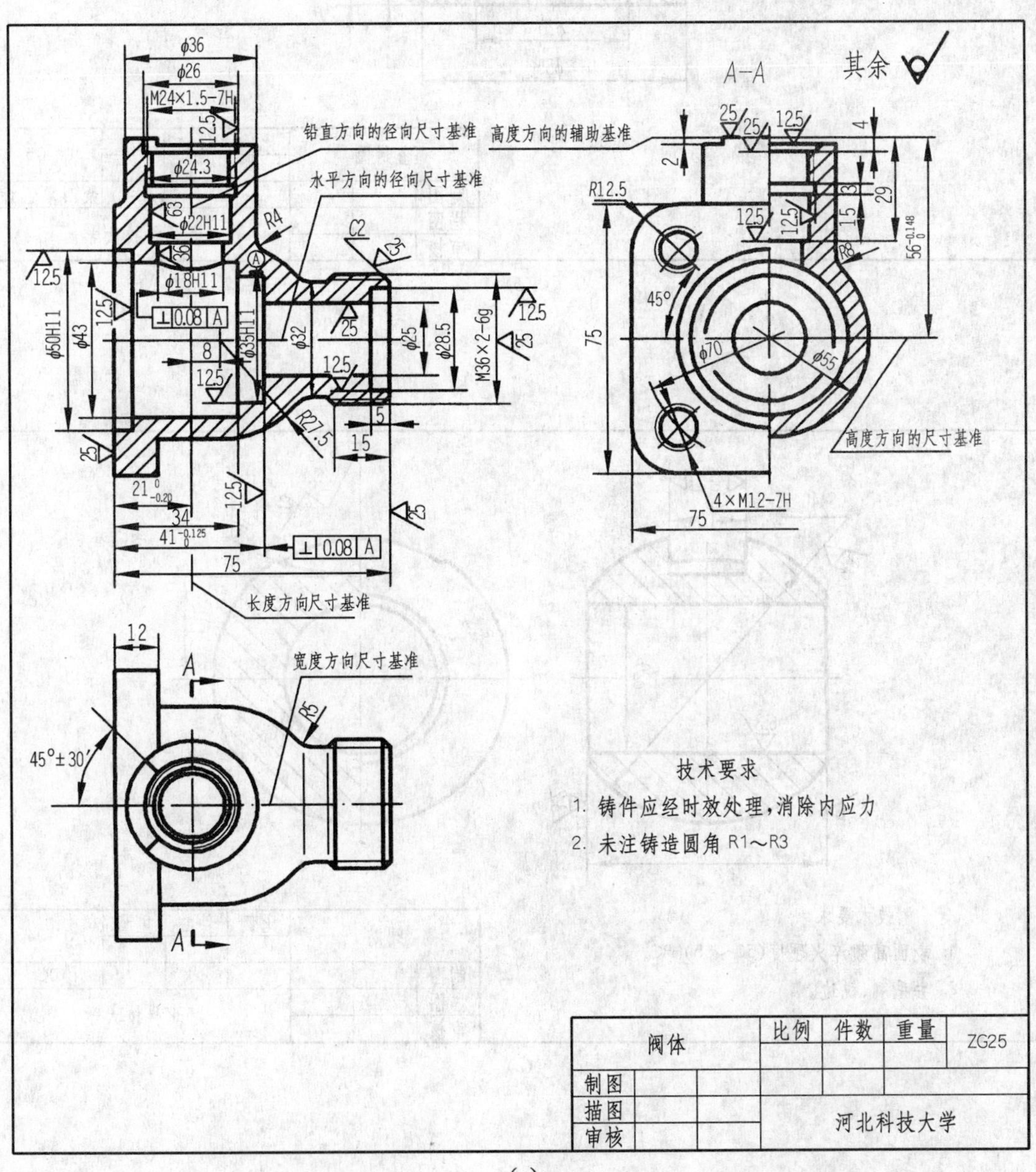

(a)

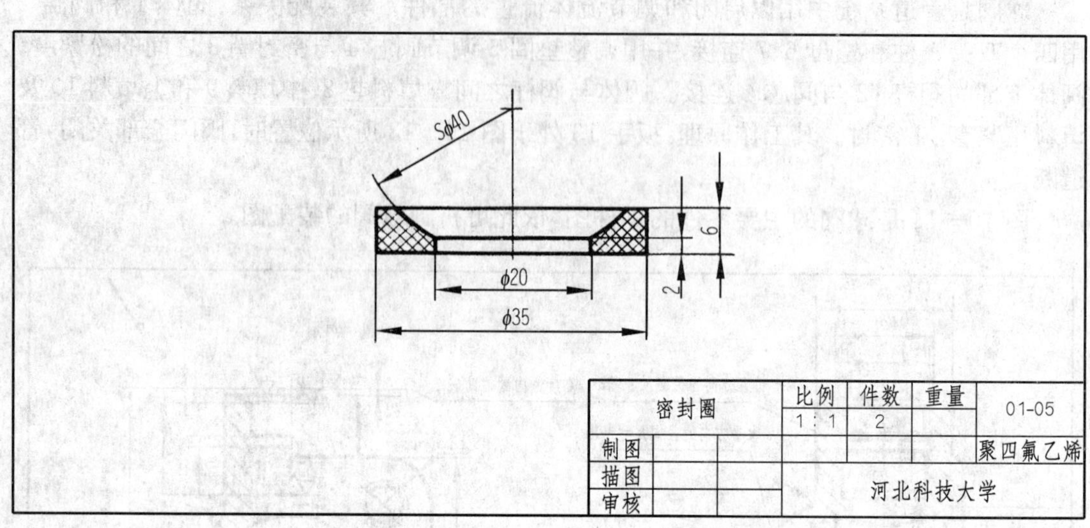

(b)

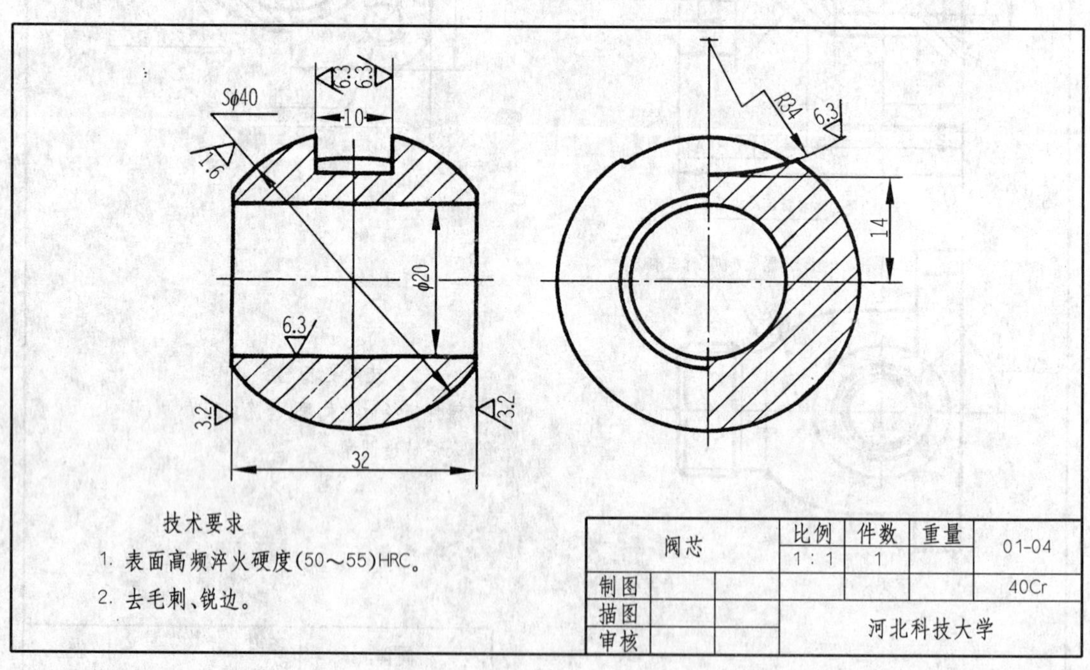

(c)

M24×1.5
ϕ16
A向
3
其余 6.3
A
5
3
15
4
1.6
ϕ14+0.110 0
3.2
ϕ22
技术要求
1. 未注倒角 C0.5。
2. 去毛刺、锐边。
填料压紧套
比例
件数
材料
1:1
1
35
01-06
制图
描图
审核
河北科技大学

(*d*)

30°
3.2
其余 25
A
12.5
SR20
ϕ14
ϕ11
ϕ14d11(−0.050 −0.160)
8.5 0 −0.220
ϕ18a11(−0.290 −0.400)
A
12.5
14
7
12.5
12 0 −0.270
3.2
50±0.500
技术要求
1.调质处理,(220~250)HB。
2.去毛刺、锐边。
11 0 −0.110
11 0 −0.110
阀　杆
比例
数量
材料
1:1
1
Cr40
制图
审核
河北科技大学

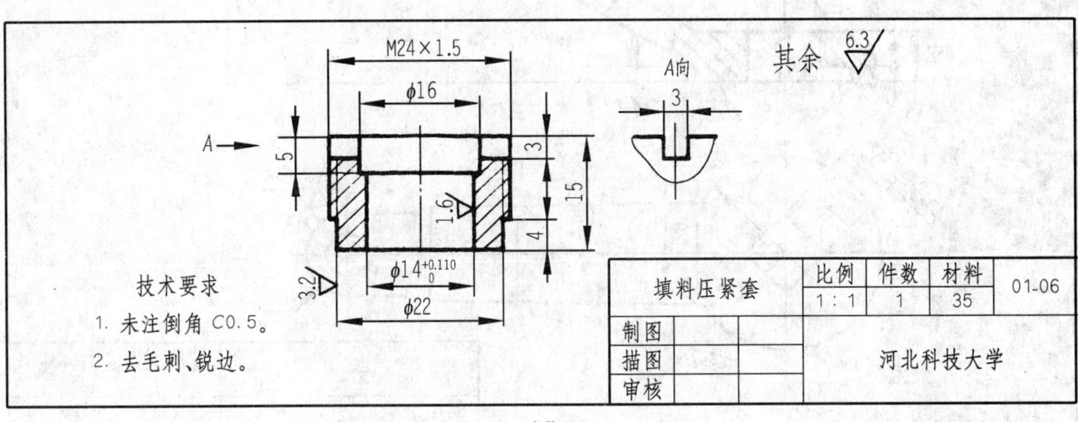

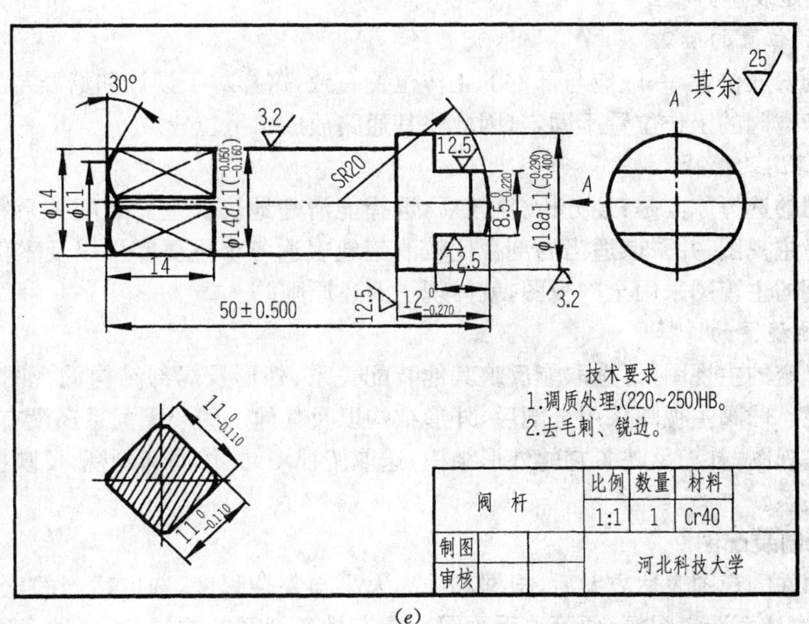

(*e*)

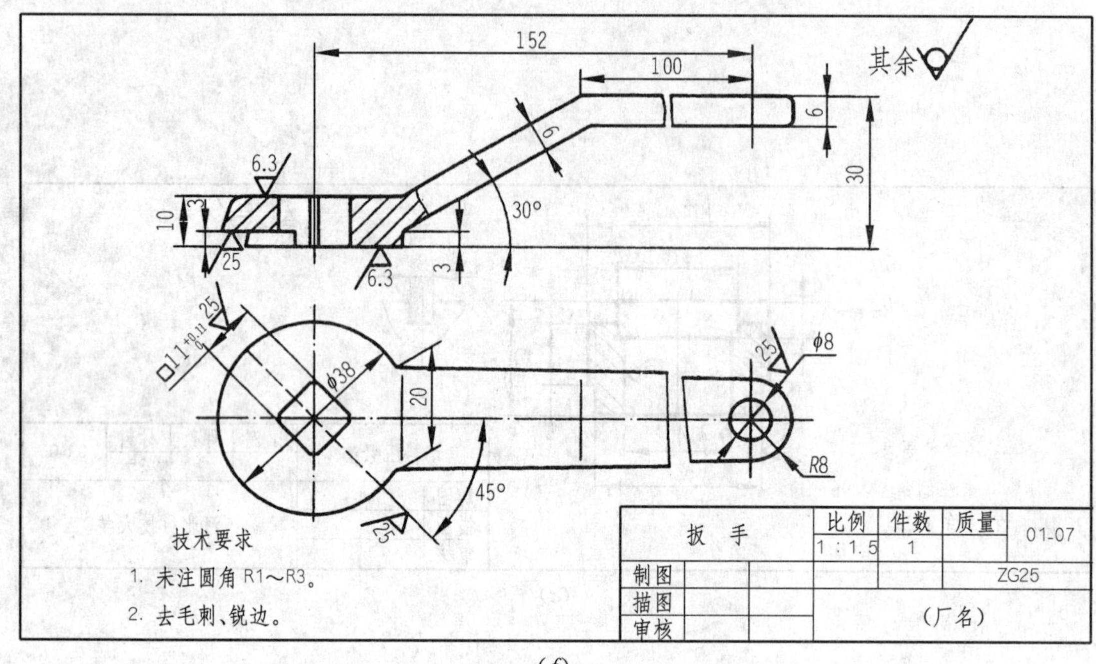

(*f*)

图 10－14　球阀的主要零件图

二、确定表达方案

1. 安放位置的确定

部件的安放位置，一般应与部件的工作位置一致，这样对于设计和指导装配都会带来方便。由于球阀的工作位置不固定，因此将其通路放成水平位置。

2. 主视图的选择

主视图的选择原则是：经分析、比较后，选择能清楚地反映主要装配关系和工作原理的视图作为主视图，并采取适当的剖视比较清楚地表达各个主要零件以及零件间的相互关系。球阀的主视图采用全剖视图，就体现了上述原则。

3. 其他视图的选择

根据确定的主视图，再选取能反映其他装配关系、外形及局部结构的视图，以补充主视图的不足。球阀主视图采用全剖后，外形结构以及其他一些装配关系还没有表达清楚。于是选取左视图，补充反映了它的外形结构；选取俯视图，并作局部剖视，反映扳手与定位凸台块的关系。

三、绘制装配图

确定部件的视图表达方案后，根据部件的大小与复杂程度，选取适当的比例，安排各视图的位置，从而选定图幅，便可着手画图。在安排各视图的位置时，要注意留有供编写零部件序号、明细栏及注写尺寸和技术要求的位置。

画图时，应先画出各视图的主要轴线（装配干线）、对称中心线和作图基准线（某些零件的基面或端面）。由主视图开始，几个视图配合进行。画剖视图时，以装配干线为准，由内向外逐个画出各个零件，也可由外向里画，视作图方便而定。绘制球阀装配图底稿的画图步骤如下：

（1）画出各视图的主要轴线，对称中心线及作图基线，如图 10－15 所示。

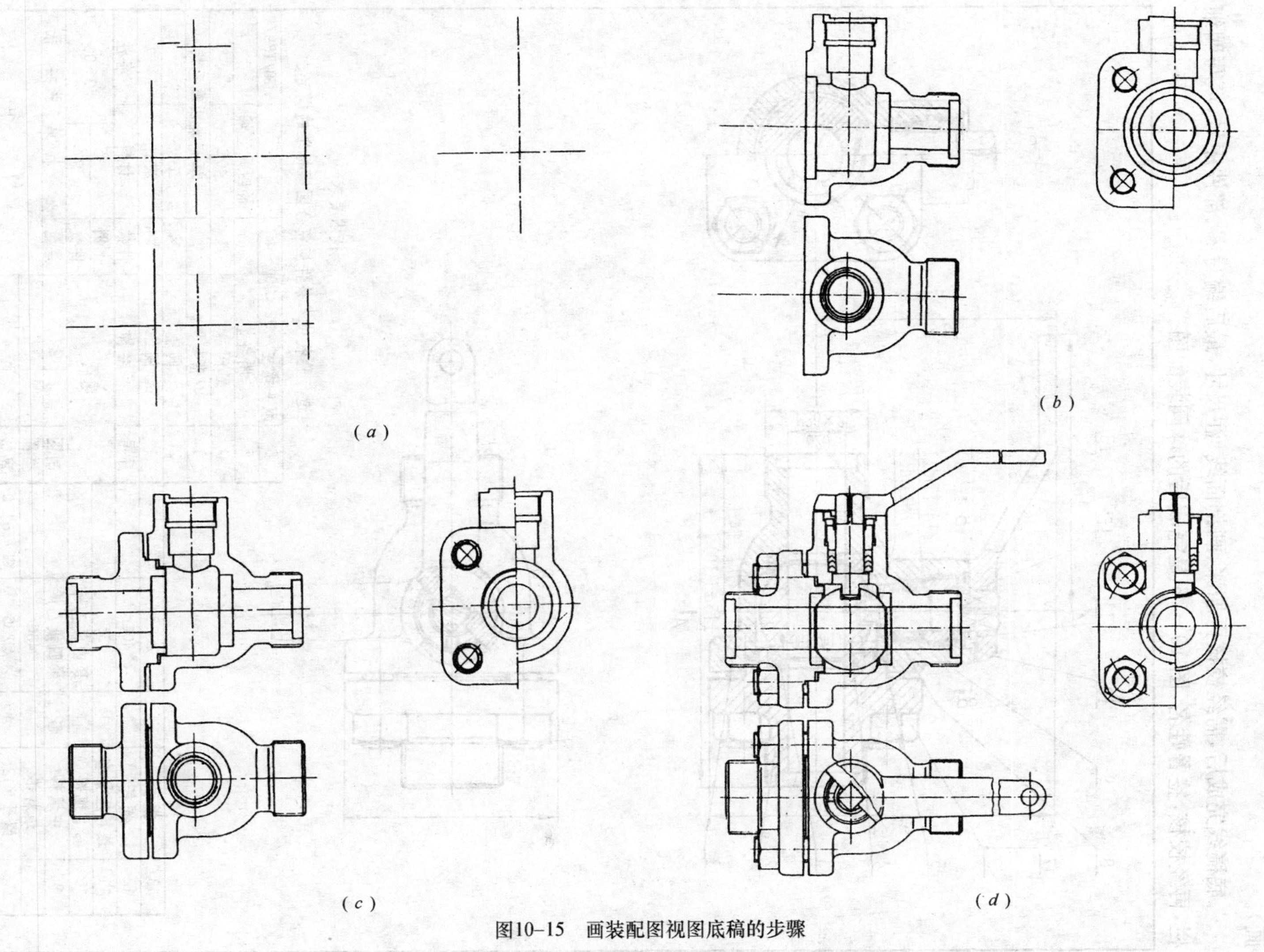

图10-15 画装配图视图底稿的步骤

(2)先画主要零件阀体的轮廓线，三个视图要联系起来画，如图 10－15(*b*)所示。

(3)根据阀盖和阀体的相对位置画出三视图，如图 10－15(*c*)所示。

(4)画出其他零件，再画出扳手的极限位置，如图 10－15 所示(图中因位置不够未画)。

底稿线完成后，需经校核再加深、画剖面线、注尺寸，最后编写零、部件序号，填写明细栏，再经校核，签署姓名，图 10－16 是完成后的球阀装配图。

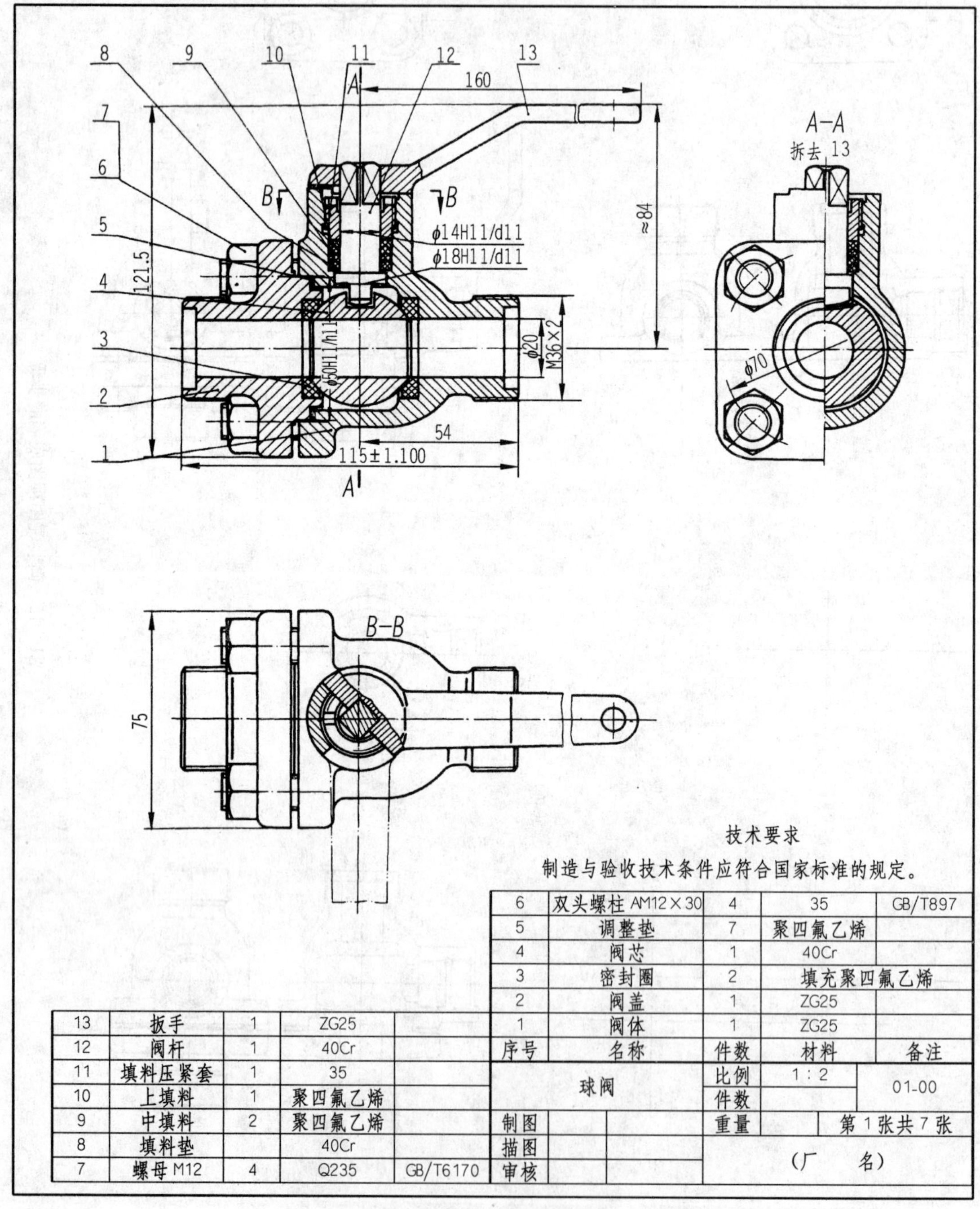

图 10－16 球阀装配图

思考题

1. 装配图在生产中起什么作用？它应该包括哪些内容？
2. 编注装配图中的零部件序号，应遵守哪些规定？
3. 装配图有哪些特殊的表达方法？
4. 在装配图中，一般应标注哪几类尺寸？
5. 在装配图中常见的合理性结构有哪些？
6. 简述零件图画装配图的方法、步骤？

第三篇 化 工 制 图

第十一章 化工设备图

化工设备是指那些用于化工产品生产过程中的合成、分离、干燥、结晶、蒸发、冷凝、吸收、等生产单元操作的装置和设备，常用的典型设备有反应罐（釜）、塔器、换热器、贮槽（罐）等。表达化工设备的形状、大小、结构和制造、安装等技术要求的图样称为化工设备图。化工设备图也是按正投影法和机械制图有关国家标准绘制的，但由于化工设备的结构特点和制造工艺及技术要求等与一般的机械设备有所不同，因此化工设备图在内容、画法和某些要求方面与前面所学的机械图也有所不同。

第一节 化工设备图的作用和内容

一、化工设备图的作用

表达化工设备的图样，一般包括化工设备装配图、部件装配图和零件图等，本章所述的化工设备图是化工设备装配图的简称。

化工设备图与机械装配图有密切关系，但又有区别。机械装配图主要用于装配和安装，而机械制造是依据零件图加工零件。由于化工设备的结构特点，其制造工艺主要是用钢板卷制、开孔及焊接等，通常可以直接利用化工设备图进行制造，因此，化工设备图的作用是指导制造、安装、检验、维修及使用化工设备的依据。

二、化工设备图的内容

图 11-1 所示为一计量罐的装配图，由图可知，一张完整的化工设备图样一般应有如下基本内容。

1. 一组视图

用一组视图表达设备的整体结构、工作状况、各零件间的装配连接关系。化工设备图也是用正投影法，按国家标准《技术制图》、《机械制图》及化工行业有关标准或规定绘制的。

2. 必要的尺寸

根据装配和使用要求，标出反映设备的总体大小、性能、规格、装配和安装等尺寸。

3. 零部件编号及明细栏

对组成该设备的每一种零部件依次编号，并在明细栏中填写各零件的名称、规格、材料、数量及有关图号或标准号等内容。

4. 管口符号和管口表

设备上所有的管口（如物料进出管口、仪表管口等）和开孔（如视镜、人孔、手孔等），按拉丁字母顺序标号，在管口表中列出各管口的有关数据和用途等内容。

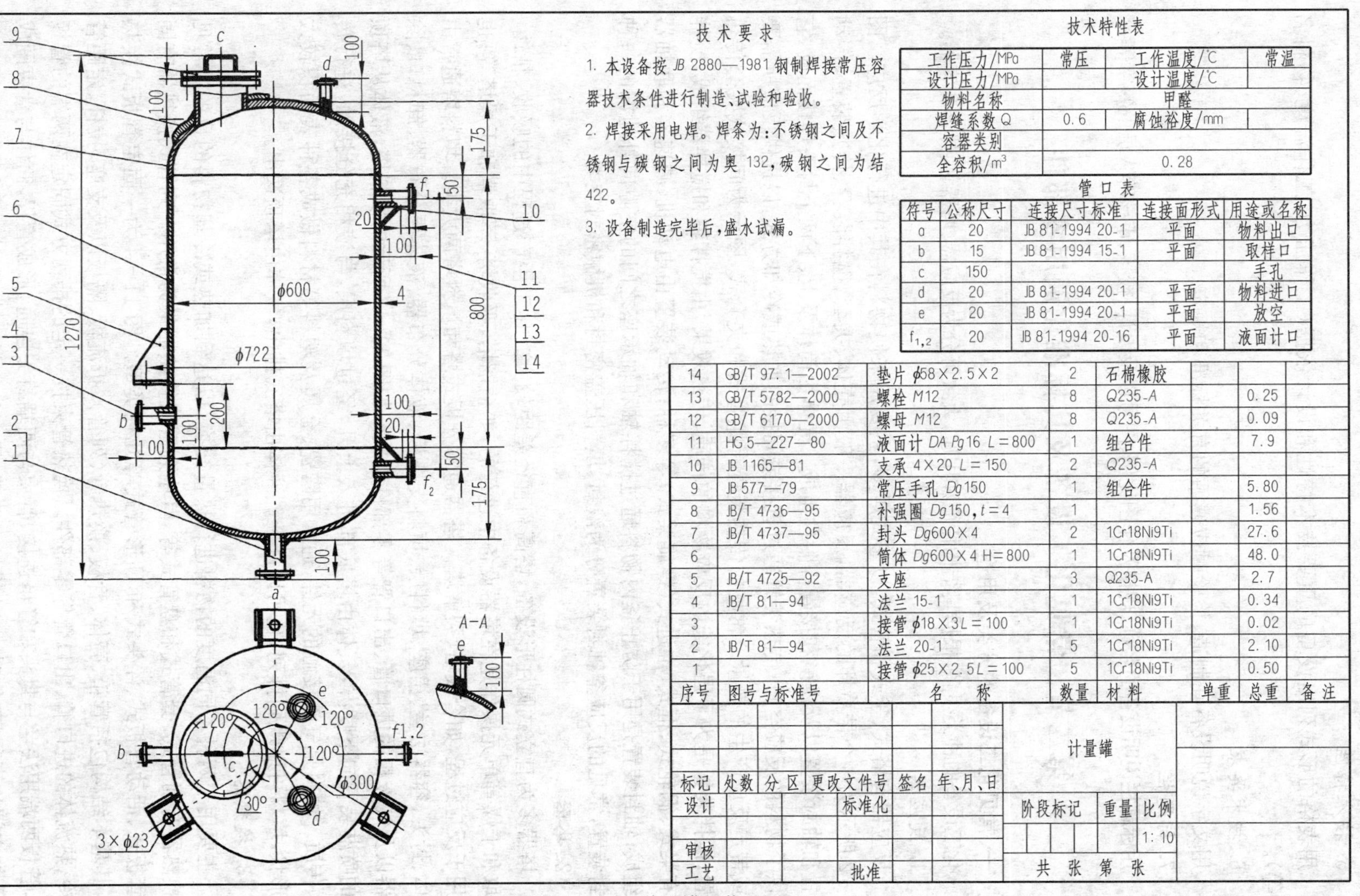

技 术 要 求

1. 本设备按 JB 2880—1981 钢制焊接常压容器技术条件进行制造、试验和验收。

2. 焊接采用电焊。焊条为:不锈钢之间及不锈钢与碳钢之间为奥 132,碳钢之间为结 422。

3. 设备制造完毕后,盛水试漏。

技术特性表

工作压力/MPa	常压	工作温度/℃	常温
设计压力/MPa		设计温度/℃	
物料名称	甲醛		
焊缝系数 Q	0.6	腐蚀裕度/mm	
容器类别			
全容积/m^3	0.28		

管 口 表

符号	公称尺寸	连接尺寸标准	连接面形式	用途或名称
a	20	JB 81-1994 20-1	平面	物料出口
b	15	JB 81-1994 15-1	平面	取样口
c	150			手孔
d	20	JB 81-1994 20-1	平面	物料进口
e	20	JB 81-1994 20-1	平面	放空
$f_{1,2}$	20	JB 81-1994 20-16	平面	液面计口

序号	图号与标准号	名　称	数量	材 料	单重	总重	备 注
14	GB/T 97.1—2002	垫片 φ58×2.5×2	2	石棉橡胶			
13	GB/T 5782—2000	螺栓 M12	8	Q235-A		0.25	
12	GB/T 6170—2000	螺母 M12	8	Q235-A		0.09	
11	HG 5—227—80	液面计 DA Pg16 L=800	1	组合件		7.9	
10	JB 1165—81	支承 4×20 L=150	2	Q235-A			
9	JB 577—79	常压手孔 Dg150	1	组合件		5.80	
8	JB/T 4736—95	补强圈 Dg150, t=4	1			1.56	
7	JB/T 4737—95	封头 Dg600×4	2	1Cr18Ni9Ti		27.6	
6		筒体 Dg600×4 H=800	1	1Cr18Ni9Ti		48.0	
5	JB/T 4725—92	支座	3	Q235-A		2.7	
4	JB/T 81—94	法兰 15-1	1	1Cr18Ni9Ti		0.34	
3		接管 φ18×3 L=100	1	1Cr18Ni9Ti		0.02	
2	JB/T 81—94	法兰 20-1	5	1Cr18Ni9Ti		2.10	
1		接管 φ25×2.5 L=100	5	1Cr18Ni9Ti		0.50	

标记	处数	分区	更改文件号	签名	年、月、日	计量罐		
设计			标准化			阶段标记	重量	比例
审核								1:10
工艺			批准			共　张　第　张		

图 11-1　计量罐的装配图

5. 技术特性

用表格的形式列出设备的重要技术特性和设计依据(工作压力、工作温度、物料名称等)。

6. 技术要求

用文字说明设备在制造、检验时应遵循的有关标准和规定。

7. 标题栏

用标题栏说明设备的名称、规格及作图比例、图号以及设计、校核、审核等人员的签字等。

第二节　常见化工设备及其标准化通用零部件

一、常见化工设备的分类及用途

化工设备的种类很多,根据其结构特征和用途,大致可分为反应器、塔器、换热器和容器。

1. 反应器

反应器有塔式、釜式和管式,以釜式居多,主要用来使物料在其中进行化学反应。图 11-2 所示为一个带搅拌的反应器,反应器一般由壳体、夹套、搅拌装置、传热装置、传动装置和轴封装置以及视镜和接管等附件组成。壳体由筒体及上、下两个封头焊接而成,它提供了物料的反应空间;传热装置通过直接或间接的加热或冷却方式,以提供反应所需要的或带走反应产生的热量。常见的传热装置有蛇管式和夹套式,图示为间接式夹套传热装置;搅拌装置是为了强化釜内反应物料的传质、传热效果,由搅拌轴和搅拌器组成,搅拌器有桨式、涡轮式、框式、推进式(螺旋桨式)等多种;传动装置由电动机、减速器和联轴器等组成;轴封装置是用于防止釜内物料通过搅拌轴和轴承座之间的空隙向外泄漏的一种密封装置,常见的反应釜轴封装置分为液封、填料压盖密封和机械密封三类。

2. 塔器

塔器多为直立式圆柱形设备,塔高和直径差距较大。化工生产过程中的吸收、精馏、萃取和干燥等单元操作是在塔器设备中进行的,如精馏塔、吸收塔、萃取塔和干燥塔等;也可用于反应过程,如合成塔、裂解塔。塔器通常分板式塔和填料塔两大类。填料塔通常由塔体、封头、容器法兰、裙座、填料层、填料支撑板、液体分布器、液体再分布器、卸料口、除雾器以及气液相的进口管、出口管等零部件组成。如图 11-3 所示的填料塔,液体从塔顶部的喷淋装置向下喷淋,气体由塔底部进入上升,经过填料层,与液相充分接触,进行传热、传质。填料是气液接触的元件,通常用陶瓷、金属及塑料等材料做成各种表面积较大的形状,填料可以规则排列,也可以乱堆。液体由塔底排出,气体由塔顶逸出。

3. 换热器

主要用于两种不同温度的物料进行热量交换,以达到加热或冷却物料的目的。常见的换热器有列管式、套管式和盘管式等,其中列管式换热器最为常用。列管式换热器有固定管板式、活动管板式、浮头式和 U 形管式等几种类型。图 11-4 为一固定管板式换热器,其基本结构包括管箱、壳体、管板、换热管(列管)、折流板、隔板以及支座、拉杆、定距管和冷、热流体的进口管、出口管等零部件。换热管束按一定的排列方式固定在两端的管板上,管板两端用法兰与封头和管箱连接,管束与两端封头连通,形成管程,筒体与管束围成的管外空间称壳程,工作时,一种物料走管程,另一种物料走壳程,从而进行热量交换。

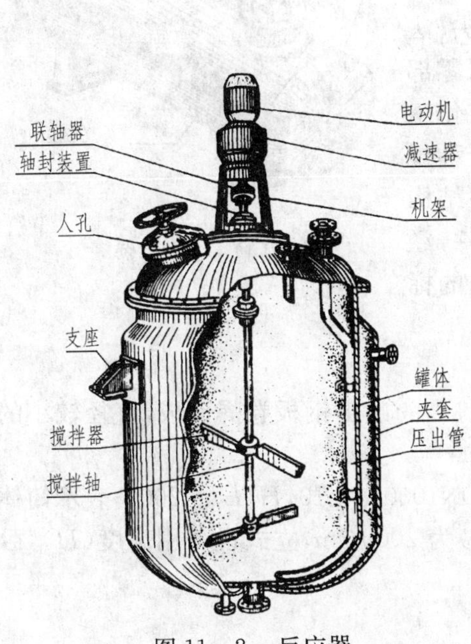

图 11-2　反应器

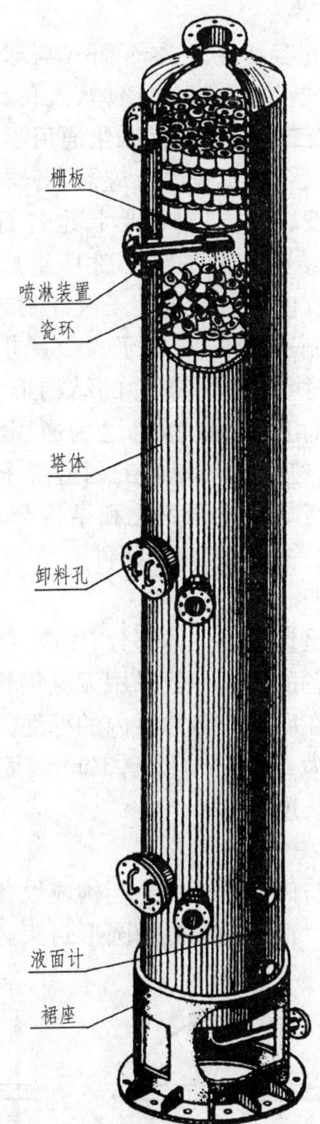

图 11-3　填料塔

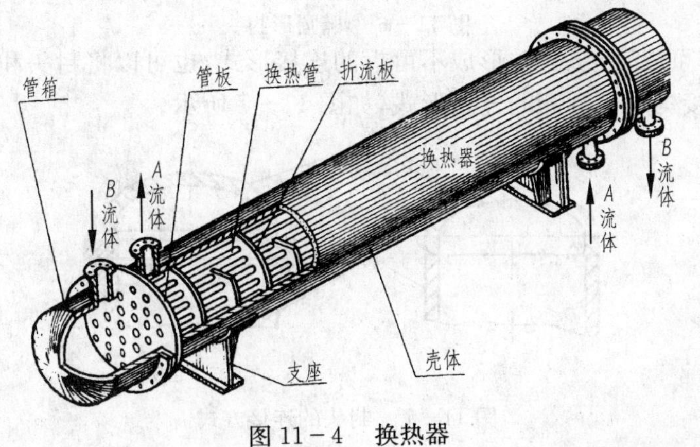

图 11-4　换热器

4. 容器

常见的容器分为立式、卧式与球形三类，常用于贮存物料，所以也被称为贮槽、贮罐。常见的卧式贮槽由封头、筒体、人孔、支座、液位计和相关接管构成。如图 11－5 所示。

二、化工设备中的标准化通用零部件

化工设备中觉见的反应器、塔器、换热器和容器，虽然其操作要求不同，结构形状也各有差异，但基本上都是由一些结构相同的零部件所组成，如筒体、封头、法兰、人孔、支座等。为了便于设计制造和检修，降低零部件的加工制造成本，有利于大批量规模化生产，将化工设备上的这些通用零部件的结构形状统一成若干种规格，使其能相互通用，故称之为通用零部件。其中结构较为先进，符合生产和加工制造要求的通用零部件，经进一步进行规格的系列化和结构与加工技术要求的标准化，已统一成标准化零部件。

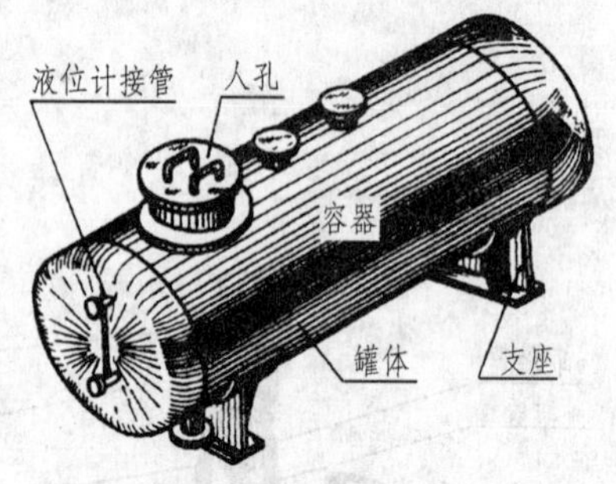

图 11－5　容器

1. 筒体

筒体是设备的主体部分，以圆柱形筒体应用最广，一般由钢板卷焊而成，直径较小的或高压设备的筒体一般采用无缝钢管。

筒体在明细表名称栏内的标注方法是：筒体，DN1000，$\delta=10$，$H(L)=2000$，表示筒体公称直径为 1000mm，壁厚 10mm，筒体高度（长度）为 2000mm，立式设备用高度（H），卧式设备用长度（L）。

2. 封头

封头与筒体连接在一起构成设备的壳体，常见的封头形式有椭圆形、球形、蝶形、锥形和平板等。最常用的是椭圆形封头，如图 11－6 所示，椭圆形封头由半椭圆和圆柱组成。

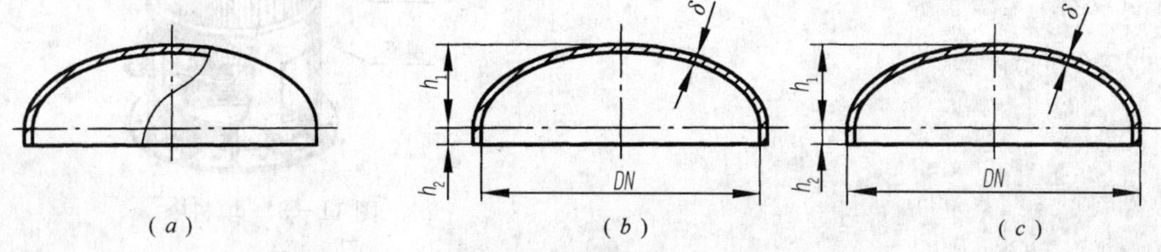

图 11－6　椭圆形封头

封头和筒体可以直接焊接，形成不可拆的连接形式，也可以将封头和筒体分别焊上法兰，通过螺栓连接构成可拆卸的连接形式，如图 11－7 所示。

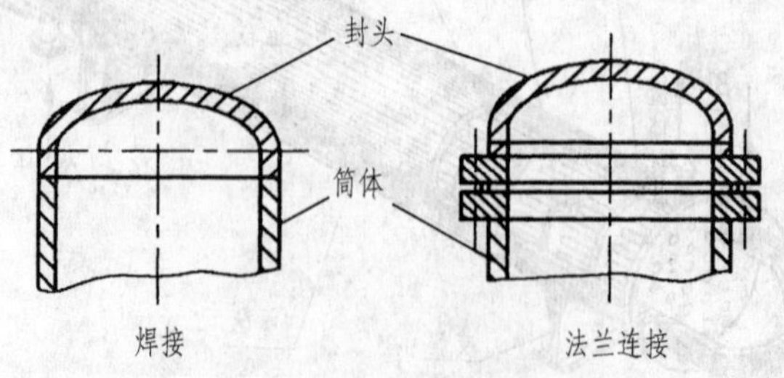

图 11－7　封头的连接方式

封头的标注示例:椭圆封头 DN1600X18—16MnR JB/T4737—1995 表示封头的内径为 1600mm,壁厚为 18mm,材质为 16MnR 的椭圆形封头。

3. 法兰

法兰连接是一种可拆卸的连接方式。通常由一对法兰、密封垫片和螺栓、螺母、垫圈等零件组成,如图 11-8 所示。法兰分管法兰和压力容器法兰两大类,管法兰用于管道的连接,压力容器法兰则主要用于筒体与封头的连接。

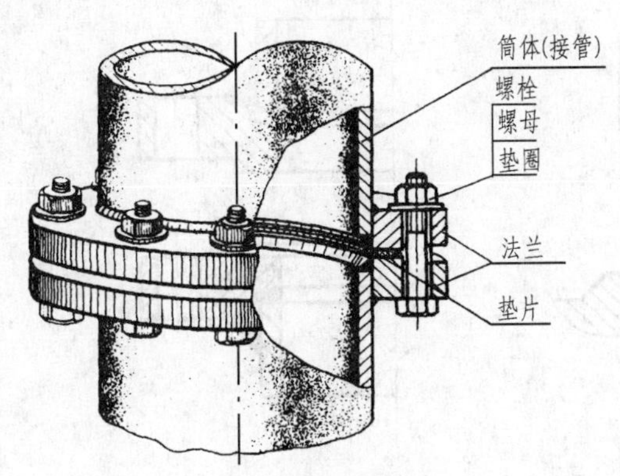

图 11-8 法兰连接

1)管法兰

管法兰常见的结构形式有平焊法兰、对焊法兰、整体法兰和法兰盖等,如图 11-9 所示。

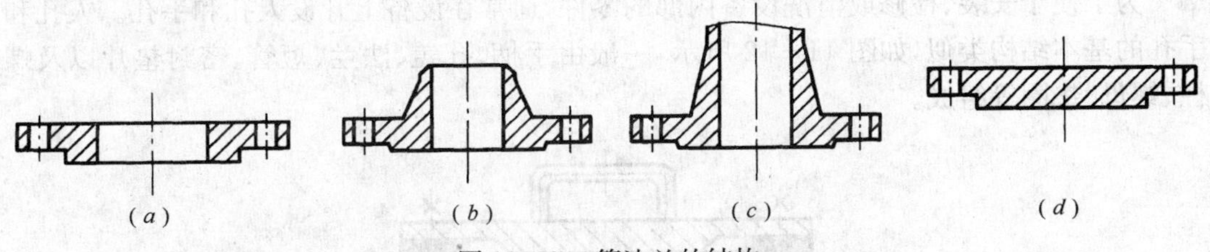

图 11-9 管法兰的结构

(a)板式平焊法兰;(b)对焊法兰;(c)整体法兰;(d)法兰盖。

法兰密封面形式主要有凸面、凹凸面、榫槽面和全平面四种。如图 11-10 所示。

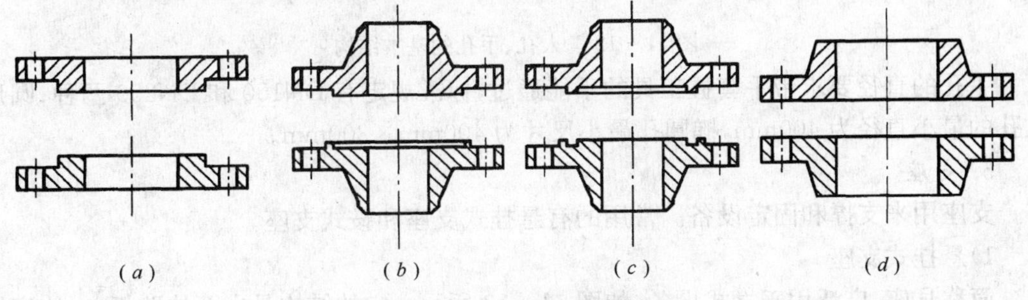

图 11-10 管法兰的密封面

(a)凸面;(b)凹凸面;(c)榫槽面;(d)全平面。

管法兰标记示例:法兰 100—2.5 JB/T81—1994 表示公称直径为 100mm,公称压力为 2.5MPa,尺寸为系列 2 的凸面板式钢制管法兰。

2)压力容器法兰

压力容器法兰分为平焊和对焊两大类，其中平焊法兰又分为甲型和乙型两类，密封面形式有平面密封、凹凸面密封和榫槽面密封三种，如图 11－11 所示。

压力容器法兰标记示例：法兰—PⅡ600—1.6　JB/T 4701—1992 表示压力容器法兰，公称直径 600mm，公称压力 1.6MPa，密封面为型平面密封的甲型平焊法兰。

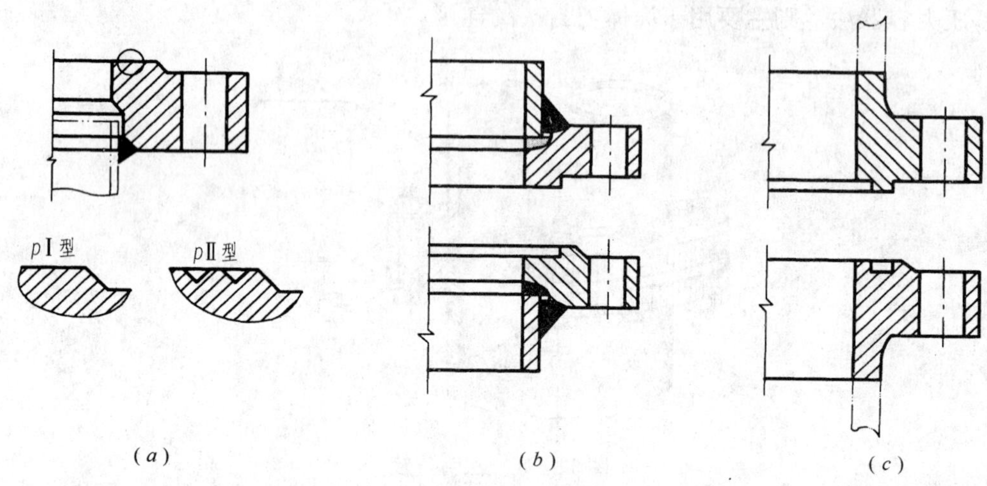

图 11－11　压力容器法兰

(a)甲型平焊法兰(平密封面)；(b)乙型平焊法兰(凹凸密封面)；(c)长颈对焊法兰(榫槽密封面)。

4. 人孔和手孔

为了便于安装、检修或清洗设备内部的零件，通常在设备上开设人孔和手孔。人孔和手孔的基本结构类似，如图 11－12 所示，一般由手柄、孔盖、法兰、短管、密封垫片以及螺柱、螺母、垫圈等组成。

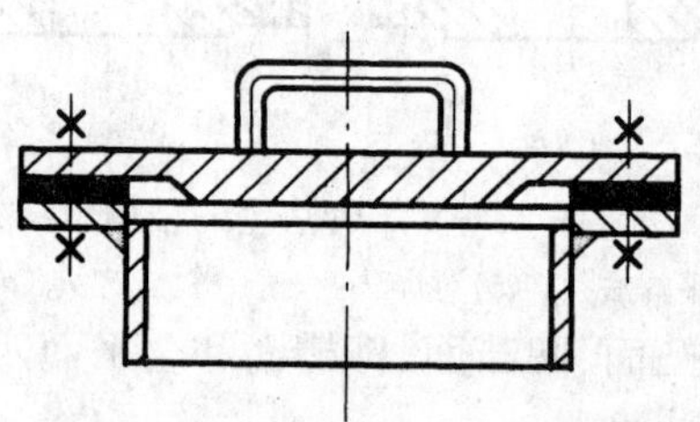

图 11－12　人孔、手孔的基本结构

手孔的直径要求带手套握工具的手能通过，标准规定有 DN150 和 DN250 两种；圆形人孔的最小直径为 400mm，椭圆孔最小尺寸为 400mm×300mm。

5. 支座

支座用来支撑和固定设备。常用的有悬挂式支座和鞍式支座。

1)悬挂式支座

简称耳座，广泛用于立式设备，如图 11－13 所示。它的结构是由两块肋板、一块底板和一块垫板焊接而成。垫板焊接在设备的筒体上，底板上有螺栓孔，以用螺栓将设备固定在楼板或钢梁的基础上。通常在设备的周围均匀分布安装四个悬挂式支座，小型设备也可只安装三个或两个。标准规定有适用于不带保温层设备的 A 型、AN 型和适用于带保温层设备的B型、BN型。

标记示例:JB/T 4725—1992 耳座 B3,δ=12 表示 B 型、带垫板、厚度为 12 的 3 号耳式支座。

2)鞍式支座

卧式设备通常采用鞍式支座。如图 11-14 所示,它是由一块竖板支撑着一块鞍形板(与设备外形相贴合),并将竖板焊接在底板上,中间又焊接若干块肋板组成。

鞍式支座一般用两只,设备过长时,应增加支座的数目。

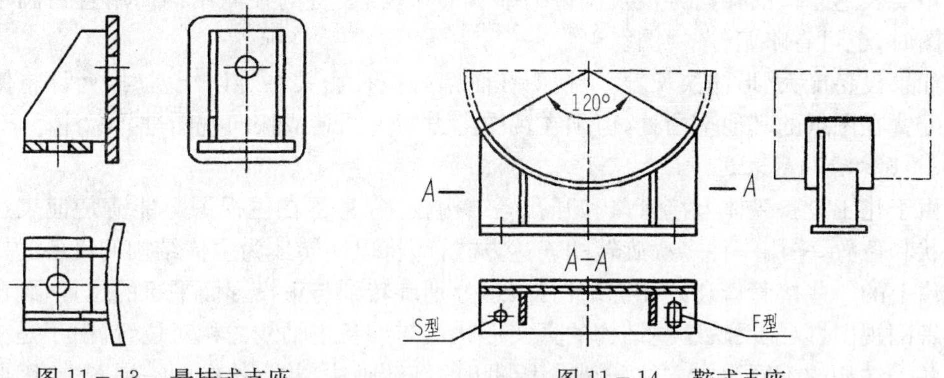

图 11-13　悬挂式支座　　　图 11-14　鞍式支座

标准规定鞍式支座分轻型(A 型)和重型(B 型)两种。重型鞍式支座按包角、制作方式及附带垫板分五种型号(BⅠ、BⅡ、…、BⅤ),又按安装形式分为固定式(代号 F)和滑动式(代号 S),且有 200、300、400、500 等支座高度。

标记示例:JB/T4712—1992,鞍座 BV325—F 表示公称直径 DN325mm、包角 120°、重型不带垫板、标准尺寸的弯制固定式鞍座。

第三节　化工设备图的视图表达

一、化工设备的结构特点

根据前面对几种典型化工设备的分析,可以归纳出化工设备的结构特征有以下几点。

1. 设备的壳体一般以回转体为主

化工设备的壳体主要由筒体、封头组成,其中筒体以回转体为主,尤以圆柱形居多。封头多为椭圆、球形等。

2. 化工设备的结构尺寸相差悬殊

化工设备的总体尺寸与设备的某些局部结构(如壁厚、接管直径)的尺寸,往往相差悬殊。

3. 有较多的开孔和接管

根据化工工艺的要求,一般设备均有进料口、出料口、排污口,以及测温管、测压计、液位计接管和人孔、手孔等。

4. 大量采用焊接结构

化工设备各部分结构的连接、零部件的安装连接广泛采用焊接结构。如筒体可以卷焊,筒体与封头、管口、支座、人孔的连接等多采用焊接。

5. 广泛采用标准化、通用孔、系列化的零部件

如封头、法兰、人孔、支座等均为标准件。

二、化工设备图的表达方法

1. 基本视图的配置

化工设备的主体结构简单，且以回转体居多，通常选择两个基本视图来表达。立式设备采用主、俯两个视图，如图 11－1 所示；卧式设备采用主、左两个视图。主视图主要表达设备的装配关系、工作原理和基本结构，一般选择全剖或局部剖视的方法来表达。俯、左视图主要表达管口的径向方位及设备的基本形状，当设备的径向结构简单且另画了管口方位图时，也可省略俯、左视图。

如果设备庞大、形体狭长，两个视图在图幅内按投影关系难以配置时，允许将俯(左)视图配置在图纸的其他空白处，但须在视图上方写上图名或按向视图进行标注。

2. 多次旋转的表达方法

由于化工设备壳体上接管口和开孔等结构较多，为了在主视图上能清楚地表达它们的形状和位置，采用一种多次旋转的表达方式，即将以回转体为主体结构的设备的周向各个方位上的一些接管口和开孔等结构，假想分别旋转到与正投影面平行的位置，画出其视图或者剖视图，以能反映这些结构的真实形状及与设备主轴线的相对位置。由于是按设备上的各个结构的不同周向方位分别采用假想的旋转画法，并表达在同一视图上，因此称之为多次旋转画法。如图 11－1 所示，接管 d 是按逆时针方向假想旋转了 60° 之后在主视图上画出的。

3. 管口方位的表达方法

化工设备上的管口较多，它们的方位在设备的制造、安装和使用时都极为重要，必须在图样中表达清楚。

1) 管口的标注

主视图采用了多次旋转画法后，为避免混淆，在不同视图上，同一管口需用相同的小写字母 $a,b,c,...$（称为管口符号）加以编号。相同管口的管口符号可用不同脚标的相同字母表示，如 b_1、b_2。

2) 管口方位图

管口在设备上的径向方位，除在俯(左) 视图上表示外，还可仅画出设备的外圆轮廓，用中心线表示管口位置，用粗实线示意性地画出设备管口，称为管口方位图。管口方位图上应标注与主视图上相同的管口符号，如图 11－15 所示。

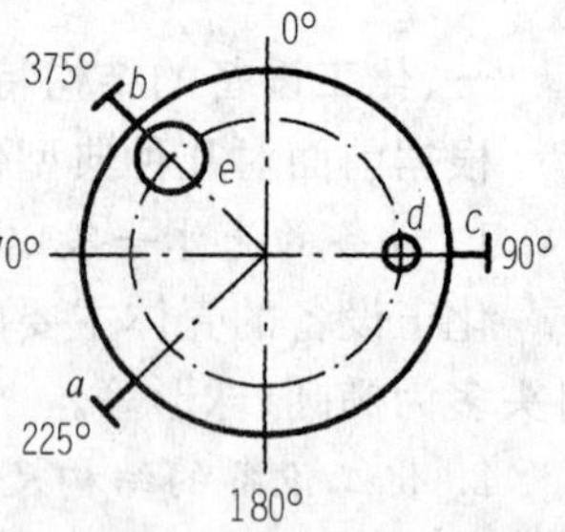

图 11－15　管口方位图示例

管口方位图不仅是化工设备图中的一种表达方法，而且也是化工工艺图的一项重要内容。管口方位图实际上是由工艺设计提出的，因为管口方位决定于管道的布置。在化工设备图上，它用来对俯(左)视图进行补充或简化代替，当必须画出俯(左) 视图，管口方位在该视图上又能表达清楚时，可不必再画管口方位图。

4. 细部结构的表达方法

由于设备总体与某些零部件的大小相差悬殊，按总体尺寸所选定的绘图比例，往往无法同时在基本视图上将某些细部结构的形状表达清楚，如设备中的焊接结构，所以常采用

局部放大图(又称接点图)。

局部放大图可以用视图、剖视、断面等多种形式表达出来,也可用几个视图来表达,它与被放大部分的表达方式无关。图 11-16 中,圈中的部位是塔设备底座支承圈的一部分,原图为单线的简化画法,而局部放大图则画成三个局部(剖) 视图。

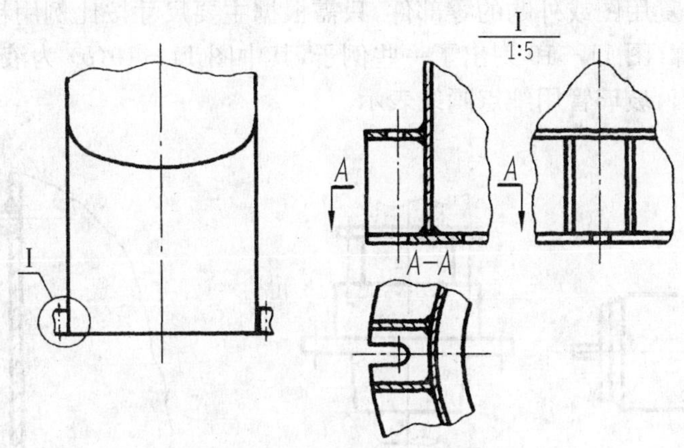

图 11-16　细部结构表达方法

5. 夸大的表达方法

为了解决设备总体与某些零部件之间尺寸相差悬殊的矛盾,除了采用局部放大图外,有时还可采用夸大的画法。例如,设备的壁厚、垫片按总体尺寸所选定的绘图比例,其投影往往无法表达,此时可不按比例,适当夸大地用双线画出一定的厚度,其剖面符号可用涂色代替。

6. 断开和分段(层) 的表达方法

对于较长(或较高) 的设备,沿长度(或高度) 方向的形状结构一致或按规律变化时,为了简化作图、节省图幅,可采用断开画法。图 11-17(*a*) 所示的填料塔的视图即采用了断开画法,断开部分为规格及排列均相同的填料层;图 11-17(*b*) 中浮阀塔的断开部分则为结构与间距相同、左右间隔成规律布置的塔盘结构。

图 11-18 为采用分段(层) 画法的填料塔,把整个塔体分成若干段(层) 画出。此画法用于设备不宜采用断开画法但图幅又不够的场合。

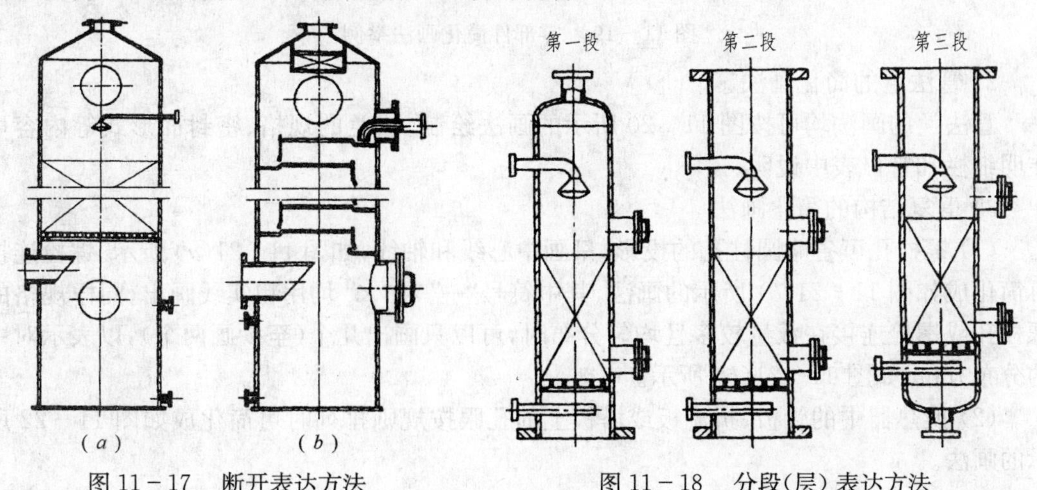

图 11-17　断开表达方法　　　　图 11-18　分段(层) 表达方法

7. 简化画法

在化工设备图中，除采用《机械制图》国家标准中规定的简化画法外，还广泛采用有关部门根据化工设备特点而补充的简化画法，现介绍如下。

1) 零部件的简化画法

对于标准图、复用图或外购的零部件，只需根据主要尺寸按比例用粗实线画出表示它们特征的外形轮廓。图 11－19 列出了一些例子，其中图 11－19(*b*) 为液面计的简化画法，“+” 用粗实线画出，玻璃管用细点画线表示。

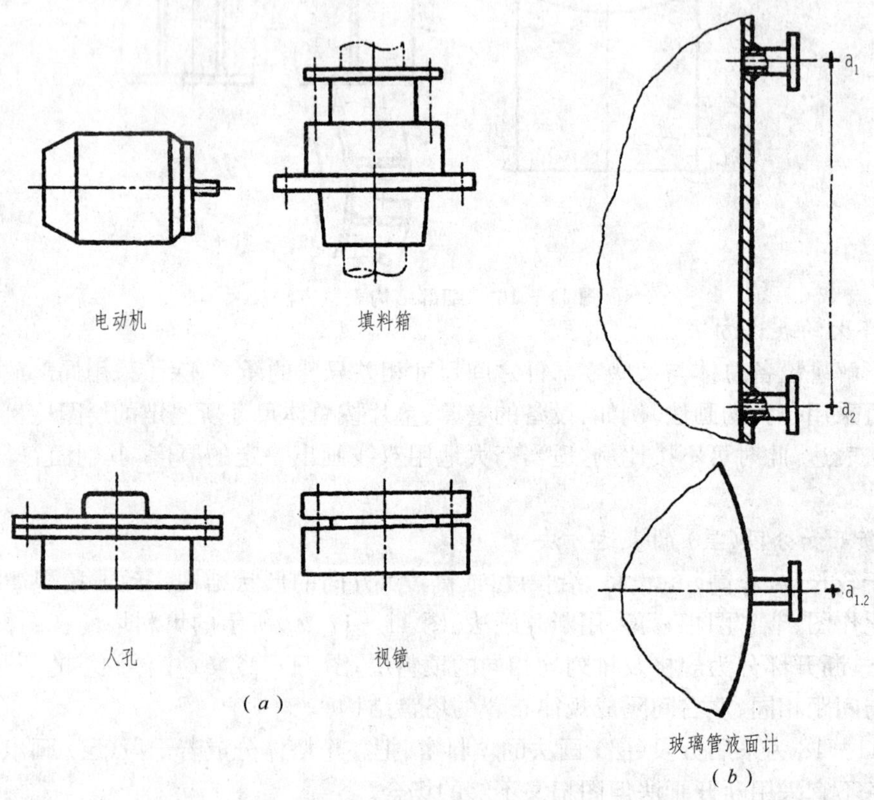

图 11－19　零部件简化画法举例

2) 管法兰的简化画法

管法兰的画法均可按图 11－20 所示的画法绘制。法兰的规格、密封面形式等内容可在明细栏和管口表中说明。

3) 重复结构的简化画法

(1) 螺栓孔可省略圆柱孔的投影，只画中心线和轴线，如图 11－21(*a*) 所示。螺栓连接可简化成如图 11－21(*b*) 所示的画法，其中符号“+” 和“×” 均用粗实线画出。同样规格的螺栓孔或螺栓连接在数量较多且均匀分布时，可以只画出几个(至少画两个)，以表示对中的分布方位，如图 11－21(*b*) 所示。

(2) 换热器中的管板、折流板或塔板上的孔眼按规则排列时可简化成如图 11－22 所示的画法。

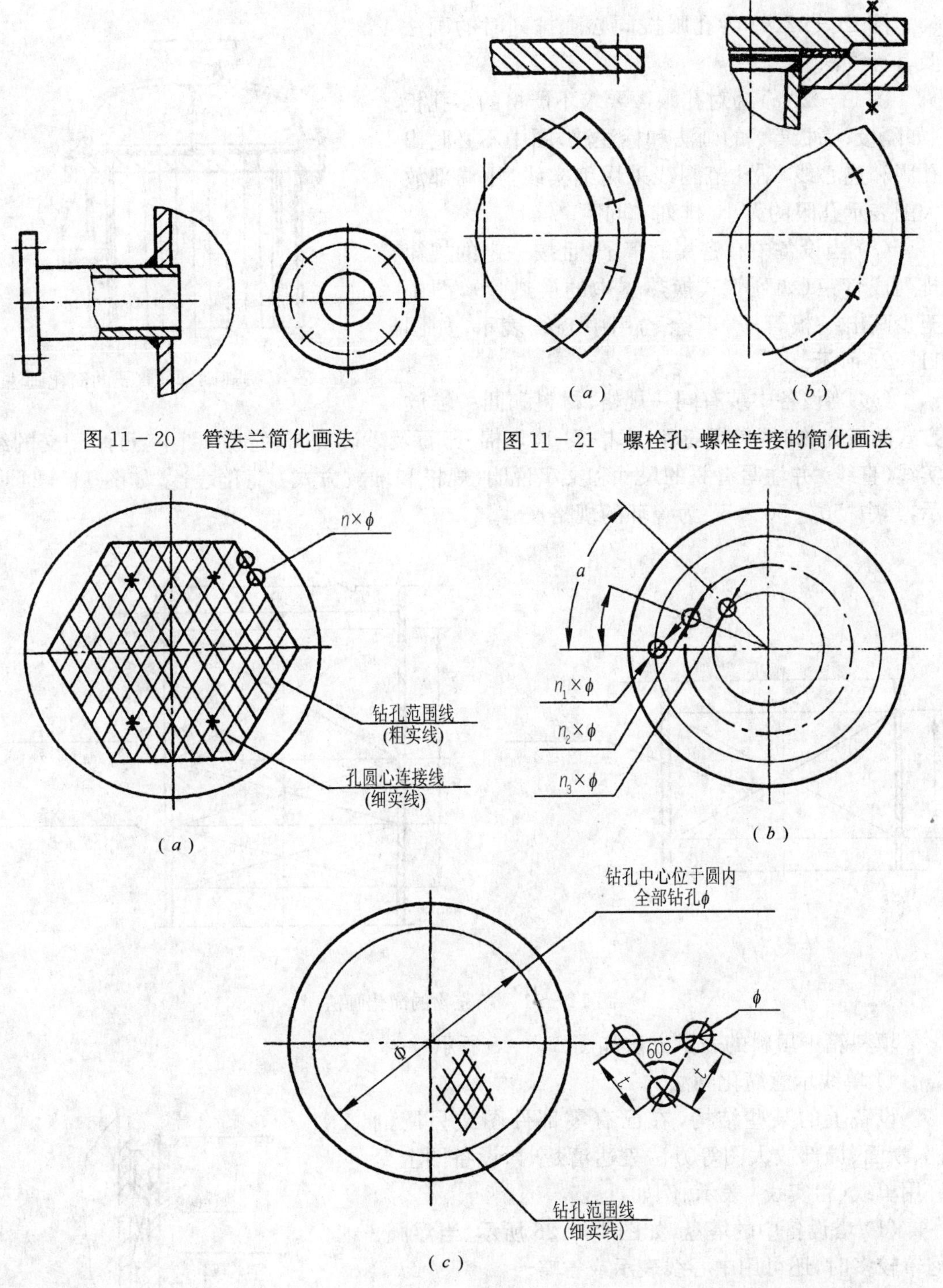

图 11－20　管法兰简化画法

(a)　(b)

图 11－21　螺栓孔、螺栓连接的简化画法

(a)　(b)　(c)

图 11－22　多孔板上孔的简化画法

图 11－22(*a*) 中，用细实线画出孔眼圆心的连接线，孔眼范围线则用粗实线表示，画出几个孔眼，并注上孔数、孔径等。用粗实线画出的符号"+" 表示管板上定距管螺孔的

位置。

图 11-22(*b*) 为孔眼按同心圆排列时的画法及其标注法。

图 11-22(*c*) 为对孔眼数要求不严格的多孔板（如隔板、筛板等）的画法和标注法。图中不必画出孔眼和连心线，钻孔范围线采用细实线，用局部放大图表示孔眼的大小、排列和间距。

(3) 当设备中有密集的管子，且按一定的规律排列成管束（如列管式换热器中的换热管），图中至少画出一根管子，其余均用中心线表示，如图 11-23 所示。

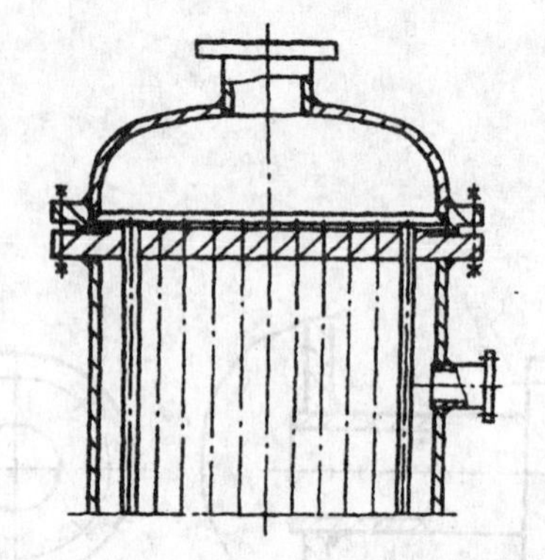

图 11-23　按规则排列管子的简化画法

(4) 当设备中装有同一规格、材料和同一堆放方式的填充物时（包括瓷环、木格条、玻璃棉、卵石及砂砾等），在剖视图中，可用相交的细实线（直线）并注写有关的尺寸和文字说明（规格和堆放方式）简化表达，如图 11-24 所示，其中“50 × 50 × 5”为瓷环的规格尺寸。

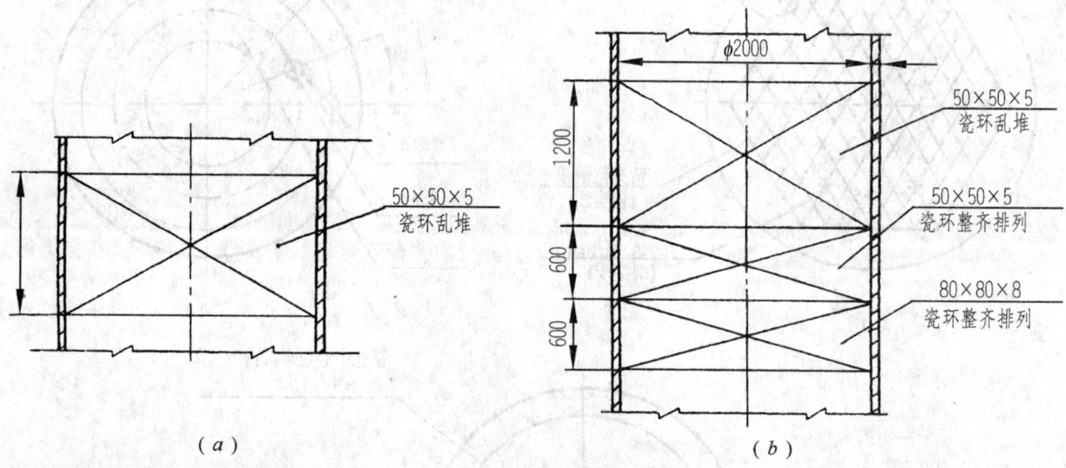

图 11-24　填充物的简化画法

填料箱中填料的表示方法如图 11-25 所示。

4) 单线示意简化画法

设备上的某些结构，在已有零部件图或另用剖视、断面、局部放大图等方法表达清楚时，设备图上允许用单线（粗实线）表示。例如：

(1) 塔设备中的塔盘，如图 11-26 所示。当浮阀、泡罩较多时，还可用中心线表示或省略。

(2) 列管式换热器中的折流板、挡板、拉杆、定距管、膨胀节等，如图 11-27 所示。当设备采用断开或分段（层）画法后，为了读图的方便，可按较大的缩小比例在图幅的适当位置用单线（粗实线）示意画出设备

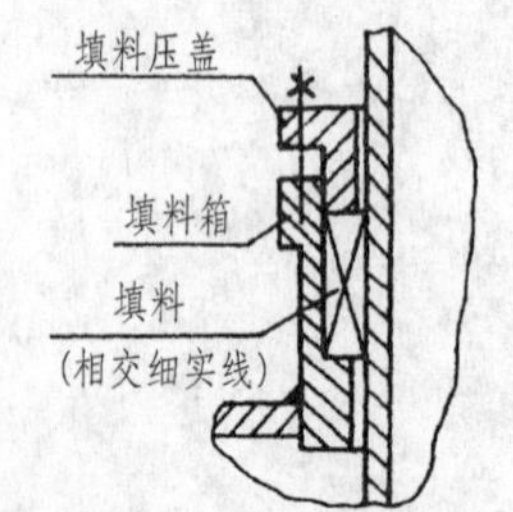

图 11-25　填料箱填料的简化画法

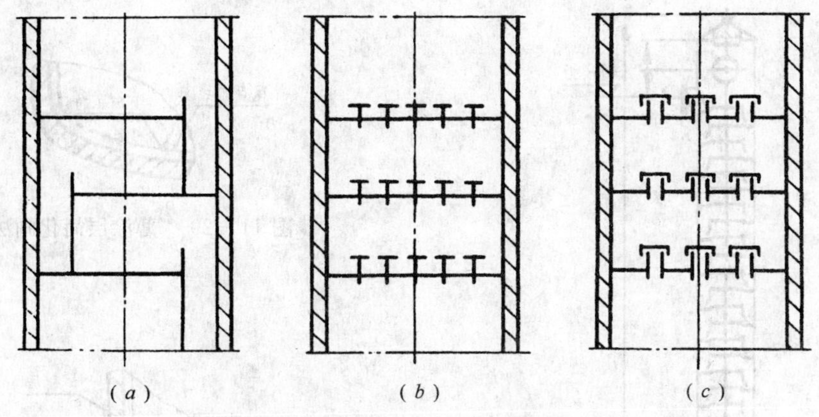

图 11－26　塔盘的单线示意画法

的大体完整形状和各部分的相对位置，并标注总高(长)、管口定位尺寸和标高等尺寸，如图 11－28 所示。

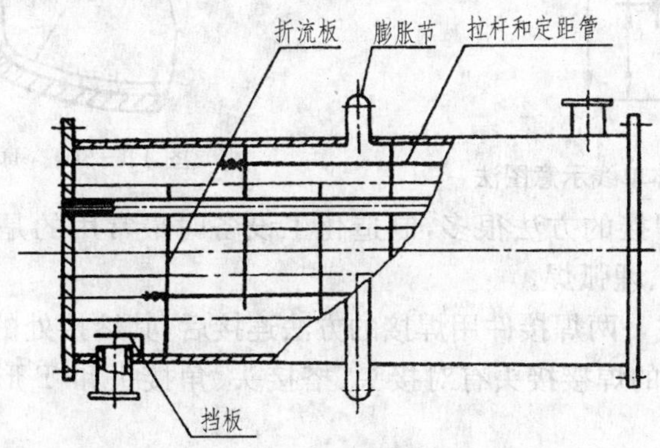

图 11－27　折流板等的单线示意画法

5) 设备涂层、衬里的简化画法

为了增强设备表面耐腐蚀等性能，设备内表面往往需要涂层、衬里。

图 11－29 为设备内表面薄涂层(如涂搪瓷、塑料、漆等) 的剖视表达方法。在图样中不编件号，仅在涂层表面画出与表面平行的粗点画线，并标注涂层的名称和要求。详细要求可写入技术数据表(或技术要求) 中。

图 11－30 为设备内表面薄衬层(如衬橡胶、石棉板、铅等) 的剖视表示方法。如衬有两层或两层以上相同或不同材料的薄衬层时，仍按图 11－30 表示，只画一根细实线。当衬层材料相同时，须在明细栏的备注栏中注明厚度和层数，只编一个件号。当衬层材料不同时，应分别编件号，用局部放大图表示其结构，在明细栏的备注栏内注明各种衬层材料的厚度和层数。

厚涂层和厚衬层的简化画法和件号编注可参看有关设计文件。

三、化工设备图中焊缝的表达方法简介

1. 概述

焊接是一种不可拆的连接方式，由于它施工简便、连接可靠，所以在化工设备制造、安装过程中被广泛采用。

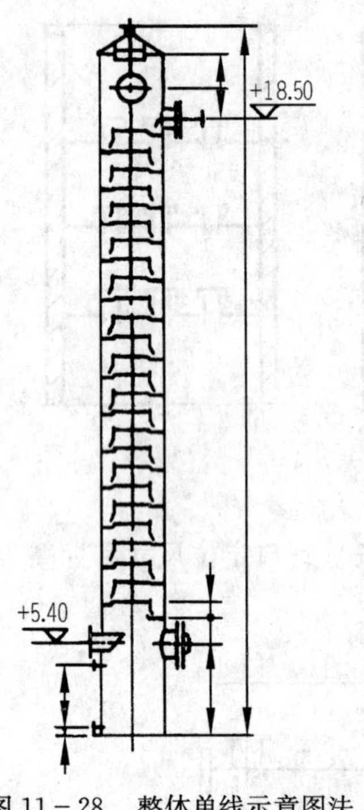

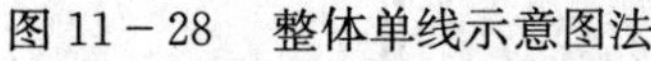

图 11－28　整体单线示意图法

图 11－29　薄涂层简化画法

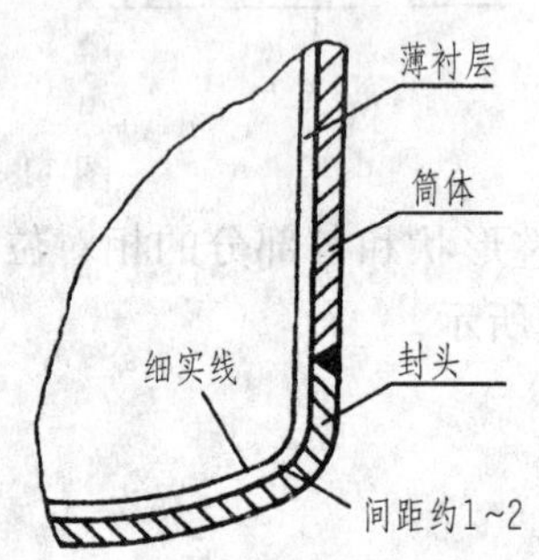

图 11－30　薄衬层简化画法

(1) 焊接方法　焊接的方法很多，制造化工设备时最常用的是电弧焊，根据操作方法，又分为手工电弧焊、埋弧焊。

(2) 焊接接头形式　两焊接件用焊接的方法连接后，其熔接处的接缝称焊缝，在焊接处形成焊接接头。常见的焊接接头有对接头、搭接头、角接头和 T 形接头四种形式，如图 11－31 所示。

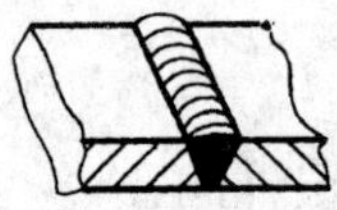
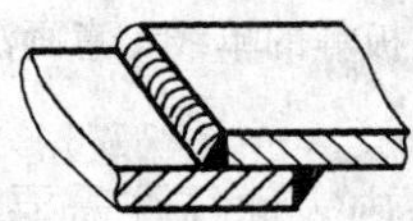
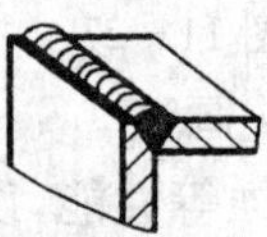
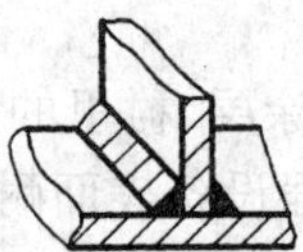

图 11－31　焊接接头形式

2. 焊缝的规定画法(图示法)

GB/T12212—1990 规定，在图样中一般用焊缝符号表示焊缝，但也可采用图示法表示焊缝。需要在图样中简易地绘制焊缝时，可用视图、剖视图或断面图表示。在视图中，可见焊缝用细实线绘制的栅线(可徒手绘制)来表示，也允许采用特粗线($2d\sim3d$，d 为粗实线宽度)表示，但在同一图样中只允许采用一种方法；在剖视图或断面图中，焊缝的金属熔焊区用涂黑表示，如图 11－32 所示。

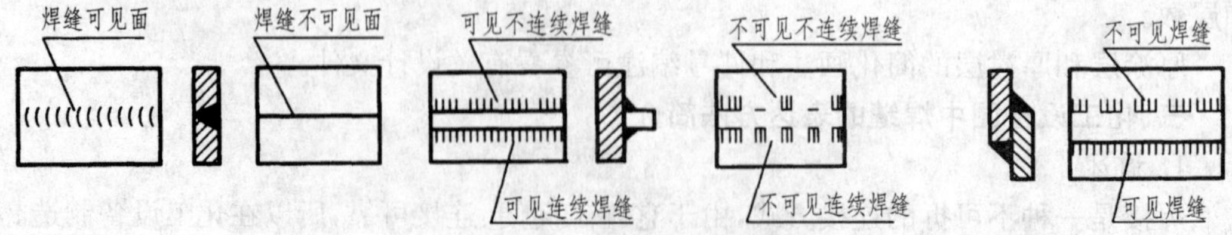

图 11－32　焊缝的规定画法

在化工设备图中，一般仅在剖视图或断面图中按焊接接头的形式画出焊缝断面。对于重要焊缝，需用局部放大图详细表示焊缝结构的形状和有关尺寸，如图 11－33 所示。

3. 焊缝符号表示法

为了简化图样，有关焊缝的要求通常用焊缝符号来表示，如图 11－34 所示。焊缝符号一般由基本符号与指引线组成，必要时可加上辅助符号、补充符号、焊接方法代号和焊接尺寸代号，详见 GB/T324—1988。

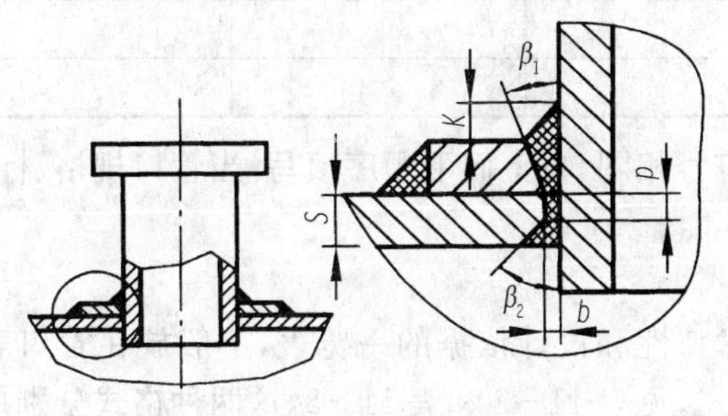

图 11－33　焊缝的局部放大图

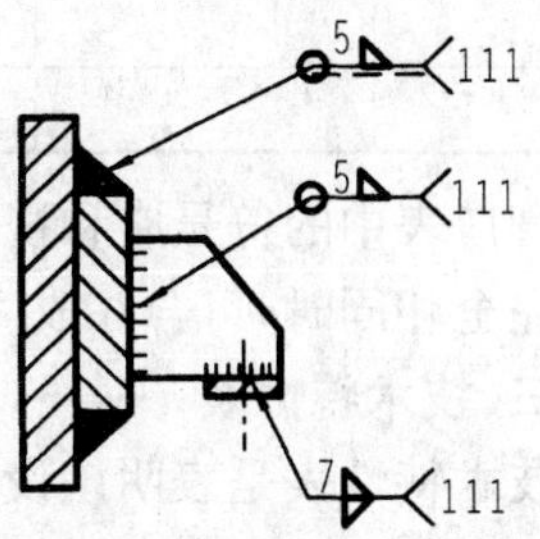

图 11－34　焊缝标注示例

第四节　化工设备图的标注

一、尺寸标注

化工设备图上标注的尺寸，除了遵守国家标准《机械制图》中的规定外，应结合化工设备的特点，做到完整、清晰、合理，以满足化工设备制造、检验和安装的要求。

化工设备图一般标注以下几类尺寸，如图 11－1 所示。

1. 特性尺寸

表达设备主要性能、规格尺寸，如设备筒体的内径“ϕ600”，高度“800”等。

2. 装配尺寸

表达零部件间的装配关系和相对位置尺寸，如管口 d 装配位置的尺寸“300”、角度“120°”及管口的伸出长度“100”等。

3. 安装尺寸

表达设备安装在基础或其他构件上所需的尺寸，如支座上地脚螺栓孔的中心距“ϕ722”、孔径 ϕ23 等。

4. 外形(总体)尺寸

表达设备的总长、总宽、总高的尺寸，以便于设备的包装、运输及安装，如图中的总高尺寸“1270”。

5. 其他尺寸

如零部件的规格尺寸、设计的重要尺寸(如壁厚)、不另行绘图的零件的有关尺寸、焊缝的结构尺寸等。

二、管口表

化工设备图上应标注管口符号。管口符号一律用小写拉丁字母(a、b、c、...)表示，一般从主视图的左下方开始，按顺时针方向依次注写在各视图旁。其他视图的管口符号，则依据主视图上对应的符号编写。管口符号的字号一般与装配图中的零部件编号相同。

管口的有关数据填写在管口表中，供备料、制造、检验和操作时参阅。

管口表一般画在明细栏的上方，格式见表 11-1。

表 11-1　管口表

符号	公称尺寸	连接尺寸、标准	连接面形式	用途或名称

管口表中的符号应和视图中的管口符号相同，自上而下顺序填写。当管口规格、标准、用途完全相同时，可合并成一项填写，如 $b_{1\sim3}$。

三、技术特性表

技术特性表是表明该设备的重要技术特性和设计依据的一览表，一般放在管口表的上方。常见的技术特性表有两种不同的格式，见表 11-2 和表 11-3，这两种格式分别用于不同类型的化工设备。

表 11-2　技术特性表(一)

工作压力 /MPa		工作温度 /℃	
设计压力 /MPa		设计温度 /℃	
物料名称			
焊缝系数		腐蚀余度 /mm	
容器类别			

表 11-3　技术特性表(二)

	管　程	壳　程
工作压力 /MPa		
工作温度 /℃		
设计压力 /MPa		
设计温度 /℃		
物料名称		
换热面积 /m²		
焊缝系数		
腐蚀余度 /mm		
容器类别		

四、技术要求

以文字的形式提出的技术要求，主要说明设备在图样中未能表示出来的制造、试验、验收等的有关内容。它通常以容器类设备的技术要求为基本内容，再按各类设备的特殊要求适当补充，容器设备的技术要求一般包括：

(1) 设备在制造中依据的通用技术条件；

(2) 焊接要求；

(3) 设备的检验要求；

(4) 设备的保温、防腐蚀、运输方面等要求。

五、零部件序号、名细栏和标题栏

零部件序号、名细栏和标题栏的内容格式及要求与机械装配图相同。

第五节　化工设备图的阅读

设备的制造、安装、操作和检修都需要化工设备图样，作为专业技术人员，不但要掌握绘制化工设备图的能力，而且必须具有正确、熟练地阅读化工设备图的能力。

一、阅读化工设备图的基本要求

阅读化工设备图，主要达到下列要求：

(1) 了解设备的用途、技术特性和工作原理；

(2) 了解零部件的装配连接关系；

(3) 了解主要零部件的结构、形状和作用；

(4) 弄清设备上的管口数量和方位；

(5) 了解设备在制造、检验、安装等方面的技术要求。

二、阅读化工设备图的方法和步骤

阅读化工设备图，一般可按下列方法和步骤进行。

1. 概括了解

首先看标题栏，了解设备名称、规格、绘图比例等内容；看明细栏，了解零部件的数量及主要零部件的选型和规格等；粗看视图并概括了解设备的管口表、技术特性表及技术要求中的基本内容。

2. 详细分析

1) 视图分析

了解设备图上共有多少个视图，哪些是基本视图？各视图采用了哪些表达方法？并分析各视图之间的关系和作用等。

2) 零部件分析

以主视图为中心，结合其他视图，将某一零部件从视图中分离出来，并通过序号和明细栏联系起来进行分析。零部件分析的内容包括如下几项：

(1) 结构分析　搞清该零部件的形式和结构特征，想象出其形状。

(2) 尺寸分析　包括规格尺寸、定位尺寸及标注出的定形尺寸和各种代(符) 号。

(3) 功能分析　搞清它在设备中所起的作用。

(4) 装配关系分析　即它在设备上的位置及与主体或其他零部件的连接装配关系。

对标准化零部件，还可根据其标准号和规格查阅相应的标准进行进一步分析。

分析接管时，应根据管口符号把主视图和其他视图结合起来，分别找出其轴向和径向位置，并从管口表中了解其用途。管口分析实际上是设备工作原理分析的主要方面。

化工设备的零部件一般较多，一定要分清主次，对于主要的、较复杂的零部件及其装配关系要重点分析。此外，零部件分析最好按一定的顺序有条不紊地进行，一般按先大后小、先主后次、先易后难的步骤，也可按序号顺序逐一地进行分析。

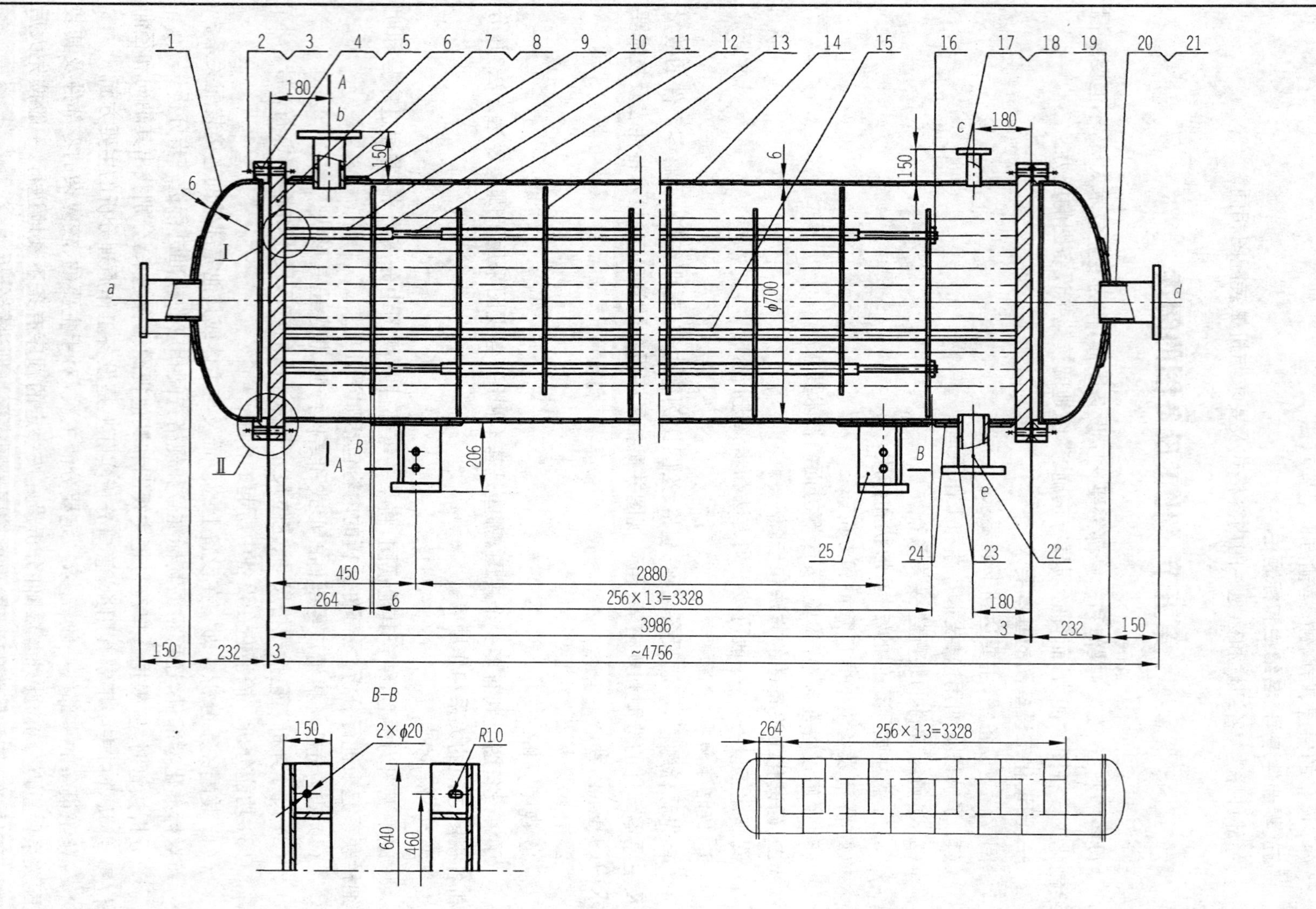
1
2
3
4
5
6
7
8
9
10
11
12
13
14
15
16
17
18
19
20
21
22
23
24
25
a
b
c
d
e
A
B
I
II
φ700
450
2880
264
6
256×13=3328
180
3986
3
232
150
~4756
206
B–B
2×φ20
R10
640
460

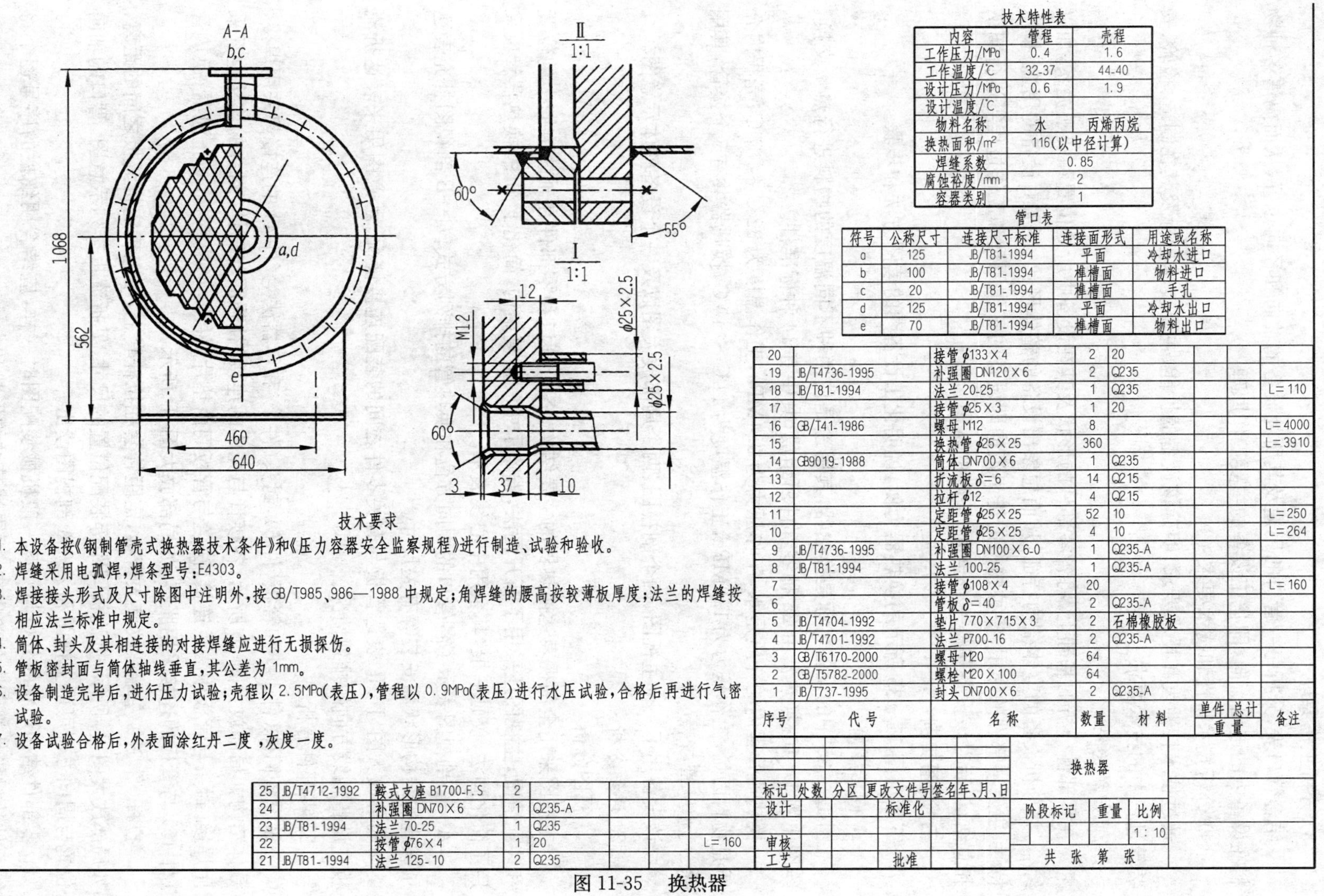

技术特性表

内容	管程	壳程
工作压力/MPa	0.4	1.6
工作温度/℃	32-37	44-40
设计压力/MPa	0.6	1.9
设计温度/℃		
物料名称	水	丙烯丙烷
换热面积/m²	116(以中径计算)	
焊缝系数	0.85	
腐蚀裕度/mm	2	
容器类别	1	

管口表

符号	公称尺寸	连接尺寸标准	连接面形式	用途或名称
a	125	JB/T81-1994	平面	冷却水进口
b	100	JB/T81-1994	榫槽面	物料进口
c	20	JB/T81-1994	榫槽面	手孔
d	125	JB/T81-1994	平面	冷却水出口
e	70	JB/T81-1994	榫槽面	物料出口

技术要求

1. 本设备按《钢制管壳式换热器技术条件》和《压力容器安全监察规程》进行制造、试验和验收。
2. 焊缝采用电弧焊，焊条型号：E4303。
3. 焊接接头形式及尺寸除图中注明外，按GB/T985、986—1988中规定；角焊缝的腰高按较薄板厚度；法兰的焊缝按相应法兰标准中规定。
4. 筒体、封头及其相连接的对接焊缝应进行无损探伤。
5. 管板密封面与筒体轴线垂直，其公差为1mm。
6. 设备制造完毕后，进行压力试验；壳程以2.5MPa(表压)，管程以0.9MPa(表压)进行水压试验，合格后再进行气密试验。
7. 设备试验合格后，外表面涂红丹二度，灰度一度。

序号	代号	名称	数量	材料	单件重量	总计重量	备注
25	JB/T4712-1992	鞍式支座B1700-F.S	2				
24		补强圈DN70×6	1	Q235-A			
23	JB/T81-1994	法兰70-25	1	Q235			
22		接管φ76×4	1	20			L=160
21	JB/T81-1994	法兰125-10	2	Q235			
20		接管φ133×4	2	20			
19	JB/T4736-1995	补强圈DN120×6	2	Q235			
18	JB/T81-1994	法兰20-25	1	Q235			L=110
17		接管φ25×3	1	20			
16	GB/T41-1986	螺母M12	8				L=4000
15		换热管φ25×25	360				L=3910
14	GB9019-1988	筒体DN700×6	1	Q235			
13		折流板δ=6	14	Q215			
12		拉杆φ12	4	Q215			
11		定距管φ25×25	52	10			L=250
10		定距管φ25×25	4	10			L=264
9	JB/T4736-1995	补强圈DN100×6-0	1	Q235-A			
8	JB/T81-1994	法兰100-25	1	Q235-A			
7		接管φ108×4	20				L=160
6		管板δ=40	2	Q235-A			
5	JB/T4704-1992	垫片770×715×3	2	石棉橡胶板			
4	JB/T4701-1992	法兰P700-16	2	Q235-A			
3	GB/T6170-2000	螺母M20	64				
2	GB/T5782-2000	螺栓M20×100	64				
1	JB/T737-1995	封头DN700×6	2	Q235-A			

标记	处数	分区	更改文件号	签名	年、月、日	换热器		
设计			标准化			阶段标记	重量	比例
								1:10
审核								
工艺			批准			共 张 第 张		

图 11-35　换热器

3) 分析工作原理

结合管口表，分析每一管口的用途及其所处设备的轴向和径向位置，从而搞清各种物料在设备内的进出流向，即化工设备的主要工作原理。

4) 分析技术特性和技术要求

通过技术特性表和技术要求，明确该设备的性能、主要技术指标及其在制造、检验、安装等过程中的技术要求。

3. 归纳总结

在零部件分析的基础上，将各零部件的形状及其在设备中所处位置和装配关系，加以综合，并分析设备的整体结构特征，从而想象出设备的整体形状。还需对设备的用途、技术特性、主要零部件的作用、各种物料的进出流向即设备的工作原理和工作过程等进行归纳和总结，最后对该设备获得一个全面、清晰的认识。

三、读图实例

下面以图 11 - 35 所示的换热器为例，说明化工设备图的读图方法和步骤。

1. 概括了解

图 11 - 35 中的设备名称是换热器，其用途是使两种不同温度的物料进行热量交换，绘图比例 1：10。换热器由 25 种零部件所组成，其中有 14 种标准件。

换热器管程内的介质是水，工作压力为 0.4MPa，工作温度为 32℃ ～ 37℃；壳程内介质是物料丙烯，工作压力为 1.6MPa，工作温度为 44℃ ～ 40℃，换热器共有 5 个接管，其用途、尺寸见管口表。

该设备用了一个主视图、两个剖视图、两个局部放大图以及一个设备整体示意图。

2. 详细分析

1) 视图分析

主视图采用全剖视表达换热器的主要结构、各个管口和零部件在轴线方向上的位置和装配情况；主视图还采用了断开画法，省略了中间重复结构，简化了作图；换热器管束采用了简化画法，仅画一根，其余用中心线表示。

A—*A* 剖视图表示了各管口的周向方位和换热管的排列方式。*B*—*B* 剖视图补充表达了鞍座的结构形状和安装等有关尺寸。

局部放大图 Ⅰ、Ⅱ 表达管板与有关零件之间的装配连接情况。示意图用来表达折流板在设备轴线方向的排列情况。

2) 零部件分析

该设备筒体(件 14) 和管板(件 6)，封头(件 1) 和容器法兰(件 4) 的连接都采用焊接，具体结构如局部放大图 Ⅱ 所示；各接管与壳体的连接，补强圈与筒体、封头的连接也都采用焊接。封头与管板用法兰连接，法兰与管板间由垫片(件 5) 形成密封，防止泄漏，换热管(件 15) 与管板的连接采用胀接，如局部放大图 Ⅰ 所示。

拉杆(件 12) 左端螺纹旋入管板，定距管套在拉杆套上，用以确定折流板之间的距离，如局部放大图 Ⅰ 所示。折流板间距等装配位置的尺寸，见折流板排列示意图。管口的轴向位置与周向方位可由主视图和 *A*—*A* 剖视图读出。

零部件结构形状的分析与阅读一般机械装配图时一样，应结合明细栏的序号逐个将零部件的投影从视图中分离出来，再弄清其结构形状和大小。

对标准化零部件，应查阅相关标准，弄清它们的结构形状及尺寸。

3）分析工作原理（管口分析）

从管口表可知设备工作时，冷却水自接管 a 进入换热管，由接管 d 流出；温度高的物料从接管 b 进入壳体、经折流板转折流动，与管程内的冷却水进行热量交换后，由接管 e 流出。

4）技术特性分析和技术要求

从图中可知该设备按《钢制管壳式换热器技术条件》等进行制造、试验和验收，并对焊接方法、焊接形式、质量检验提了要求，制造完后除进行水压试验外，还需进行气密性试验。

3. 归纳总结

由前面的分析可知，该换热器的主体结构由圆柱形筒体和椭圆形封头通过法兰连接构成，其内部有 360 根换热管，并有 14 个折流板。

设备工作时，冷却水走管程，自接管 a 进入换热管，由接管 d 流出；高温物料走壳程，从接管 b 进入壳体，由接管 e 流出。物料与管程内的冷却水逆向流动，并通过折流板增加接触时间，从而实现热量交换。

思考题

1. 化工设备图一般应具有哪些内容？
2. 试述表达化工设备时一般所采用的基本视图的名称及其配置情况。
3. 试述多次旋转表达方法的基本概念及用途。
4. 试述化工设备图中所采用的各种简化画法。
5. 什么叫焊接？焊接接头的基本形式有哪几种？
6. 试述化工设备图中焊缝的画法及标注方法。
7. 试述化工设备图中应标注的尺寸种类以及尺寸标注的基准。
8. 如何编写管口符号和填写管口表？
9. 阅读化工设备图应达到哪些基本要求？
10. 试述阅读化工设备图的方法和步骤。

第十二章　化工工艺图

化工工艺图是表达化工生产工艺过程的图样，是化工工艺设计的主要内容，也是讲行施工和生产的重要技术资料。化工工艺图通常包括管道及仪表流程图、设备布置图和管道布置图三大类。其中，管道及仪表流程图分为工艺管道及仪表流程图和辅助系统管道及仪表流程图。前者以表达工艺管道和仪表为主，后者以表达正常生产和开停车过程中所需的空气（仪表用、工艺用）和加热用的燃料（气或油等）为主。

本章简要介绍工艺管道及仪表流程图、设备布置图和管道布置图的有关内容。

第一节　工艺管道及仪表流程图

工艺管道及仪表流程图是用图示的方法把化工生产的工艺流程和所需的设备、管道、阀门、管件、管道附件及仪表控制点表示出来的一种图样。它是设备布置和管道布置设计的依据，也是施工、操作、运行及检修的指南。

按不同的设计阶段，工艺管道及仪表流程图有不同的表达内容和要求。图 12-1 是化工生产中某一工段施工阶段工艺管道及仪表流程图。

工艺管道及仪表流程图一般含有如下内容：按工艺过程次序展示在同一平面上的设备的简单形状或规定图形；管道、阀门、管件、仪表控制点等图形符号；设备位号及名称、管道编号、物料走向、仪表控制点代（符）号和必要的尺寸数据；代（符）号、图例及其说明和标题栏。

工艺管道及仪表流程图一般以工艺装置的主项（工段或工序）为单元绘制，也可以装置（车间）为单元绘制。

一、图幅与比例

工艺管道及仪表流程图的图幅采用 A1。横幅绘制，数量不限，流程简单者可用 A2。

工艺管道及仪表流程图不按比例绘制，设备（机器）图例一般只取相对比例。允许实际尺寸过大的设备（机器）比例适当缩小，实际尺寸过小的设备（机器）比例适当放大，但要相对示意出各设备的高低。整个图面要协调、美观。

二、设备的表示方法和标注

1. 设备的表示方法

设备、机器的图形用细实线按 HG/T20519.34-92 标准中的图例绘制。图 12-2 摘录了标准中的部分图例。标准中未规定的设备、机器图形可以根据其实际外形和内部结构特征绘制，只取相对大小，不按实物比例。

如有可能，设备、机器上的全部接口（包括人孔、手孔、卸料口等）均画出。其中与配管有关以及与外界有关的管口（如直连阀门的排液口、排气口、放空口及仪表接口等）则必须画出，如图 12-1 所示。

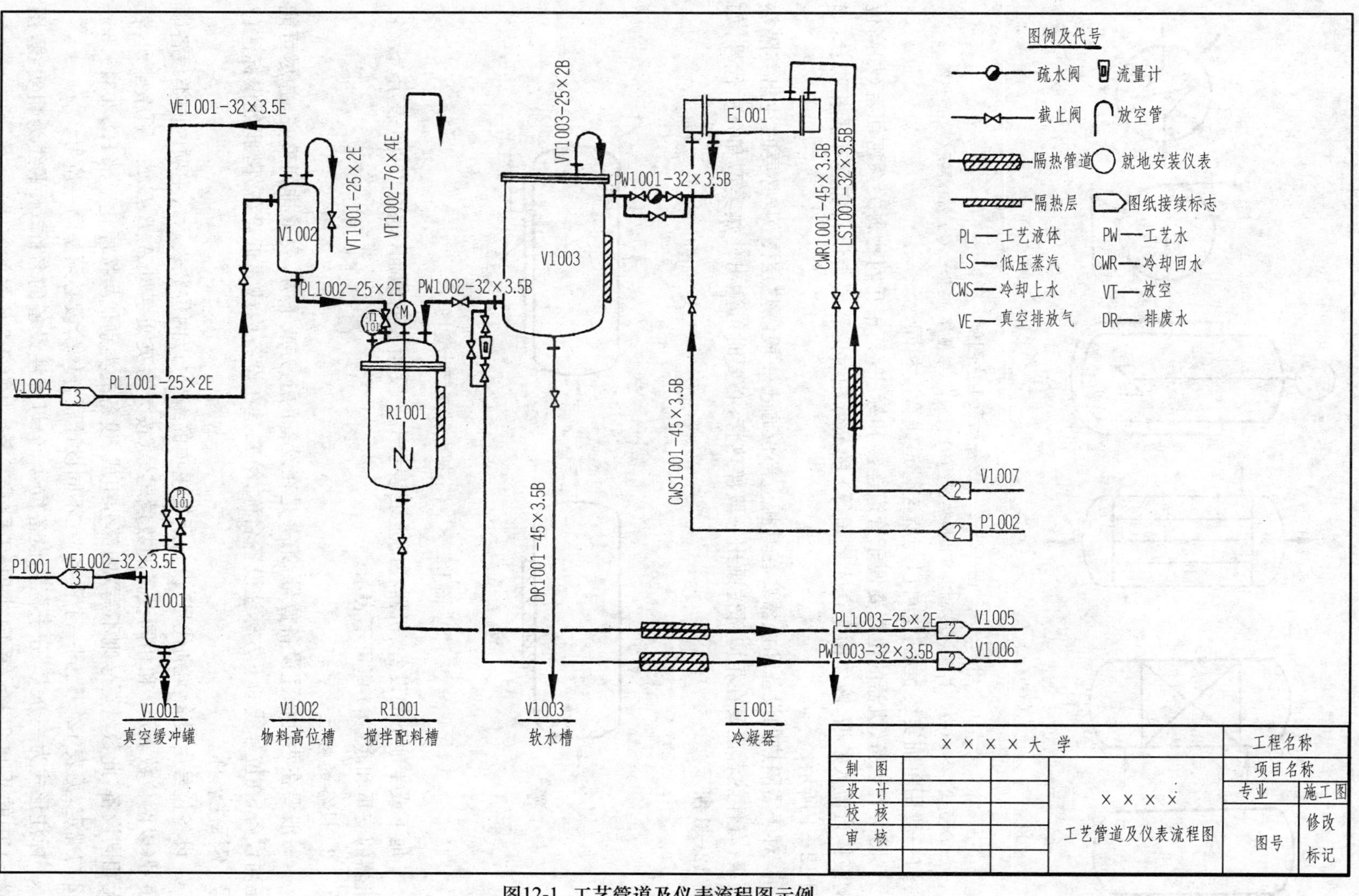

图12-1 工艺管道及仪表流程图示例

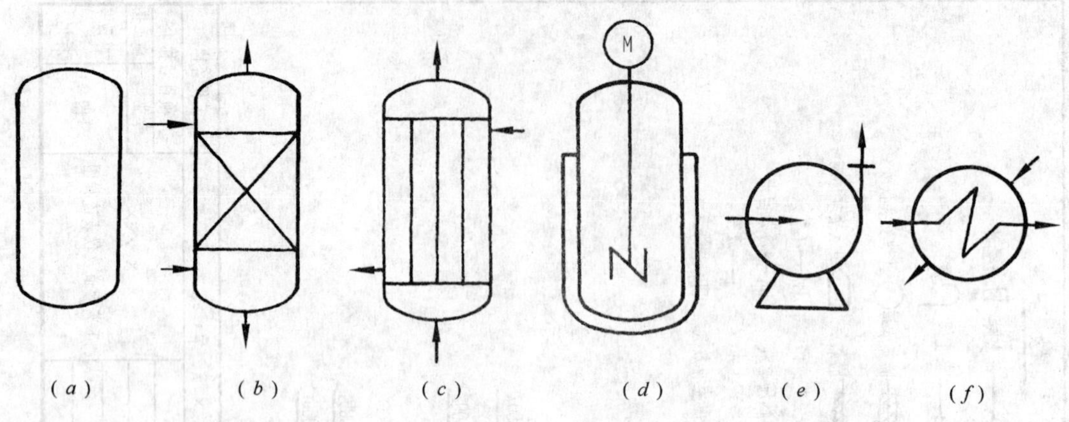

图 12-2　设备示意画法图例

(a) 立式容器；(b) 填料塔；(c) 固定管板换热器；(d) 反应器(带搅拌、夹套)；(e) 离心泵；(f) 换热器。

管口一般用单细实线表示，也可以与所连管道线宽度相同。

图中各设备、机器的位置要便于管道连接和标注，其相互间物料关系密切者(如高位槽液体自流入贮槽，液体由泵送入塔顶等) 的高低相对位置要与设备实际布置相吻合，如图 12-1 所示。

对于需隔热的设备和机器要在其相应部位画出一段隔热层图例，必要时注出其隔热等级；有伴热者也要在相应部位画出一段伴热管，必要时可注出伴热类型和介质代号，如图 12-3 所示。

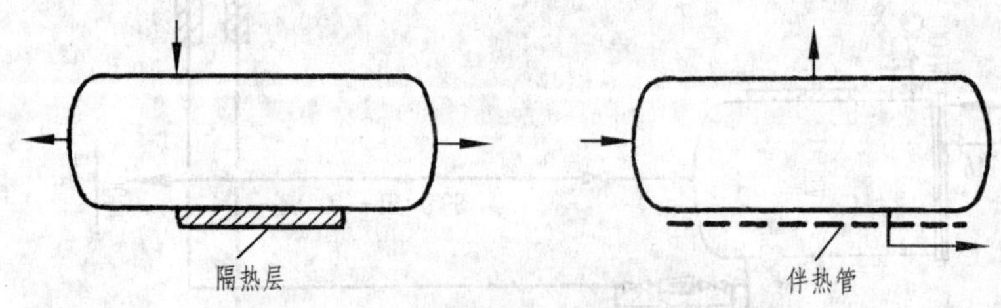

图 12-3　隔热层、伴热管示意图

地下或半地下的设备、机器在图上要表示出一段相关的地面。地面以 ////// 表示。设备、机器的支承和底(裙) 座可不表示。

2. 设备的标注

一般要在两处标注设备位号：第一是在设备的上方或下方，要求排列整齐，并尽可能正对设备，在位号线的下方标注设备名称；第二是在设备内或靠近设备外，此处仅标注位号，不标注名称。

设备位号由设备类别代号、设备所在主项的编号(以两位数表示)、主项内同类设备顺序号(以两位数表示) 和相同设备的数量尾号(按大写英文字母 A、B、C、... 顺序排列，若无相同设备，此数量尾号则不写) 四部分组成。设备的类别代号按原化工部 HG20519.35-92 的规定，见表 12-1。同一个设备，在不同设计联合体阶段必须是同一位号。

标注形式为一分式，分子标注设备位号，分母标注设备的名称，水平线为粗实线，图 12-1 中的 V1002 表示第 10 主项(工段或工序) 内的第 2 序号的容器。

表 12-1 设备类别代号

设备类别	塔	泵	压缩机、风机	换热器	反应器	容器(槽、罐)
代号	T	P	C	E	R	V

三、管道的表示方法和标注

1. 管道的表示方法

图中一般应画出全部工艺管道及与工艺有关的一段辅助管道，图 12-1 中来自泵(P1002) 的上水总管道，工艺管道包括：正常操作所用的物料管道；工艺排放系统管道，如图 12-1 中 VT1001-25×2E 管道；开、停车和必要的临时管道。管道的图例、线型及线宽按 HG/T205 19.28-92 和 HG/T20519.32-92 标准规定，见表 12-2。

表 12-2 管道图例、线型及线宽

名称	图例	线型及线宽/mm
主物料管道		粗实线 $b=0.9\sim1.2$
辅助物料管道		中粗线 $b=0.5\sim0.7$
仪表管		细实线 $b=0.15\sim0.3$
伴热(冷)管道		虚线 $b=0.5\sim0.7$
电伴热管道		点画线 $b=0.15\sim0.13$
管道隔热层		除管道外其他线为细实线
夹套管		

每根管道都要以箭头表示其物料流向(箭头画在管道上)。当图上的管道与其他图纸的管道有连接关系时，一般将其端点绘制在图的左方或右方，以空心箭头标出物料的流向(入或出)，空心箭头内注明其接续图纸图号的序号，在其附近注明来或去的设备位号或管道号，如图 12-1 所示。空心箭头的画法如图 12-4 所示。

绘制管道时，应尽量画成水平或垂直。管道相交和转弯均画成直角。管道交叉时，应将一根管道断开，如图 12-5 所示。应尽量避免管道穿过设备。

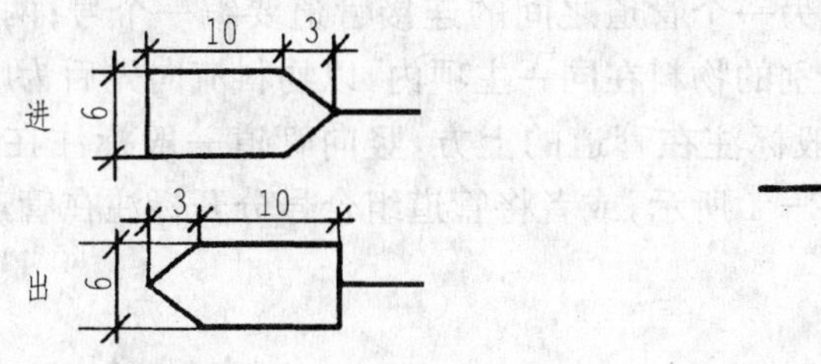

图 12-4 同一装置或主项内的管道或仪表信号线的图纸接续标记

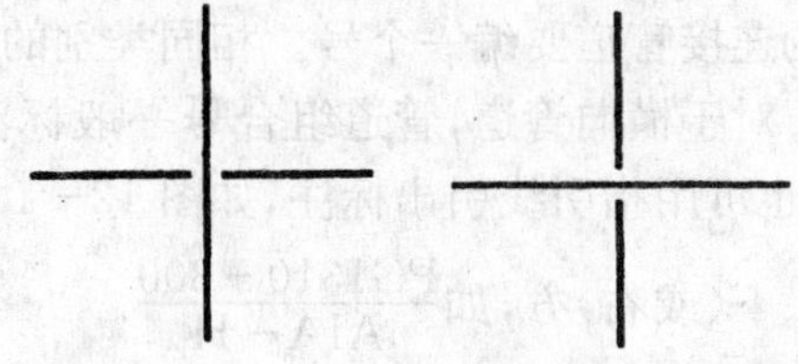

图 12-5 管道交叉表示法

2. 管道的标注

管道一般都要用管道组合号予以标注。管道组合号的内容示例如图 12-6 所示，其中物料代号、主项编号(以两位数字表示)和管道顺序号(以两位数字表示)这三个单元称为管道号(或管段号)。物料代号按 HG/T20519.36-92 标准的规定，见表 12-3。管道尺寸一般标注公称直径，以 mm 为单位，只注数字，不注单位。管道等级代号和隔热、隔声代号可分别参见 HG/T20519.30－92 和 HG/T20519.38－92 标准。

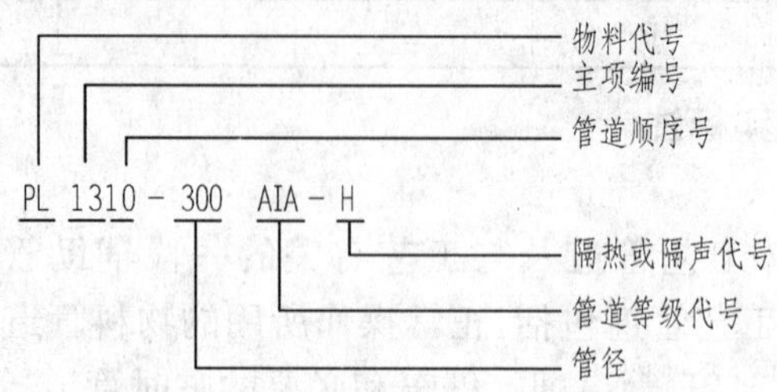

图 12－6 管道组合号示例

表 12－3 物料代号示例

名称	工艺空气	工艺气体	工艺液体	工艺固体	工艺水	压缩空气	仪表空气	高压蒸汽	中压蒸汽
代号	PA	PG	PL	PS	PW	CA	IA	HS	MS
名称	低压蒸汽	蒸汽冷凝水	循环冷却水回水	循环冷却水上水	热水回水	热水上水	原水	燃料气	燃料油
代号	LS	SC	CWR	CWS	HWR	HWS	RW	FG	FO
名称	天然气	液氨	冷冻盐水回水	冷冻盐水上水	排液	真空排放气	放空	惰性气体	火炬排放气
代号	NG	AL	RWR	RWS	DR	VE	VT	IG	FV

工艺流程简单、管道品种不多时，管道组合号的管道等级和隔热或隔声代号可省略，管子尺寸可直接填写外径×壁厚，并标注工程规定的管道材料代号（见表 12－4），如图 12－1 所示。

表 12－4 管道材料代号

材料类别	铸铁	碳钢	普通低合金钢	合金钢	不锈钢	有色金属	非金属	衬里及内防腐
代号	A	B	C	D	E	F	G	H

编写管道组合号时，一个设备管口到另一个管口之间的管道，无论其规格尺寸是否改变，都要编一个号；一个设备管口与另一个管道之间的连接管道要编一个号；两个管道之间的连接管道要编一个号。相同类别的物料在同一主项内，以物料流向先后为顺序编号。

对于横向管道，管道组合号一般标注在管道的上方，竖向管道一般标注在管道的左方，也可用指引线引出标注，如图 12－1 所示，或者将管道组合号分开标注在管道的上（或左）、下（或右）方，如 $\frac{\text{PG1310}-300}{\text{AIA}-\text{H}}$。

四、阀门、管件和管道附件的表示方法

一般，应用细实线按规定的图形符号全部绘制出管道上的阀门、管件和管道附件（不包括管道之间的连接件，如弯头、三通、法兰等），为安装和检修方便所加的法兰、螺纹连接件等仍需画出。阀门、管件和管道附件的图形符号按原化工部 HG20519.32－33－92 标准绘制（见表 12－5），其中阀门图形符号一般长为 6mm、宽为 3mm 或长为 8mm、宽为 4mm。

管道上的阀门、管件和管道附件，按需予以标注。当公称通径同所在管道通径不同时要标注出它们的尺寸，如异径管标注大端公称通径×小端公称通径。

表 12-5 常用阀门、管件和管道附件的图形符号示例

名称	闸阀	截止阀	节流阀	球阀	疏水阀	角式弹簧完全阀
符号						
名称	偏心异径管		弯头	三通	四通	阻火器
	底平	顶平				
符号						
名称	管端法兰	管帽	放空帽	放空管	同心异径管	视镜
符号						

五、仪表、控制点的表示方法

图上要绘出并标注全部与工艺有关的检测仪表、调节控制系统、分析取样点和取样阀(组)。

仪表的图形符号为一直径为 12mm(或 10mm)的细实线圆圈，圆圈中注上仪表位号。仪表位号由字母组合代号和回路编号两部分组成。仪表位号中字母组合代号的第一字母表示被测变量，后续字母表示仪表的功能；回路编号由工序号和顺序号组成，一般用 3 位～5 位阿拉伯数字表示。字母组合代号填写在仪表圆圈的上半个圆中，回路编号填写在下半个圆中。

常用被测变量及仪表功能代号按 HG/T20505-92 标准，见表 12-6。

表 12-6 被测变量及功能代号

被测变量		功能	
T	温度	I	指示
P	压力	R	记录
F	流量	C	控制
L	物位	A	报警

表 12-7 为表示仪表安装位置的图形符号(摘自 HG/T20505-92 标准)。表中主要位置是指仪表引向控制室集中安装，辅助位置是指仪表现场集中安装。

表 12-7 表示安装位置的图形符号

	主要位置 (操作员监视用)	现场安装 (正常情况下操作员不监视)	辅助位置 (操作员监视用)
离散仪表			
共用显示 共用控制			

控制点(测量点)是由过程设备或管道符号引到仪表圆圈的连接引线的起点,如图12－1所示。(PI 101)表示该仪表为现场安装的离散压力指示仪表,工序号为1,顺序号为01。

调节控制系统由执行机构和调节机构两部分组成。部分执行机构和调节机构图形符号见表12－8。若需详细了解可参见HG/T20502－92标准。

表12－8　执行机构和调节机构图形符号

角　阀	三通阀	四通阀	带弹簧的薄膜执行机构	电动执行机构	数字执行机构	电磁执行机构
				M	D	S

第二节　设备布置图

设备布置图是表示一个车间(装置)或一个工段(工序)的生产和辅助设备在厂房内外布置、安装的图样。它使设计所确定的设备在厂房内外合理布置、安装固定,保证生产的正常进行。它是厂房等建(构)筑物设计的前提,而厂房等建(构)筑物又是设备布置的依据。

设备布置图是工艺设计中的主要图样,除必要的平、立面布置图外,还应有必要的管口方位图、设备安装图及与设备安装有关的支架图等图样。图12－7为某一工段的设备布置施工图样。

设备布置图一般含有如下内容:按正投影原理绘制的表达厂房建筑的基本结构和设备在厂房内外布置的一组视图;与设备有关的定位尺寸、建筑物轴线的编号、设备位号;指示厂房建筑和设备安装方向基准的方向标和标题栏。

一、图幅与比例

设备布置图一般采用A1,不宜加长加宽。特殊情况也可采用其他图幅。

设备布置图常用的比例为1∶100,也可采用1∶200或1∶50,视设备布置的疏密情况而定。但对于大的装置(或主项),分段绘制设备布置图时,必须采用同一比例。

标题栏中的图名一般分成两行,上行写“××××设备布置图”,下行写“EL×××.×××平面”或“×-×剖视”。下行中的“EL”(Elevation)表示标高。

二、图面安排及视图要求

设备布置图一般只画平面图,是假想掀去屋顶或上层楼板的俯视图。当平面图不能表达清楚设备布置状况时,可绘制立面方向的剖视图或局部视图。用剖切符号在平面图上表示剖切平面的位置并注上大写的英文字母,在剖视图的下方注上相应的字母,如图12－7所示。

多层建筑物或构筑物,应依次分层绘制各层的设备布置图。如在同一张图纸上绘几层平面图时,应从最底层平面开始,在图纸上由下向上或由左向右按层次顺序排列,并在图形的下方用字母和数字注明标高“EL×××.×××平面”等。

一般情况下,每一层只画一个平面图,当有局部操作台时,在该平面图上可以画操作台下的设备，局部操作台及其上面的设备另画局部平面图。如不影响图面清晰，也可重叠绘制，操作台下的设备画虚线。一个设备穿越多层建(构)筑物时，在每层平面图上均须画出设备的平面位置。

三、视图表达方法及标注

设备布置图的主要表达内容有设备和建(构)筑物。在设备布置图上，长、宽定位尺寸的单位为mm，高度尺寸的单位为m(取小数点后3位至mm为止)，在图上均不注尺寸单位。HG/T20519－92标准规定：室内地面设计标高为100m，即EL100.000。

1. 设备的表达方法及标注

1)表达方法

对于定型设备和非定型设备，均用粗实线按比例画出其设备轮廓。前者可按HG/T20519－92标准规定的图例绘制(见图12－2)；后者可适当简化，画出其外形，包括附属的操作台、梯子和支架。无管口方位图的设备，应画出表示设备安装方位的特征管口(如人孔)，并表示方位角，如图12－8(*a*)所示。图12－8中，“POS”表示支承点(Point of Surport)，“DISCH”表示排出口(Discharge)，“MH”表示人孔(Manhole)。

卧式设备应画出特征管口或标注固定端支座，如图12－7中E1001的支座。动设备可画出基础(用粗实线绘制)并表示出特征管口和驱动机的位置，如图12－8(*b*)所示。图12－7中画出了足以确定设备方位的管口及支座。

同一位号的设备多于三台时，在平面图上可以表示首末两台设备的外形，中间的仅画出基础，或用双点画线的方框表示。

2)标注

在平面图上，应标注设备的安装定位尺寸。一般以建(构)筑物的轴线为基准，也可以已定位的设备中心线为基准。尺寸界线可用细斜线绘制。高度方向的定位尺寸以标高表示，注写时与设备位号的注写相结合，如图12－7所示。对于卧式的槽、罐、换热器，以中心线标高EL×××.×××表示，如图12－7中的换热器E1001；对于立式槽、罐、反应器、塔、换热器，以支承点标高POS EL×××.×××表示，如图12－7中的搅拌配料罐R1001和软水槽V1003。对于动力设备，如泵、压缩机，以主轴中心线标高EL×××.×××或以底盘底面标高(即基础顶面标高)POS EL×××.×××表示，如图12－8(*b*)所示；对于管廊、管架，以架顶(Top of Surport)标高TOS EL×××.×××表示；其他设备(机器)的标高标注可参见原化工部HG20519－92标准。

设备标注中的位号应与工艺管道流程图相一致。若绘有立面图，可在设备的上方、下方或设备内注写设备位号，一般不再标注标高。

2. 建(构)筑物的表达方法及标注

1)表达方法

在平面图和剖视图上，用细实线及适当比例采用规定的表示方法，按已有的建筑图，画出厂房建筑的空间大小、内部分隔以及与设备安装有关的建筑结构，如墙、柱、地面、楼板、平台、栏杆、安装孔洞、地坑、吊车梁、设备基础等。以中粗线绘制的支架必须画出。常用的建筑结构和构件的图例如图12－9所示(摘自HG/T20519.34－92)。

与设备布置关系不大的门、窗等构件，一般只在平面图上画出它们的位置及门的开启方向等。

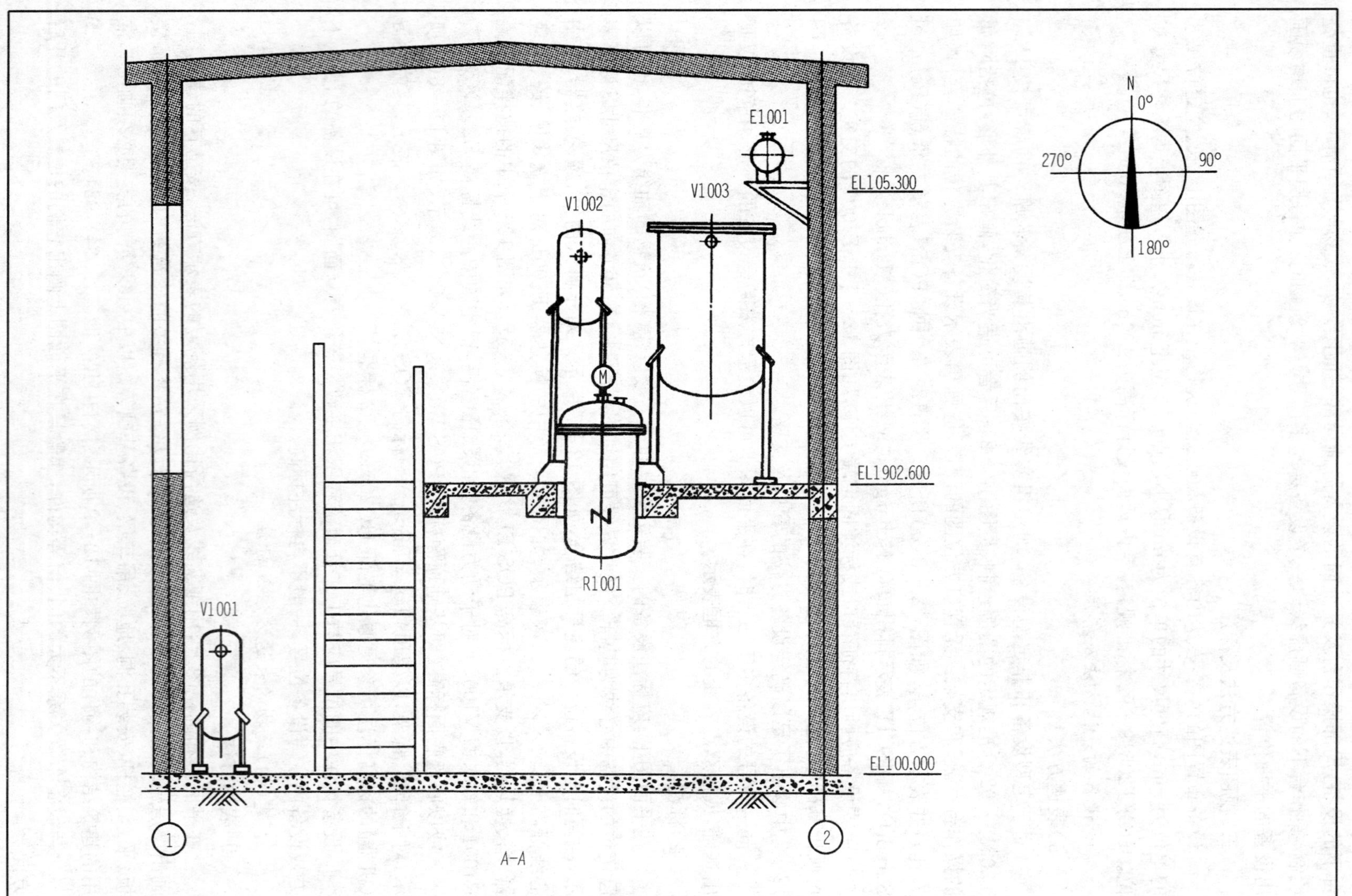

N
0°
270°
90°
180°
E1001
EL105.300
V1002
V1003
M
EL1902.600
R1001
V1001
EL100.000
1
2
A—A

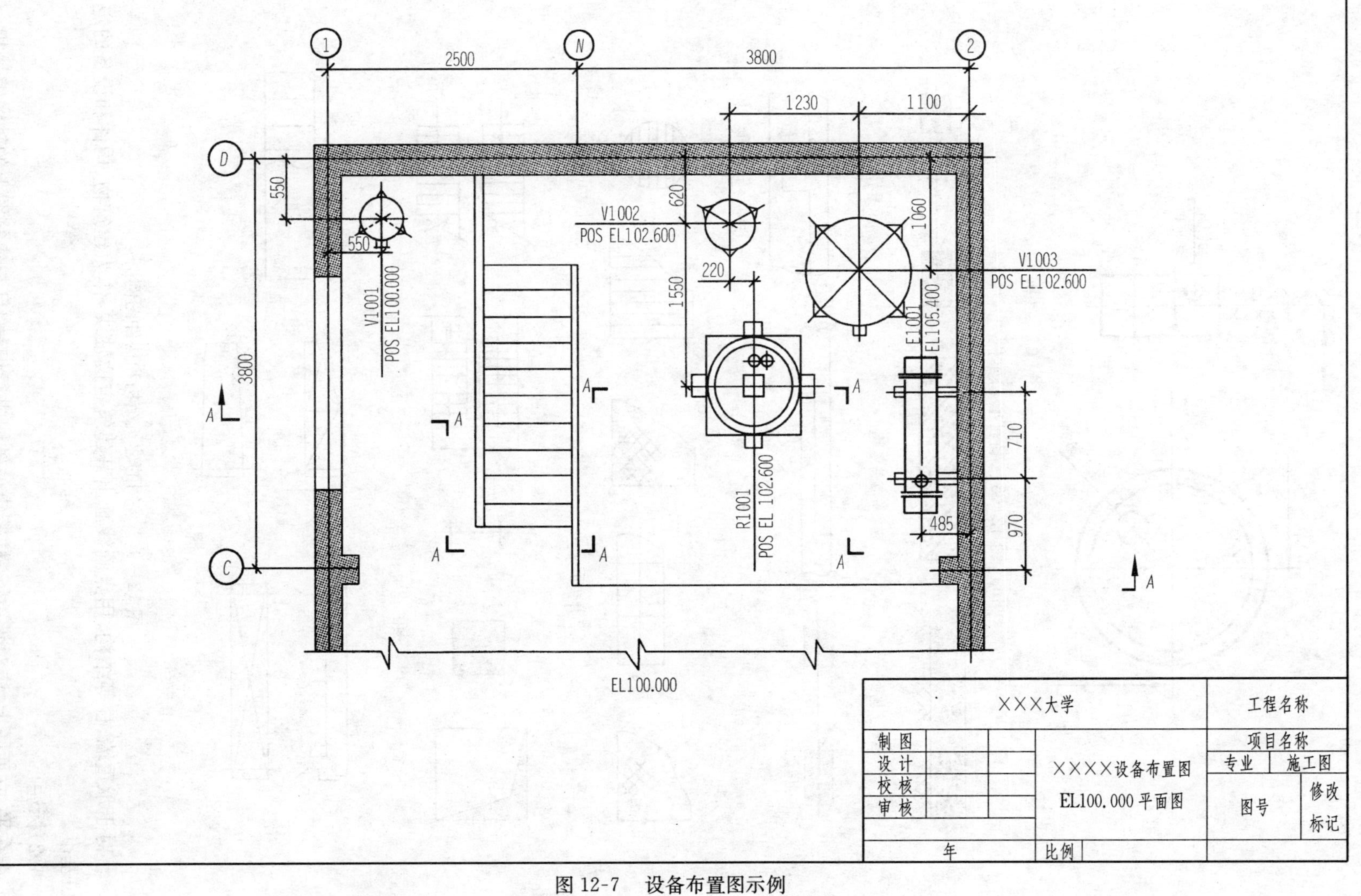

图 12-7　设备布置图示例

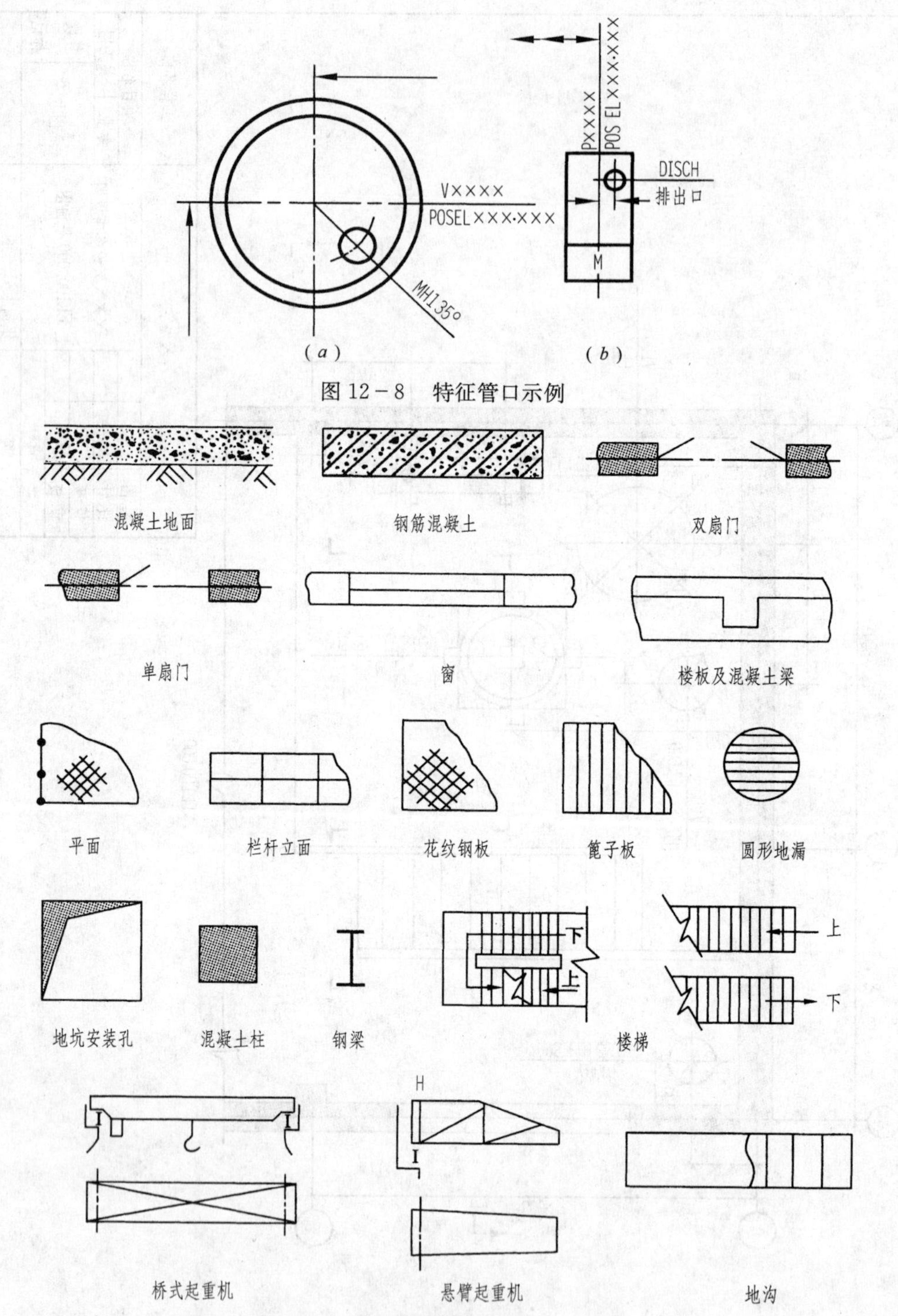

图 12－8　特征管口示例

图 12－9　常用的建筑结构和构件图例

对于承重墙、柱等结构，用点画线画出其建筑定位轴线，作为建筑物、构件和设备的定位基准。

2)标注

在平、立面图上，应对承重墙、柱等定位轴线进行编号，且与建筑图上的轴线编号相一致。在图形与尺寸线之外的明显位置，于各轴线的端部画一个直径为 8mm～10mm 的细实线圆圈，使成水平或垂直方向排列。水平方向编号采用阿拉伯数字，从左向右顺序编写，垂直方向编号采用大写拉丁字母(I、O、Z 三个字母不推荐使用，以免与数字混淆)，自下而上顺序编写。在两轴线之间如需附加分轴线时，则编号可用分数表示，分子表示附加轴线的编号(用阿拉伯数字顺序编写)，如“1/A”表示 A 号轴线后附加的第一根分轴线。

在平面图上，厂房建筑及其构件应以定位轴线作为基准，注出厂房建筑的长、宽尺寸，柱、墙轴线间的间距，为设备安装预留的孔洞以及沟、坑等的定位尺寸。尺寸界线可用细斜线绘制，标注示例如图 12－7 所示。

高度尺寸以注写标高的形式标注。用一水平的细实线作为需注高度的界线，在该线的上方注写“EL×××.×××”，如图 12－7 中的 $A-A$ 剖面图。平面图上出现的地坑、地沟等结构，也应在相应部位注明标高，如地沟标高 EL99.600，表示沟底在室内地面下 0.4m。

四、方向标

在设备布置图图面的右上方应绘制出表示设备安装方位基准的符号——方向标，如图 12－10 所示。图中直径为 20mm 的圆用粗实线绘制。方向标的北向(N)应与总图的设计北向(N)相一致。

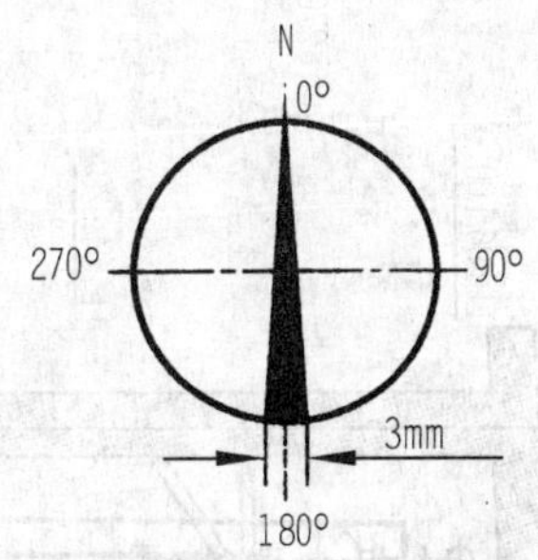

图 12－10　方向标的画法

第三节　管道布置图

管道布置图是表达设备、机器间的管道连接及阀门、管件、管道附件、仪表控制点等安装位置的图样，又称配管图。它是在施工图设计阶段提供的一种图样。

通常以工艺管道及仪表流程图、设备布置图以及有关设备、土建、自控等图样和资料作为依据，进行管道合理布置的设计和图样绘制。图 12－11 是某一工段施工图设计阶段的管道布置图。

图样中一般含有如下内容：按正投影原理绘制的表达整个车间(装置)的建(构)筑物和设备的简单轮廓以及管道、管件、管道附件、阀门、仪表控制点的布置及安装情况的一组平、立面图；确定设备、管道及某些管件、管道附件、阀门、仪表控制点的平面位置的定位尺寸和标高；建筑物轴线的编号、设备位号、管道组合号、仪表控制点代号；表示管道安装方位的方向标和标题栏。

一、图幅与比例

管道布置图图幅应尽量采用 A0，比较简单的也可采用 A1 或 A2。图幅不宜加长或加宽。绘图比例常用 1∶30，也可采用 1∶25 或 1∶50。同一车间(装置)、工段或各分层的图样应采用同一比例。

标题栏中的图名一般分成两行书写，上行写“××××管道布置图”，下行写“EL×××平面”或“$A-A$、$B-B$、... 剖视等”。

二、图面安排及视图要求

管道布置图一般以平面图为主，是假想掀去屋顶或上层楼板的俯视图，常以车间(装

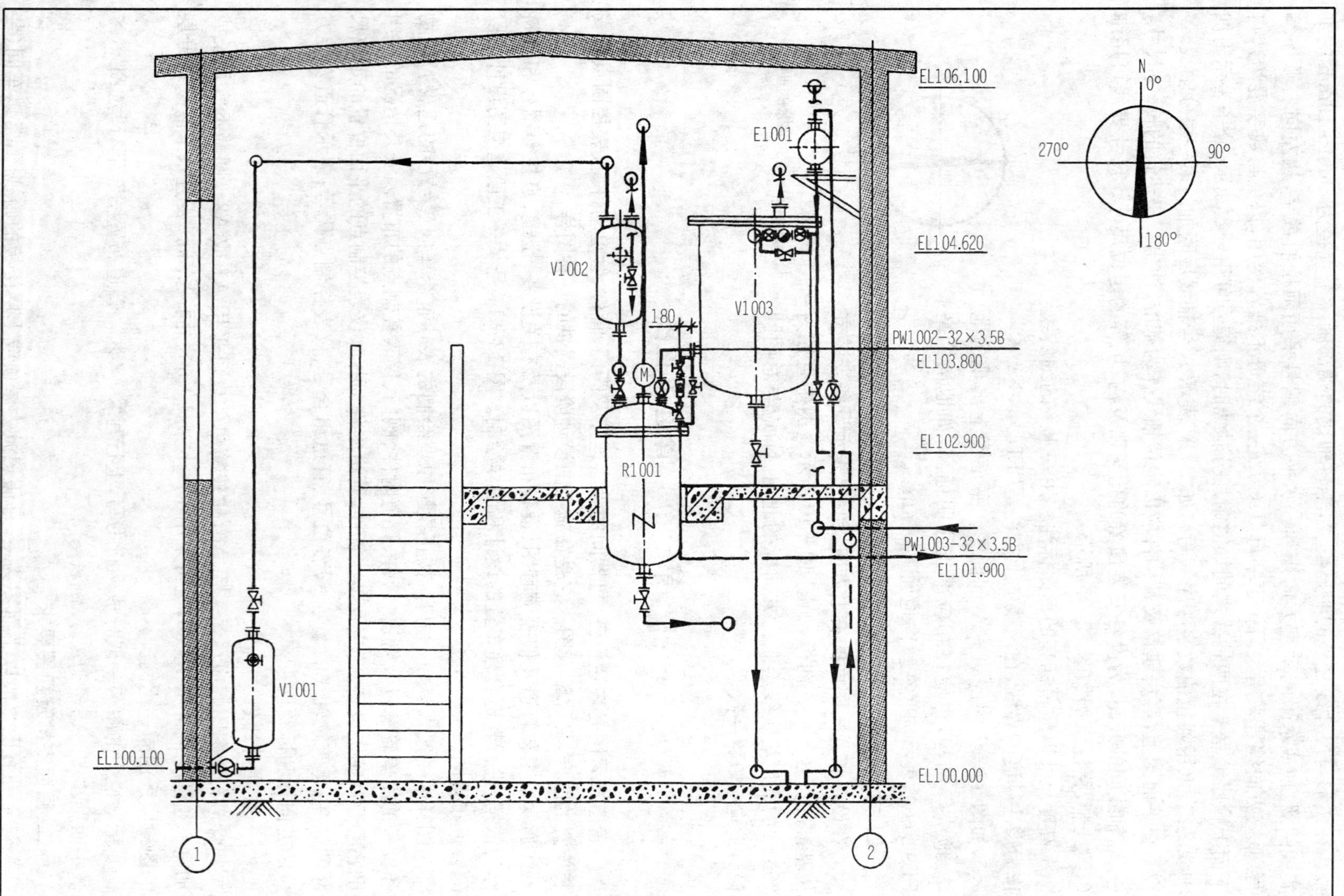
EL106.100
N
0°
270°
90°
180°
E1001
V1002
EL104.620
V1003
180
PW1002-32×3.5B
EL103.800
M
EL102.900
R1001
PW1003-32×3.5B
EL101.900
V1001
EL100.100
EL100.000
1
2

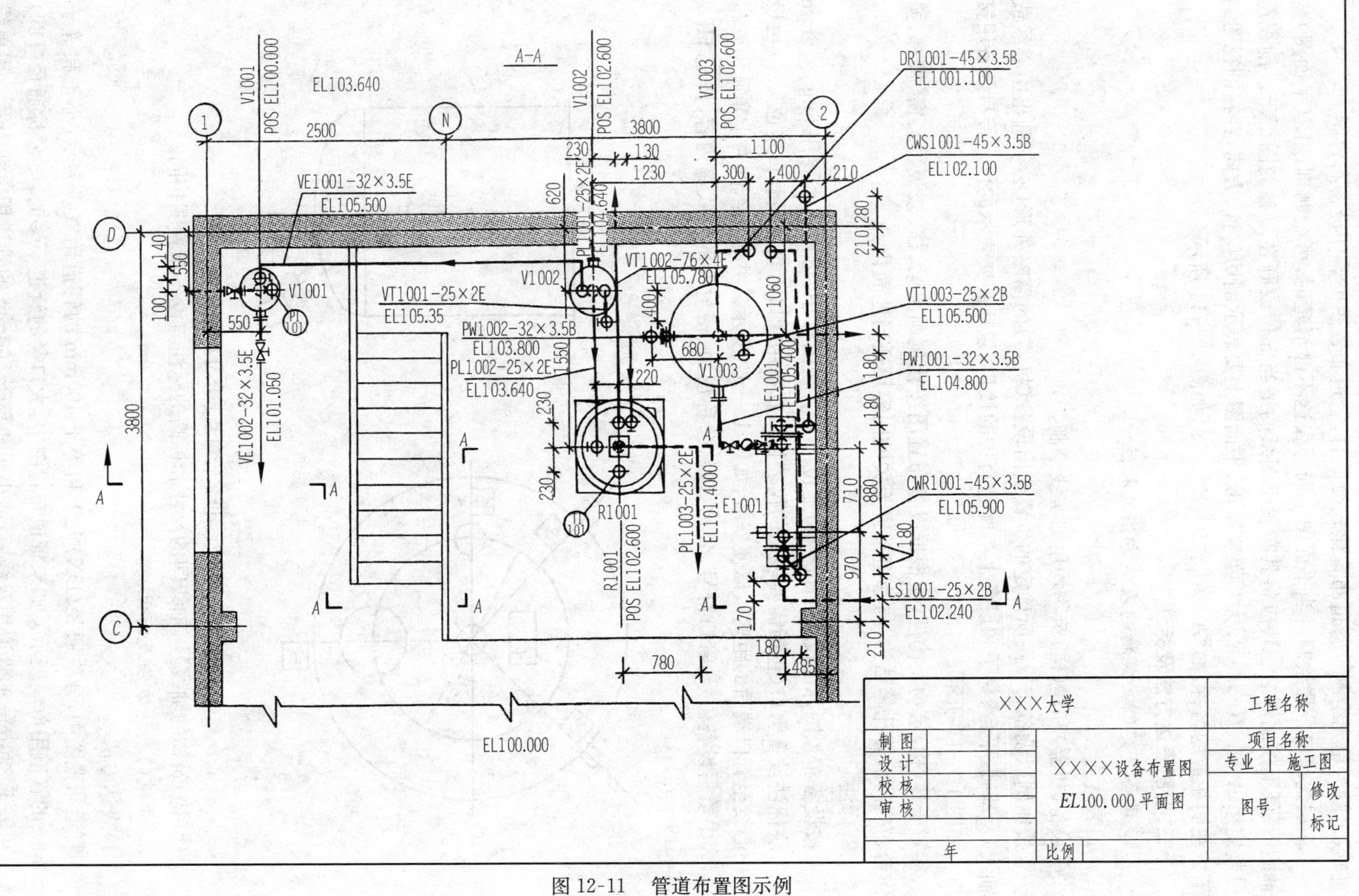

图 12-11 管道布置图示例

置)或工段为单元绘制。管道布置比较简单时,管道布置图可兼作设备布置图。

多层建筑应分层绘制。当平面图中局部表达不够清楚时,可绘制剖视图(平面图)或轴测图(可不按比例绘制),应将其布置于图纸的适当部位或画在单独的图纸上。剖视符号规定用 $A-A$、$B-B$、... 大写英文字母,平面图上要表示剖切位置、方向,并在剖视图的下方注明相应的名称,如"$A-A$"、"$B-B$"、...,如图 12-11 所示。

三、视图表达方法及标注

1. 设备及建(构)筑物的表达方法及标注

1)表达方法

设备(机器)和建(构)筑物均用细实线绘制。

按比例以设备布置图所确定的位置画出设备(机器)的简略外形(必须画出中心线或轴线)及基础、平台、梯子和设备上与配管有关的接口(包括需要表示的仪表接口及备用接口),如图 12-11 所示。

对于建(构)筑物及构件,应根据设备布置图按比例画出梁、柱、楼板、门、窗、楼梯、操作台、安装孔、管孔等结构,与管道布置无关的内容可适当地简化。

2)标注

按设备布置图标注设备的位号和定位尺寸。在图样中,可根据需要用 5mm×5mm 的方块标注设备管口(包括需要表示的仪表接口及备用管口),且注写管口定位尺寸(由设备中心线至管口端面的距离),以便安装,如图 12-12 所示。并于图纸的右上角画出管口表,表中填写设备位号、管口符号、公称直径、公称压力、密封面的形式等内容,详见 HG/T20519-92。

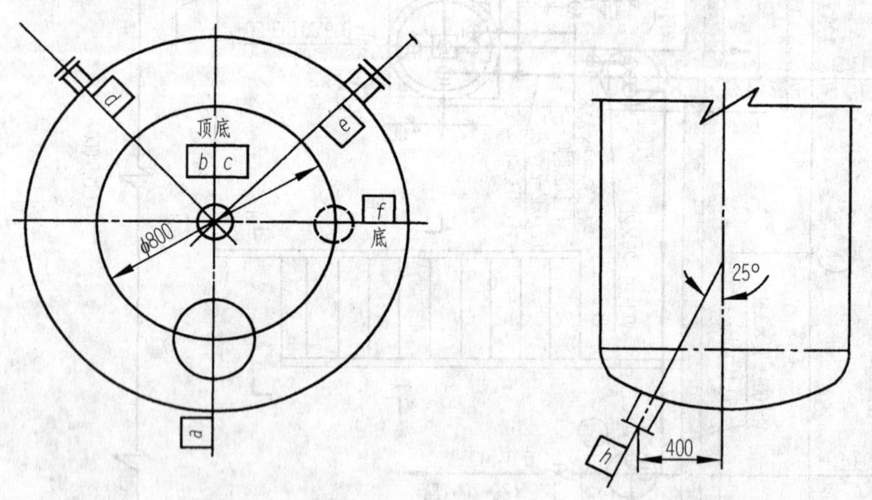

图 12-12 设备管口及其尺寸标注示例

建(构)筑物的轴线号、轴线间的尺寸和标高的标注与设备布置图相同。

2. 管道的表达方法及标注

1)表达方法

管道布置图中,公称通径(DN)大于和等于 400mm 的管道用双线表示;小于和等于 350mm 的管道用单线表示。如果管道布置图中,大口径的管道不多时,则公称通径(DN)大于和等于 250mm 的管道用双线表示,小于和等于 200mm 的管道用单线表示。用单线绘制的管道其线宽按表 12-2 选取。管段的长度应按比例画出。

(1)管道　当管子只画出一段时，一般应在管子的中断处画上断裂符号，如图 12-13 所示。

(2)管道转折　管道转折的画法如图 12-14 所示。管道公称通径小于或等于 50mm，或小于 2ft（1ft＝0.3048m）的弯头，一律用直角表示，如图 12-14(*d*)所示。

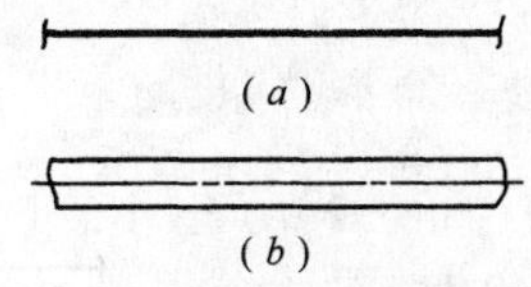

图 12-13　一段管道的表示方法

(*a*)单线；(*b*)双线。

(3)管道交叉　当管道交叉而造成投影相重时，其画法可把被遮盖管道的投影断开，如图 12-15(*a*)所示；若被遮管道为主要管道时，应将可见管道的投影断开且画上断裂符号，如图 12-15(*b*)所示。

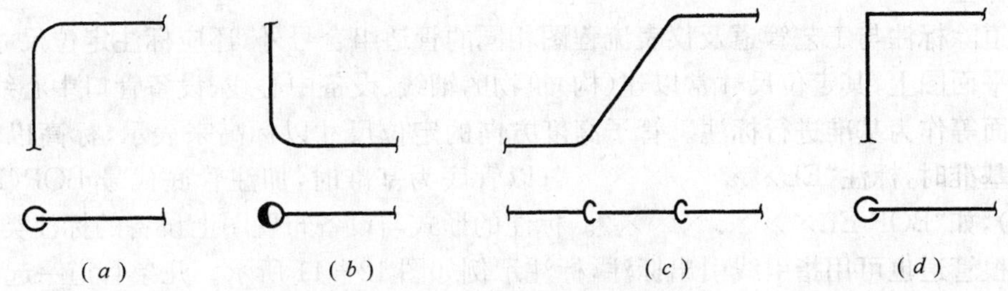

图 12-14　管道转折的表示方法

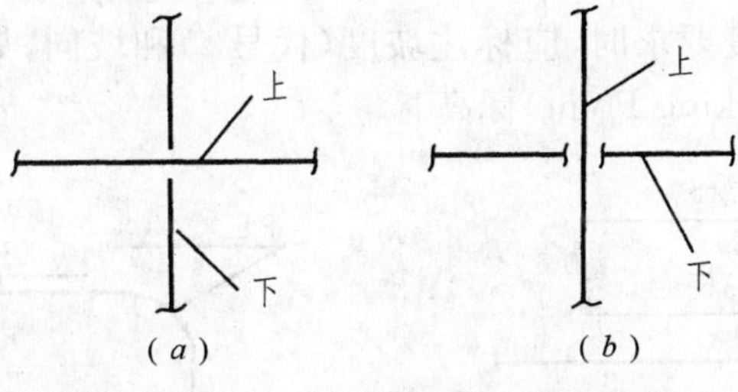

图 12-15　管道交叉的表示方法

(4)管道重叠　管道投影重叠时，将可见管道的投影用断裂符号予以断裂表示，不可见管道的投影则画至重影处，稍留间隙并断开，如图 12-16(*a*)所示；也可在投影断开处注上“*a a*”、“*b b*”等字母或分别注以管道序号，如图 12-16(*b*)所示。管道转折后，若投影重叠，则下面的管道至重影处稍予间断表示，如图 12-16(*c*)所示。

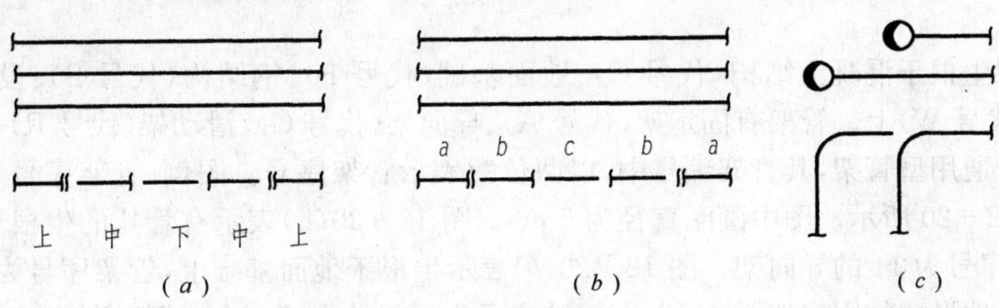

图 12-16　管道投影重叠的画法

(5)管道相交　管道相交时的画法如图 12－17(a)所示。

(6)物料流向　在管道投影的适当位置画箭头表示物料流向(双线管道箭头画在中心线上),如图 12－17(b)所示。

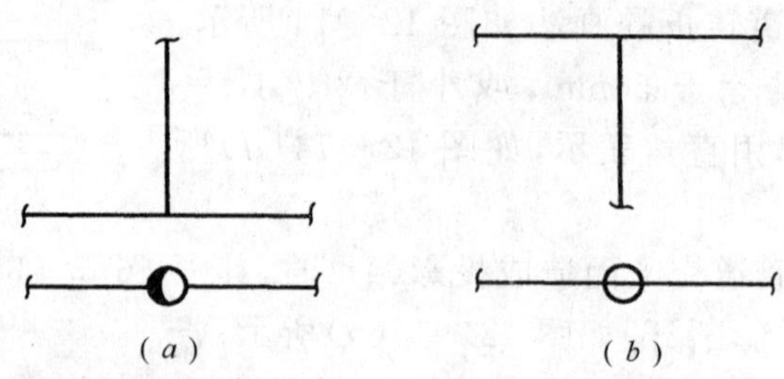

图 12－17　管道相交的表示方法

2)标注

管道除标注与工艺管道及仪表流程图相同的管道组合号外,还应标注定位尺寸。

在平面图上,其定位尺寸常以建(构)筑物的轴线、设备中心线、设备管口中心线、法兰的一端面等作为基准进行标注。管子高度方向的定位尺寸以标高来表示,标高以管道中心线为基准时,标注“EL×××.×××”;以管底为基准时,加注管底代号 BOP(Bottom of Pipe),如“BOP EL×××.×××”。标注的形式与设备布置图上设备的标注类同。

单根管道也可用指引线引出标注,标注示例如图 12－11 所示。几条管道一起引出标注时,标注方法如图 12－18 所示。

在平面图上不能清楚地予以标注时,则可在立面图上予以标注,如图图 12－11 所示。

对于管道安装有坡度要求时,应标注坡度(代号 i)和坡向,如图 12－19 所示。图中“WP EL”为工作点(Working Point)标高。

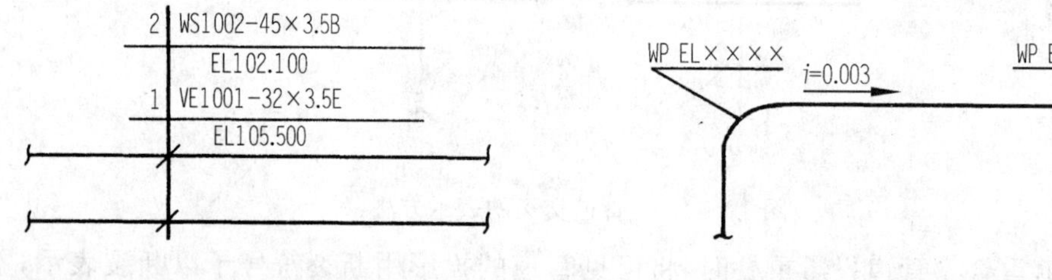

图 12－18　几条管道引出的标注方法　　图 12－19　坡度的标注方法

3. 管架的表达方法及标注

管道均需安装在各种型式的管架上,应采用图例在管道布置图中表示,并在图旁标注管架序号。

管架生根于混凝土结构(代号 C)、地面基础(代号 F)、钢结构(代号 S)、设备(代号 V)、墙(代号 W)上。管架有固定架(代号 A)、导向架(代号 G)、滑动架(代号 R)等几种。

对于通用型管架,其管架编号中,以两位数表示管架序号。图例、管架序号和标注示例如图 12－20 所示。图中圆圈直径为 5mm。图 12－20(a)表示有管托的生根于钢结构上,管架序号为 11 的导向架。图 12－20(b)表示生根于地面基础上,管架序号为 12 的无管托或其他形式的固定架。图 12－20(c)表示生根于地面基础上,管架序号为 01 的弯头或侧向承托的滑动架。一个管架序号,承托多根管道的管架,如图 12－20(d)所示。图中

RS－04 表示生根于钢结构上、管架序号为 04 的滑动架。

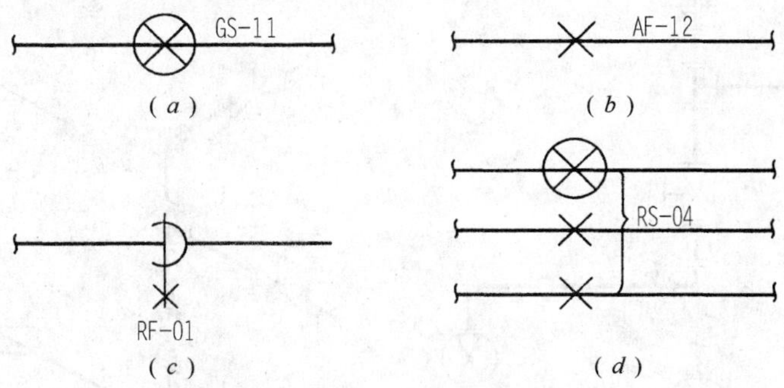

图 12－20　管架图例及标注示例

4. 阀门、管件、管道附件、仪表控制点的表达方法和标注

管道上的阀门、管件、管道附件用细实线按规定的图形符号绘制，图形符号见表 12－5。其他一些规定的图形符号详见 HG/T20519－92。

阀门的控制手轮及安装方位在图上一般应予表示，如图 12－21 所示。图中的阀门为与法兰连接的截止阀。

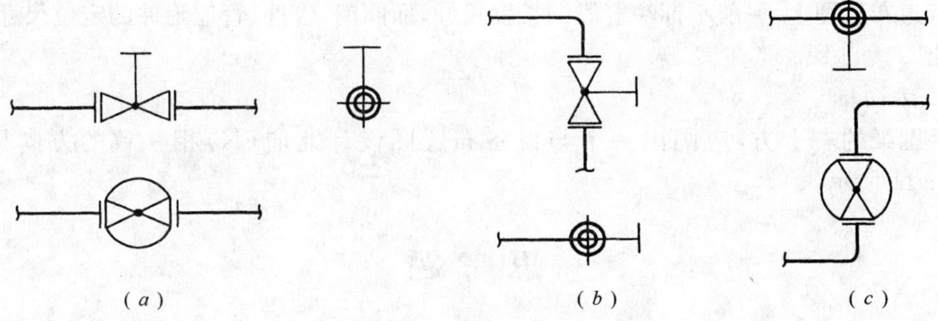

图 12－21　阀门及安装方位的表示(手动)

管道、阀门、管件、管道附件间的连接形式可按图 12－22 所示的表示方法。

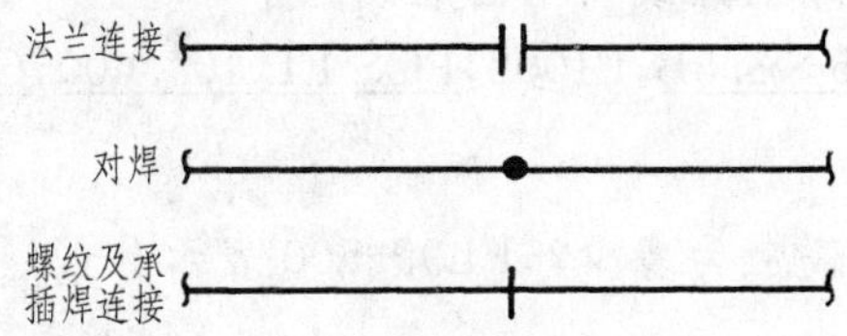

图 12－22　管道连接形式的表示

图 12－23 表达了一段管道的表示方法，其中图 12－23(*a*)为投影图画法，图 12－23(*b*)为轴测图画法。

管道布置图上还应画出所有仪表控制点的符号。每个控制点一般仅在能清楚地表达其安装位置的一个视图上画出，其图示符号与工艺管道及仪表流程图相同。管道上的检测仪表(如压力表、温度表等)在平面图上用 $\phi10$ 的圆圈表示，将指引线一端指向接管口，另一端同圆圈相接触，圆圈内所注写的代号，如图 12－11 所示。

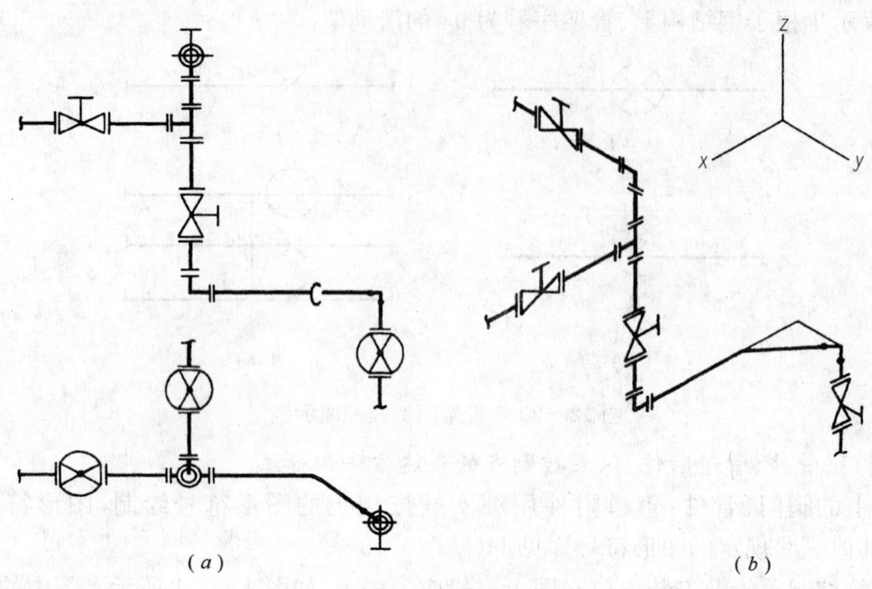

图 12-23　管路表示方法示例

(a)投影图；(b)轴测图。

管道布置图上，一般不标注管段的长度尺寸，而阀门、管件、管道附件的定位尺寸可按需注出。

5. 方向标

在图纸的右上方，应画出一个与设备布置图设计北向（N）相一致的方向标，如图 12-11 所示。

思考题

1. 何谓工艺管道及仪表流程图、设备布置图和管道布置图？它们一般含有哪些内容？

2. 分别说出下列标注中画短线和不画短线的字母和数字的含义：

V1001，PL 20 02－ϕ45×3.5B，P1002，POS EL 102.600，G S－01，R F－12。

3. 符号 (P1/101) 表示什么？

4. 室内地面的设计标高应为多少？EL99.500 表示什么？

第四篇 计算机绘图

第十三章 计算机绘图基础

AutoCAD 是美国 Autodesk 公司 1982 年推出的计算机辅助绘图软件，随着计算机技术的发展，其版本不断更新，功能日益完善。它在运行速度、图形处理、网上功能、连接外部数据库、二次开发功能等方面都达到了崭新的水平，目前该软件已升级到 AutoCAD 2006 版。作为工程技术人员，了解和掌握该软件的功能、操作和应用是十分必要的。

第一节 AutoCAD 的基本知识

一、AutoCAD 用户界面

双击操作系统桌面上的 AutoCAD 图标，即可启动软件。在确定默认设置后即进入一个 Windows 风格的操作界面，如图 13－1 所示。在这个界面上除了具有 Windows

图 13－1 AutoCAD 界面

系统相近的菜单栏、工具栏、状态栏外,还有一个面积最大的绘图区以及位于其下的命令行。绘图区中的十字光标受鼠标控制。若要开始绘图,需将十字光标移出绘图区,在其改变为箭头形状时,即可用鼠标点取菜单栏或工具栏上的各种命令,于是该命令的操作步骤就会在下面的命令区出现,通过人机交互的绘图过程,最终完成作图。要中途终止操作,按 Esc 键即可。另外,如果在命令区直接输入命令名,也同样可以开始命令的操作。

1. 菜单栏

菜单栏包含有 11 个菜单项:文件、编辑、视图、插入、格式、工具、绘图、标注、修改、窗口和帮助。每个菜单项都具有下拉功能,典型的下拉式菜单如图 13-2 所示。某些菜单项后面有一个黑色小三角,这表示该菜单还有下一级菜单。

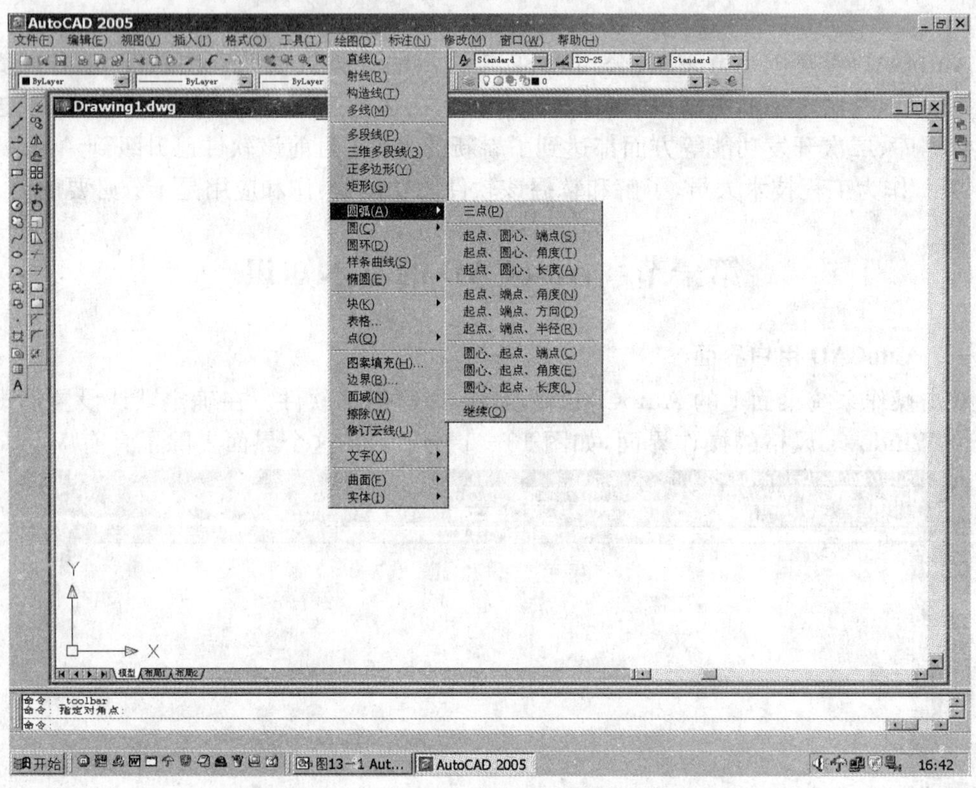

图 13-2 下拉菜单

2. 工具栏

AutoCAD 提供 24 种工具栏,每种工具栏中包含若干个图标,工具栏是浮动的,可根据作图的需要随时打开或关闭,并放置在适当位置。

1)调用工具栏

用以下方法均可调出"工具栏"项,如图 13-3 所示。

(1) 命令行 Toolbar。

(2) 菜单栏 视图→工具栏。

(3) 将光标放在任一图标位置,单击鼠标右键即可弹出工具栏列表,以便直接选择某一工具栏或选择"工具栏"项。

在"工具栏"项中,可选择要打开或关闭的多个工具栏。待退出工具栏对话框后,需将

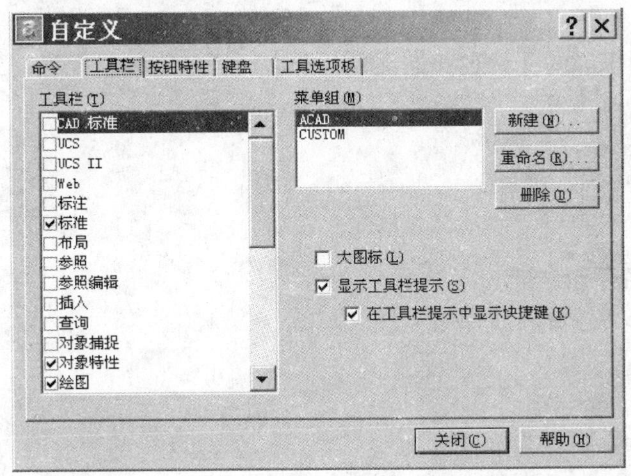

图 13-3 “自定义”对话框中的“工具栏”项

工具栏拖放到适当位置。

2)图标

每个工具栏都包含若干不同样式的图标,每个图标形象地表示不同的命令。当光标停留在某一图标上时,其右下角会显示该图标所代表的命令名,同时在状态栏左侧还会出现有关该命令的注释。

3. 状态栏

当光标移动时,在状态栏左侧可动态地显示出光标所处位置的坐标值。状态栏右侧则有栅格捕捉、栅格显示、正交状态、对象捕捉和模型(图纸)空间转换等按钮,它们都是由鼠标控制的开关键,如图 13-4 所示。

图 13-4 状态栏

二、基本操作

1. 文件操作

有关文件操作的常用命令有 New、Open、Save、Saveas。

1) New 建新文件命令

(1)功能 开始绘制一个新的 AutoCAD 图形。

(2)调用:

①命令行 New

②菜单 文件→新建

③图标

2) Open 打开图形文件命令

(1) 功能 打开已有的 AutoCAD 图形文件。

(2)调用:

①命令行 Open

②菜单 文件→打开

③图标

3) Save 存储命令

(1) 功能　用当前的文件名存储文件。

(2)调用：

①命令行　Save

②菜单　文件(F)→保存

③图标

4)Saveas 赋名存储命令

(1) 功能　给文件命名后存储文件。

(2)调用：

①命令行　Saveas

②菜单　文件→另存为

用 Save 和 Saveas 命令存储的文件一般为.DWG 文件。此类文件称为图形文件，只有在特定的环境下才能打开。

2. 数据输入操作

执行 AutoCAD 命令时，经常需要输入必要的数据，常见的数据有点的坐标(线段的端点、圆心等)、数据(直径或半径、长度或距离、角度等)。

1)点的坐标输入

(1)靠移动鼠标来控制光标位置，然后单击鼠标左键将当前点坐标输入。

(2)绝对坐标　格式：x，y[，z]。例如，100，50。

(3)相对坐标　格式：@x，y[，z]。例如，@100，50。

(4)极坐标：

①绝对极坐标　格式：长度<夹角。例如，100<30。

②相对极坐标　格式：@长度<夹角。例如，@100<30。

2)数据输入

数据可以用键盘直接输入，也可以用鼠标在绘图区内点取两点来输入它们的距离值。

3. 选择集操作

执行 AutoCAD 命令过程中，尤其要对已有图形进行编辑时，往往需要先选取被编辑的图形，才能对其进一步实施编辑。当命令中出现“选择对象”的提示时，说明系统正等待用户进行这种选择，这时可按以下方式确定被选择对象的集合。

(1)选择对象　A11(选择当前全部对象)。

(2)选择对象　L(选择最后生成的对象)。

(3)选择对象　P(选择上次生成的对象)。

(4)选择对象　用鼠标从左到右确定一矩形窗口，则选择位于窗口内的所有对象。

(5)选择对象　用鼠标从右到左确定一矩形窗口，则选择与窗口相交以及窗口内的所有对象。

(6)选择对象　用鼠标左键点取单个对象。

当通过以上各种方式选好对象后，要用回车来终止选择集操作。

4. 辅助绘图操作

AutoCAD 提供了六种辅助绘图的工具，在状态栏中可以启动或关闭这些工具，如图

13-4 所示。

1)栅格捕捉

(1)功能　光标只能按设定的间距移动。

(2)调用:

①命令行　Snap。

②状态栏　用鼠标单击"捕捉",完成该方式的启动或关闭;或用鼠标右键单击该键,在出现的对话框中设置栅格移动距离。

2)栅格显示

(1)功能　显示等距分布的格点,以便作图时参考。可与栅格捕捉配合使用。

(2)调用:

①命令行　Grid。

②状态栏　用鼠标单击"栅格",完成该方式的启动或关闭;或用鼠标右键单击该键,在出现的对话框中设置栅格点之间的距离。

3)正交模式

(1)功能　该功能键被击活后,使得在命令执行中由鼠标控制的两点之间只能保持 X 或 Y 的单方向移动。

(2)调用　用鼠标单击"正交",完成该方式的启动或关闭。

4)对象捕捉

(1)功能　该功能键被击活后,使得在命令执行中由鼠标控制的点,在移动到被捕捉的位置时出现相应的符号,以便让用户根据需要准确绘图。

(2)调用:

①命令行　Osnap。

②状态栏　用鼠标单击"对象捕捉",完成该方式的启动或关闭;或用鼠标右键单击该键,在出现的对话框中设置捕捉方式,如图 13-5 所示。

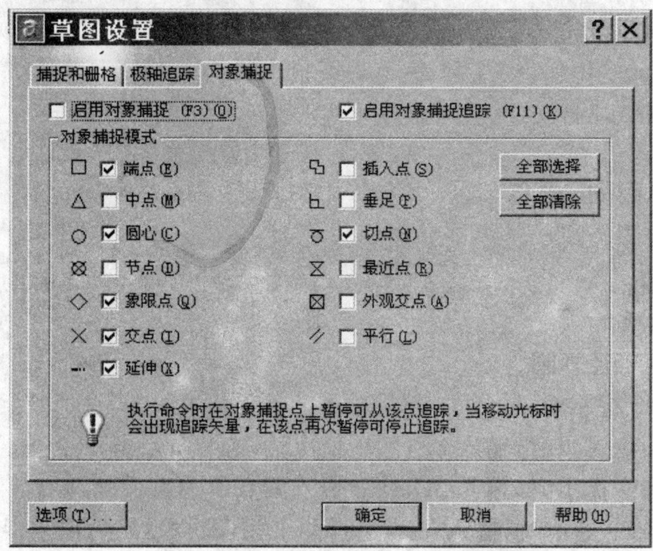

图 13-5　"对象捕捉"对话框

第二节　基本绘图命令

一、Line 画直线命令

1. 功能

画一条直线或连续画出多段直线。

2. 调用

(1)命令行　Line 或 L

(2)菜单　绘图→直线

(3)图标

3. 命令的选项

(1)Close　当画了两条或两条以上线段后，在出现命令提示"输入下一点："时，输入 C(Close)，能构成封闭多边形，并结束命令。

(2)Undo　执行 Line 命令过程中，在出现命令提示"输入下一点："时，输入 U(Undo)，可取消刚画的线段。

(3)回车　执行 Line 命令过程中，在出现命令提示"输入下一点："时，直接回车即可结束该命令。

例 13-1　画矩形，如图 13-6 所示。

命令：Line

指定第一点：10，10

指定下一点或[放弃(U)]：@20，0

指定下一点或[放弃(U)]：@0，15 或@15<90

指定下一点或[闭合(C)/放弃(U)]：@-20，0

指定下一点或[闭合(C)/放弃(U)]：C

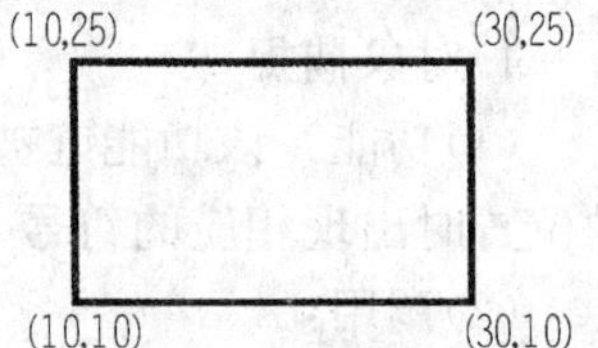

图 13-6　画矩形

二、Circle 画圆命令

1. 功能

画单个圆或相切圆。

2. 调用

(1)命令行　Circle 或 C

(2)菜单　绘图→圆

(3)图标

3. 命令的选项

(1)直接输入半径画圆。

(2)D　在命令提示时，输入 D，然后输入直径画圆。

(3)3P　在命令提示时，输入 3P，然后依次输入三点画圆。

(4)2P　在命令提示时，输入 2P，然后输入两点作为直径画圆。

(5)Ttr　在命令提示时，输入 Ttr，选择两个相切对象，然后输入半径画圆。

(6)Ttt　画与三个对象相切的圆(只有下拉菜单的画圆命令中有该选项)。

例 13-2　画直径为 30 的圆，如图 13-7 所示。

命令:Circle

Circle 指定圆的圆心或[三点(3P)/两点(2P)/相切、相切、半径(T)]:(输入圆心点 O)

指定圆的半径或[直径(D)]:D

指定圆的直径:30

例 13-3　画圆与已知圆相切,如图 13-8 所示。

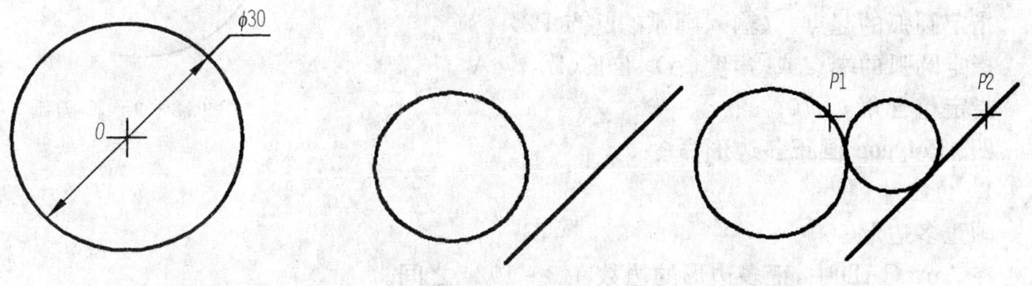

图 13-7　画圆　　　　图 13-8　画公切圆

命令:Circle。

Circle 指定圆的圆心或[三点(3P)/两点(2P)/相切、相切、半径(T)]:T。

指定对象与圆的第一个切点:(点取点 P1,选择已知圆)。

指定对象与圆的第二个切点:(点取点 P2,选择已知线)。

指定圆的半径<30.0000>:30。

三、Arc 画圆弧命令

1. 功能

画圆弧。

2. 调用

(1)命令行　Arc 或 A

(2)菜单　绘图→圆弧

(3)图标

3. 命令的选项

AutoCAD 提供了 10 种生成圆弧的方法,用户可以根据需要使用其中一种:

(1)三点画弧。

(2)起点、圆心和终点　S,C,E。

(3)起点、圆心和包角　S,C,A。

(4)起点、圆心和弦长　S,C,L。

(5)起点、终点和包角　S,E,A。

(6)起点、终点和方向　S,E,D。

(7)起点、终点和半径　S,E,R。

(8)圆心、起点和终点　C,S,E。

(9)圆心、起点和包角　C,S,A。

(10)圆心、起点和弦长　C,S,L。

AutoCAD 总是按逆时针方向由起点绘制圆弧。当弦长为正值时绘制小弧,当弦长为负值时绘制大弧。

例 13-4 已知圆心、起点和包角为 270°，画圆弧，如图 13-9 所示。

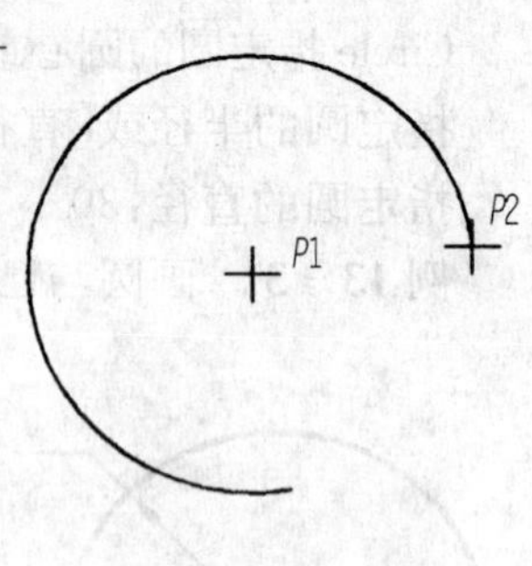

图 13-9 画圆弧

命令：Arc

Arc 指定圆弧的起点或[圆心(C)] C

指定圆弧的圆心 (输入圆弧的中心点 P1)

指定圆弧的起点 (输入圆弧的起点 P2)

指定圆弧的端点或[角度(A)/弦长(L)] A

指定包含角 270

四、Polygon 画正多边形命令

1. 功能

画正多边形。

在 AutoCAD 中，正多边形的边数在 3～1024 之间。

2. 调用

(1)命令行 Polygon

(2)菜单 绘图→正多边形

(3)图标 ⬠

3. 命令的选项

(1)Center 多边形中心。

(2)Edge 根据已知边生成多边形。

(3)Inscribed 生成的多边形内接于圆。

(4)Circumscribe 生成的多边形外切于圆。

例 13-5 已知内切圆半径为 30，生成外切正五边形，如图 13-10 所示。

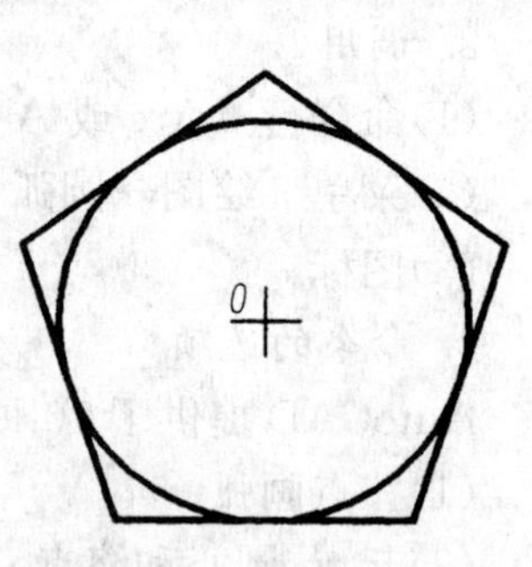

图 13-10 画五边形

命令：Polygon

输入边的数目<4>：5

指定正多边形的中心点或[边(E)]：(输入五边形的中心点 O)

输入选项[内接于圆(I)/外切于圆(C)]<I>：C

指定圆的半径：30

五、Pline 画多段线命令

1. 功能

生成可以包括直线和圆弧的多线段。并可将线段设置一定宽度。

2. 调用

(1)命令行 Pline

(2)菜单 绘图→多线段

(3)图标

3. 命令的选项

(1)圆弧(A) 进入画圆弧模式。在画圆弧模式时，选择 L 返回画直线模式。

(2)闭合(C)　将多段线画成封闭线,并结束画线。

(3)半宽(H)　设定线的半宽度。

(4)长度(L)　设定下一段线的长度。

(5)放弃(U)　取消上一段线。

(6)宽度(W)　设定线的宽度。

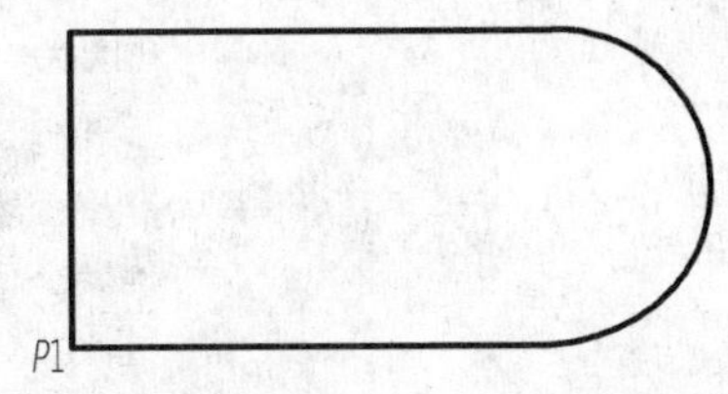

图 13-11　画多段线

例 13-6　画多段线,如图 13-11 所示。

命令:Pline

指定起点:(输入多段线起点 Pl)

当前线宽为 0.0000

指定下一个点或[圆弧(A)/半宽(H)/长度(L)/放弃(U)/宽度(W)]:@100,0

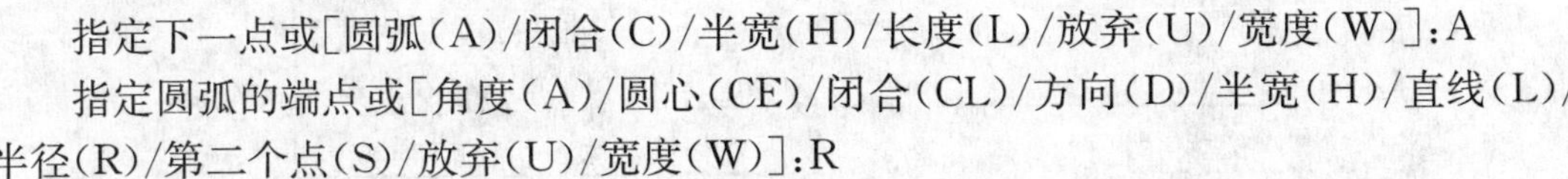

指定下一点或[圆弧(A)/闭合(C)/半宽(H)/长度(L)/放弃(U)/宽度(W)]:A

指定圆弧的端点或[角度(A)/圆心(CE)/闭合(CL)/方向(D)/半宽(H)/直线(L)/半径(R)/第二个点(S)/放弃(U)/宽度(W)]:R

指定圆弧的半径:50

指定圆弧的端点或[角度(A)]:A

指定包含角:180

指定圆弧的弦方向<0>:90

指定圆弧的端点或[角度(A)/圆心(CE)/闭合(CL)/方向(D)/半宽(H)/直线(L)/半径(R)/第二个点(S)/放弃(U)/宽度(W)]:L

指定下一点或[圆弧(A)/闭合(C)/半宽(H)/长度(L)/放弃(U)/宽度(W)]:@-100,0

指定下一点或[圆弧(A)/闭合(C)/半宽(H)/长度(L)/放弃(U)/宽度(W)]:C

六、图案填充

图案填充是用某种图案充满图形中的指定区域,机械制图中主要是用这种方法来绘制剖面线,可使用 BHATCH 和 HATCH 填充封闭的区域或指定的边界。

单击绘图工具条按钮,弹出图 13-12 所示的边界图案填充对话框。

1. 选择填充图案

单击图 13-12 所示的边界图案填充对话框快速选项卡图案选项右边的按钮,弹出图 13-13 填充图案调色板对话框。该对话框显示了 AutoCAD 默认的所有填充图案,可从中选择需要的填充图案,剖面线是 ANSI 选项卡的 ANSI31 类型。另外,也可以直接选取快速选项卡图案下拉列表的 ANSI31 选项。

2. 输入填充图案的角度和比例

每种填充图案在定义时的旋转角为零,初始比例为 1。可在快速选项卡角度文本框中输入角度值,对于剖面线相当于改变剖面线的方向。同样也可在快速选项卡比例文本框中输入比例值。对于剖面线,比例不同相当于剖面线间隔不同。

3. 确定填充区域的边界

单击图 13-12 边界图案填充对话框拾取点按钮,这按钮是以拾取点的形式自动确定填充区域的边界。这时 AutoCAD 会临时切换到作图屏幕,并在命令提示行出现提示:

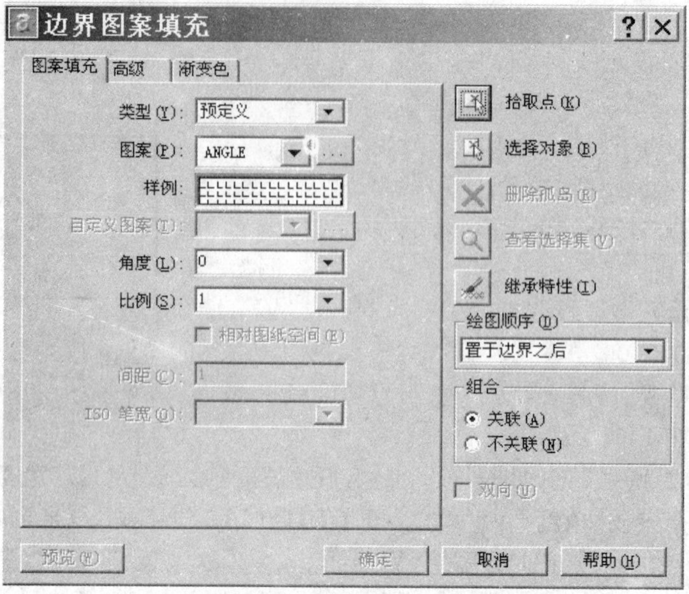

图 13－12　边界图案填充对话框

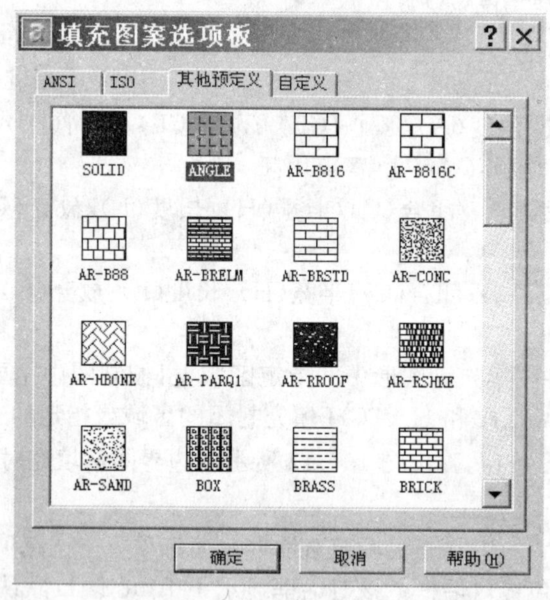

图 13－13　“填充图案调色板”对话框

命令　_bhatch。

选择内部点　点 A(选择图 13－14 填充区域内一点)。

这时 AutoCAD 会自动确定出包围该点的封闭填充边界，并且被选中的填充边界会以高亮度显示，同时还可以多次选择填充区域。如果所选区域不能形成一个封闭的填充边界，AutoCAD 提示错误信息。另外，也可以单击选择对象按钮来选择指定的填充区域。

4. 执行填充图案

当定义好填充区域后，单击鼠标右键或按回车键，AutoCAD 回到图 13－12 边界图案填充对话框上，单击该对话框的确定按钮，AutoCAD 结束填充图案命令，按指定的方式进行图案填充。这样会得到图 13－14 所示的图形。

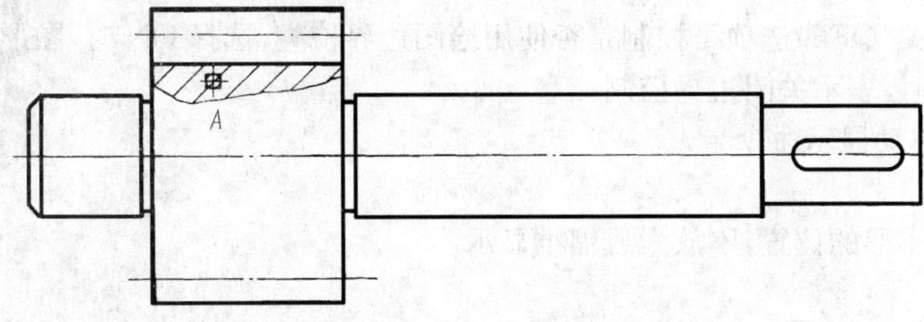

图 13－14　填充图案

第三节　显 示 命 令

AutoCAD 绘图是通过显示屏和用户交互进行的，如果图形复杂就会在有限的显示屏上看不清图形细节，影响准确绘图。显示命令就是调整图形在视觉上的放大或缩小，而图形实际尺寸并无改变。常用的显示命令图标如图 13－15 所示。

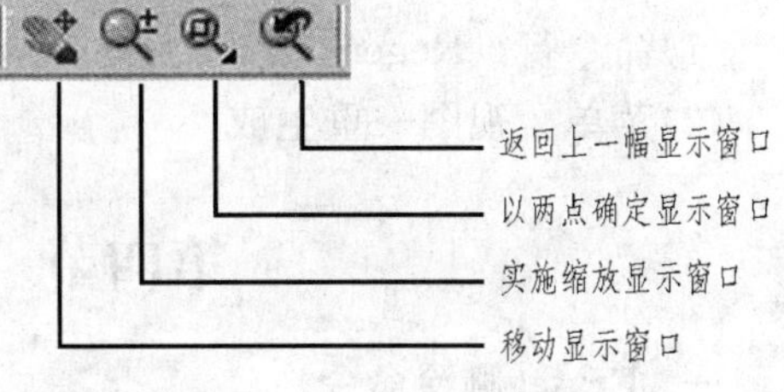

图 13－15　显示图标

一、Zoom 窗口缩放命令

1. 功能

改变图形的显示大小。

2. 调用

(1)命令行　Zoom 或 Z

(2)菜单　视图→缩放

(3)图标　如图 13－15 所示。

3. 命令的选项

(1)n　将图形放大 n 倍显示。

(2)全部(A)　显示用 Limits 命令定义的图形范围。

(3)中心点(C)　以输入的显示中心，缩放图形。

(4)动态(D)　以动态的方式在图形上建立显示窗口。

(5)范围(E)　尽量大地显示现有图形。

(6)上一个(P)　返回上一幅显示。

(7)比例(S)　设定显示图形的大小比例，功能与(1)相同。

(8)窗口(W)　输入矩形的两个对角点，确定显示窗口大小。

二、Limits 设置图形范围命令

1. 功能

根据绘制图形的大小，通过指定边界左下角和右上角设定绘图范围。

2. 调用

(1)命令行　Limits

(2)指定左下角点或[开(ON)/关(OFF)]<0.0000，0.0000>：

(3)指定右上角点＜420.0000,297.0000＞:

3. 命令的选项

开(ON)/关(OFF)选项可控制是否使用绘图边界检查,选择 ON 时,图形不能超出边界;选择 OFF 时,表示关闭边界控制。

三、Pan 移动显示命令

1. 功能

移动观察图形的位置,不放大或缩小显示。

2. 调用

(1)命令行　Pan 或 P

(2)菜单　视图→平移

(3)图标如图 13－15 所示

四、Regen 重新生成命令

1. 功能

刷新屏幕,把看上去不光滑的圆、椭圆和样条曲线进行修整。

2. 调用

(1)命令行　Regen

(2)菜单　视图→重生成

第四节　图形编辑命令

一、Erase(删除命令)

1. 功能

删除被选中的对象。

2. 调用

(1)命令行　Erase 或 E

(2)菜单　修改→删除

(3)图标

例 13－7　删除图 13－16(a)中的图形。

命令:Erase。

选择对象:(输入窗口左下角点 P_1)

选择对象:(输入窗口右上角点 P_2)

选择对象:(回车结束选择集)。

二、Copy(复制命令)

1. 功能

复制选定的对象。

2. 调用

(1)命令行　Copy

(2)菜单　修改→复制

(3)图标

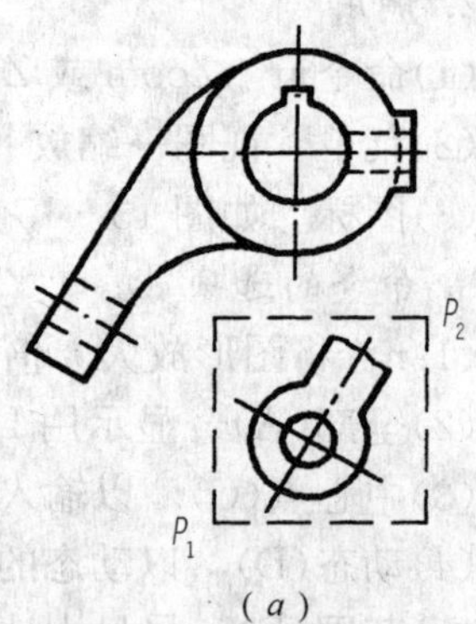

(a)

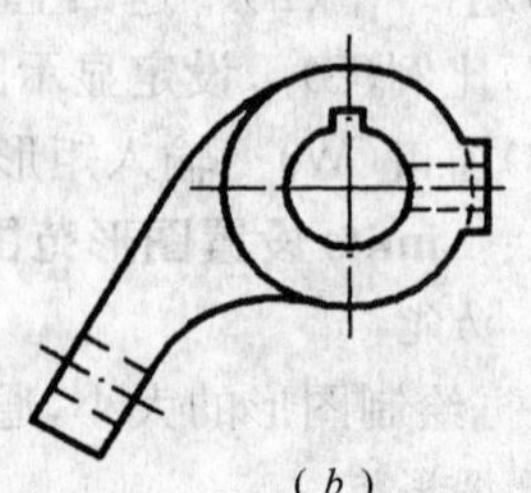
(b)

图 13－16　删除选中的图形

3. 命令的选项

Mullipe　多次复制

例 13－8　复制三个五边形，如图 13－17 所示。

命令：COPY。

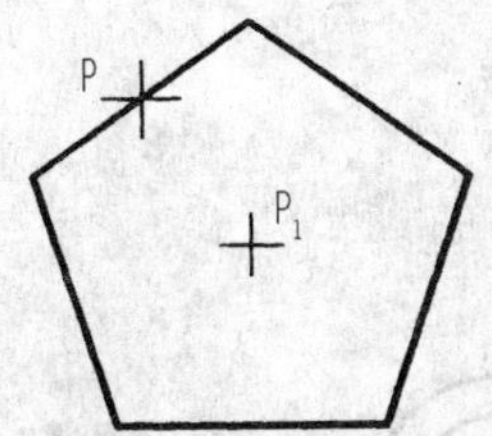

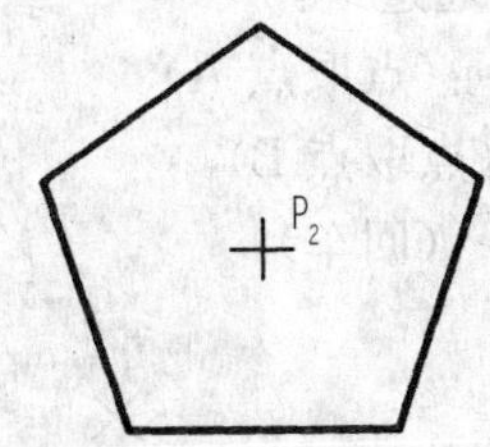

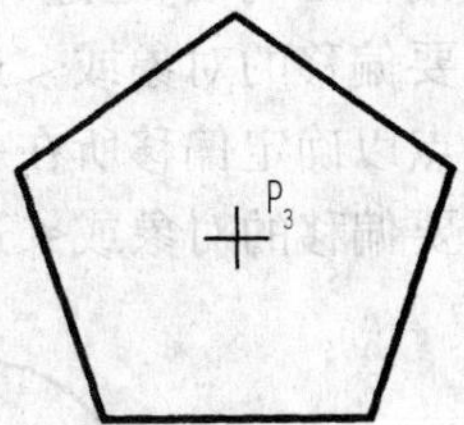

图 13－17　复制五边形

选择对象：(点取点 P 选择五边形)。

选择对象：(回车结束选择集)

指定基点或位移，或者[重复(M)]：M

指定基点：(点取中心点 P_1)

指定位移的第二点或<用第一点作位移>：(输入新五边形的中心点 P_2)

指定位移的第二点或<用第一点作位移>：(输入新五边形的中心点 P_3)

指定位移的第二点或<用第一点作位移>：(回车结束选择集)

三、Mirror(镜像命令)

1. 功能

生成与选定对象对称的图形。

2. 调用

(1)命令行　Mirror

(2)菜单　修改→镜像

(3)图标

例 13－9　画出三角形的对称图形，如图 13－18 所示。

命令：Mirror

选择对象：(点取点 P 选择三角形)

选择对象：(回车结束选择集)

指定镜像线的第一点：(点取点 P_1)

指定镜像线的第二点：(点取点 P_2)

是否删除源对象？[是(Y)/否(N)]<N>：(回车)

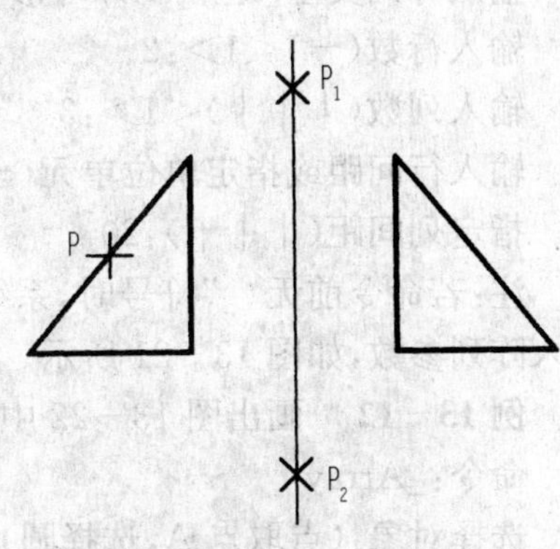

图 13－18　镜像图形

四、Offset(偏移命令)

1. 功能

生成与选定对象等距的图形。

2. 调用

(1)命令行　Offset

(2)菜单　修改→偏移

(3)图标

例 13-10　画出与图 13-19 中图线相距为 5 的等距线。

命令:Offset。

指定偏移距离或[通过(T)]<通过>:5

选择要偏移的对象或<退出>:(点取点 A)

指定点以确定偏移所在一侧:(点取点 B)

选择要偏移的对象或<退出>:(回车)

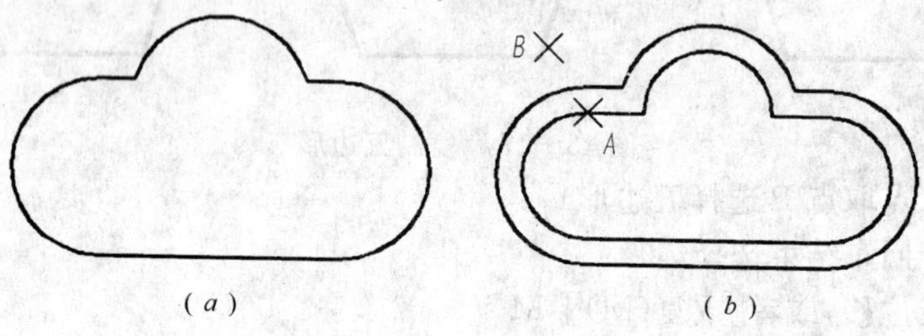

图 13-19　画等距线

五、Array(阵列命令)

1. 功能

将选定的图形按矩形或环形排列。

2. 调用

(1)命令行　Array

(2)菜单　修改→阵列

(3)图标

例 13-11　画出图 13-20 中圆的矩形阵列。

命令:_Array

选择对象:(点取点 A,选择已知圆)

选择对象:(回车结束选择集)

输入阵列类型[矩形(R)/环形(P)]<R>:R

输入行数(—)<1>:2

输入列数(| | |)<1>:3

输入行间距或指定单位单元(———):30

指定列间距(| | |):20

注:若命令前无"_"符号时,系统会以对话框形式输入阵列参数,如图 13-21 所示。

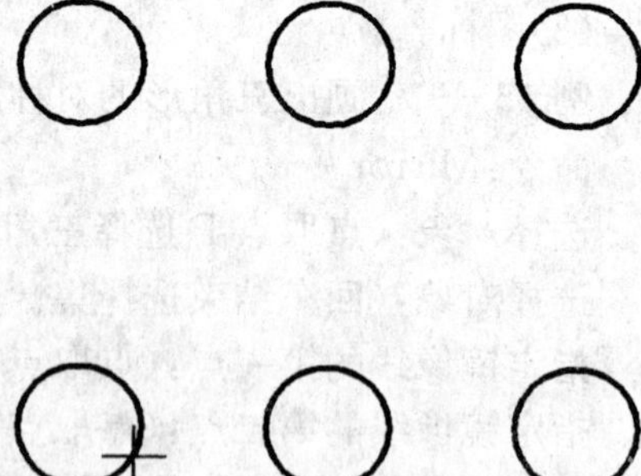

图 13-20　矩形阵列

例 13-12　画出图 13-22 中圆的环形阵列。

命令:_Array

选择对象:(点取点 A,选择圆)

选择对象:(回车结束选择集)

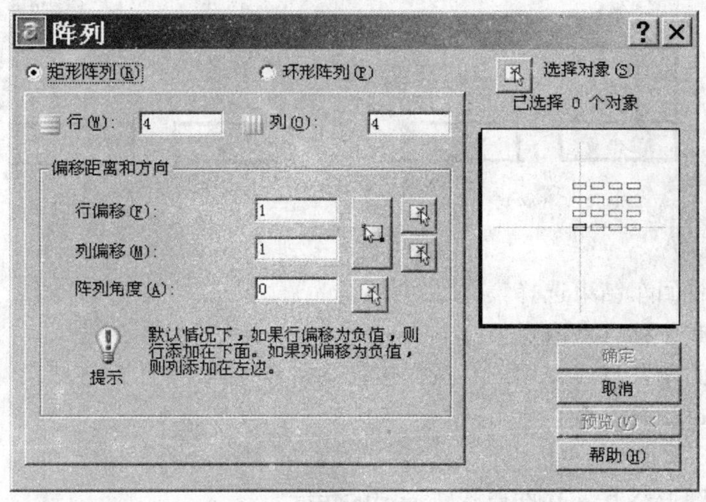

图 13－21　对话框形式输入阵列参数

输入阵列类型[矩形(R)/环形(P)]＜R＞:P

指定阵列的中心点或[基点(B)]:(输入阵列中心 B)

输入阵列中项目的数目:4

指定填充角度(＋为逆时针,－为顺时针)＜360＞:－180

是否旋转阵列中的对象?[是(Y)/否(N)]＜Y＞:(回答 Y 结果如图 13－22(*a*)所示,回答 N 结果如图 13－22(*b*)所示。

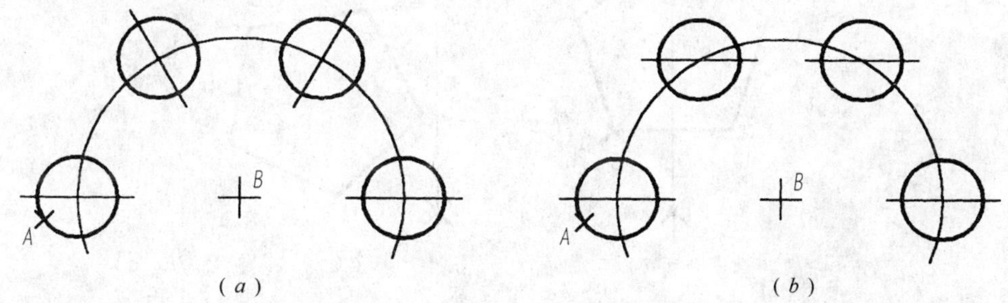

图 13－22　环形阵列

六、Move(移动命令)

1. 功能

移动选定的图形。

2. 调用

(1)命令行　Move

(2)菜单　修改→移动

(3)图标 ✥

例 13－13　将图 13－23(*a*)中的左图上的矩形移动到右边矩形的上方,如图 13－23(*b*)所示。

命令:Move。

选择对象:(点取点 P,选择圆)

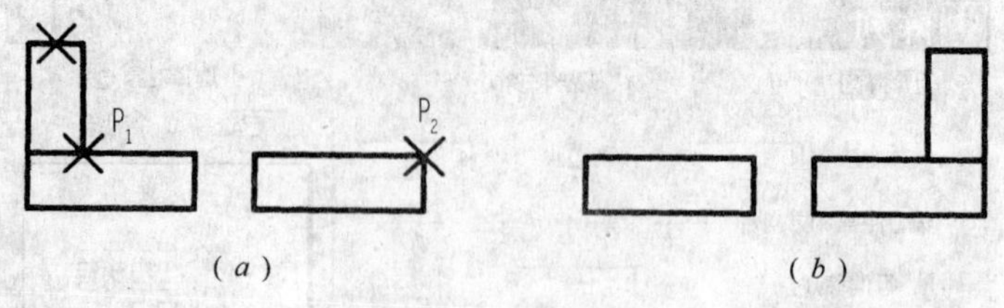

图 13－23　移动图形

选择对象:(回车结束选择集)

指定基点或位移:(点取点 P1)

指定位移的第二点或<用第一点作位移>:(点取点 P2)。

七、Rotate(旋转命令)

1. 功能

将选定的图形绕某一基准点旋转指定的角度。

2. 调用

(1)命令行　Rotate

(2)菜单　修改→旋转

(3)图标

例 13－14　将图 13－24(*a*)中的图形绕 P 点旋转 －45°,如图 13－24(*b*)所示。

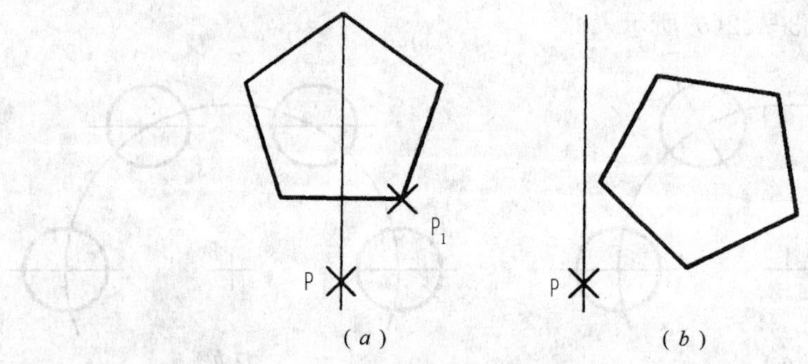

图 13－24　旋转图形

命令:Rotate

选择对象:(点取点 P1,选择已知图形)

选择对象:(回车结束选择集)

指定基点:(输入旋转中心点 P)

指定旋转角度或[参照(R)]:－45

八、Scale(缩放命令)

1. 功能

改变选定图形的大小。

2. 调用

(1)命令行　Scale

(2)菜单　修改→缩放

(3)图标

例 13-15　将图 13-25(*a*)中的图形以 P 点为基准点，缩小为原图的 0.7 倍，如图 13-25(*b*)所示。

命令：Scale

选择对象：(点取点 P1，选择已知图形)

选择对象：(回车结束选择集)

指定基点：(输入缩放中心点 P)

指定比例因子或[参照(R)]：0.7

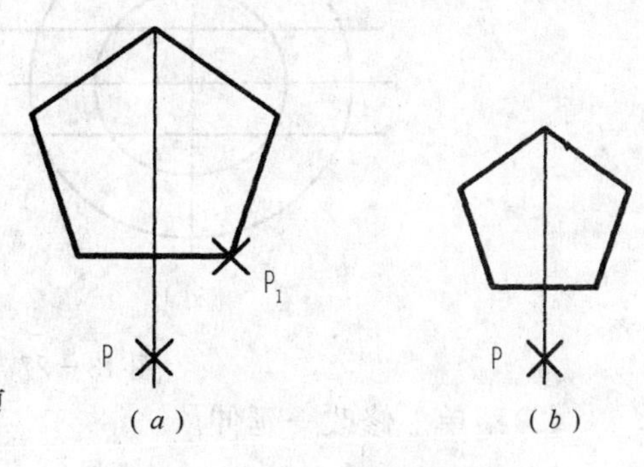

图 13-25　缩放图形

九、Trim(修剪命令)

1. 功能

以指定的一个或多个实体作为剪切边，修剪选定的实体。

2. 调用

(1)命令行　Trim

(2)菜单　修改→修剪

(3)图标 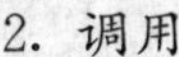

例 13-16　将图 13-26(*a*)形状修剪为 13-26(*b*)形状。

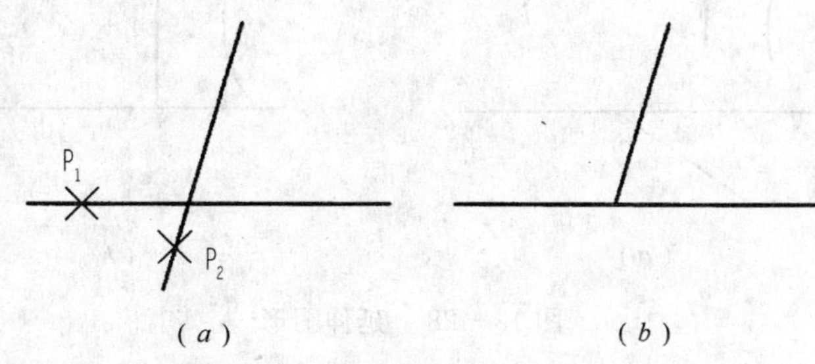

图 13-26　以直线为边界修剪图形

命令：Trim

选择剪切边...

选择对象：(选择剪切边)

选择对象：(回车结束选择集)

选择要修剪的对象，或按住 Shift 键选择要延伸的对象，或[投影(P)/边(E)/放弃(U)]：(选择被剪切部分)

选择要修剪的对象，或按住 Shift 键选择要延伸的对象，或[投影(P)/边(E)/放弃(U)]：(回车结束选择集)

例 13-17　如图 13-27(*a*)所示，以圆为边界修剪成如图 13-27(*b*)所示的图形。

十、Extend(延伸命令)

1. 功能

将对象延伸到另一对象。

2. 调用

(1)命令行　Extend。

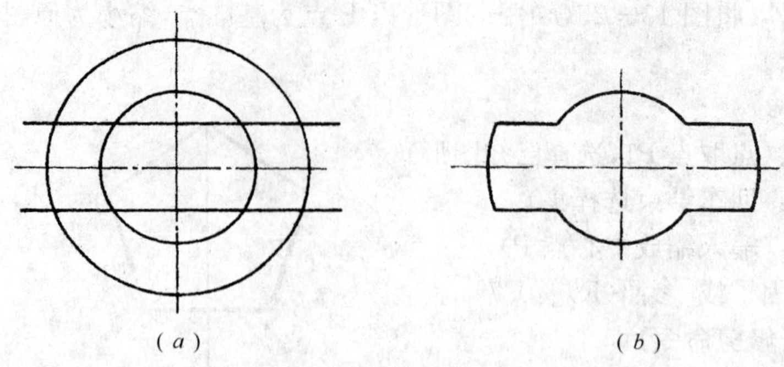

图 13-27　以圆为边界修剪图形

(2)菜单　修改→延伸。

(3)图标

例 13-18　延伸如图 13-28(*a*)中线段到指定边界边,如图 13-28 所示。

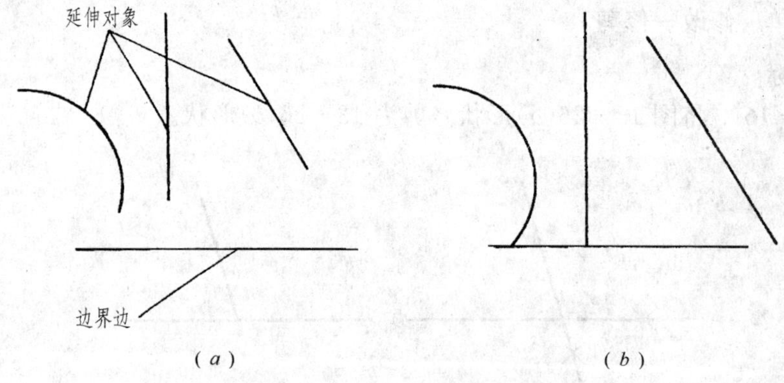

图 13-28　延伸图形

命令:Extend

选择边界的边...

选择对象:选择要延伸到的边界。

选择对象:回车结束选择集。

选择要延伸的对象,或按住 Shift 键选择要修剪的对象,或[投影(P)/边(E)/放弃(U)]:(点取延伸对象)。

选择要延伸的对象,或按住 Shift 键选择要修剪的对象,或[投影(P)/边(E)/放弃(U)]:(回车结束选择集)。

十一、Break(打断命令)

1. 功能

在两点之间打断选定对象。

2. 调用

(1)命令行　Break

(2)菜单　修改→打断

(3)图标

3. 说明

选定对象上的两点之间被断开时按逆时针方向进行。

例 13－19 打断圆弧，如图 13－29 所示。

命令：Break

选择对象：(点取点 P_1)

指定第二个打断点或[第一点(F)]：(点取点 P_2)。

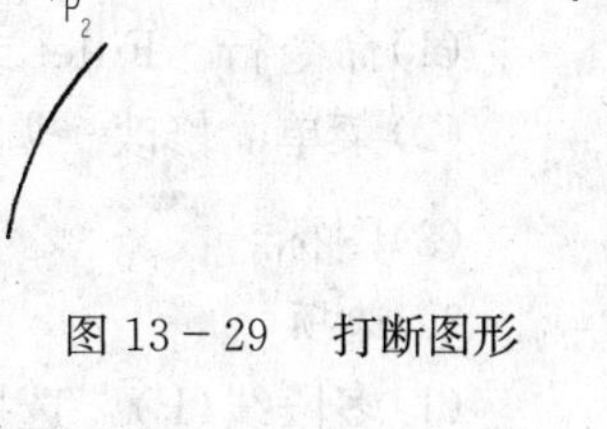

图 13－29 打断图形

十二、Chamfer(倒角命令)

1. 功能

在折线处加倒角。

2. 调用

(1)命令行 Chamfer

(2)菜单 修改→倒角

(3)图标

3. 选项

(1)多段线(P) 选择一多段线，在其上全部转角处一次完成倒角。

(2)距离(D) 设定倒角的两个距离值。

(3)角度(A) 设定倒角距离和角度。

(4)修剪(T) 设置是否对实体进行修剪。

(5)方式(M) 选择按"距离"或"角度"方式倒角。

(6)多个(U) 一次完成多个相同倒角。

例 13－20 给图形倒角，如图 13－30 所示。

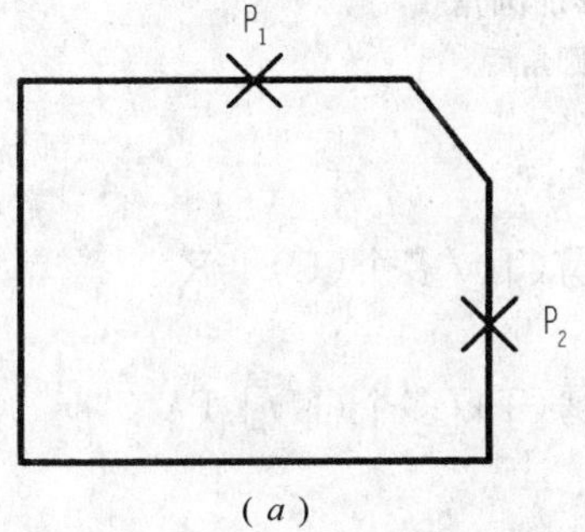

(*a*)

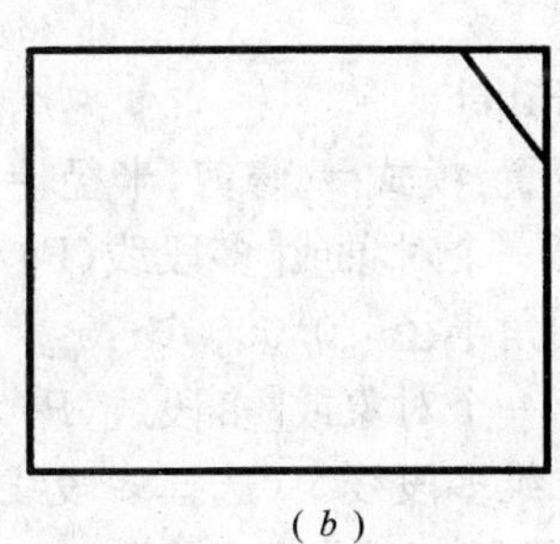

(*b*)

图 13－30 给图形加倒角

(*a*)修剪；(*b*)不修剪。

命令：Chamfer

当前设置：("修剪"模式)当前倒角距离 1＝ 0.0000，距离 2＝ 0.0000

选择第一条直线或[多段线(P)/距离(D)/角度(A)/修剪(T)/方式(M)/多个(U)] D

指定第一个倒角距离<0.0000> 5

指定第二个倒角距离<5.0000> 7

选择第一条直线或[多段线(P)/距离(D)/角度(A)/修剪(T)/方式(M)/多个(U)]
(点取点 P1)

选择第二条直线 （点取点 P2）

十三、Fillet(圆角命令)

1. 功能

在折线处改圆角。

2. 调用

(1)命令行 Fillet 或 F

(2)菜单 修改→圆角

(3)图标

3. 选项

(1)多段线(P) 选择一多段线,在其上一次完成全部圆角。

(2)半径(R) 设定圆角半径值。

(3)修剪(T) 设置是否对实体进行修剪。

(4)多个(U) 一次完成多个相同圆角。

例 13－21 给图形倒圆角,如图 13－31 所示。

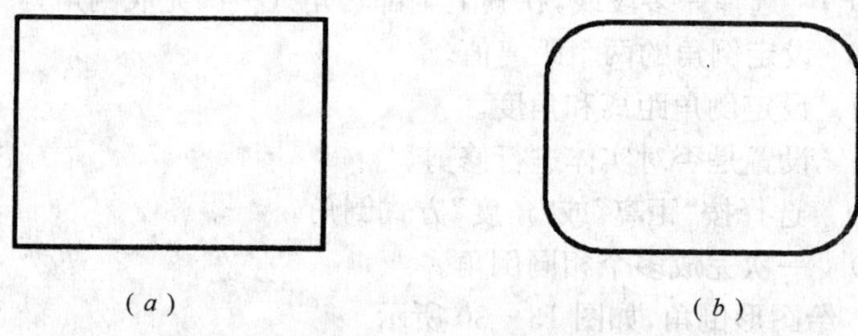

图 13－31 给图形加圆角

(*a*) 加圆角前;(*b*)加圆角后。

命令:Fillet

当前设置:模式＝ 修剪,半径 ＝ 0.0000

选择第一个对象或[多段线(P)/半径(R)/修剪(T)/多个(U)]:R

指定圆角半径＜0.0000＞:5

选择第一个对象或[多段线(P)/半径(R)/修剪(T)/多个(U)]:P

选择二维多段线 （选择多段线）

十四、Explode(分解命令)

1. 功能

将整体对象(块、尺寸、多义线等)分解为单个对象。

2. 调用

(1)命令行 Explode

(2)菜单 修改→分解

(3)图标

十五、Undo 放弃命令

1. 功能

放弃最后一次命令所做的结果。

2. 调用

(1)命令行　Undo 或 U

(2)菜单　编辑→放弃

(3)图标

十六、Redo 重做命令

1. 功能

恢复刚用 Undo 命令放弃的结果。

2. 调用

(1)命令行　Redo

(2)菜单　编辑→重做

(3)图标

第五节　图层、颜色和线型

由绘图命令所做的各个实体,除了具有形状外,往往还需要使它们具有颜色、线型等特性。对此,AutoCAD 的一般做法是将各个实体画到不同的层上,这些层的数量不限,每层上的实体数量也不限,而且层与层之间是透明重叠的。这样,通过使用层(Layed)命令便可以对层上的实体的颜色、线型和可见性等进行控制。一张新图的默认层为"0"层,其上默认的颜色为白色(White),线型为实线(Contnuous),线宽为默认值(0)。要改变这种状况就需要执行层命令。

一、Layer 层命令

1. 功能

"图层特性管理器"对话框如图 13-32 所示。改变其内容可对图层特性进行控制。

2. 调用

(1)命令行　Layer

(2)菜单　格式→图层

(3)图标

图 13-32　"图层特性管理器"对话框

3. 说明

(1)每个图层都具有可见(不可见);解冻(冻结);开锁(锁定)三种状态。当该层为不可见时,层上所有实体被隐蔽,但仍可对其进行操作。当该层为冻结时,层上所有实体被隐蔽,并且不能对其进行操作。当该层为锁定时,层上所有实体仍可见,但不能对其进行操作。

(2)AutoCAD 还可以在同一层里设置不同颜色和线型。即用 Color 和 LineType 命令或用对象特性工具栏设置。不过初学者尽量不要试图脱离用层控制颜色和线型，因为那样做会带来混乱。最好用 ByLayer 选项默认用层控制颜色和线型，如图 13－33 所示。

图 13－33 “对象特性”工具栏

二、Ltscale 线型比例命令

1. 功能

设置线型比例。

2. 调用

命令行 Ltscale

输入新线型比例因子＜1.0000＞ 0.5（根据线型的显示情况调整数值）

第六节 尺寸及文本标注

一、设置尺寸标注参数

1. 功能

“标注样式管理器”对话框如图 13－34 所示。改变其内容可对控制尺寸的各参数进行设置。

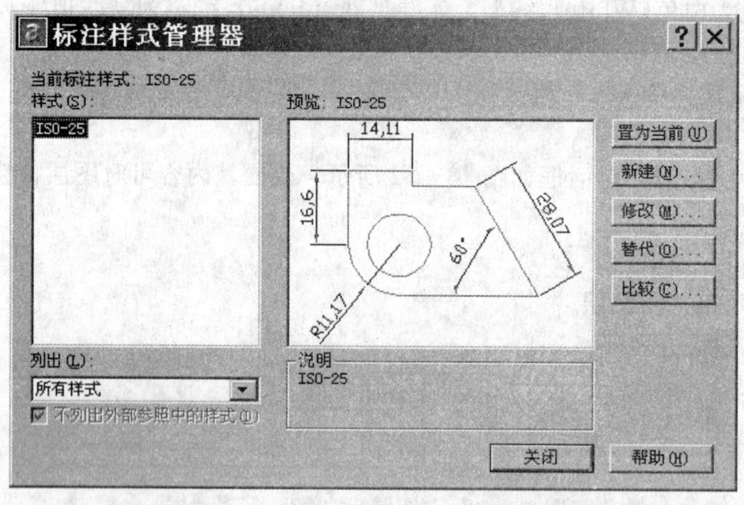

图 13－34 “标注样式管理器”对话框

2. 调用

菜单：格式→标注样式。

在“标注样式管理器”对话框中点取“修改”，出现“修改标注样式”对话框如图 13－35 所示。在对话框的六个栏目中，依次修改“直线和箭头”、“文字”、“调整”和“主单位”栏目中各参数，即可使所标尺寸基本符合我国有关制图的国家标准，如图 13－36～图 13－38 所示。

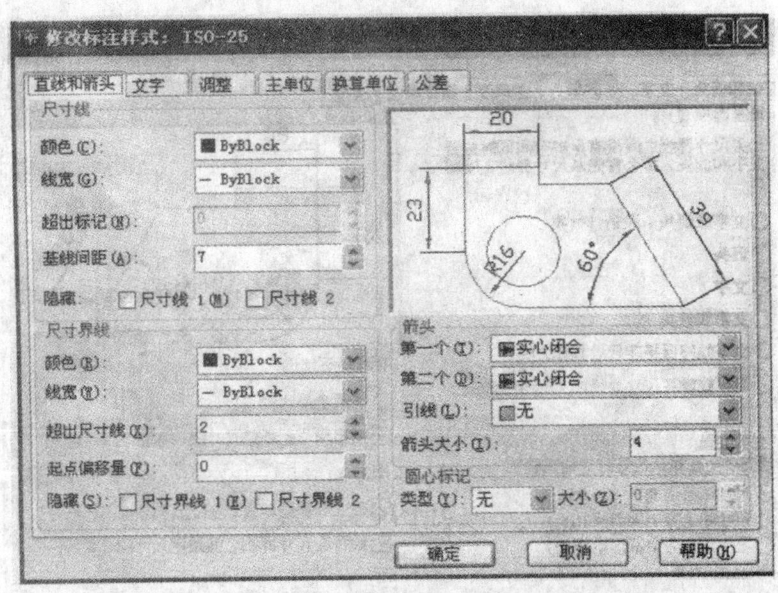

图 13－35 “修改标注样式”对话框中的“直线和箭头”项

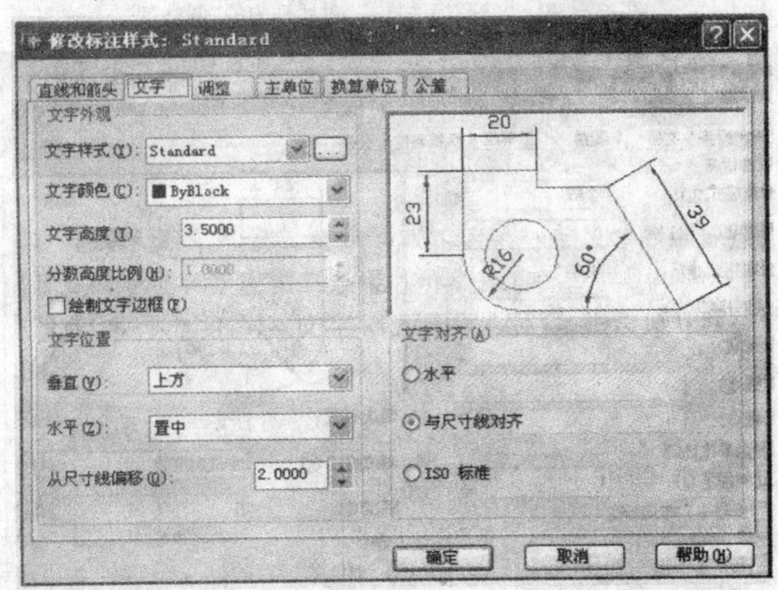

图 13－36 “修改标注样式”对话框中的“文字”项

二、尺寸标注命令

1. Dimlinear 标注线型尺寸命令

1)功能

标注水平或垂直方向的线性尺寸。

2)调用

(1)命令行　Dimlinear

(2)菜单　标注→线型

(3)图标　⊢⊣

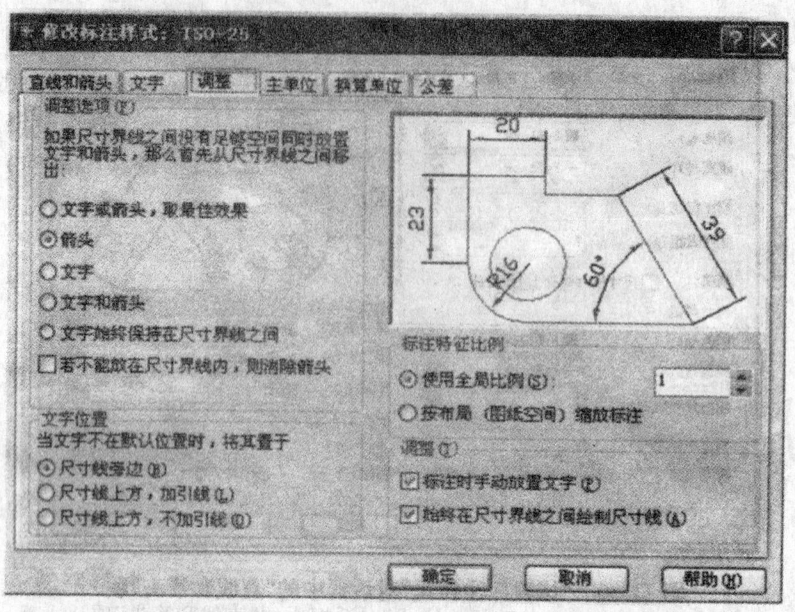

图 13－37　“修改标注样式”对话框中的“调整”项

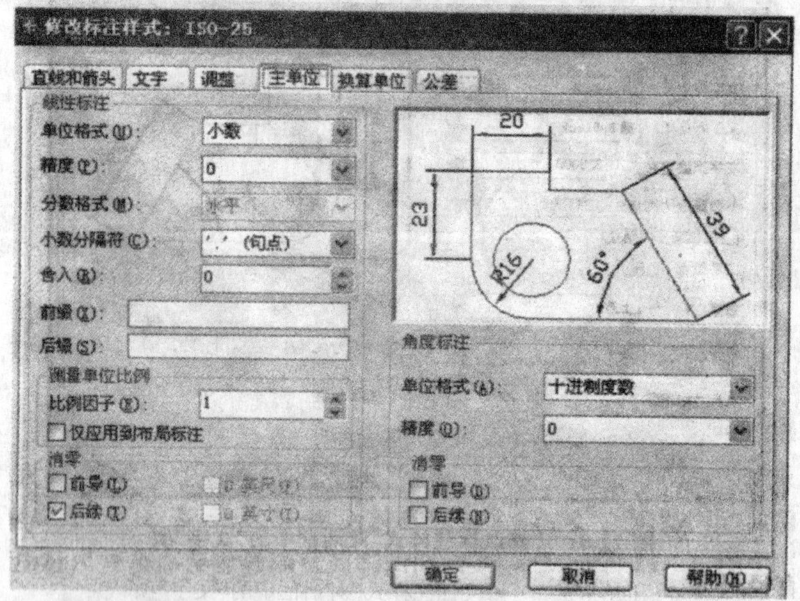

图 13－38　“修改标注样式”对话框中的“主单位”项

2. Dimdiameter 标注直径尺寸命令

1)功能

标注圆的直径尺寸。

2)调用

(1)命令行　Dimdiameter。

(2)菜单　标注→直径。

(3)图标　⊘。

3. Dimaligned 标注对齐尺寸命令

1)功能

标注倾斜方向的线性尺寸。

2)调用

(1)命令行　Dimaligned。

(2)菜单　标注→对齐。

(3)图标　。

4. Dimradius 标注半径尺寸命令

1)功能

标注圆弧半径尺寸。

2)调用

(1)命令行　Dimradius

(2)菜单　标注＞半径

(3)图标

5. Dimangular 标注角度尺寸命令

1)功能

标注圆弧圆心角尺寸或两非平行线间的夹角尺寸。

2)调用

(1)命令行　Dimangular

(2)菜单　标注＞角度

(3)图标

例 13-22　给图形标注尺寸,如图 13-39 所示。

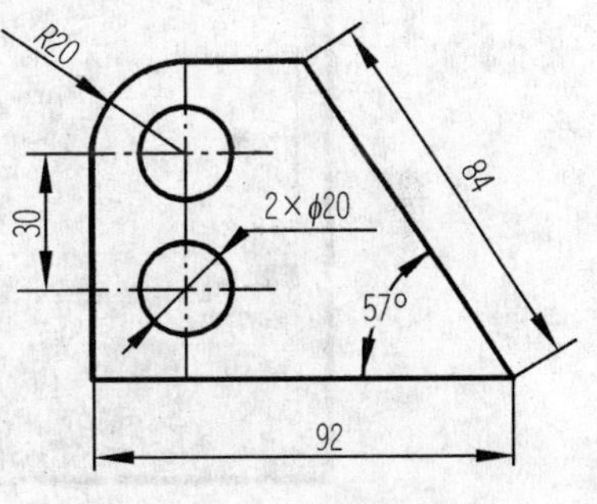

图 13-39　标注尺寸

1. 标注水平和垂直尺寸 92、30

命令:Dimlinear。

指定第一条尺寸界线原点或＜选择对象＞:(指定第一条尺寸界线原点)。

指定第二条尺寸界线原点:(指定第一条尺寸界线原点)。

指定尺寸线位置或[多行文字(M)/文字(T)/角度(A)/水平(H)/垂直(V)/旋转(R)]:(指定尺寸线位置)

标注文字=92 或 30

2. 标注倾斜尺寸 84

命令:Dimaligned

指定第一条尺寸界线原点或＜选择对象＞:(指定第一条尺寸界线原点)

指定第二条尺寸界线原点:(指定第一条尺寸界线原点)

指定尺寸线位置或[多行文字(M)/文字(T)/角度(A)]:(指定尺寸线位置)

标注文字=84

3. 标注半径尺寸 R20

命令:Dimradius

选择圆弧或圆:(选择圆弧)。

标注文字=20

指定尺寸线位置或[多行文字(M)/文字(T)/角度(A)]:(指定尺寸线位置)

4. 标注直径尺寸 4×ϕ20

该尺寸标注形式为水平引出线,故需新建一个标注样式——“水平引线”。将其中“文字”项中的对齐方式改成“ISO”标准,最后将新样式“水平引线”置为当前。

命令:Dimdiameter

选择圆弧或圆:(选择圆)

标注文字=20

指定尺寸线位置或[多行文字(M)/文字(T)/角度(A)]:T

输入标注文字<20>:2×%%C20

指定尺寸线位置或[多行文字(M)/文字(T)/角度(A)]:(指定尺寸线位置)

5. 标注角度尺寸 57°

该尺寸标注应为水平方向,故也需新建一个标注样式——“角度”。将其中“文字”项中的对齐方式改为“水平”,如图 13-40 所示。最后将新样式“角度”置为当前,如图 13-40 所示。

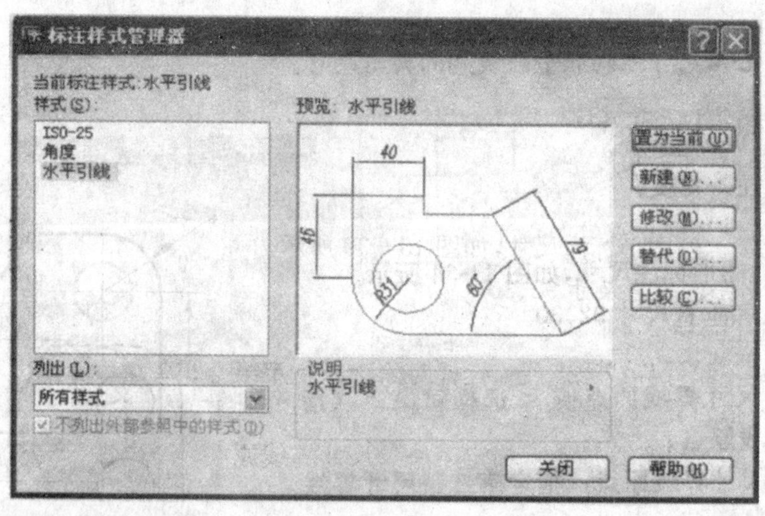

图 13-40 建立新的标注样式

命令:Dimangular

选择圆弧、圆、直线或<指定顶点>:(选择第一直线)

选择第二条直线:(选择第二条直线)

指定标注弧线位置或[多行文字(M)/文字(T)/角度(A)]:(指定标注弧线位置)

标注文字=57。

三、设置文字样式

1. 功能

“文字样式”对话框如图 13-41 所示。改变其内容可对文字的字体、大小和倾斜角度等进行设置。

2. 调用

菜单:格式→文字样式。

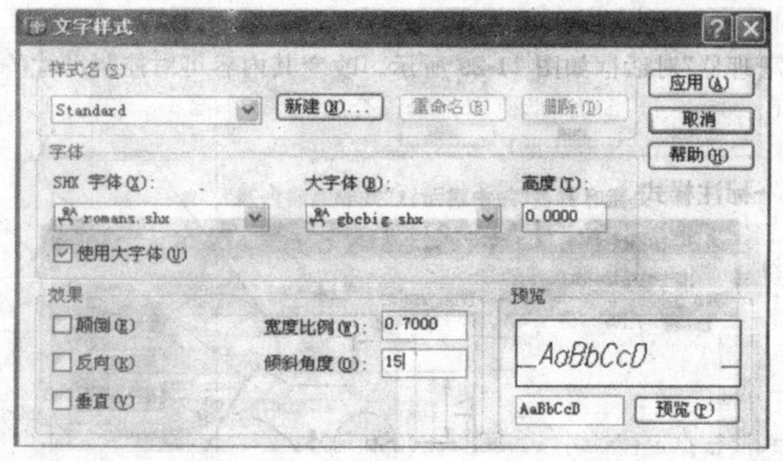

图 13 - 41 “文字样式”对话框

四、标注文字命令

1. 功能

标注文字。

2. 调用

(1)命令行　Text(T)或 Dtext(DT)

(2)菜单　绘图→文字

(3)图标　A

3. 说明

(1)DT 命令比 T 命令使用更快捷,而 T 命令使用时会进入一个文本编辑器,为标注多行文字带来便利。读者不妨自行比较。

(2)系统提供了一些特殊字符的输入方法,其格式如下:

①输入%%%=%

②输入%%P=±

③输入%%C=ϕ

④输入%%D=°

例 13 - 23　标注文字“机械制图”。

命令:Dtext

当前文字样式:Standard。

当前文字高度:2.5000

指定文字的起点或[对正(J)/样式(S)]:(指定文字起点)

指定高度＜2.5000＞:10

指定文字的旋转角度＜0＞:0

输入文字:机械制图

输入文字:(回车结束命令)

第七节　绘制平面图形

绘制如图 13－42 所示的平面图形。

一、确定图形范围

用 Limits 命令校准当前图形范围是否符合所绘图形大小；否则重新设定，并用 Zoom 命令的 ALL 项全部显示。图 13－42 用 A2 图幅（594×420）绘制为宜。

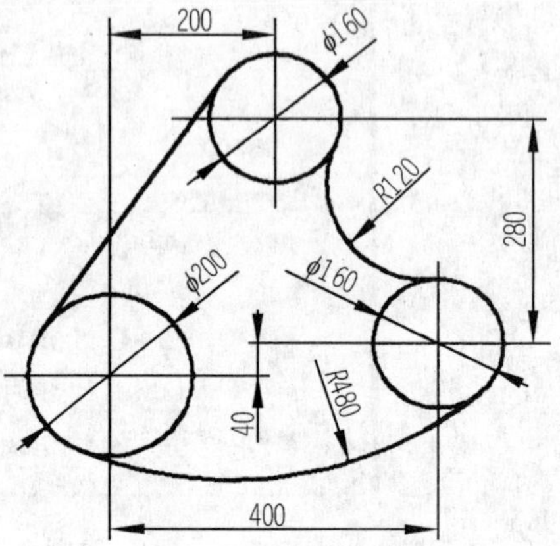

二、设置层、颜色和线型

本图可设三个层：轮廓线层、中心线层、尺寸线层。

三、画已知线段

在中心线层根据定位尺寸 400、280、200 和 40 画出三个已知圆的中心线，在轮廓线层画出三个已知圆。

图 13－42　平面图形

四、画连接线段

1. *画 R120 外切弧*

命令：Fillet

当前设置：模式＝修剪，半径＝0.0000

选择第一个对象或[多段线(P)/半径(R)/修剪(T)/多个(U)]：R

指定圆角半径<0.0000>：120

选择第一个对象或[多段线(P)/半径(R)/修剪(T)/多个(U)]：(选择第一个 ϕ160 的圆)

选择第二个对象：(选择第二个 ϕ160 的圆)

2. *画 R480 外切弧*

命令：Circle

指定圆的圆心或[三点(3P)/两点(2P)/相切、相切、半径(T)]：T

指定对象与圆的第一个切点：(点取 ϕ200 圆上切点位置)

指定对象与圆的第二个切点：(点取 ϕ160 圆上切点位置)

指定圆的半径<120.0000>：480

此时画出完整相切圆，还需用修剪命令剪掉多余部分。

命令：Trim

选择剪切边…

选择对象：(点取 ϕ200 圆)

选择对象：(点取 ϕ160 圆)

选择对象：(回车结束选择集)

选择要修剪的对象，或按住 Shift 键选择要延伸的对象，或[投影(P)/边(E)/放弃(U)]：(点取圆的多余部分)

选择要修剪的对象，或按住 Shift 键选择要延伸的对象，或[投影(P)/边(E)/放弃

(U)]:(回车结束选择集)

3. 画两圆公切线

命令:Line

指定第一点:_tan(设“切点”捕捉方式,点取 ϕ200 圆上切点位置)

指定下一点或[放弃(U)]:_tan(设“切点”捕捉方式,点取 ϕ160 圆上切点位置)

指定下一点或[放弃(U)]:(回车)

五、标注尺寸

在尺寸层标注尺寸时,要注意本图图形范围较大,应在尺寸“修改标注样式”对话框中将“箭头大小”改为 10,将“文字高度”改为 20,才能使所标注尺寸与图形匹配。

第八节　打 印 输 出

AutoCAD 可以用各种绘图机和 Windows 系统打印机输出图形。如果从布局选项卡打印,则 AutoCAD 使用布局选项卡上指定的绘图机。如果从模型选项卡打印,则 AutoCAD 使用在“选项”里指定的绘图机作为默认绘图机。默认绘图机在 Options 里“打印”选项卡上指定。

用打印样式替换打印时的对象(如颜色和线宽)可以修改图形打印时的外观。当安装 AutoCAD 时,安装程序搜索文件 acadr14. cfg。如果找到该文件并且该文件包含笔设置信息,则 AutoCAD 为每一种设备创建一个单独的包含笔指定设置的打印样式表文件。

在创建布局时,可以指定所有打印设置并保存图形。当准备打印时,可以从“打印”对话框的“页面设置名”列表中选择保存过的打印设置。

打印图形的步骤如下:

(1)从“文件”菜单选择“打印”(或命令行 PLOT),出现打印对话框。

当前布局的名称显示在打印对话框的“布局名”下。

在打印设备选项卡(见图 13-43)的“打印机配置名称”栏里,可选择打印机。

(2)如果创建了命名页面设置,可以从打印对话框的“页面设置名”列表中选择一个命名页面设置。

(3)在打印设备选项卡的“打印样式表(笔指定)”下检查是否附着了正确的打印样式表。如希望输出的图形为黑白图线,可选择 monochrome. ctb,此样式将所有颜色的图线统统用黑色输出,如果选择了用不同的颜色代表线宽,可点击编辑按钮,打开编辑对话框,对各种颜色的线宽、线型进行编辑。

在打印设置选项卡(见图 13-44)中,可选择图形的尺寸、图形方向、打印区域(如果只输出图形的一部分,可点击窗口按钮,对话框消失,从图中选择两点,形成窗口,则仅输出窗口的图形)、打印比例、打印偏移是否居中等。点击完全预览按钮,可预览输出图形的形式:如果方向不对,可单击右键,选择关闭,再另选图形方向,直至预览正确为止。

(4)单击“确定”按钮。

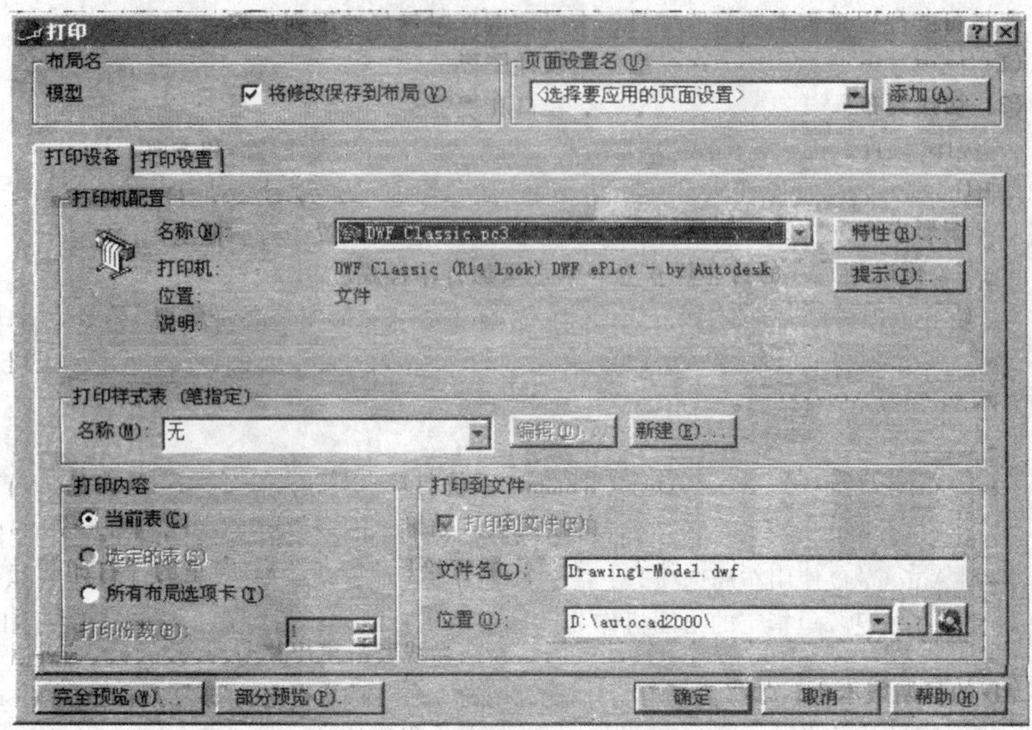

图 13－43　打印对话框打印设备选项卡

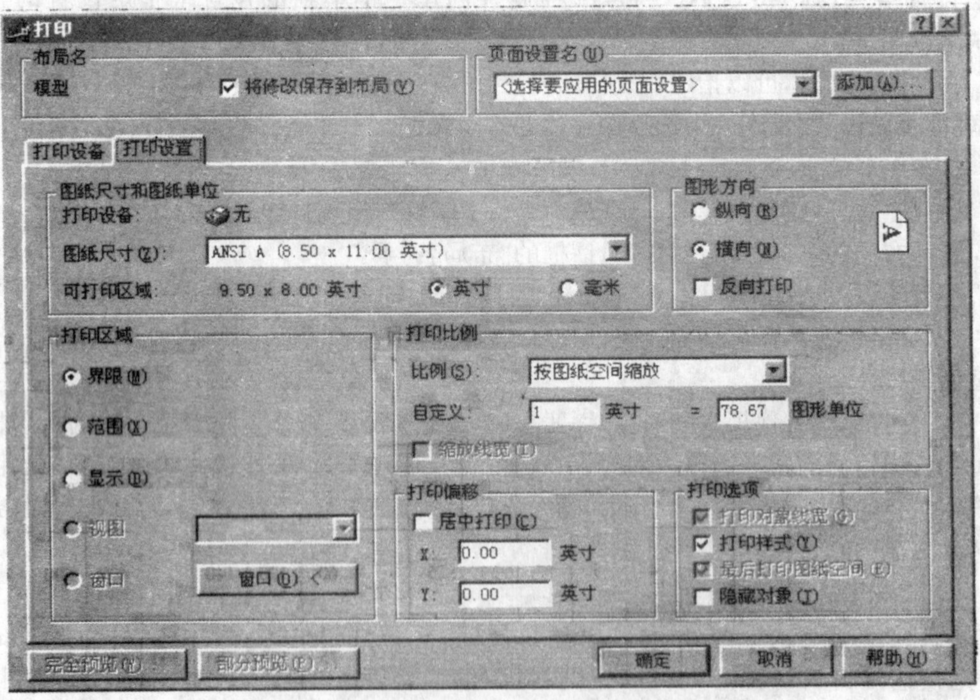

图 13－44　打印对话框打印设置选项卡

思考题

1. 将下面左侧所列文件操作命令与右侧相应命令功能用线连起来:

(1)OPEN　　　　(a)打开旧的图形文件

(2)SAVE　　　　(b)将当前图形另名存盘

(3)SAVEAS　　　(c)将当前图形存盘

(4)END　　　　(d)将当前图形存盘并退出 AutoCAD

2. 选择编辑对象有哪几种方式?

3. 图层的状态包括哪些项?如何设置?

4. 图形的显示控制命令是否改变图形的实际尺寸及实体间的相互位置关系?实时缩放和实时平移命令有何特点?

5. 图案填充的颜色和线型是下列哪条?

(1)层的颜色和线型。

(2)填充区域边界的颜色和线型。

(3)0 层的颜色的线型。

附　录

附录一　极限与配合

附表 1-1　标准公差数值(摘自 GB/T1800.4-1999)

基本尺寸/mm		标准公差等级																	
		IT1	IT2	IT3	IT4	IT5	IT6	IT7	IT8	IT9	IT10	IT11	IT12	IT13	IT14	IT15	IT16	IT17	IT18
大于	至	μm											mm						
—	3	0.8	1.2	2	3	4	6	10	14	25	40	60	0.1	0.14	0.25	0.4	0.6	1	1.4
3	6	1	1.5	2.5	4	5	8	12	18	30	48	75	0.12	0.18	0.3	0.45	0.75	1.2	1.8
6	10	1	1.5	2.5	4	6	9	15	22	36	58	90	0.15	0.22	0.36	0.58	0.9	1.5	2.2
10	18	1.2	2	3	5	8	11	18	27	43	70	110	0.18	0.27	0.43	0.7	1.1	1.8	2.7
18	30	1.5	2.5	4	6	9	13	21	33	52	84	130	0.21	0.33	0.52	0.84	1.3	2.1	3.3
30	50	1.5	2.5	4	7	11	16	25	49	62	100	160	0.25	0.39	0.62	1	1.6	2.5	3.9
50	80	2	3	5	8	13	19	30	46	74	120	190	0.3	0.46	0.74	1.2	1.9	3	4.6
80	120	2.5	4	6	10	15	22	35	54	87	140	220	0.35	0.54	0.87	1.4	2.2	3.5	5.4
120	180	3.5	5	8	12	18	25	40	63	100	160	250	0.4	0.63	1	1.6	2.5	4	6.3
180	250	4.5	7	10	14	20	29	46	72	115	185	290	0.46	0.72	1.15	1.85	2.6	4.6	7.2
250	315	6	8	12	16	23	32	52	81	130	210	320	0.52	0.81	1.3	2.1	3.2	5.2	8.1
315	400	7	9	13	18	25	36	57	89	140	230	360	0.57	0.89	1.4	2.3	3.6	5.7	8.9
400	500	8	10	15	20	27	40	63	97	155	250	400	0.63	0.97	1.55	2.5	4	6.3	9.7
500	630	9	11	16	22	32	44	70	110	175	280	440	0.7	1.1	1.75	2.8	4.4	7	11
630	800	10	13	18	25	36	50	80	125	200	320	500	0.8	1.25	2	3.2	5	8	12.5
800	1000	11	15	21	28	40	56	90	140	230	360	560	0.9	1.4	2.3	3.6	5.6	9	14
1000	1250	13	18	24	33	47	66	105	165	260	420	660	1.05	1.65	2.6	4.2	6.6	10.5	16.5
1250	1600	15	21	29	39	55	78	125	195	310	500	780	1.25	1.95	3.1	5	7.8	12.5	19.5
1600	2000	18	25	35	46	65	92	150	230	370	600	920	1.5	2.3	3.7	6	9.2	15	23
2000	2500	22	30	41	55	78	110	175	280	440	700	1100	1.75	2.8	4.4	7	11	17.5	28
2500	3150	26	36	50	68	96	135	210	330	540	860	1350	2.1	3.3	5.4	8.6	13.5	21	33

注:① 基本尺寸大于 500mm 的 IT1～IT5 的标准公差数值为试行的。

②基本尺寸小于 1mm 时,无 IT14～IT18

附表 1-2　优先及常用孔的极限偏差表(摘自 GB/T 1803—1999)

单位:μm

代号		A	B	C	D	E	F	G	H							JS		K			M	N		P		R	S	T	U
基本尺寸/mm		公差等级																											
大于	至	11	11	*11	*9	8	*8	*7	6	*7	*8	*9	10	*11	12	6	7	6	*7	8	7	6	7	6	*7	7	*7	7	*7
—	3	+330 +270	+200 +140	+120 + 60	+45 +20	+28 +14	+20 + 6	+12 + 2	+6 0	+10 0	+14 0	+25 0	+40 0	+60 0	+100 0	±3	±5	0 −6	0 −10	0 −14	− 2 −12	− 4 −10	− 4 −14	− 6 −12	− 6 −16	−10 −20	−14 −24	—	−18 −28
3	6	+345 +270	+215 +140	+145 + 70	+60 +30	+38 +20	+28 +10	+16 + 4	+8 0	+12 0	+18 0	+30 0	+48 0	+75 0	+120 0	±4	±6	+2 −6	+3 −9	+ 5 −13	0 −12	− 5 −13	− 4 −16	− 9 −17	− 8 −20	−11 −23	−15 −27	—	−19 −31
6	10	+370 +280	+240 +150	+170 + 80	+76 +40	+47 +25	+35 +13	+20 + 5	+9 0	+15 0	+22 0	+36 0	+58 0	+90 0	+150 0	±4.5	±7	+2 −7	+ 5 −10	+ 6 −16	0 −15	− 7 −16	− 4 −19	−12 −21	− 9 −24	−13 −28	−17 −32	—	−22 −37
10 14	14 18	+400 +290	+260 +150	+205 + 95	+93 +50	+59 +32	+43 +16	+24 + 6	+11 0	+18 0	+27 0	+43 0	+70 0	+110 0	+180 0	±5.5	±9	+2 −9	+ 6 −12	+ 8 −19	0 −18	− 9 −20	− 5 −23	−15 −26	− 11 −29	−16 −34	−21 −39	—	−26 −44
18	24	+430 +300	+290 +160	+240 +110	+117 + 65	+73 +40	+53 +20	+28 + 7	+13 0	+21 0	+33 0	+52 0	+84 0	+130 0	+210 0	±6.5	±10	+ 2 −11	+ 6 −15	+10 −23	0 −21	−11 −24	− 7 −28	−18 −31	−14 −35	−20 −41	−27 −48	—	−33 −54
24	30																											−33 −54	−40 −61
30	40	+470 +310	+330 +170	+280 +120	+142 + 80	+89 +50	+64 +25	+34 + 9	+16 0	+25 0	+39 0	+62 0	+100 0	+160 0	+250 0	±8	±12	+ 3 −13	+ 7 −18	+12 −27	0 −25	−12 −28	− 8 −33	−21 −37	−17 −42	−25 −50	−34 −59	−39 −64	−51 −76
40	50	+480 +320	+340 +180	+290 +130																								−45 −70	−61 −86
50	65	+530 +340	+380 +190	+330 +140	+174 +100	+106 + 60	+76 +30	+40 +10	+19 0	+30 0	+46 0	+74 0	+120 0	+190 0	+300 0	±9.5	±15	+ 4 −15	+ 9 −21	+14 −32	0 −30	−14 −33	− 9 −39	−26 −45	−21 −51	−30 −60	−42 −72	−55 −85	− 76 −106
65	80	+550 +360	+390 +200	+340 +150																						−32 −62	−48 −78	−64 −94	− 91 −121
80	100	+600 +380	+440 +220	+390 +170	+207 +120	+126 + 72	+90 +36	+47 +12	+22 0	+35 0	+54 0	+87 0	+140 0	+220 0	+350 0	±11	±17	+ 4 −18	+10 −25	+16 −38	0 −35	−16 −38	−10 −45	−30 −52	−24 −59	−38 −73	−58 −93	− 78 −113	−111 −146
100	120	+630 +410	+460 +240	+400 +180																						−41 −76	− 66 −101	− 91 −126	−131 −166

（续）

代号		A	B	C	D	E	F	G	H							JS		K			M	N		P		R	S	T	U
基本尺寸/mm		公差等级																											
大于	至	11	11	*11	*9	8	*8	*7	6	*7	*8	*9	10	*11	12	6	7	6	*7	8	7	6	7	6	*7	7	*7	7	*7
120	140	+710 +460	+510 +260	+450 +200																						−48 −88	−77 −117	−107 −147	−155 −195
140	160	+770 +520	+530 +280	+460 +210	+245 +145	+148 +85	+106 +43	+54 +14	+25 0	+40 0	+63 0	+100 0	+160 0	+250 0	+400 0	±12.5	±20	+4 −21	+12 −28	+20 −43	0 −40	−20 −45	−12 −52	−36 −61	−28 −68	−50 −90	−35 −125	−119 −159	−175 −215
160	180	+830 +580	+560 +310	+480 +230																						−53 −93	−93 −133	−131 −171	−195 −235
180	200	+950 +660	+630 +340	+530 +240																						−60 −106	−105 −151	−149 −195	−219 −265
200	225	+1030 +740	+670 +380	+550 +260	+285 +170	+172 +100	+122 +50	+61 +15	+29 0	+46 0	+72 0	+115 0	+185 0	+290 0	+460 0	±14.5	±23	+5 −24	+13 −33	+22 −50	0 −46	−22 −51	−14 −60	−41 −70	−33 −79	−63 −109	−113 −159	−163 −209	−241 −287
225	250	+1110 +820	+710 +420	+570 +280																						−67 −113	−123 −169	−179 −225	−267 −313
250	280	+1240 +920	+800 +480	+620 +300	+320 +190	+191 +110	+137 +56	+69 +17	+32 0	+52 0	+81 0	+130 0	+210 0	+320 0	+520 0	±16	±26	+5 −27	+16 −36	+25 −56	0 −52	−25 −57	−14 −66	−47 −79	−36 −88	−74 −126	−138 −190	−198 −250	−295 −347
280	315	+1370 +1050	+860 +540	+650 +330																						−78 −130	−150 −202	−220 −272	−330 −382
315	355	+1560 +1200	+960 +600	+720 +360	+350 +210	+214 +125	+151 +62	+75 +18	+36 0	+57 0	+89 0	+140 0	+230 0	+360 0	+570 0	±18	±28	+7 −29	+17 −40	+28 −61	0 −57	−26 −62	−16 −73	−51 −87	−41 −98	−87 −144	−169 −226	−247 −304	−369 −426
355	400	+1710 +1350	+1040 +680	+760 +400																						−93 −150	−187 −244	−273 −330	−414 −471
400	450	+1900 +1500	+1160 +760	+840 +440	+385 +230	+232 +135	+165 +68	+83 +20	+40 0	+63 0	+97 0	+155 0	+250 0	+400 0	+630 0	±20	±31	+8 −32	+18 −45	+29 −68	0 −63	−27 −67	−17 −80	−55 −95	−45 −108	−103 −166	−209 −272	−307 −370	−467 −530
450	500	+2050 +1650	+1240 +840	+880 +480																						−109 −172	−229 −292	−337 −400	−517 −580

注：带“*”者为优先选用的，其他为常用的

附表 1-3　优先及常用轴的极限偏差表(摘自 GB/T 1803—1999)

单位:μm

代号		a	b	c	d	e	f	g	h								js	k	m	n	p	r	s	t	u	v	x	y	z
基本尺寸/mm		公差等级																											
大于	至	11	11	*11	*9	8	*7	*6	5	*6	*7	8	*9	10	*11	12	6	*6	6	*6	*6	6	*6	6	*6	6	6	6	6
—	3	−270 −330	−140 −200	−60 −120	−20 −45	−14 −28	−6 −16	−2 −8	0 −4	0 −6	0 −10	0 −14	0 −25	0 −40	0 −60	0 −100	±3	+6 0	+8 +2	+10 +4	+12 +6	+16 +10	+20 +14	—	+24 +18	—	+26 +20	—	+32 +26
3	6	−270 −345	−140 −215	−70 −145	−30 −60	−20 −38	−10 −22	−4 −12	0 −5	0 −8	0 −12	0 −18	0 −30	0 −48	0 −75	0 −120	±4	+9 1	+12 +4	+16 +8	+20 +12	+23 +15	+27 +19	—	+31 +23	—	+36 +28	—	+43 +35
6	10	−280 −338	−150 −240	−80 −170	−40 −76	−25 −47	−13 −28	−5 −14	0 −6	0 −9	0 −15	0 −22	0 −36	0 −58	0 −90	0 −150	±4.5	+10 1	+15 +6	+19 +10	+24 +15	+28 +19	+32 +23	—	+37 +28	—	+43 +34	—	+51 +42
10	14	−290 −400	−150 −260	−95 −205	−50 −93	−32 −59	−16 −34	−6 −17	0 −8	0 −11	0 −18	0 −27	0 −43	0 −70	0 −110	0 −180	±5.5	+12 +1	+18 +7	+23 +12	+29 +18	+34 +23	+39 +28	—	+44 +33	—	+51 +40	—	+61 +50
14	18																							—		+50 +39	+56 +45	—	+71 +60
18	24	−300 −430	−160 −290	−110 −240	−65 −117	−40 −73	−20 −41	−7 −20	0 −9	0 −13	0 −21	0 −33	0 −52	0 −84	0 −130	0 −210	±6.5	+15 +2	+21 +8	+28 +15	+35 +22	+41 +28	+48 +35	—	+54 +41	+60 +47	+67 +54	+76 +63	+86 +73
24	30																							+54 +41	+61 +48	+68 +55	+77 +64	+88 +75	+101 +88
30	40	−310 −470	−170 −330	−120 −280	−80 −142	−50 −89	−25 −50	−9 −25	0 −11	0 −16	0 −25	0 −39	0 −62	0 −100	0 −160	0 −250	±8	+18 +2	+25 +9	+33 +17	+42 +26	+50 +34	+59 +43	+64 +48	+76 +60	+84 +68	+96 +80	+110 +94	+128 +112
40	50	−320 −480	−180 −340	−130 −290																				+70 +54	+86 +70	+97 +81	+113 +97	+130 +114	+152 +136
50	65	−340 −530	−190 −380	−140 −330	−100 −174	−60 −106	−30 −60	−10 −29	0 −13	0 −19	0 −30	0 −46	0 −74	0 −120	0 −190	0 −300	±9.5	+21 +2	+30 +11	+39 +20	+51 +32	+60 +41	+72 +53	+85 +66	+106 +87	+121 +102	+141 +122	+163 +144	+191 +172
65	80	−360 −550	−200 −390	−150 −340																		+62 +43	+78 +59	+94 +75	+121 +102	+139 +120	+165 +146	+193 +174	+229 +210
80	100	−380 −600	−220 −440	−170 −390	−120 −207	−72 −126	−36 −71	−12 −34	0 −15	0 −22	0 −35	0 −54	0 −87	0 −140	0 −220	0 −350	±11	+25 +3	+35 +13	+45 +23	+59 +37	+73 +51	+93 +71	+113 +91	+146 +124	+168 +146	+200 +178	+236 +214	+280 +258
100	120	−410 −630	−240 −460	−180 −440																		+76 +54	+101 +79	+126 +104	+166 +144	+194 +172	+232 +210	+276 +254	+332 +310

（续）

代号		a	b	c	d	e	f	g	h								js	k	m	n	p	r	s	t	u	v	x	y	z
基本尺寸/mm		公差等级																											
大于	至	11	11	*11	*9	8	*7	*6	5	*6	*7	8	*9	10	*11	12	6	*6	6	*6	*6	6	*6	6	*6	6	6	6	6
120	140	−460	−260	−200																		+88	+117	+147	+195	+227	+273	+325	+390
		−710	−510	−450																		+63	+92	+122	+170	+202	+248	+300	+365
140	160	−520	−280	−210	−145	−85	−43	−14	0	0	0	0	0	0	0	0	±12.5	+28	+40	+52	+68	+90	+125	+159	+215	+253	+305	+365	+440
		−770	−530	−460	−245	−148	−83	−39	−18	−25	−40	−63	−100	−160	−250	−400		+3	+15	+27	+43	+65	+100	+134	+190	+228	+280	+340	+415
160	180	−580	−310	−230																		+93	+133	+171	+235	+277	+335	+405	+490
		−830	−560	−480																		+68	+108	+146	+210	+252	+310	+380	+465
180	200	−660	−340	−240																		+106	+151	+195	+265	+313	+379	+454	+549
		−950	−630	−530																		+77	+122	+166	+236	+284	+350	+425	+520
200	225	−740	−380	−260	−170	−100	−50	−15	0	0	0	0	0	0	0	0	±14.5	+33	+46	+60	+79	+109	+159	+209	+287	+339	+414	+499	+604
		−1030	−670	−550	−285	−172	−96	−44	−20	−29	−46	−72	−115	−185	−290	−460		+4	+17	+31	+50	+80	+130	+180	+258	+310	+385	+470	+575
225	250	−820	−420	−280																		+113	+169	+225	+313	+369	+454	+549	+669
		−1110	−710	−570																		+84	+140	+196	+284	+340	+425	+520	+640
250	280	−920	−480	−300																		+126	+190	+250	+347	+417	+507	+612	+742
		−1240	−800	−620	−190	−110	−56	−17	0	0	0	0	0	0	0	0	±16	+36	+52	+66	+88	+94	+158	+218	+315	+385	+475	+580	+710
280	315	−1050	−540	−330	−320	−191	−108	−49	−23	−32	−52	−81	−130	−210	−320	−520		+4	+20	+34	+56	+130	+202	+272	+382	+457	+557	+682	+822
		−1370	−860	−650																		+98	+170	+240	+350	+425	+525	+650	+790
315	355	−1200	−600	−360																		+144	+226	+304	+426	+511	+626	+766	+936
		−1560	−960	−720	−210	−125	−62	−18	0	0	0	0	0	0	0	0	±18	+40	+57	+73	+98	+108	+190	+268	+390	+475	+590	+730	+900
355	400	−1350	−680	−400	−350	−214	−119	−54	−25	−36	−57	−89	−140	−230	−360	−570		+4	+21	+37	+62	+150	+244	+330	+471	+566	+696	+856	+1036
		−1710	−1040	−760																		+114	+208	+294	+435	+530	+660	+820	+1000
400	450	−1500	−760	−440																		+166	+272	+370	+530	+635	+780	+960	+1140
		−1900	−1160	−840	−230	−135	−68	−20	0	0	0	0	0	0	0	0	±20	+45	+63	+80	+108	+126	+232	+330	+490	+595	+740	+920	+1100
450	500	−1650	−840	−480	−385	−232	−131	−60	−27	−40	−63	−97	−155	−250	−400	−630		+5	+23	+40	+68	+172	+292	+400	+580	+700	+860	+1040	+1290
		−2050	−1240	−880																		+132	+252	+360	+540	+660	+820	+1000	+1250

注：带“*”者为优先选用的，其他为常用的

附录二　零件的标准结构

附表 2-1　螺纹收尾、肩距、退刀槽、倒角(GB/T 3—1997)　　单位:mm

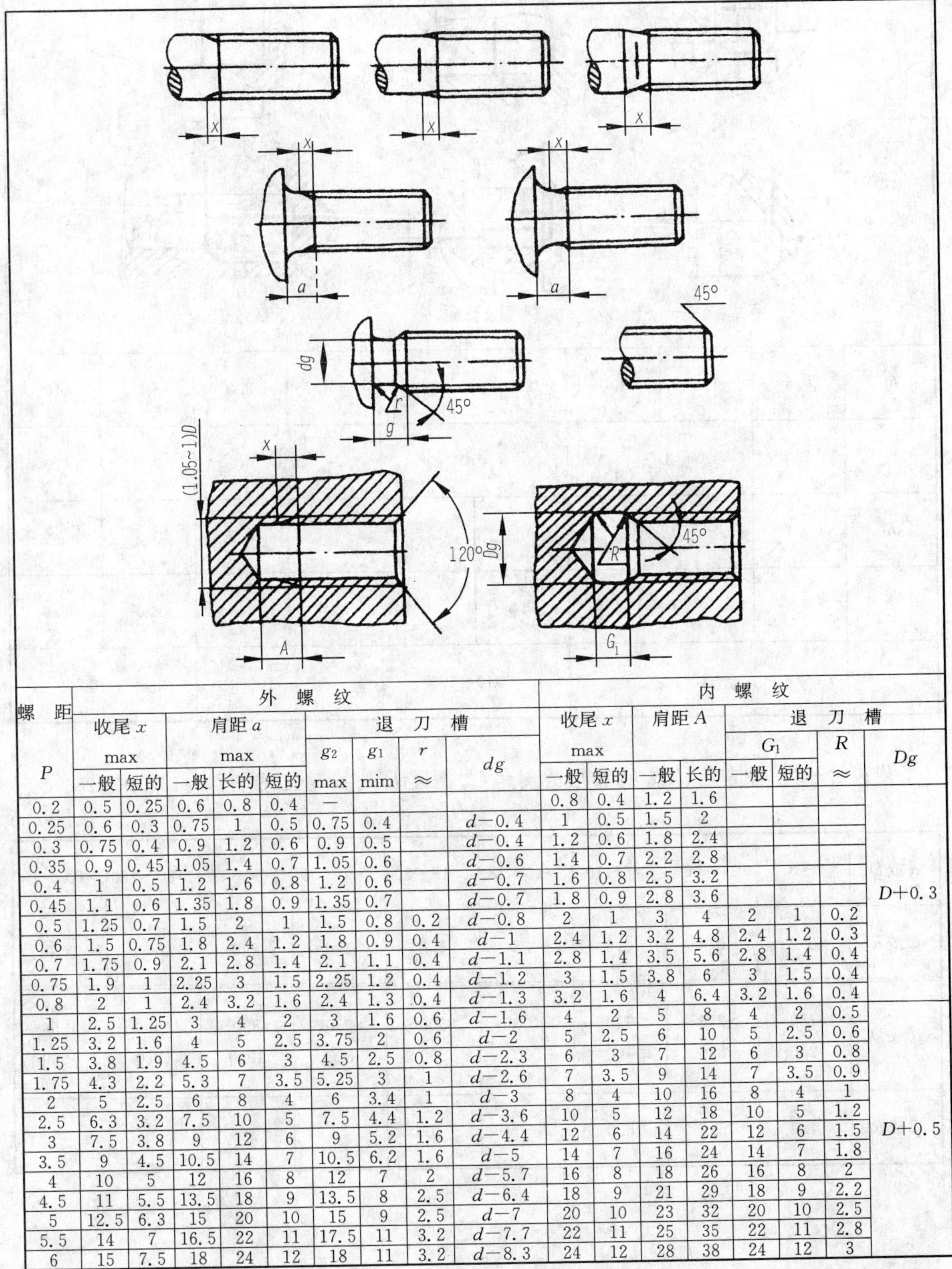

螺距 P	外螺纹									内螺纹							
	收尾 x max		肩距 a max			退刀槽				收尾 x max		肩距 A		退刀槽			
	一般	短的	一般	长的	短的	g_2 max	g_1 mim	r ≈	dg	一般	短的	一般	长的	G_1 一般	G_1 短的	R ≈	Dg
0.2	0.5	0.25	0.6	0.8	0.4	—				0.8	0.4	1.2	1.6				$D+0.3$
0.25	0.6	0.3	0.75	1	0.5	0.75	0.4		$d-0.4$	1	0.5	1.5	2				
0.3	0.75	0.4	0.9	1.2	0.6	0.9	0.5		$d-0.4$	1.2	0.6	1.8	2.4				
0.35	0.9	0.45	1.05	1.4	0.7	1.05	0.6		$d-0.6$	1.4	0.7	2.2	2.8				
0.4	1	0.5	1.2	1.6	0.8	1.2	0.6		$d-0.7$	1.6	0.8	2.5	3.2				
0.45	1.1	0.6	1.35	1.8	0.9	1.35	0.7		$d-0.7$	1.8	0.9	2.8	3.6				
0.5	1.25	0.7	1.5	2	1	1.5	0.8	0.2	$d-0.8$	2	1	3	4	2	1	0.2	
0.6	1.5	0.75	1.8	2.4	1.2	1.8	0.9	0.4	$d-1$	2.4	1.2	3.2	4.8	2.4	1.2	0.3	
0.7	1.75	0.9	2.1	2.8	1.4	2.1	1.1	0.4	$d-1.1$	2.8	1.4	3.5	5.6	2.8	1.4	0.4	
0.75	1.9	1	2.25	3	1.5	2.25	1.2	0.4	$d-1.2$	3	1.5	3.8	6	3	1.5	0.4	
0.8	2	1	2.4	3.2	1.6	2.4	1.3	0.4	$d-1.3$	3.2	1.6	4	6.4	3.2	1.6	0.4	
1	2.5	1.25	3	4	2	3	1.6	0.6	$d-1.6$	4	2	5	8	4	2	0.5	$D+0.5$
1.25	3.2	1.6	4	5	2.5	3.75	2	0.6	$d-2$	5	2.5	6	10	5	2.5	0.6	
1.5	3.8	1.9	4.5	6	3	4.5	2.5	0.8	$d-2.3$	6	3	7	12	6	3	0.8	
1.75	4.3	2.2	5.3	7	3.5	5.25	3	1	$d-2.6$	7	3.5	9	14	7	3.5	0.9	
2	5	2.5	6	8	4	6	3.4	1	$d-3$	8	4	10	16	8	4	1	
2.5	6.3	3.2	7.5	10	5	7.5	4.4	1.2	$d-3.6$	10	5	12	18	10	5	1.2	
3	7.5	3.8	9	12	6	9	5.2	1.6	$d-4.4$	12	6	14	22	12	6	1.5	
3.5	9	4.5	10.5	14	7	10.5	6.2	1.6	$d-5$	14	7	16	24	14	7	1.8	
4	10	5	12	16	8	12	7	2	$d-5.7$	16	8	18	26	16	8	2	
4.5	11	5.5	13.5	18	9	13.5	8	2.5	$d-6.4$	18	9	21	29	18	9	2.2	
5	12.5	6.3	15	20	10	15	9	2.5	$d-7$	20	10	23	32	20	10	2.5	
5.5	14	7	16.5	22	11	17.5	11	3.2	$d-7.7$	22	11	25	35	22	11	2.8	
6	15	7.5	18	24	12	18	11	3.2	$d-8.3$	24	12	28	38	24	12	3	

附表 2-2　回转面及端面砂轮越程槽的形式及尺寸(摘自 GB/T6403.5—1986)

单位:mm

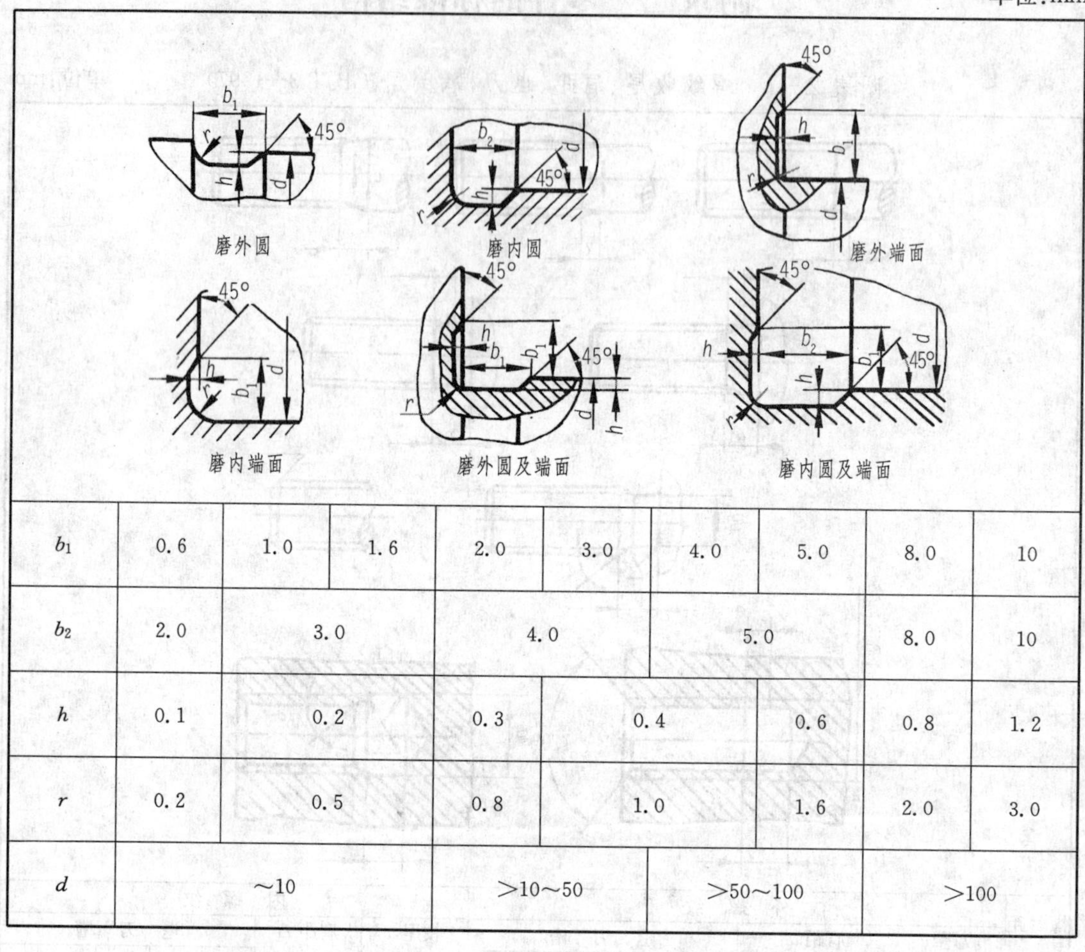

b_1	0.6	1.0	1.6	2.0	3.0	4.0	5.0	8.0	10
b_2	2.0	3.0		4.0		5.0		8.0	10
h	0.1	0.2		0.3	0.4		0.6	0.8	1.2
r	0.2	0.5		0.8	1.0		1.6	2.0	3.0
d	~10			>10~50		>50~100		>100	

附表 2-3　与直径 d 或 D 相应的倒角 C、倒圆 R 的推荐值(摘自 GB/T6403—1986)

单位:mm

d 或 D	~3	>3~6	>6~10	>10~18	>18~30	>30~50	>50~80	>80~120	>120~180
C 或 R	0.2	0.4	0.6	0.8	1.0	1.6	2.0	2.5	3.0
d 或 D	>180~250	>250~320	>320~400	>400~500	>500~630	>630~800	>800~1000	>1000~1250	>1250~1600
C 或 R	4.0	5.0	6.0	8.0	10	12	16	20	25

附录三　螺　纹

附表 3-1　普通螺纹(摘自 GB/T 193—196—2003)　　单位:mm

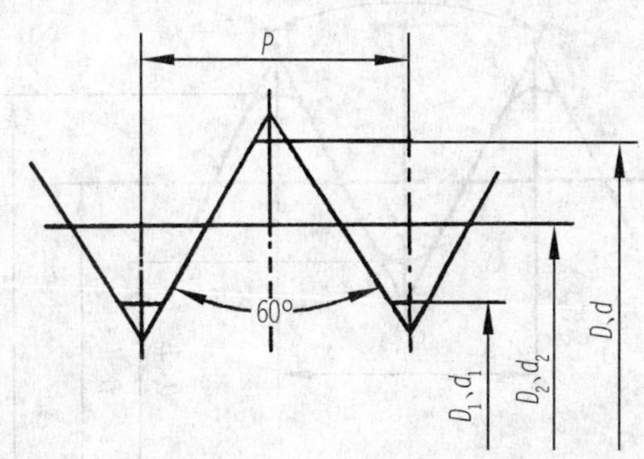

公称直径 D、d		螺距 P		粗牙小径 D_1、d_1
第一系列	第二系列	粗牙	细牙	
3		0.5	0.35	2.459
	3.5	(0.6)	0.35	2.850
4		0.7	0.5	3.242
	4.5	(0.75)	0.5	3.688
5		0.8	0.5	4.134
6		1	0.75、(0.5)	4.917
8		1.25	1、(0.75)、(0.5)	6.647
10		1.5	1.25、1、0.75、(0.5)	8.376
12		1.75	1.5、1.25、1、(0.75)、(0.5)	10.106
	14	2	1.5、(1.25)、1、(0.75)、(0.5)	11.835
16		2	1.5、1、(0.75)、(0.5)	13.835
	18	2.5	2、1.5、1、(0.75)、(0.5)	15.294
20		2.5	2、1.5、1、(0.75)、(0.5)	17.294

公称直径 D、d		螺距 P		粗牙小径 D_1、d_1
第一系列	第二系列	粗牙	细牙	
	22	2.5	2、1.5、1、(0.75)、(0.5)	19.294
24		3	2、1.5、1、(0.75)	20.752
	27	3	3、2、1.5、1、(0.75)	23.752
30		3.5	(3)、2、1.5、1、(0.75)	26.211
	33	3.5	(3)、2、1.5、(1)、(0.75)	29.211
36		4	3、2、1.5、(1)	31.670
	39	4	3、2、1.5、(1)	34.670
42		4.5	(4)、3、2、1.5、(1)	37.129
	45	4.5	(4)、3、2、1.5、(1)	40.129
48		5	(4)、3、2、1.5、(1)	42.588
	52	5	(4)、3、2、1.5、(1)	46.587
56		5.5	4、3、2、1.5、(1)	50.046

注:①优先选用第一系列,括号内尺寸尽可能不用;

②第三系列未列入

附表 3-2　非螺纹密封的管螺纹(摘自 GB/T 7307—2003)　　单位:mm

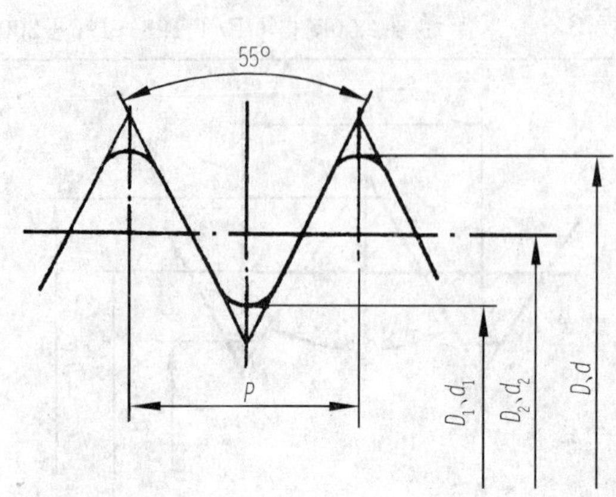

螺纹名称	每英寸牙数 n	螺　距 P	螺纹直径	
			大径 D、d	小径 D_1、d_1
1/8	28	0.907	9.728	8.566
1/4	19	1.337	13.157	11.445
3/8	19	1.337	16.662	14.950
1/2	14	1.814	20.955	18.631
5/8	14	1.814	20.911	20.587
3/4	14	1.814	26.441	24.117
7/8	14	1.814	30.201	27.877
1	11	2.309	33.249	30.291
$1^1/8$	11	2.309	37.897	34.939
$1^1/4$	11	2.309	41.910	38.932
$1^1/2$	11	2.309	47.803	44.845
$1^3/4$	11	2.309	53.746	50.788
2	11	2.309	59.614	56.656
$2^1/4$	11	2.309	65.710	62.752
$2^1/2$	11	2.309	75.184	72.226
$2^3/4$	11	2.309	81.534	78.576
3	11	2.309	87.884	84.926

附录四　螺纹紧固件

附表 4-1　六角头螺栓　　　　单位:mm

六角头螺栓 C 级(摘自 GB/T 5780—2000)　　　　六角头螺栓全螺纹 C 级(摘自 GB/T 5781—2000)

标记示例:螺纹规格 d=M12,公称长度 l=80mm,C 级的六角头螺栓　　　　螺栓 GB/T 5780 M12×80

	螺纹规格 d	M5	M6	M8	M10	M12	(M14)	M16	(M18)	M20	(M22)	M24	(M27)
b 参考	$l\leqslant 125$	16	18	22	26	30	34	38	42	40	50	54	60
	$125<l\leqslant 200$	—	—	28	32	36	40	44	48	52	56	60	66
	$l>200$	—	—	—	—	—	53	57	61	65	69	73	79
c	max	0.5		0.6				0.8					
d_a	max	6	7.2	10.2	12.2	14.7	16.7	18.7	21.2	24.4	26.4	28.4	32.4
d_s	max	5.48	6.48	8.58	10.58	12.7	14.7	16.7	18.7	20.8	22.84	24.84	27.84
d_W	min	6.74	8.74	11.47	14.47	16.47	19.95	22	24.85	27.7	31.35	33.25	38
a	max	3.2	4	5	6	7	6	8	7.5	10	7.5	12	9
e	min	8.63	10.89	14.2	17.59	19.85	22.78	26.17	29.50	32.95	37.20	39.55	45.2
k	公称	3.5	4	5.3	6.4	7.5	8.8	10	11.5	12.5	14	15	17
r	min	0.2	0.25	0.4	0.4	0.6	0.6	0.6	0.6	0.8	1	0.8	1
s	max	8	10	13	16	18	21	24	27	30	34	36	41
l 范围	GB/T 5780-2000	25~50	30~60	35~80	40~100	45~120	60~140	55~160	80~180	65~200	90~220	80~240	100~260
	GB/T 5781-2000	10~50	12~60	16~80	20~100	25~120	30~140	35~160	35~180	40~200	15~220	50~240	55~280
	螺纹规格 d	M30	(M33)	M36	(M39)	M42	(M45)	M48	(M52)	M56	(M60)	M64	
d 参考	$l=125$	66	72	78	84	—	—	—	—	—	—	—	
	$125<l\leqslant 200$	72	78	84	90	96	102	108	116	124	132	140	
	$l>200$	85	91	97	103	109	115	121	129	137	145	153	
c	max	1											
d_a	max	35.4	38.4	42.4	45.4	48.6	52.6	56.6	62.6	67	71	75	
d_s	max	30.84	34	37	40	43	46	49	53.2	57.2	61.2	65.2	
d_W	min	42.75	46.55	51.11	55.86	59.95	64.7	69.45	74.2	78.66	83.41	88.16	
a	max	14	10.5	16	12	13.5	13.5	15	15	16.5	16.5	18	
e	min	50.85	55.37	60.79	66.44	72.02	76.95	82.6	88.25	93.56	99.21	104.86	
k	公称	18.7	21	22.5	25	26	28	30	33	35	38	40	
r	min	1	1	1	1	1.2	1.2	1.6	1.6	2	2	2	
s	max	46	50	55	60	65	70	75	80	85	90	95	
l 范围	GB/T 5780—2000	90~300	130~320	110~300	150~400	160~420	180~440	180~480	200~500	220~500	260~500	260~600	
	GB/T 5781—2000	60~300	65~360	70~360	80~400	80~420	90~440	90~480	100~500	110~500	120~500	120~500	
l 系列		10、12、16、20~50(5 进位)、(55)、60、(65)、70~160(10 进位)、180、220、240、260、280、300、320、340、360、380、400、420、440、460、480、500											

注:尽可能不采用括号内的规格,C 级为产品等级

附表 4-2　双头螺柱

单位:mm

双头螺柱——$b_m=1d$(摘自 GB/T 897—1988)双头螺柱——$b_m=1.25d$(摘自 GB/T 898—1988)

双头螺柱——$b_m=1.5d$(摘自 GB/T 899—1988)

双头螺柱——$b_m=2d$(摘自 GB/T 900—1988)

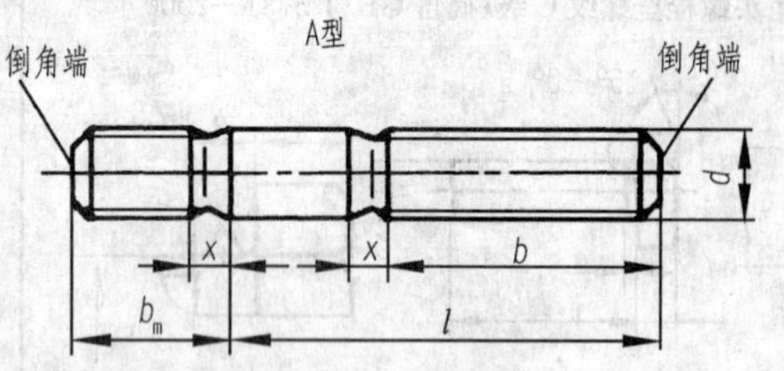

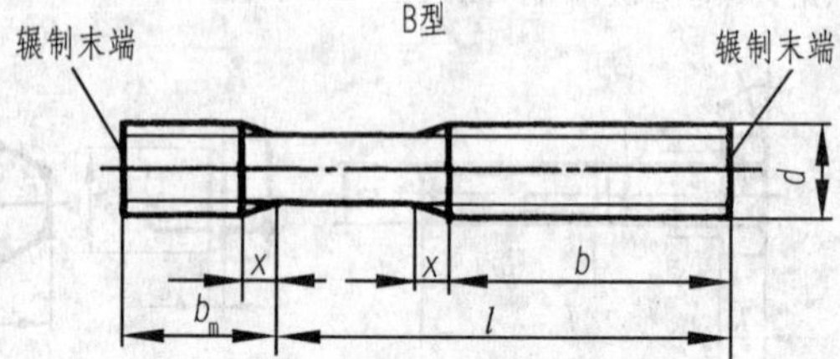

标记示例:

两端均为粗牙普通螺纹,$d=10$mm,$l=50$mm,性能等级为 4.8 级,B 型,$b_m=1d$

螺柱　GB/T 897 M10×50

旋入一端为粗牙普通螺纹,旋螺母一端为螺距 $P=1$mm 的细牙普通螺纹,$d=10$mm,$l=50$mm,性能等级为 4.8 级,A 型,$b_m=1d$

螺柱　GB/T 897 AM10—M10×1×50

旋入一端为过渡配合的第一种配合,旋螺母一端为粗牙普通螺纹,$d=10$mm,$l=50$mm,性能等级为 8.8 级,镀锌钝化,B 型,$b_m=1d$

螺柱　GB/T 897 GM10—M10×50—8.8—Zn·D

螺纹规格 d		M5	M6	M8	M10	M12	M16	M20	M24	M30	M36	M42	M48
b_m	GB/T 897	5	6	8	10	12	16	20	24	30	36	42	48
	GB/T 898	6	8	10	12	15	20	25	30	38	45	52	60
	GB/T 899	8	10	12	15	18	24	30	36	45	54	65	72
	GB/T 900	10	12	16	20	24	32	40	48	60	72	84	96
d		5	6	8	10	12	16	20	24	30	36	42	48
x		1.5P	1.5P	1.5P	1.5P	1.5P	1.5P	1.5P	1.5P	1.5P	1.5P	1.5P	1.5P
$\frac{l}{b}$		$\frac{16\sim22}{10}$、$\frac{25\sim50}{16}$	$\frac{20\sim22}{10}$、$\frac{25\sim30}{14}$、$\frac{32\sim75}{18}$	$\frac{20\sim22}{12}$、$\frac{25\sim30}{16}$、$\frac{32\sim90}{22}$	$\frac{25\sim28}{14}$、$\frac{30\sim38}{16}$、$\frac{40\sim120}{26}$、$\frac{130}{32}$	$\frac{25\sim30}{16}$、$\frac{32\sim40}{20}$、$\frac{45\sim120}{30}$、$\frac{130\sim180}{36}$	$\frac{30\sim38}{20}$、$\frac{40\sim55}{30}$、$\frac{60\sim120}{38}$、$\frac{130\sim200}{44}$	$\frac{35\sim40}{25}$、$\frac{45\sim65}{35}$、$\frac{70\sim120}{46}$、$\frac{130\sim200}{52}$	$\frac{45\sim50}{30}$、$\frac{55\sim75}{45}$、$\frac{80\sim120}{54}$、$\frac{130\sim200}{60}$	$\frac{60\sim65}{40}$、$\frac{70\sim90}{50}$、$\frac{95\sim120}{60}$、$\frac{130\sim200}{72}$、$\frac{210\sim250}{85}$	$\frac{65\sim75}{45}$、$\frac{80\sim110}{60}$、$\frac{120}{78}$、$\frac{130\sim200}{84}$、$\frac{210\sim300}{91}$	$\frac{65\sim80}{50}$、$\frac{85\sim110}{70}$、$\frac{120}{90}$、$\frac{130\sim200}{96}$、$\frac{210\sim300}{109}$	$\frac{80\sim90}{60}$、$\frac{95\sim110}{80}$、$\frac{120}{102}$、$\frac{130\sim200}{108}$、$\frac{210\sim300}{121}$
l(系列)		16、(18)、20、(22)、25、(28)、30、(32)、35、(38)、40、45、50、(55)、60、(65)、70、(75)、80、(85)、90、(95)、100、110、120、130、140、150、160、170、180、190、200、210、220、230、240、250、260、280、300											

注:① 括号内的规格尽可能不采用。

② P 为螺距。

③ d_2≈螺纹中径

附表 4-3 开槽圆柱头螺钉(摘自 GB/T 65—2000) 单位:mm

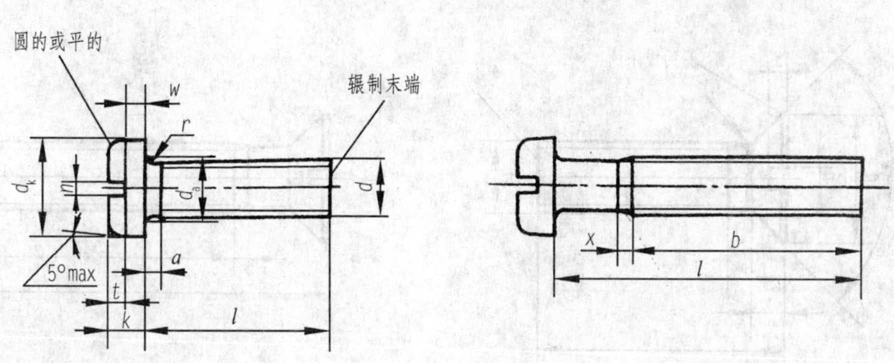

标记示例:

螺纹规格 d=M5,公称长度 l=20mm

螺钉 GB/T 65 M5×20

螺纹规格 d	M1.6	M2	M2.5	M3	M4	M5	M6	M8	M10
P(螺距)	0.35	0.4	0.45	0.5	0.7	0.8	1	1.25	1.5
a_{max}	0.7	0.8	0.9	1	1.4	1.6	2	2.5	3
b_{min}	25	25	25	25	38	38	38	38	38
d_{amax}	2	2.6	3.1	3.6	4.7	5.7	6.8	9.2	11.2
d_{kmax}	3	3.8	4.5	5.5	7	8.5	10	13	16
k_{max}	1.10	1.40	1.80	2.00	2.60	3.30	3.9	5.0	6.0
$n_{公称}$	0.4	0.5	0.6	0.8	1.2	1.2	1.6	2	2.5
r_{min}	0.1	0.1	0.1	0.1	0.2	0.2	0.25	0.4	0.4
t_{min}	0.35	0.5	0.6	0.7	1	1.2	1.4	1.9	2.4
ω_{min}	0.3	0.4	0.5	0.7	1	1.2	1.4	1.9	2.4
x_{max}	0.9	1	1.1	1.25	1.75	2	2.5	3.2	3.8
公称长度 l	2~16	3~20	3~25	4~30	5~40	6~50	8~60	10~80	12~80
l(系例)	2、3、4、5、6、8、10、12、(14)、16、20、25、30、35、40、45、50、(55)、60、(65)、70、(75)、80								

注:① 括号内规格尽可能不采用。

② M1.6~M3 的螺钉,公称长度在 30mm 以内的制出全螺纹;M4~M10 的螺钉,公称长度在 40mm 以内的制出全螺纹

附表 4-4　开槽沉头螺钉(摘自 GB/T 65—2000)　　　　单位:mm

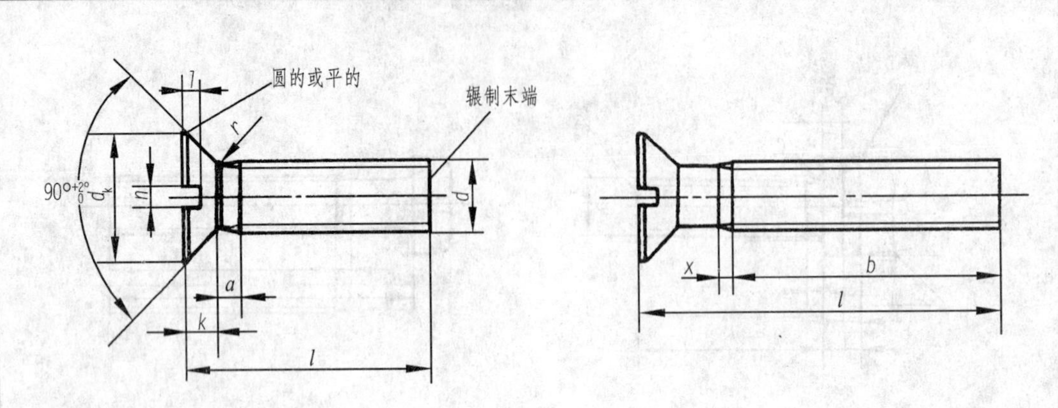

标记示例:

螺纹规格 d=M5,公称长度 l=20mm

螺钉 GB/T 68M5×20

螺纹规格 d	M1.6	M2	M2.5	M3	M4	M5	M6	M8	M10
P(螺距)	0.35	0.4	0.45	0.5	0.7	0.8	1	1.25	1.5
a_{max}	0.7	0.8	0.9	1	1.4	1.4	2	2.5	3
b_{min}	25	25	25	25	38	38	38	38	38
d_{kmax}	3	3.8	4.7	5.5	8.4	9.3	11.3	15.8	18.3
k_{max}	1	1.2	1.5	1.65	2.7	2.7	3.3	4.65	5
$n_{公称}$	0.4	0.5	0.6	0.8	1.2	1.2	1.6	2	2.5
r_{min}	0.4	0.5	0.6	0.8	1	1.3	1.5	2	2.5
t_{max}	0.5	0.6	0.75	0.85	1.3	1.4	1.6	2.3	2.6
x_{max}	0.9	1	1.1	1.25	1.75	2	2.5	3.2	3.8
公称长度 l	2.5~16	3~20	4~25	5~30	6~40	8~50	8~60	10~80	12~80
l(系例)	2.5、3、4、5、6、8、10、12、(14)、16、20、25、30、35、40、45、50、(55)、60、(65)、70、(75)、80								

注:①括号内规格尽可能不采用。

② M1.6~M3 的螺钉,在公称长度 30mm 以内的制出全螺纹;M4~M10 的螺钉,在公称长度 45mm 以内的制出全螺纹

附表 4－5　六角螺母

单位:mm

六角螺母—C 级 (GB/T 41—2000)	1 型六角螺母—A 和 B 级 (GB/T 6170—2000)	六角薄螺母—A 和 B 级 (GB/T 6172—2000)

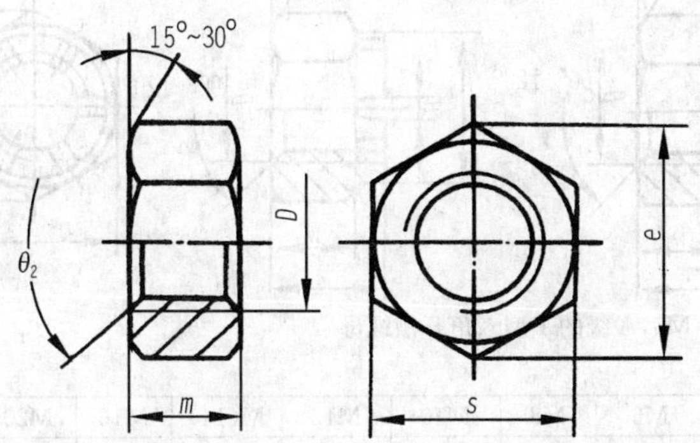

标记示例:	标记示例:	标记示例:
螺纹规格 D=M12	螺纹规格 D=M12	螺纹规格 D=M12
C 级六角螺母	A 级 1 型六角螺母	A 级六角螺母
螺母 GB/T 41 M12	螺母 GB/T 6170 M12	螺母 GB/T 6172 M12

	螺纹规格 D	M3	M4	M5	M6	M8	M10	M12	M16	M20	M24	M30	M36
e_{min}	GB/T 41			8.63	10.89	14.20	17.59	19.85	26.17	32.95	39.55	50.85	60.79
	GB/T 6170	6.01	7.66	8.79	11.05	14.38	17.77	20.03	26.75	32.95	39.55	50.85	60.79
	GB/T 6172	6.01	7.66	8.79	11.05	14.38	17.77	20.03	26.75	32.95	39.55	50.85	60.79
e_{max}	GB/T 41			8	10	13	16	18	24	30	36	46	55
	GB/T 6170	5.5	7	8	10	13	16	18	24	30	36	46	55
	GB/T 6172	5.5	7	8	10	13	16	18	24	30	36	46	55
m_{max}	GB/T 41			5.6	6.4	7.9	9.5	12.2	15.9	19	22.3	26.4	31.9
	GB/T 6170	2.4	3.2	4.7	5.2	6.8	8.4	10.8	14.8	18	21.5	25.6	31
	GB/T 6172	1.8	2.2	2.7	3.2	4	5	6	8	10	12	15	18

注:① A 级用于 D≤16;B 级用于 D>16。

② 对 GB/T 41 允许内倒角,GB/T 6170 θ=90°～120°,GB/T 6172 θ=110°～120°

附表 4-6　六角开槽螺母

单位：mm

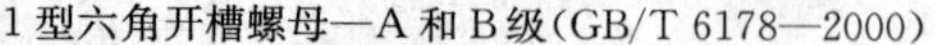

1 型六角开槽螺母—A 和 B 级(GB/T 6178—2000)

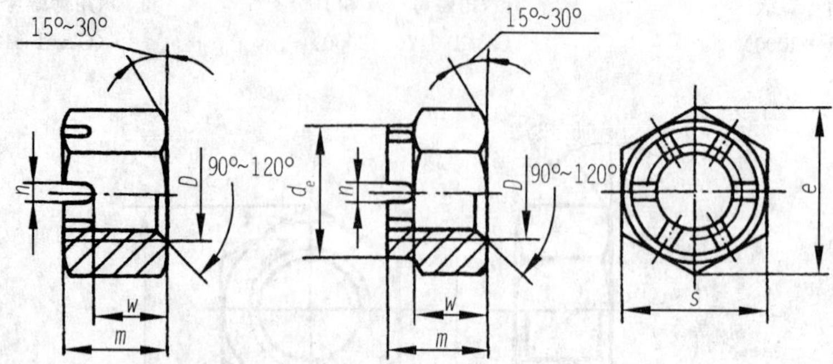

标记示例：螺纹规格 D=M5，A 级的 1 型六角开槽螺母

螺母 GB/T 6178 M5

螺纹规格 D	M4	M5	M6	M8	M10	M12	M(14)	M16	M20	M24	M30	M36
d_e									28	34	42	50
e	7.66	8.79	11.05	14.38	17.77	20.03	23.35	26.75	32.95	39.55	50.85	60.79
m	5	6.7	7.7	9.8	12.4	15.8	17.8	20.8	24	29.5	34.6	40
n	1.2	1.4	2	2.5	2.8	3.5	3.5	4.5	4.5	5.5	7	7
s	7	8	10	13	16	18	21	24	30	36	46	55
w	3.2	4.7	5.2	6.8	8.4	10.8	12.8	14.8	18	21.5	25.6	31
开口销	1×10	1.2×12	1.6×14	2×16	2.5×20	3.2×22	3.2×25	4×28	4×36	5×40	6.3×50	6.3×63

注：① 括号内规格尽可能不采用。

② A 级用于 $D \leqslant 16$；B 级用于 $D > 16$

附表 4-7　垫　圈

单位：mm

小垫圈(GB/T 848—2002)　　平垫圈(GB/T 97.1—2002)　　平垫圈—倒角型(GB/T 97.2—2002)

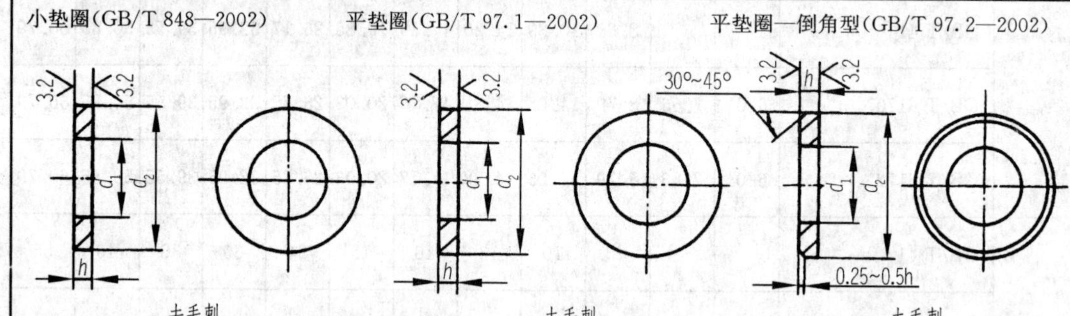

去毛刺　　去毛刺　　去毛刺

标记示例：
小系列，公称尺寸 d=8mm
垫圈 GB/T 848
性能等级为 A140 级
垫圈 GB/T 848 8—A140

标记示例：
标准系列，公称尺寸 d=8mm
垫圈 GB/T 97.1
性能等级为 A140 级
垫圈 GB/T 97.1 8—A140

标记示例：
标准系列，公称尺寸 d=8mm
垫圈 GB/T 97.2
性能等级为 A140 级
垫圈 GB/T 97.2 8—A140

公称尺寸(螺纹规格 d)		1.6	2	2.5	3	4	5	6	8	10	12	14	16	20	24	30	36
d_1	GB/T 848—1985	1.7	2.2	2.7	3.2	4.3	5.3	6.4	8.4	10.5	13	15	17	21	25	31	37
	GB/T 97.1—1985	1.7	2.2	2.7	3.2	4.3	5.3	6.4	8.4	10.5	13	15	17	21	25	31	37
	GB/T 97.2—1985						5.3	6.4	8.4	10.5	13	15	17	21	25	31	37
d_2	GB/T 848—1985	3.5	4.5	5	6	8	9	11	15	18	20	24	28	34	39	50	60
	GB/T 97.1—1985	4	5	6	7	9	10	12	16	20	24	28	30	37	44	56	66
	GB/T 97.2—1985						10	12	16	20	24	28	30	37	44	56	66
h	GB/T 848—1985	0.3	0.3	0.5	0.5	0.5	1	1.6	1.6	1.6	2	2.5	2.5	3	4	4	5
	GB/T 97.1—1985	0.3	0.3	0.5	0.5	0.8	1	1.6	1.6	2	2.5	2.5	3	3	4	4	5
	GB/T 97.2—1985						1	1.6	1.6	2	2.5	2.5	3	3	4	4	5

附表 4－8　弹簧垫圈

单位:mm

标准型弹簧垫圈(GB/T93—2002)

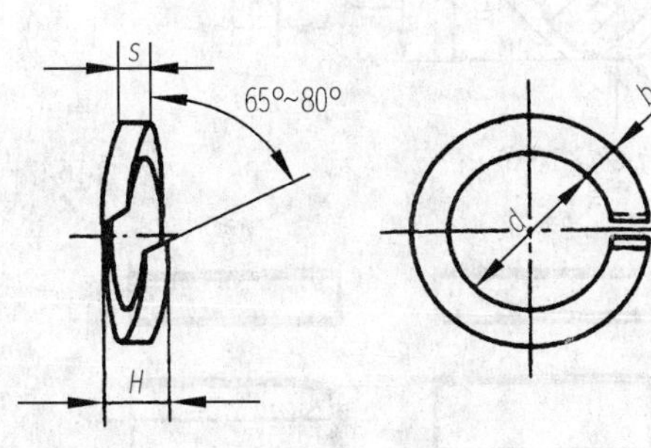

轻型弹簧垫圈(GB/T 859—2002)

标记示例:

规格 16mm 标准型弹簧垫圈

垫圈 GB/T93 16

标记示例:

规格 16mm 轻型弹簧垫圈

垫圈 GB/T859 16

规格(螺纹大径)		3	4	5	6	8	10	12	(14)	16	(18)	20	(22)	24	(27)	30
d		3.1	4.1	5.1	6.1	8.1	10.2	12.2	14.2	16.2	18.2	20.2	22.5	24.5	27.5	30.5
H	GB/T 93—1987	1.6	2.2	2.6	3.2	4.2	5.2	6.2	7.2	8.2	9	10	11	12	13.6	15
	GB/T 859—1987	1.2	1.6	2.2	2.6	3.2	4	5	6	6.4	7.2	8	9	10	11	12
s(*b*)	GB/T 93—1987	0.8	1.1	1.3	1.6	2.1	2.6	3.1	3.6	4.1	4.5	5	5.5	6	6.8	7.5
s	GB/T 859—1987	0.6	0.8	1.1	1.3	1.6	2	2.5	3	3.2	3.6	4	4.5	5	5.5	6
m⩽	GB/T 93—1987	0.4	0.55	0.65	0.8	1.05	1.3	1.55	1.8	2.05	2.25	2.5	2.75	3	3.4	3.75
	GB/T 859—1987	0.3	0.4	0.55	0.65	0.8	1	1.25	1.5	1.6	1.8	2	2.25	2.5	2.75	3
b	GB/T 859—1987	1	1.2	1.5	2	2.5	3	3.5	4	4.5	5	5.5	6	7	8	9

注:括号内规格尽可能不采用

附表 4-9 平 键

单位:mm

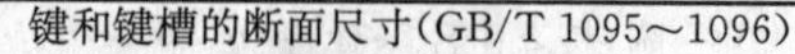
键和键槽的断面尺寸(GB/T 1095~1096)

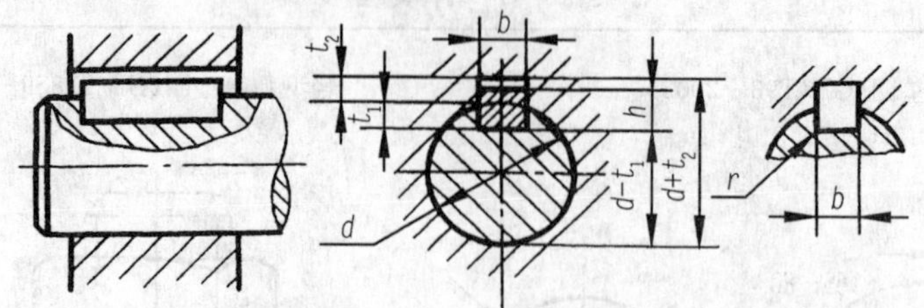

普通平键的型式与尺寸(GB/T 1096)

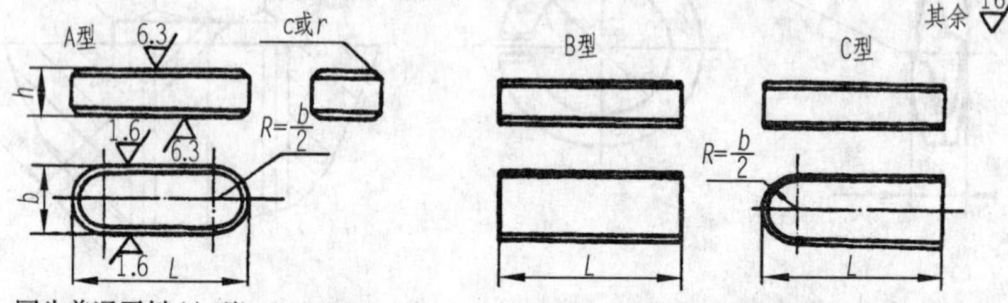

标记示例:圆头普通平键(A 型),b=16mm,h=10mm,L=100mm:键 16×100 GB/T 1096

平头普通平键(B 型),b=16mm,h=10mm,L=100mm:键 B16×100 GB/T 1096

单圆头普通平键(C 型),b=16mm,h=10mm,L=100mm:键 C16×100 GB/T 1096

D	键的公称尺寸				键槽				
	b(h9)	h(h11)	c 或 r	L(h14)	t		t_1		半径 r
					公称	公差	公称	公差	
自 6~8	2	2	0.16~0.25	6~20	1.2	+0.1 0	1	+0.1 0	0.08~0.16
>8~10	3	3		6~36	1.8		1.4		
>10~12	4	4		8~45	2.5		1.8		
>12~17	5	5	0.25~0.4	10~56	3.0	+0.2 0	2.3	+0.2 0	0.16~0.25
>17~22	6	6		14~70	3.5		2.8		
>22~30	8	7		18~90	4.0		3.3		
>30~38	10	8	0.4~0.6	22~110	5.0	+0.2 0	3.3	+0.2 0	0.25~0.4
>38~44	12	8		28~140	5.0		3.3		
>44~50	14	9		36~160	5.5		3.8		
>50~58	16	10		45~180	6.0		4.3		
>58~65	18	11		50~200	7.0		4.4		
>65~75	20	12	0.6~0.8	56~200	7.5		4.9		0.4~0.6
>75~85	22	14		63~250	9.0		5.4		
>85~95	25	14		70~280	9.0		5.4		
>95~110	28	16		80~320	10.0		6.4		
>110~130	32	18		90~360	11		7.4		
>130~150	36	20	1~1.2	100~400	12	+0.3 0	8.4	+0.3 0	0.7~1.0
>150~170	40	22		100~400	13		9.4		
>170~200	45	25		110~450	15		10.4		
>200~230	50	28		125~500	17		11.4		
>230~260	56	32	1.6~2.0	140~500	20		12.4		1.2~1.6
>260~290	63	32		160~500	20		12.4		
>290~330	70	36		180~500	22		14.4		
>330~380	80	40	2.5~3	200~500	25		15.4		2~2.5
>380~440	90	45		220~500	28		17.4		
>440~500	100	50		250~500	31		19.5		
L 系列	6,8,10,12,14,16,18,20,22,25,28,32,36,40,45,50,56,63,70,80,90,100,110,125,140,160,180,200,220,250,280,320,360,400,450,500								

注:① 在工作图中,轴槽深用 t 或($D-t$)标注,毂槽深用 t_1 或($D+t_1$)标注。

② 当键长大于 500mm 时,其长度应按 GB/T 321—1980 优先数和优先数系的 $R20$ 系列选取。

③ 材料:采用抗拉强度不大于 600MPa 的钢,常用 45 钢。

④ 键高偏差对于 B 型且为方型键时应为 h9。

⑤ 轴槽及轮毂槽对轴及轮毂中心线的对称度,根据不同要求按 GB/T 1184—1996 对称度公差 7 级~9 级选取。

⑥ 平键轴槽长度公差用 H14;键的长度公差用 h14。

⑦ ($D-t$)和($D+t_1$)尺寸公差按相应的 t 和 t_1 的公差选取,但($D-t$)公差应取负号(—)

附录五　常用滚动轴承

附表 5-1　深沟球轴承外形尺寸(GB/T 276—1994)　　　　单位:mm

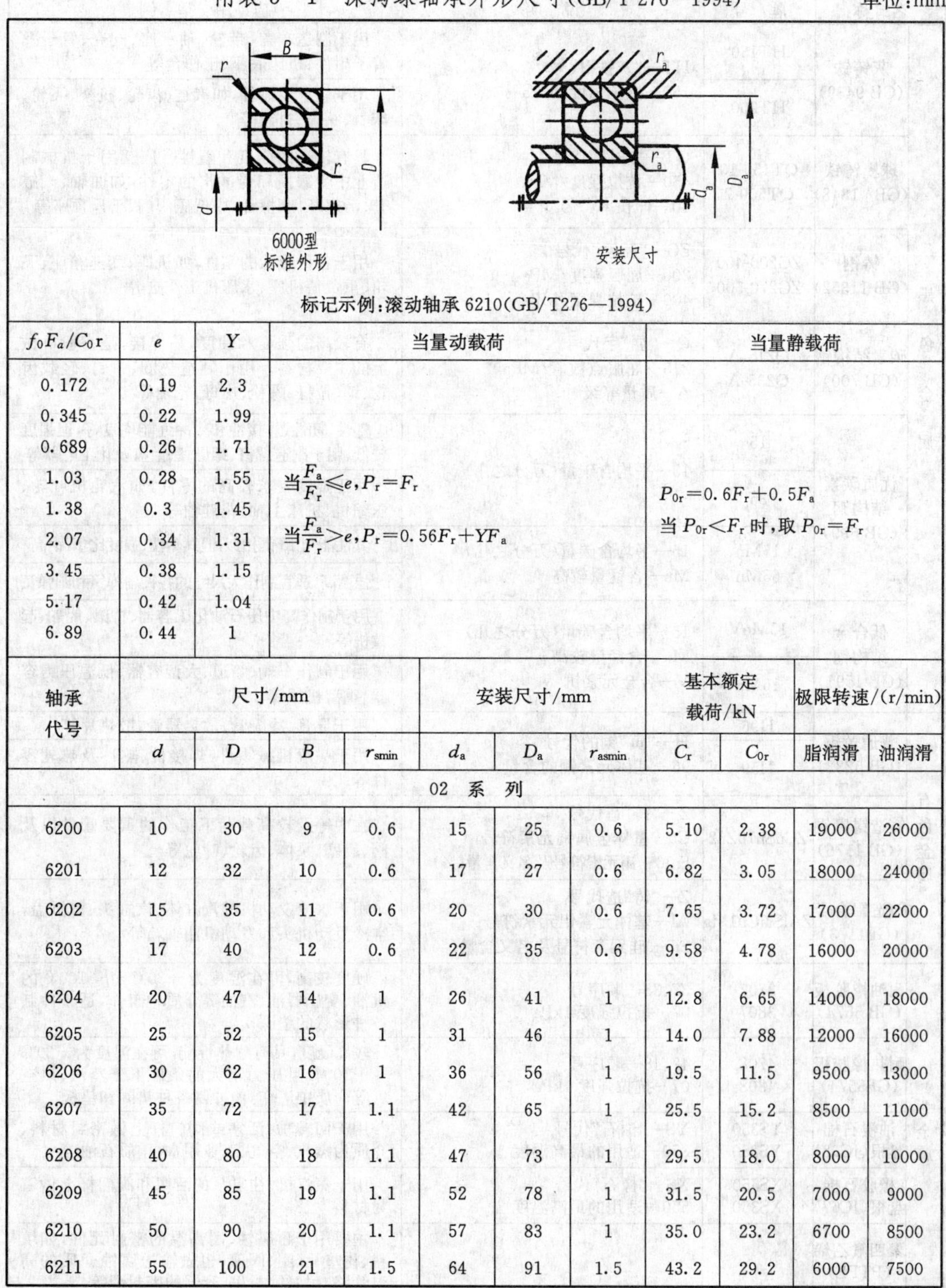

6000型
标准外形

安装尺寸

标记示例:滚动轴承 6210(GB/T276—1994)

f_0F_a/C_0r	e	Y	当量动载荷	当量静载荷
0.172	0.19	2.3	当$\frac{F_a}{F_r}\leqslant e, P_r=F_r$ 当$\frac{F_a}{F_r}>e, P_r=0.56F_r+YF_a$	$P_{0r}=0.6F_r+0.5F_a$ 当 $P_{0r}<F_r$ 时,取 $P_{0r}=F_r$
0.345	0.22	1.99		
0.689	0.26	1.71		
1.03	0.28	1.55		
1.38	0.3	1.45		
2.07	0.34	1.31		
3.45	0.38	1.15		
5.17	0.42	1.04		
6.89	0.44	1		

轴承代号	尺寸/mm				安装尺寸/mm			基本额定载荷/kN		极限转速/(r/min)	
	d	D	B	r_{smin}	d_a	D_a	r_{asmin}	C_r	C_{0r}	脂润滑	油润滑
02 系列											
6200	10	30	9	0.6	15	25	0.6	5.10	2.38	19000	26000
6201	12	32	10	0.6	17	27	0.6	6.82	3.05	18000	24000
6202	15	35	11	0.6	20	30	0.6	7.65	3.72	17000	22000
6203	17	40	12	0.6	22	35	0.6	9.58	4.78	16000	20000
6204	20	47	14	1	26	41	1	12.8	6.65	14000	18000
6205	25	52	15	1	31	46	1	14.0	7.88	12000	16000
6206	30	62	16	1	36	56	1	19.5	11.5	9500	13000
6207	35	72	17	1.1	42	65	1	25.5	15.2	8500	11000
6208	40	80	18	1.1	47	73	1	29.5	18.0	8000	10000
6209	45	85	19	1.1	52	78	1	31.5	20.5	7000	9000
6210	50	90	20	1.1	57	83	1	35.0	23.2	6700	8500
6211	55	100	21	1.5	64	91	1.5	43.2	29.2	6000	7500

附录六　常用材料及热处理

附表 6-1　常用的金属材料和非金属材料

	名称	牌号	说明	应用举例
黑色金属	灰铸铁 (GB 9439)	HT150	HT—“灰铁”代号 150—抗拉强度/MPa	用于制造端盖、带轮、轴承座、阀壳、管子及管子附件、机床底座、工作台等
		HT200		用于较重要铸件,如汽缸、齿轮、机架、飞轮、床身、阀壳、衬筒等
	球墨铸铁 (GB/ 1348)	QT450-10 QT500-7	QT—“球铁”代号 450—抗拉强度/MPa 10—伸长率(%)	具有较高的强度和塑性。广泛用于机械制造业中受磨损和受冲击的零件,如曲轴、汽缸套、活塞环、摩擦片、中低压阀门、千斤顶座等
	铸钢 (GB 11352)	ZG200-400 ZG270-500	ZG—“铸钢”代号 200—屈服强度/MPa 400—抗拉强度/MPa	用于各种形状的零件,如机座、变速箱座、飞轮、重负荷机座、水压机工作缸等
	碳素结构钢 (GB 700)	Q215-A Q235-A	Q—“屈”字代号 215—屈服点数值/MPa A—质量等级	有较高的强度和硬度,易焊接,是一般机械上的主要材料。用于制造垫圈、铆钉、轻载齿轮、键、拉杆、螺栓、螺母、轮轴等
	优质碳素结构钢 (GB 699)	15	15—平均含碳量(万分之几)	塑性、韧性、焊接性和冷冲性能均良好,但强度较低,用于制造螺钉、螺母、法兰盘及化工贮器等
		35		用于强度要求较高的零件,如汽轮机叶轮、压缩机、机床主轴、花键轴等
		15Mn 65Mn	15—平均含碳量(万分之几) Mn—含锰量较高	其性能与15钢相似,但其塑性、强度比15钢高
				强度高,适宜制作大尺寸的各种扁弹簧和圆弹簧
	低合金结构钢 (GB 1591)	15MnV	15—平均含碳量(万分之几) Mn—含锰量较高 V—合金元素钒	用于制作高中压石油化工容器、桥梁、船舶、起重机等
		16Mn		用于制作车辆、管道、大型容器、低温压力容器、重型机械等
有色金属	普通黄铜 (GB 5232)	H96	H—“黄”铜的代号 96—基体元素铜的含量	用于导管、冷凝管、散热器管、散热片等
		H59		用于一般机械零件、焊接件、热冲及热轧零件等
	铸造锡青铜 (GB 1176)	ZCuSn10Zn2	Z—“铸”造代号 Cu—基体金属铜元素符号 Sn10—锡元素符号及名义含量(%)	在中等及较高载荷下工作的重要管件以及阀、旋塞、泵体、齿轮、叶轮等
	铸造铝合金 (GB1173)	ZAlSi5Cu1Mg	Z—“铸”造代号 Al—基体元素铝元素符号 Si5—硅元素符号及名义含量(%)	用于水冷发动机的汽缸体、汽缸头、汽缸盖,空冷发动机头和发动机曲轴箱等
非金属	耐油橡胶板 (GB 5574)	3707 3807	37、38—顺序号 07—抗拉强度 1kPa	硬度较高,可在温度为-30℃～+100℃的机油、变压器油、汽油等介质中工作,适于冲制各种形状的垫圈
	耐热橡胶板 (GB5574)	4708 4808	47、48—顺序号 07—抗拉强度 1kPa	较高硬度,具有耐热性能,可在温度为-30℃～+100℃且压力不大的条件下于蒸汽、热空气等介质中工作,做冲制各种垫圈和垫板
	油浸石棉盘根(JC68)	YS350 YS250	YS—“油石”代号 350—适用的最高温度	用于回转轴、活塞或阀门杆上做密封材料,介质为蒸汽、空气、工业用水、重质石油等
	橡胶石棉盘根(JC67)	XS550 XS350	XS—“橡石”代号 550—适用的最高温度	用于蒸汽机、往复泵的活塞和阀门杆上做密封材料
	聚四氟乙烯 (PTFE)			主要用于耐腐蚀、耐高温的密封元件,如填料、衬垫、涨圈、阀座,也做输送腐蚀介质的高温管路、耐腐蚀衬里、容器的密封圈等

附表 6-2 常用热处理及表面处理

名 称	代号	说 明	应 用
退火	Th	将钢件加热到临界温度以上，保温一段时间，然后缓慢地冷却下来（一般用炉冷）	用来消除铸、锻件的内应力和组织不均匀及晶粒粗大等现象，消除冷轧坯件的冷硬现象和内应力，降低硬度，以便切削
正火	Z	将钢件加热到临界温度以上 30℃～50℃，保温一段时间，然后在空气中冷却下来，冷却速度比退火快	用来处理低碳和中碳结构钢件和渗碳机件，使其组织细化，增加强度与韧性，减少内应力，改善切削性能
淬火	C	将钢件加热到临界温度以上，保温一段时间，然后在水、盐水或油中急速冷却下来（个别材料在空气中），使其得到高硬度	用来提高钢的硬度和强度极限，但淬火时会引起内应力并使钢变脆，所以淬火后必须回火
回火		将淬硬的钢件加热到临界温度以下的某一温度，保温一段时间，然后在空气中或油中冷却下来	用来消除淬火后产生的脆性和内应力，提高钢的塑性和冲击韧性
调质	T	淬火后在 450℃～650℃进行高温回火	用来使钢获得高的韧性和足够的强度，很多重要零件淬火后都需要经过调质处理
表面淬火	H	用火焰或高频电流将零件表面迅速加热至临界温度以上，急速冷却	使零件表层得到高的硬度和耐磨性，而芯部保持较高的强度和韧性。常用于处理齿轮，使其既耐磨又能承受冲击
高频淬火	G		
渗碳淬火	S	在渗碳剂中将钢件加热 900℃～950℃，停留一段时间，将碳渗入钢件表面，深度约 0.5mm～2mm，再淬火后回火	增加钢件的耐磨性能、表面硬度、抗拉强度和疲劳极限。适用于低碳、中碳结构钢的中小型零件
渗氮	D	在 500℃～600℃通入氨的炉内，向钢件表面渗入氮原子，渗氮层 0.025mm～0.8mm，渗氮时间需 40h～50h	增加钢件的耐磨性能、表面硬度、疲劳极限和抗蚀能力。适用于合金钢、碳结和铸铁零件
氰化	Q	在 820℃～860℃的炉内通入碳和氮，保温 1h～2h，使钢件表面同时渗入碳、氮原子，可得到 0.2mm～0.5mm 的氰化层	增加表面硬度、耐磨性、疲劳强度和耐蚀性。适用于要求硬度高、耐磨的中小型或薄片零件及刀具
时效		低温回火后，精加工之前，将机件加热到 100℃～180℃，保持 10h～40h。 铸件常在露天放 1 年以上，称为天然时效	使铸件或淬火后的钢件慢慢消除内应力，稳定形状和尺寸
发黑、发蓝		将零件置于氧化剂中，在 135℃～145℃温度下进行氧化，表面形成一层呈蓝黑色的氧化层	防腐、美观
镀铬、镀镍		用电解的方法，在钢件表面镀一层铬或镍	

附录七　化工设备的常用标准化零部件

附表 7－1　椭圆形封头(摘自 JB/T 4737—1995)　　　　单位:mm

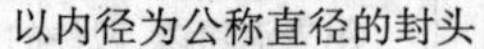

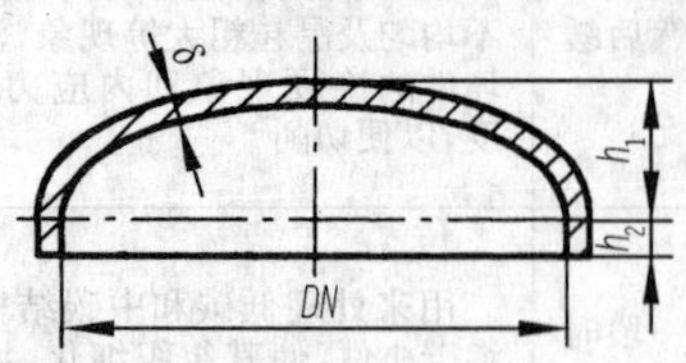

以外径为公称直径的封头

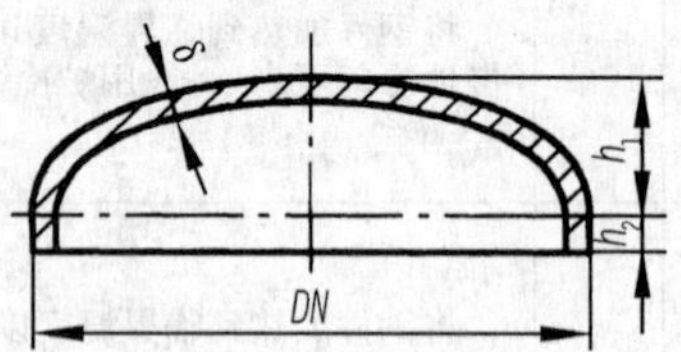

以内径为公称直径的封头

公称直径 DN	曲面高度 h_1	直边高度 h_2	厚度 δ	公称直径 DN	曲面高度 h_1	直边高度 h_2	厚度 δ
300	75	25	4～8	1000	250	40	10～18
350	88	25	4～8			50	20～30
400	100	25	4～8	1100	275	25	6～8
		40	10～16			40	10～18
450	125	25	4～8			50	20～24
		40	10～18	1200	300	25	4～8
500	125	25	4～8			40	10～18
		40	10～18			50	20～34
		50	20	1300	325	25	6～8
550	137	25	4～8			40	10～18
		40	10～18			50	20～24
		50	20～22	1400	350	25	4～8
600	150	25	4～8			40	10～18
		40	10～18			50	20～38
		50	20～24	1500	375	25	6～8
650	162	25	4～8			40	10～18
		40	10～18			50	20～24
		50	20～24	1600	400	25	6～8
700	175	25	4～8			40	10～18
		40	10～18			50	20～42
		50	20～24	1700	425	25	8
750	188	25	4～8			40	10～18
		40	10～18			50	20～50
		50	20～26	1800	450	25	8
800	200	25	4～8			40	10～18
		40	10～18			50	20～50
		50	20～26	1900	475	25	8
900	225	25	4～8			40	10～18
		40	10～18	2000	500	25	8
		50	20～28			40	10～18
1000	250	25	4～8			50	20～50

（续）

以内径为公称直径的封头							
公称直径 DN	曲面高度 h_1	直边高度 h_2	厚度 δ	公称直径 DN	曲面高度 h_1	直边高度 h_2	厚度 δ
2100	525	40	10～14	3400	850	50	20～36
2200	550	25	8,9	3500	875	50	12～38
		40	10～18	3600	900	50	20～36
		50	20～50	3800	950	50	20～36
2300	575	40	10～14	4000	1000	50	20～36
2400	600	40	10～18	4200	1050	50	12～38
		50	20～50	4400	1100	50	12～38
2500	625	40	12～18	4500	1125	50	20～38
		50	20～50	4600	1150	50	20～38
2600	650	40	12～18	4800	1200	50	20～38
		50	20～50	5000	1250	50	20～38
2800	700	40	12～18	5200	1300	50	20～38
		50	20～50	5400	1350	50	20～38
3000	750	40	12～18	5500	1375	50	20～38
		50	20～46	5600	1400	50	20～38
3200	800	40	14～18	5800	1450	50	20～38
		50	20～42	6000	1500	50	20～38
以外径为公称直径的封头							
159	40	25	4～8	325	81	25	8
219	55	25	4～8			40	10～12
273	68	25	4～8	377	94	40	10～12
		40	10～12	426	106	40	10～12
注：厚度 δ 系列 4～50 之间 2 进位							

附表 7－2　管路法兰及垫片

单位：mm

凸面板式平焊钢制管法兰
（摘自 JB/T 81—1994）

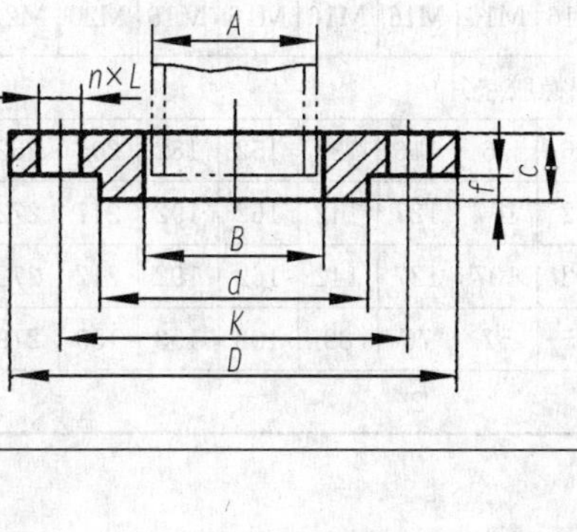

管道法兰用石棉橡胶垫片
（摘自 JB/T 87—1994）

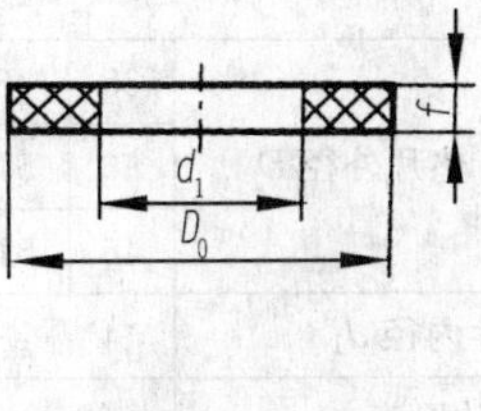

（续）

凸面板式平焊钢制管法兰																
PN/MPa	公称直径 *DN*	10	15	20	25	32	40	50	65	80	100	125	150	200	250	300
直径																
0.25 0.6 1.0 1.6	管子外径 *A*	14	18	25	32	38	45	57	73	89	108	133	159	219	273	325
	法兰内径 *B*	15	19	26	33	39	46	59	75	91	110	135	161	222	276	328
	密封面厚度 *f*	2	2	2	2	2	3	3	3	3	3	3	3	3	3	4
0.25 0.6	法兰外径 *D*	75	80	90	100	120	130	140	160	190	210	240	265	320	375	440
	螺栓中心直径 *K*	50	55	65	75	90	100	110	130	150	170	200	225	280	335	395
	密封面直径 *d*	32	40	50	60	70	80	90	110	125	145	175	200	255	310	362
1.0 1.6	法兰外径 *D*	90	95	105	115	140	150	165	185	200	220	250	285	340	395	445
	螺栓中心直径 *K*	60	65	75	85	100	110	125	145	160	180	210	240	295	350	400
	密封面直径 *d*	40	45	55	65	78	85	100	120	135	155	185	210	265	320	368
厚度																
0.25	法兰厚度 *C*	10	10	12	12	12	12	14	12	14	14	14	16	18	22	22
0.6		12	12	14	14	16	16	16	16	16	18	20	20	22	24	24
1.0		12	12	14	14	16	16	18	20	20	22	24	24	24	26	28
1.6		14	14	16	18	18	20	22	24	24	26	28	28	30	32	32
螺栓																
0.25	螺栓数量 *n*	4	4	4	4	4	4	4	4	4	4	8	8	8	12	12
1.0		4	4	4	4	4	4	4	4	4	8	8	8	8	12	12
1.6		4	4	4	4	4	4	4	4	8	8	8	8	12	12	12
0.25 0.6	螺栓孔直径 *L*	12	12	12	12	14	14	14	14	18	18	18	18	18	18	23
	螺栓规格	M10	M10	M10	M10	M12	M12	M12	M12	M16	M16	M16	M16	M16	M16	M20
1.0	螺栓孔直径 *L*	14	14	14	14	18	18	18	18	18	18	18	23	23	23	23
	螺栓规格	M12	M12	M12	M12	M16	M16	M16	M16	M16	M16	M16	M20	M20	M20	M20
1.6	螺栓孔直径 *L*	14	14	14	14	18	18	18	18	18	18	18	23	23	26	26
	螺栓规格	M12	M12	M12	M12	M16	M16	M16	M16	M16	M16	M16	M20	M20	M24	M24
管路法兰用石棉橡胶垫片																
0.25,0.6	垫片外径 D_0	38	43	53	63	76	86	96	116	132	152	182	207	262	317	372
1.0		46	51	61	71	82	92	107	127	142	162	192	217	272	327	377
1.6		46	51	61	71	82	92	107	127	142	162	192	217	272	330	385
垫片内径 d_1		14	18	25	32	38	45	57	76	89	108	133	159	219	273	325
垫片厚度 *t*									2							

附表 7-3 设备法兰及垫片

单位:mm

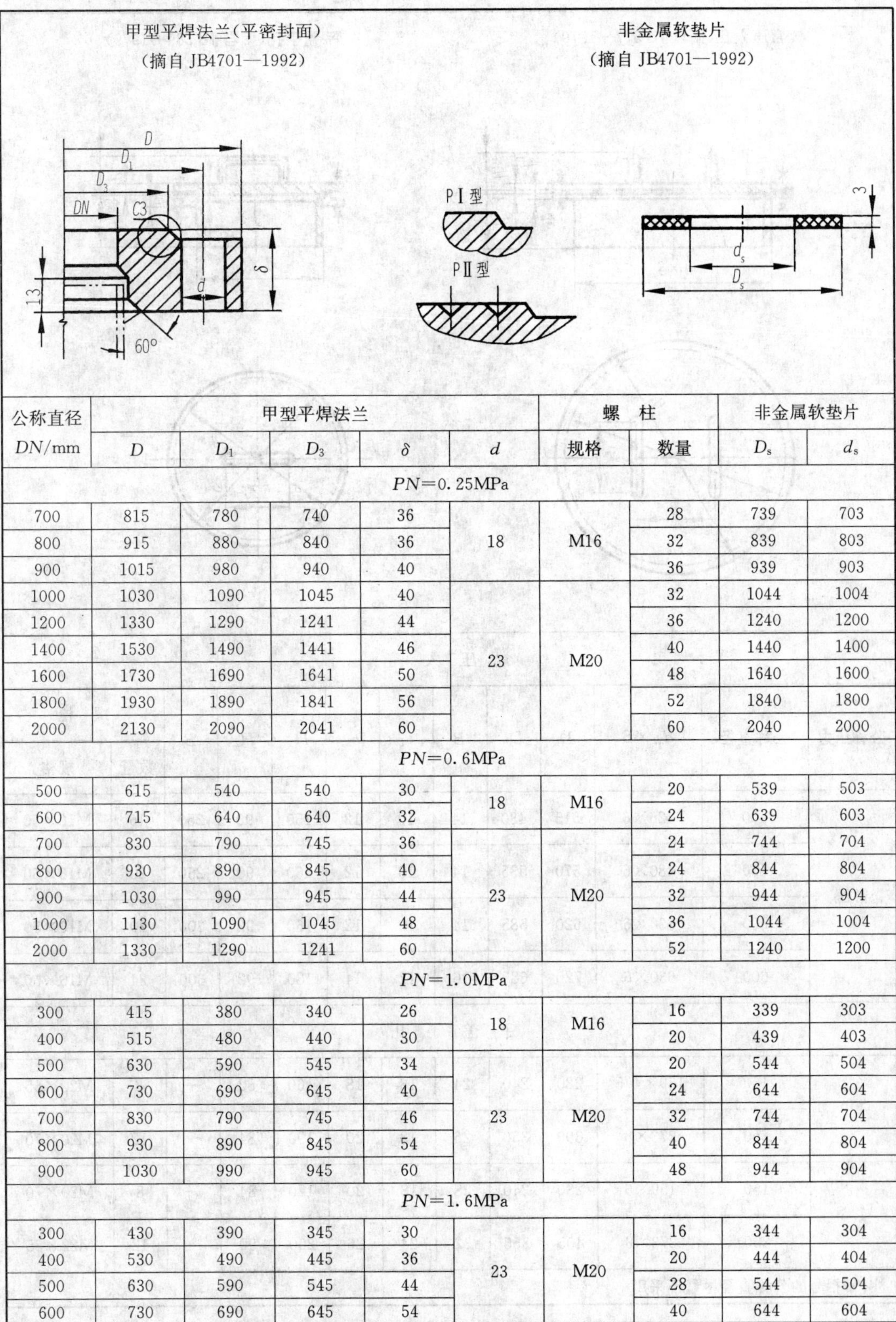

公称直径 DN/mm	甲型平焊法兰					螺柱		非金属软垫片	
	D	D_1	D_3	δ	d	规格	数量	D_s	d_s
PN=0.25MPa									
700	815	780	740	36	18	M16	28	739	703
800	915	880	840	36			32	839	803
900	1015	980	940	40			36	939	903
1000	1030	1090	1045	40	23	M20	32	1044	1004
1200	1330	1290	1241	44			36	1240	1200
1400	1530	1490	1441	46			40	1440	1400
1600	1730	1690	1641	50			48	1640	1600
1800	1930	1890	1841	56			52	1840	1800
2000	2130	2090	2041	60			60	2040	2000
PN=0.6MPa									
500	615	540	540	30	18	M16	20	539	503
600	715	640	640	32			24	639	603
700	830	790	745	36	23	M20	24	744	704
800	930	890	845	40			24	844	804
900	1030	990	945	44			32	944	904
1000	1130	1090	1045	48			36	1044	1004
2000	1330	1290	1241	60			52	1240	1200
PN=1.0MPa									
300	415	380	340	26	18	M16	16	339	303
400	515	480	440	30			20	439	403
500	630	590	545	34	23	M20	20	544	504
600	730	690	645	40			24	644	604
700	830	790	745	46			32	744	704
800	930	890	845	54			40	844	804
900	1030	990	945	60			48	944	904
PN=1.6MPa									
300	430	390	345	30	23	M20	16	344	304
400	530	490	445	36			20	444	404
500	630	590	545	44			28	544	504
600	730	690	645	54			40	644	604

附表 7-4　人孔与手孔

单位:mm

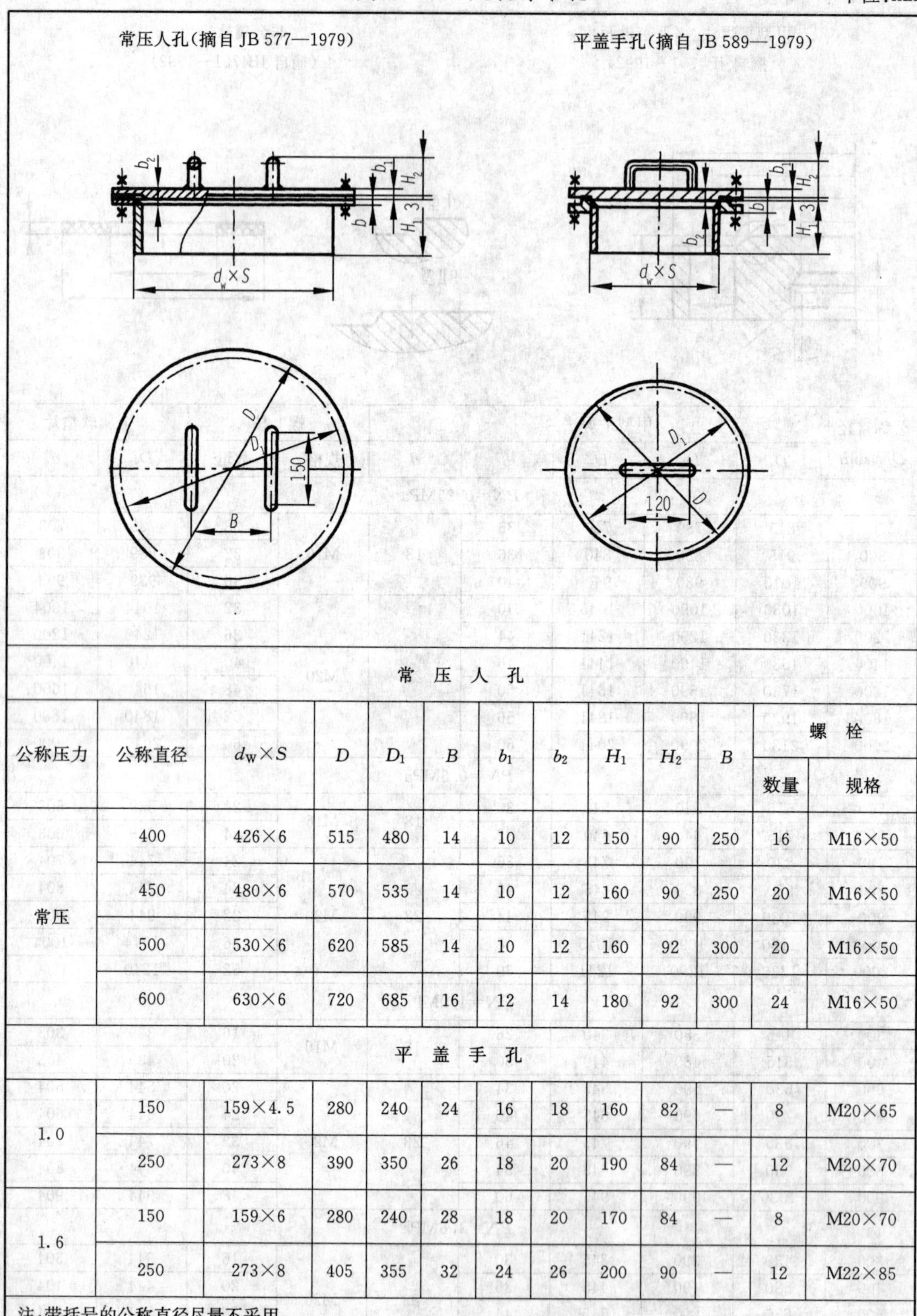

常压人孔												
公称压力	公称直径	$d_W \times S$	D	D_1	B	b_1	b_2	H_1	H_2	B	螺栓	
											数量	规格
常压	400	426×6	515	480	14	10	12	150	90	250	16	M16×50
	450	480×6	570	535	14	10	12	160	90	250	20	M16×50
	500	530×6	620	585	14	10	12	160	92	300	20	M16×50
	600	630×6	720	685	16	12	14	180	92	300	24	M16×50
平盖手孔												
1.0	150	159×4.5	280	240	24	16	18	160	82	—	8	M20×65
	250	273×8	390	350	26	18	20	190	84	—	12	M20×70
1.6	150	159×6	280	240	28	18	20	170	84	—	8	M20×70
	250	273×8	405	355	32	24	26	200	90	—	12	M22×85

注:带括号的公称直径尽量不采用

附表 7-5　耳式支座(摘自 JB/T 4725—1992)　　　　单位:mm

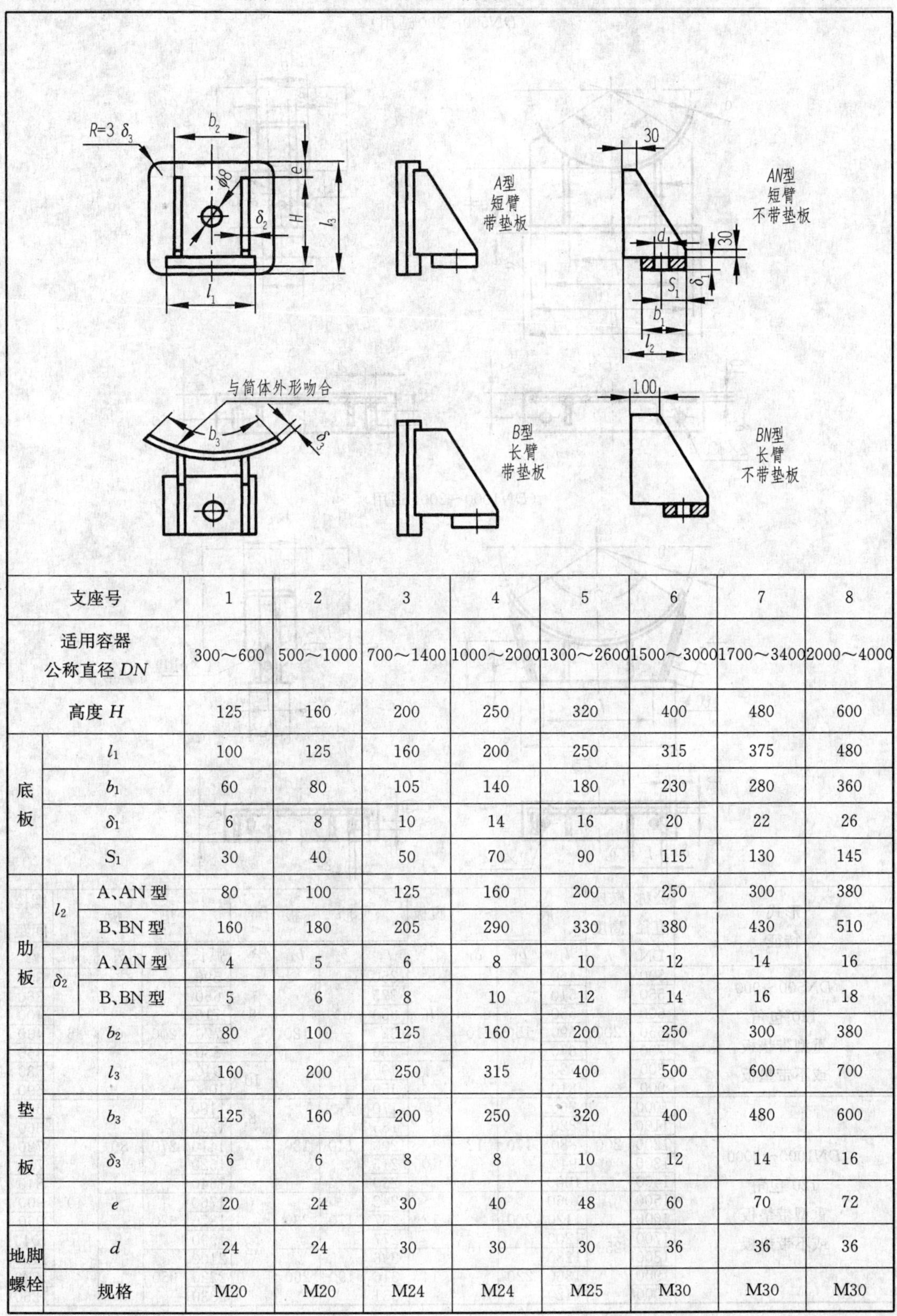

支座号			1	2	3	4	5	6	7	8
适用容器公称直径 DN			300～600	500～1000	700～1400	1000～2000	1300～2600	1500～3000	1700～3400	2000～4000
高度 H			125	160	200	250	320	400	480	600
底板	l_1		100	125	160	200	250	315	375	480
	b_1		60	80	105	140	180	230	280	360
	δ_1		6	8	10	14	16	20	22	26
	S_1		30	40	50	70	90	115	130	145
肋板	l_2	A、AN 型	80	100	125	160	200	250	300	380
		B、BN 型	160	180	205	290	330	380	430	510
	δ_2	A、AN 型	4	5	6	8	10	12	14	16
		B、BN 型	5	6	8	10	12	14	16	18
垫板	b_2		80	100	125	160	200	250	300	380
	l_3		160	200	250	315	400	500	600	700
	b_3		125	160	200	250	320	400	480	600
	δ_3		6	6	8	8	10	12	14	16
	e		20	24	30	40	48	60	70	72
地脚螺栓	d		24	24	30	30	30	36	36	36
	规格		M20	M20	M24	M24	M25	M30	M30	M30

附表 7-6　鞍式支座(摘自 JB/T 4712—1992)　　单位:mm

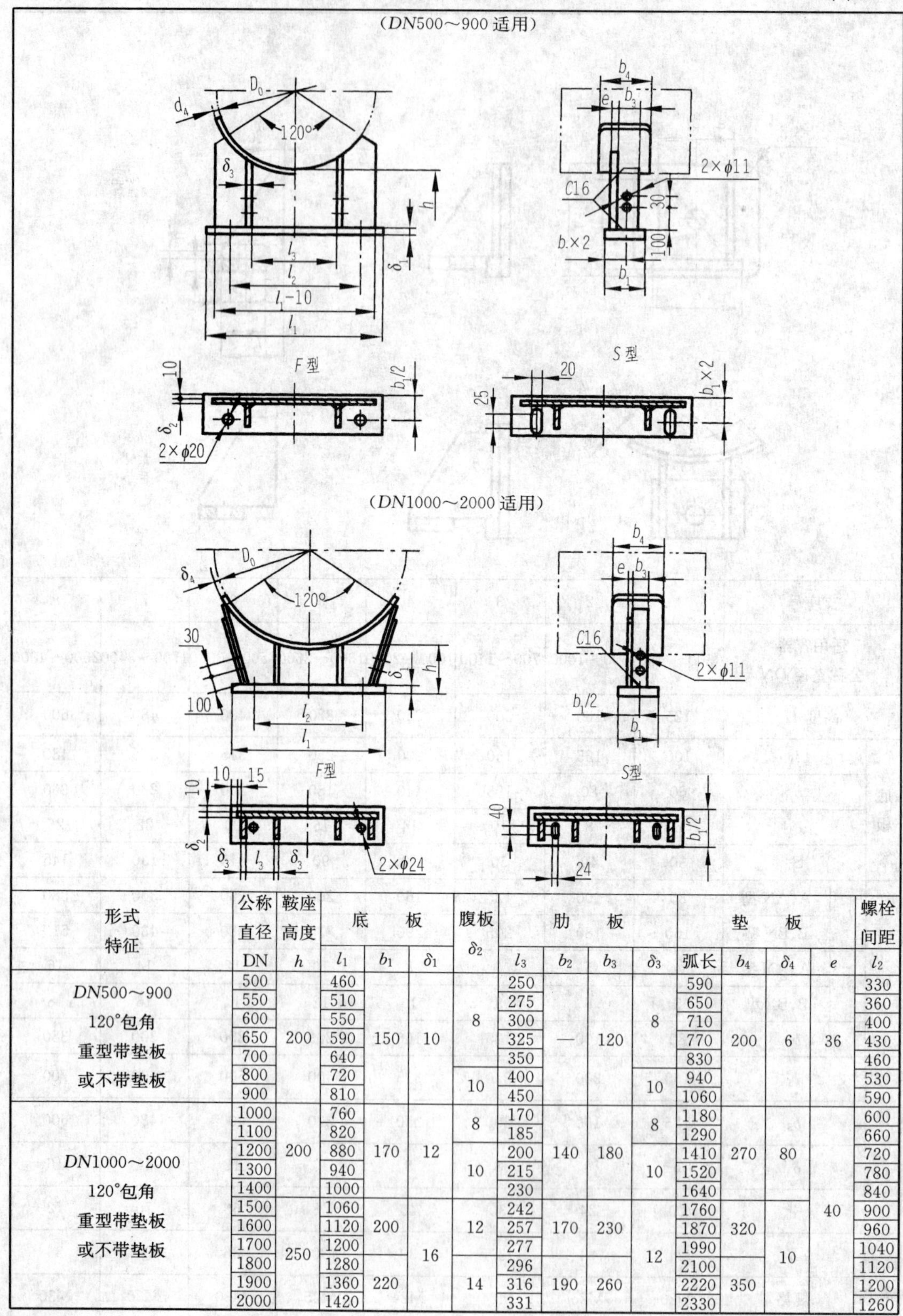

形式特征	公称直径 DN	鞍座高度 h	底板 l_1	底板 b_1	底板 δ_1	腹板 δ_2	肋板 l_3	肋板 b_2	肋板 b_3	肋板 δ_3	垫板 弧长	垫板 b_4	垫板 δ_4	垫板 e	螺栓间距 l_2
DN500～900 120°包角 重型带垫板 或不带垫板	500	200	460	150	10	8	250	—	120	8	590	200	6	36	330
	550		510				275				650				360
	600		550				300				710				400
	650		590				325				770				430
	700		640				350				830				460
	800		720			10	400			10	940				530
	900		810				450				1060				590
DN1000～2000 120°包角 重型带垫板 或不带垫板	1000	200	760	170	12	8	170	140	180	8	1180	270	80	40	600
	1100		820				185				1290				660
	1200		880			10	200			10	1410				720
	1300		940				215				1520				780
	1400		1000				230				1640				840
	1500	250	1060	200	16	12	242	170	230	12	1760	320	10		900
	1600		1120				257				1870				960
	1700		1200				277				1990				1040
	1800		1280	220		14	296	190	260		2100	350			1120
	1900		1360				316				2220				1200
	2000		1420				331				2330				1260

附表 7-7　补强图(摘自 JB/T 4736—1995)　单位:mm

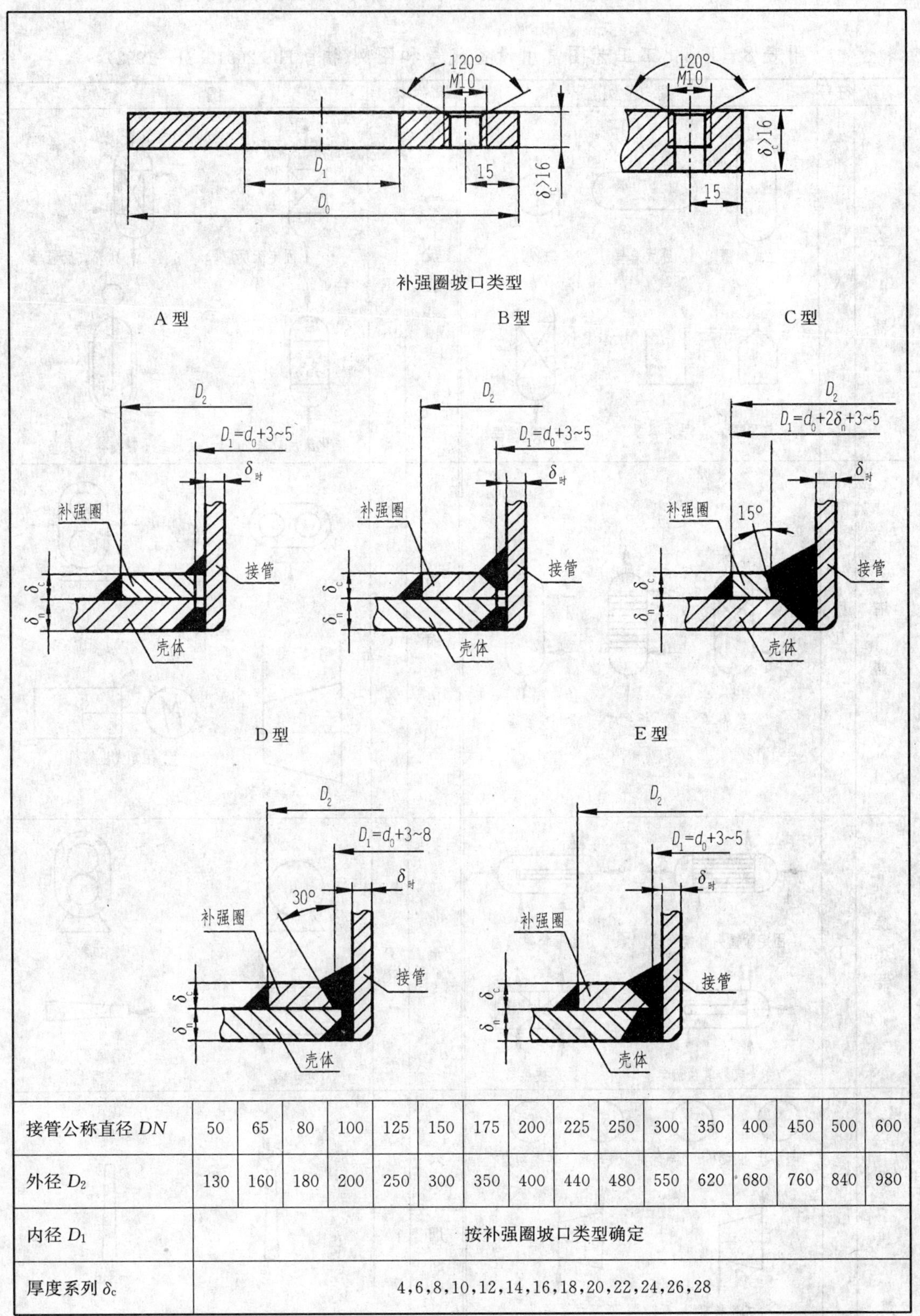

接管公称直径 *DN*	50	65	80	100	125	150	175	200	225	250	300	350	400	450	500	600
外径 D_2	130	160	180	200	250	300	350	400	440	480	550	620	680	760	840	980
内径 D_1	按补强圈坡口类型确定															
厚度系列 δ_c	4,6,8,10,12,14,16,18,20,22,24,26,28															

附录八　化工工艺图常用设备代号和图例

附表 8-1　化工工艺图常用设备代号和图例(摘自 HG 20519.31—1992)

名称	符号	图　　例	名称	符号	图　　例
容器	V	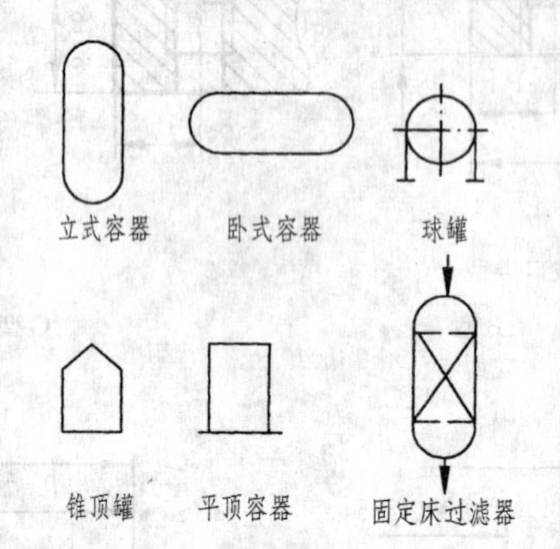 立式容器　卧式容器　球罐 锥顶罐　平顶容器　固定床过滤器	反应器	R	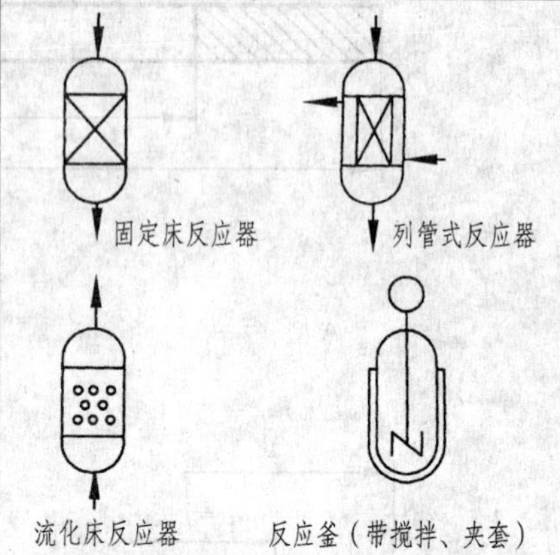 固定床反应器　列管式反应器 流化床反应器　反应釜（带搅拌、夹套）
塔器	T	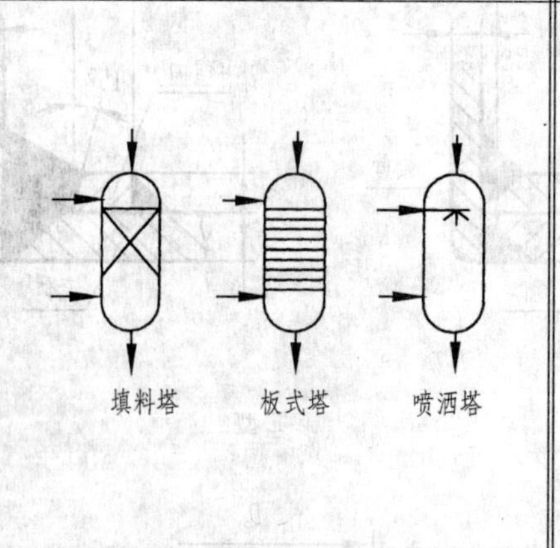 填料塔　板式塔　喷洒塔	压缩机	C	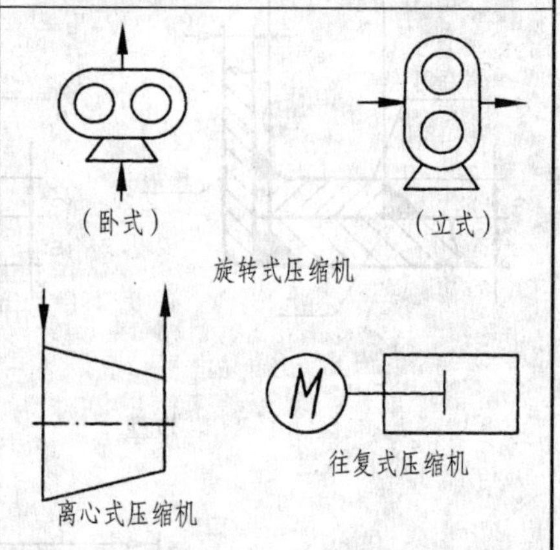 （卧式）　（立式） 旋转式压缩机 M 往复式压缩机 离心式压缩机
换热器	E	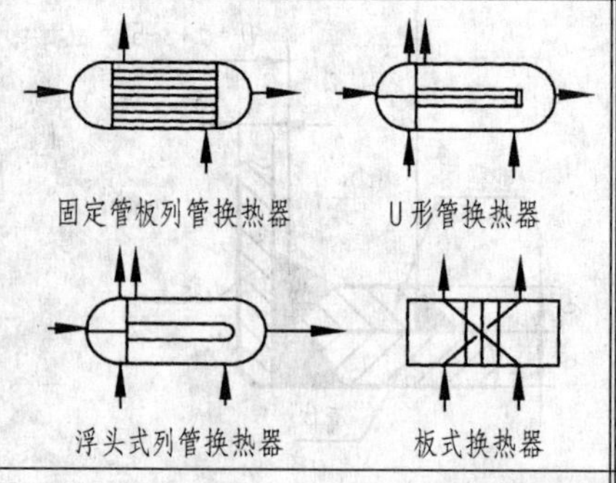 固定管板列管换热器　U形管换热器 浮头式列管换热器　板式换热器	泵	P	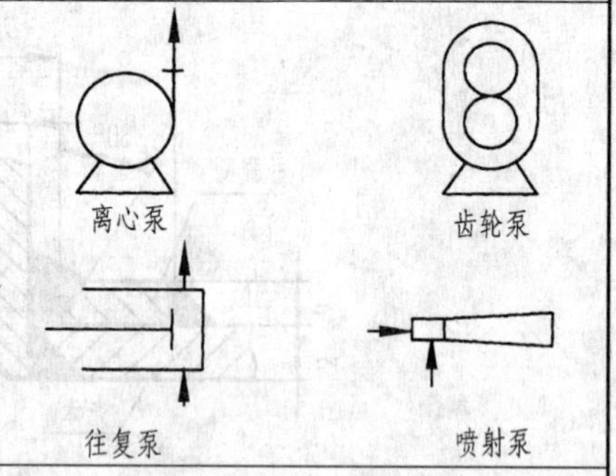 离心泵　齿轮泵 往复泵　喷射泵
动力机		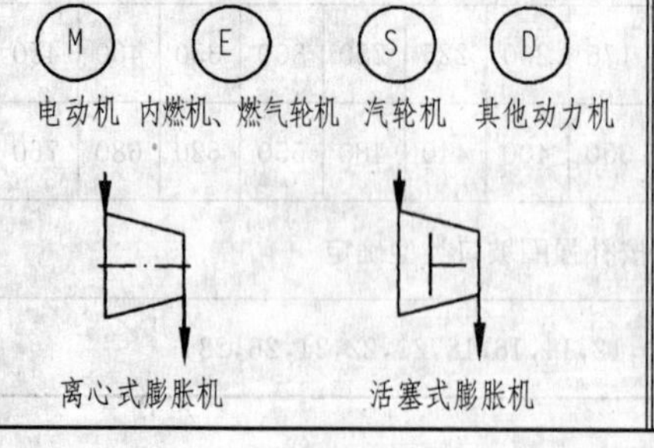 M　E　S　D 电动机　内燃机、燃气轮机　汽轮机　其他动力机 离心式膨胀机　活塞式膨胀机	火炬、烟囱		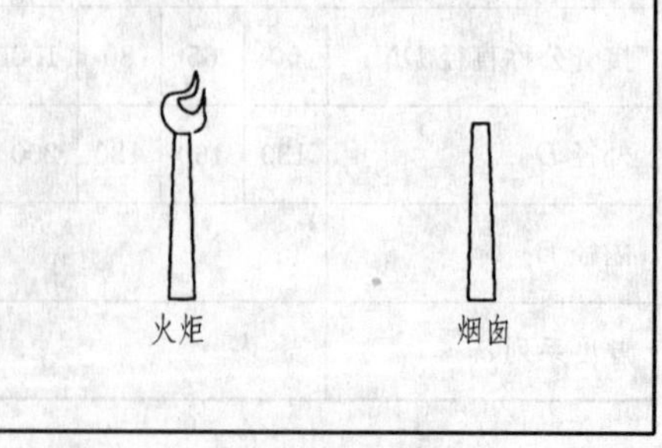 火炬　烟囱

参 考 文 献

[1] 国家技术监督局.中华人民共和国国家标准:技术制图.北京:中国标准出版社,2004.
[2] 高兰尊.工程制图.石家庄:河北科技出版社,2003.
[3] 杨学元.工程制图基础.北京:机械工业出版社,2002.
[4] 梁德本,叶玉驹.机械制图手册.北京:机械工业出版社,2003.
[5] 刘小年,刘振魁.机械制图.北京:高等教育出版社,2003.
[6] 于容贤,王彦群.机械制图与计算机绘图.北京:机械工业出版社,2004.
[7] 董振珂.化工制图.北京:化学工业出版社,2005.
[8] 王建华.机械制图与计算机绘图.北京:国防工业出版社,2006.

内 容 简 介

本书依据教育部高教司印发的《高等学校工科本科工程图学教学基本要求》，高等学校工科制图课程教学指导委员会提出的《画法几何、工程制图、计算机绘图系列课程内容与体系改革建议》和“十五”规划重点课题《创建具有新世纪特色的工程图学教学系统》中关于“宽口径、厚基础，从专业特色着手，突出工程意识为原则”等要求，以及本课程的教学特色，在对往届毕业生大量追踪调查、综合分析的基础上，结合参编教师多年教学改革的成功经验和最新教学研究成果编写而成。

全书分四篇共十三章，第一篇为工程制图基础，包括：制图的基本知识和基本技能，点、直线、平面的投影，立体，组合体，轴测投影图，草图，机件常用的表达方法；第二篇为机械制图，包括：标准件和常用件、零件图、装配图；第三篇为化工制图，包括：化工设备图、化工工艺图；第四篇为计算机绘图，包括：AtuoCAD 基础。

国防工业出版社出版的《工程制图习题集》（董金华、刘顺芳主编）与本书配套使用。

本书可作为高等院校近机类、非机类各专业的工程制图教材，也可作为高等职业教育、职工大学、自学考试等相关专业的教学用书，同时还可供有关工程技术人员参考。